高等职业教育计算机网络技术专业系列规划教材

服务器配置与安全管理

——基于Windows Server操作系统

江　波　主　编
陈志刚　副主编

大连理工大学出版社

图书在版编目(CIP)数据

服务器配置与安全管理：基于Windows Server操作系统 / 江波主编. -- 大连：大连理工大学出版社, 2024.8

高等职业教育计算机网络技术专业系列规划教材

ISBN 978-7-5685-4783-3

Ⅰ.①服… Ⅱ.①江… Ⅲ.①Windows操作系统-网络服务器-高等职业教育-教材 Ⅳ.①TP316.86

中国国家版本馆CIP数据核字(2024)第010549号

大连理工大学出版社出版

地址:大连市软件园路80号　邮政编码:116023

发行:0411-84708842　邮购:0411-84708943　传真:0411-84701466

E-mail:dutp@dutp.cn　URL:https://www.dutp.cn

辽宁星海彩色印刷有限公司印刷　　大连理工大学出版社发行

幅面尺寸:185mm×260mm　印张:18　字数:438千字

2024年8月第1版　　2024年8月第1次印刷

责任编辑:马　双　　责任校对:李　红

封面设计:对岸书影

ISBN 978-7-5685-4783-3　　定　价:59.80元

前言

随着计算机网络技术的不断发展，计算机网络资源已经非常丰富，人们可以从网络中获取大量的信息，通过网络进行学习和办公必将成为未来发展的趋势，培养大批熟练掌握网络操作系统技术的人才是当前社会发展的迫切需求。计算机网络操作系统是构建计算机网络的核心软件，也是提供网络服务的基础，本书以目前最为成熟的网络服务器平台之一的Windows Server 2016为例，以构建网络应用为目标，讲解Windows Server 2016架构网络服务平台的方法、Windows Server 2016安全加固、网络服务器的配置与安全管理。

许多高职院校将网络服务器配置列为计算机网络相关专业的核心课程。为满足全国职业教育的需求，提升高职院校学生的实践操作能力，作者编写了这本基于Windows Server 2016平台的案例基础来讲解服务器配置与安全管理的教材。本书以中小型企业内部网络的组建和安全管理为出发点，通过案例讲解和网络服务器的配置与安全管理介绍，利用学习情景导入，系统地介绍Windows Server 2016的安装以及Windows Server 2016安全加固、Windows Server 2016主要网络服务器的安装、配置与安全管理。

党的二十大报告中强调："推进国家安全体系和能力现代化，坚决维护国家安全和社会稳定。"网络安全作为网络强国、数字中国的底座，将在未来的发展中承担托底的重担，是我国现代化产业体系中不可或缺的部分。当前，网络空间已经成为继陆、海、空、天之后的第五大主权领域空间。最近，国际形势充分体现了网络安全是国际战略在军事领域的演进，这对我国网络安全提出了严峻的挑战。总书记指示"没有网络安全就没有国家安全，没有信息化就没有现代化"。

围绕网络服务器的安全，全书共有10个项目，包括网络操作系统基础、活动目录和域管理、网络操作系统配置、网络操作系统安全加固、DNS服务器配置与管理、DHCP服务器配置与管理、Web服务器配置与管理、FTP服务器配置与管理、证书服务器配置与管理、VPN服务器配置与管理等内容。

本书在内容编排上本着“实践为主，理论服务实践”的原则，确保学生学以致用，内容由浅入深，从各种服务与应用的基本概念、安装配置、安全管理与维护到实际应用案例的配置，每个知识点都根据实际的工作任务设计了学习情景，提供了易于实现的网络拓扑图。

本书建议学时数为64，采用“教、学、做”一体化教学，具体教学内容的组织和课时安排可视情况适当调整。

本教材由浙江警官职业学院江波任主编，浙江警官职业学院陈志刚任副主编。杭州文宝成业科技有限公司技术经理杨明明对教材中的项目环境搭建、软件支持、资源配套等给予了大力帮助，对教材的编写提出了许多自己的观点，特别对教材中实际项目案例设计提出了宝贵意见，参与了部分内容的编写。具体编写分工如下：江波编写了项目1~项目6，陈志刚编写了项目7、项目8，杨明明编写了项目9、项目10。

本书在编写过程中，得到了许多老师的关心和帮助，并提出许多宝贵的修改意见，对于他们的关心、帮助和支持，编者表示十分感谢！

在编写本书的过程中，参考了大量的相关资料，从中汲取了许多宝贵经验，在此对这些资料的作者谨表谢意。由于作者水平有限，书中的不妥和错误在所难免，恳请各位专家、读者不吝指正，以不断提高本书的质量。作者联系邮箱：89666574@qq.com。

编　者

2024年8月

所有意见和建议请发往：dutpgz@163.com

欢迎访问职教数字化服务平台：https://www.dutp.cn/sve/

联系电话：0411-84706671　84706104

目　录

项目 1　网络操作系统基础 ……………………………………………1

1.1　项目知识准备——网络操作系统 ……………………………………2

1.1.1　网络操作系统概述 ……………………………………………2

1.1.2　网络操作系统的功能与特性 ………………………………………2

1.1.3　典型的网络操作系统 ……………………………………………5

1.1.4　Windows Server 2016 的版本 ……………………………………6

1.1.5　Windows Server 2016 系统安装要求 ………………………………7

1.1.6　Windows Server 2016 系统安装方式 ………………………………8

1.1.7　Windows Server 2016 系统安装环境准备 ……………………………9

1.2　项目实施——安装和配置网络操作系统 ……………………………10

任务 1-1　VMware 虚拟机安装与配置 ……………………………10

任务 1-2　安装 Windows Server 2016 网络操作系统 …………………14

任务 1-3　配置 Windows Server 2016 网络操作系统 …………………18

任务 1-4　VMware 快照和克隆配置 ………………………………26

项目 2　活动目录和域管理 ……………………………………………32

2.1　项目知识准备——活动目录和域 ……………………………………33

2.1.1　活动目录的意义 ………………………………………………33

2.1.2　活动目录功能及对象类别 ………………………………………33

2.1.3　活动目录结构 …………………………………………………34

2.1.4　AD 域网络 ……………………………………………………38

2.1.5　AD 的规划 ……………………………………………………40

2.1.6　域网络环境规划 ………………………………………………41

2.2　项目实施——安装和配置域 ………………………………………42

任务 2-1　域控制器的安装 ………………………………………42

任务 2-2　将域成员计算机加入域 …………………………………47

任务 2-3　安装额外域控制器 ………………………………………50

任务 2-4　创建子域 ………………………………………………57

项目 3　网络操作系统配置 ……………………………………………64

3.1　项目知识准备——系统用户和组基础 ………………………………65

3.1.1　本地用户创建和管理 ……………………………………………65

3.1.2　本地组创建和管理 ………………………………………………68

3.1.3 账户的SID …70
3.2 项目实施——创建和配置系统用户和组 …73
任务3-1 隐藏账户的创建与管理 …73
任务3-2 域账户、域组的创建和管理 …78
3.3 项目知识准备——文件系统基础 …82
NTFS文件和文件夹权限 …82
3.4 项目实施——文件系统配置 …85
任务3-3 NTFS文件系统压缩 …85
任务3-4 NTFS文件系统加密 …86
任务3-5 磁盘配额管理 …92
3.5 项目知识准备——磁盘基础 …94
磁盘管理基础 …94
3.6 项目实施——磁盘配置和管理 …96
任务3-6 配置基本磁盘 …96
任务3-7 配置动态磁盘 …102

项目4 网络操作系统安全加固 …117

4.1 项目实施——账户管理与认证授权 …118
任务4-1 系统账户检查加固 …118
任务4-2 相关账户口令检查加固 …121
任务4-3 系统授权检查加固 …124
4.2 项目实施——审核策略和日志检查 …125
任务4-4 审核策略检查加固 …125
任务4-5 日志检查加固 …127
4.3 项目实施——协议安全配置 …129
任务4-6 SYN Flood攻击防御 …129
任务4-7 其他协议攻击防御 …130
4.4 项目实施——系统安全检查 …131
任务4-8 文件权限检查加固 …131
任务4-9 系统服务检查加固 …135
任务4-10 安全选项检查加固 …137
任务4-11 其他安全检查加固 …138

项目5 DNS服务器配置与管理 …142

5.1 项目知识准备——DNS域名解析基础 …143
5.1.1 DNS结构与域名空间 …143
5.1.2 DNS域名解析方式 …144
5.1.3 DNS域名解析查询模式 …146
5.1.4 DNS服务器网络规划 …148
5.2 项目实施——部署并配置DNS服务器 …149
任务5-1 添加DNS服务器角色 …149

任务5-2 添加DNS区域和资源记录 ……151
任务5-3 配置DNS客户端并测试主DNS服务器 ……157
任务5-4 部署唯缓存DNS服务器 ……158
任务5-5 部署辅助DNS服务器 ……160

项目6 DHCP服务器配置与管理 ……166

6.1 项目知识准备——DHCP服务器基础 ……167
6.1.1 DHCP的概念和作用 ……167
6.1.2 DHCP服务系统的组成 ……167
6.1.3 DHCP地址的分配方式 ……168
6.1.4 DHCP服务器的工作原理 ……168
6.1.5 DHCP服务器配置环境 ……170
6.2 项目实施——部署并配置DHCP服务器 ……170
任务6-1 部署DHCP服务器 ……170
任务6-2 配置DHCP类别选项 ……176
任务6-3 配置DHCP中继代理 ……180

项目7 Web服务器配置与管理 ……189

7.1 项目知识准备——Web服务器基础 ……190
7.1.1 Web概述 ……190
7.1.2 Web应用程序 ……191
7.1.3 Web服务器解决方案 ……191
7.1.4 Web服务器网络环境 ……192
7.2 项目实施——部署并配置Web服务器 ……193
任务7-1 安装IIS服务 ……193
任务7-2 在Web服务器上创建Web站点 ……195
任务7-3 管理Web站点的目录 ……198
任务7-4 基于虚拟主机部署多个网站 ……200
7.3 项目实施——Web服务器安全性配置 ……205
任务7-5 配置身份验证 ……205
任务7-6 IP地址和域限制 ……209
任务7-7 授权规则 ……210
任务7-8 设置WebDAV发布 ……212

项目8 FTP服务器配置与管理 ……217

8.1 项目知识准备——FTP服务器基础 ……218
8.1.1 FTP工作过程 ……218
8.1.2 FTP工作模式 ……218
8.1.3 匿名FTP和用户FTP ……220
8.1.4 FTP服务器网络环境 ……221

8.2 项目实施——部署并配置FTP服务器 ······221
任务8-1 创建和访问FTP站点 ······221
任务8-2 创建FTP虚拟目录 ······224
任务8-3 创建FTP虚拟主机 ······225
8.3 项目实施——FTP服务器安全配置 ······227
任务8-4 IP地址和域限制 ······227
任务8-5 FTP身份验证和授权规则 ······228
任务8-6 FTP用户隔离 ······230

项目9 证书服务器配置与管理 ······237

9.1 项目知识准备——证书服务器基础 ······238
9.1.1 公钥基础架构概述 ······238
9.1.2 加密技术 ······238
9.1.3 数字证书 ······239
9.1.4 证书颁发机构 ······240
9.1.5 证书服务器网络环境 ······241
9.2 项目实施——部署并配置证书服务器 ······242
任务9-1 部署Web网站和FTP站点 ······242
任务9-2 安装证书服务器并安装独立根CA ······243
任务9-3 客户端Client-1下载证书 ······245
任务9-4 Web服务器Server-1上配置证书服务 ······248
任务9-5 在客户端Client-1上测试基于SSL的Web访问 ······253
任务9-6 在FTP服务器Server-1上配置证书服务 ······254
任务9-7 在客户端Client-1上测试基于SSL的FTP访问 ······256

项目10 VPN服务器配置与管理 ······260

10.1 项目知识准备——虚拟专用网基础 ······261
10.1.1 远程访问服务 ······261
10.1.2 虚拟专用网(VPN)概念 ······261
10.1.3 VPN应用模式 ······262
10.1.4 基于隧道的VPN ······262
10.1.5 VPN协议 ······263
10.1.6 网络服务器的VPN组件 ······263
10.1.7 VPN服务网络规划 ······264
10.2 项目实施——部署并配置VPN服务器 ······265
任务10-1 添加“路由和远程访问服务”角色 ······265
任务10-2 配置VPN服务并设置账户允许VPN连接 ······268
任务10-3 VPN客户端配置 ······271
任务10-4 VPN客户端通过VPN访问内网资源 ······274
任务10-5 断开VPN连接 ······276

微课资源索引

模块	微课名称	教材页码
项目1	任务1-1 VMware虚拟机安装与配置	10
	任务1-2 安装Windows Server 2016网络操作系统	14
	任务1-3 配置Windows Server 2016网络操作系统	18
	任务1-4 VMware快照和克隆配置	26
项目2	任务2-1 域控制器的安装	42
	任务2-2 将域成员计算机加入域	47
	任务2-3 安装额外域控制器	50
	任务2-4 创建子域	57
项目3	任务3-1 隐藏账户的创建与管理	73
	任务3-2 域账户、域组的创建和管理	78
	任务3-3 NTFS文件系统压缩	85
	任务3-4 NTFS文件系统加密	86
	任务3-5 磁盘配额管理	92
	任务3-6 配置基本磁盘	96
	任务3-7 配置动态磁盘	102
项目4	任务4-1 系统账户检查加固	118
	任务4-2 相关账户口令检查加固	121
	任务4-3 系统授权检查加固	124
	任务4-4 审核策略检查加固	125
	任务4-5 日志检查加固	127
	任务4-6 SYN Flood攻击防御	129
	任务4-7 其他协议攻击防御	130
	任务4-8 文件权限检查加固	131
	任务4-9 系统服务检查加固	135
	任务4-10 安全选项检查加固	137
	任务4-11 其他安全检查加固	138
项目5	任务5-1 添加DNS服务器角色	149
	任务5-2 添加DNS区域和资源记录	151
	任务5-3 配置DNS客户端并测试主DNS服务器	157
	任务5-4 部署唯缓存DNS服务器	158
	任务5-5 部署辅助DNS服务器	160

（续表）

模块	微课名称	教材页码
项目6	任务6-1　部署DHCP服务器	170
	任务6-2　配置DHCP类别选项	176
	任务6-3　配置DHCP中继代理	180
项目7	任务7-1　安装IIS服务	193
	任务7-2　在Web服务器上创建Web站点	195
	任务7-3　管理Web站点的目录	198
	任务7-4　基于虚拟主机部署多个网站	200
	任务7-5　配置身份验证	205
	任务7-6　IP地址和域限制	209
	任务7-7　授权规则	210
	任务7-8　设置WebDAV发布	212
项目8	任务8-1　创建和访问FTP站点	221
	任务8-2　创建FTP虚拟目录	224
	任务8-3　创建FTP虚拟主机	225
	任务8-4　IP地址和域限制	227
	任务8-5　FTP身份验证和授权规则	228
	任务8-6　FTP用户隔离	230
项目9	任务9-1　部署Web网站和FTP站点	242
	任务9-2　安装证书服务器并安装独立根CA	243
	任务9-3　客户端Client-1下载证书	245
	任务9-4　在Web服务器Server-1上配置证书服务	248
	任务9-5　在客户端Client-1上测试基于SSL的Web访问	253
	任务9-6　在FTP服务器Server-1上配置证书服务	254
	任务9-7　客户端Client-1上测试基于SSL的FTP访问	256
项目10	任务10-1　添加“路由和远程访问服务”角色	265
	任务10-2　配置VPN服务并设置账户允许VPN连接	268
	任务10-3　VPN客户端配置	271
	任务10-4　VPN客户端通过VPN访问内网资源	274
	任务10-5　断开VPN连接	276

项目 1 网络操作系统基础

主要内容

本项目详细介绍Windows Server 2016服务器的基本知识，让读者了解网络操作系统的概念、了解典型的网络操作系统、掌握网络操作系统的功能与特性、掌握Windows Server 2016系统安装要求、掌握VMware虚拟机的安装与配置、掌握Windows Server 2016操作系统的安装和配置等。

知识目标

- 了解网络操作系统的概念
- 了解典型网络操作系统
- 掌握网络操作系统的功能与特性
- 掌握Windows Server 2016系统配置
- 掌握VMware的快照和克隆功能

技能目标

- 掌握VMware虚拟机的安装与配置
- 掌握Windows Server 2016系统的安装方式
- 掌握Windows Server 2016系统的安装过程
- 掌握Windows Server 2016系统的基本配置
- 掌握VMware虚拟机的快照和克隆方法

素质目标

- 培养自学能力，刻苦钻研精神
- 提升动手能力，解决问题能力
- 增强网络安全意识，提高系统安全防护技术

1.1 项目知识准备——网络操作系统

1.1.1 网络操作系统概述

操作系统(Operating System,OS)是用户和计算机之间的界面,是计算机系统中负责提供应用程序运行环境以及用户操作环境的系统软件,同时也是计算机系统的核心。它的功能包括对硬件和各种计算机资源的管理,以及提供诸如作业管理之类的面向应用程序的服务等。对计算机系统而言,操作系统是对所有系统资源进行管理的程序的集合;对用户而言,操作系统提供了对系统资源进行有效利用的简单、抽象的方法。

网络操作系统(Network Operating System, NOS)是使网络上各计算机能方便而有效地共享网络资源,为网络用户提供所需要的各种服务软件和有关规程的集合。除了能实现单机操作系统的全部功能外,还具备管理网络中的共享资源、实现用户通信以及方便用户使用网络等功能。所以,网络操作系统可以理解为网络用户与计算机网络之间的接口,是计算机网络中管理一台或多台主机的软硬件资源、支持网络通信、提供网络服务的程序集合。计算机操作系统上会安装很多网络软件,包括网络协议软件、网络通信软件和网络操作系统等。网络协议软件主要是指物理层和链路层的一些接口约定,网络通信软件管理各计算机之间的信息传输。

网络操作系统是网络上各计算机能方便而有效地共享网络资源,为网络用户提供所需的各种服务的软件和有关规程的集合。网络操作系统与通常的操作系统有所不同,它除了应具有通常操作系统应具有的处理机管理、存储器管理、设备管理和文件管理外,还应具有以下两大功能:

(1)提供高效、可靠的网络通信能力;

(2)提供多种网络服务功能,如:远程作业录入并进行处理的服务功能、文件传输服务功能、电子邮件服务功能、远程打印服务功能等。

1.1.2 网络操作系统的功能与特性

操作系统的功能通常包括处理器管理、存储器管理、设备管理、文件系统管理,以及为方便用户使用操作系统而向用户提供的用户接口。网络操作系统除了提供上述资源管理功能和用户接口外,还提供网络环境下的通信、网络资源管理、网络应用等特定功能。它能够协调网络中各种设备的运作,向客户提供尽量多的网络资源,包括文件和打印机、传真机等外围设备,并确保网络中数据和设备的安全性。

1. 网络操作系统的功能

(1)共享资源

这是网络最基本的功能,其任务是在源主机和目标主机之间,实现无差错的数据传输。

网络操作系统应该能够对网络中的共享资源，如磁盘阵列、打印机、绘图仪等共享硬件，以及目录、文件、数据库等共享软件实施有效的管理，能够有效协调用户对共享资源的使用，保证共享数据的安全性和一致性。

(2)网络通信

接入网络的计算机作为主机系统，都应该支持网络通信功能，即实现从数据链路层到应用层的功能，从而在源主机和目标主机之间实现无差错的数据传输，网络操作系统作为网络应用中的核心设备，在网络通信方面支持更多的协议，提供更高的安全性和可用性。

(3)网络服务

网络操作系统内置了常用的网络服务器，为用户提供多种有效的网络服务。不同的网络操作系统产品内置的网络服务不同，有时可以应用第三方软件扩展服务。网络操作系统具备的典型网络服务主要有用户管理、文件传输、DNS域名解析系统、DHCP地址自动分配系统、Web网站访问、电子邮件、电子证书安全以及共享硬盘和软件等服务。

(4)网络管理

网络管理最主要的任务是安全管理，一般通过存、取控制来确保存、取数据的安全性，以及通过容错技术来保证系统发生故障时数据能够安全恢复。此外，网络操作系统还能对网络性能进行监视，并对使用情况进行统计，以便为提高网络性能、进行网络维护和计费等提供必要的信息。

(5)互操作能力

在客户机/服务器模式的局域网(Local Area Network, LAN)环境下的互操作是指连接在服务器上的多种客户机不仅能与服务器通信，还能以透明的方式访问服务器上的文件系统；网络环境下的互操作是指不同网络间的客户机不仅能通信，而且能以透明的方式访问其他网络的文件服务器。

2. 网络操作系统的特性

(1)客户机/服务器模式

客户机/服务器(Client/Server, C/S)模式是近年来比较流行的应用模式，它把应用划分为客户端和服务器端，客户端把服务请求提交给服务器端，服务器端负责处理请求，并把处理结果返回至客户端。如Web服务、大型数据库服务等都是典型的客户机/服务器模式。

浏览器/服务器(Brower/Server, B/S)模式是随着Internet技术的兴起，对C/S模式的一种变化或者改进的模式。在这种模式下，用户界面完全通过WWW浏览器来实现，一部分事务逻辑在前端实现，但是主要事务逻辑在服务器端实现。B/S模式主要是利用了不断成熟的WWW浏览器技术，结合浏览器的多种脚本语言和Active X技术，采用通用浏览器就能实现原本需要复杂专用软件才能实现的强大功能，并节约了开发成本，是一种全新的软件系统构造技术。随着各操作系统将浏览器技术植入操作系统内部，这种结构更成为当今应用软件的首选体系结构。

(2)支持多任务

网络操作系统在同一时间内能够处理多个应用程序，每个应用程序在不同的内存空间运行。网络操作系统一般采用微内核类型结构设计。微内核始终保持对系统的控制，并给应用程序分配时间段，控制其运行。在指定的时间结束时，微内核抢先运行进程并将控制移交给下一个进程。以微内核为基础，可以引入大量的特征和服务，如集成安全子系统、抽象的虚拟化硬件接口、多协议网络支持以及集成化的图形界面管理工具等。

(3)支持多种文件系统

有些网络操作系统还支持多文件系统，具有良好的兼容性，可实现对系统升级的平滑过渡。例如，Windows Server 2016支持文件配置表(File Allocation Table, FAT)、高性能文件系统及其本身的新技术文件系统(NTFS)。NTFS支持文件的多属性连接以及长文件名到短文件名的自动映射，使得Windows Server 2016支持大容量的硬盘空间，这样既增加了安全性，又便于管理。

(4)并行性

网络操作系统都支持群集技术，可以实现在网络的每个节点处为用户建立虚拟处理器，各节点机并行执行。一个用户的作业被分配到不同节点机上，网络操作系统管理这些节点机协作完成用户的作业。

(5)可移植性

目前，网络操作系统一般都支持广泛的硬件产品，不仅支持Intel系列处理器，而且可运行在精简指令集计算机芯片上。网络操作系统往往还支持多处理器技术，如支持对称多处理(Symmetrical Multi-Processing, SMP)技术，支持的处理器个数从1到32不等，或者更多，这使得系统具有很好的可移植性。

(6)高可靠性

网络操作系统是运行在网络核心设备(如服务器)上的管理网络并提供服务的关键软件。它必须具有高可靠性，能够保证系统365天、24小时全天不间断地工作。如果由于某些情况(如访问过载)系统总是崩溃或服务停止，用户是无法忍受的，因此，网络操作系统必须具有良好的稳定性。

(7)安全性

目前，网络中病毒和黑客攻击时有发生，在安全性上对网络操作系统提出了更高的要求。为了保证系统和系统资源的安全性、可用性，网络操作系统往往集成用户权限管理、资源管理等功能。例如，为每种资源都定义自己的存取控制表(Access Control List, ACL)，定义各个用户对某个资源的存取权限，且使用用户安全标识符(Security Identifiers, SID)唯一区别用户。

(8)容错性

网络操作系统能提供多级系统容错能力，包括日志式的容错特征列表、可恢复文件系统、磁盘镜像、磁盘扇区备用以及对不间断电源(Uninterruptible Power System, UPS)的支持。强大的容错性是系统可靠运行的保障。

(9)图形化界面

目前，网络操作系统的研发者非常注重系统的图形用户界面(Graphical User Interface, GUI)开发。良好的图形用户界面可以为用户提供直观、美观、便捷的操作接口。

1.1.3 典型的网络操作系统

网络操作系统是用于网络管理的核心软件，目前得到广泛应用的网络操作系统有UNIX、Linux、NetWare、Windows Server 2003/2008/2012/2016/2019等。下面介绍UNIX和Linux两种网络操作系统。

1.UNIX操作系统

UNIX是一个通用的、交互作用的分时系统，最早版本是由美国电报电话公司(AT&T)贝尔实验室的肯•汤普森和丹尼斯•里奇共同研制的，目的是在贝尔实验室内创造一种进行程序设计研究和开发的良好环境。UNIX是为多用户环境设计的，即所谓的多用户网络操作系统，其内建TCP/IP支持。该协议已经成为Internet中通信的事实标准。UNIX发展历史悠久，具有分时操作、稳定、安全等优秀的特性，适用于几乎所有的大型机、中型机、小型机，也可用于工作组级服务器。在中国，一些特殊行业，尤其是拥有大型机、中型机、小型机的企业，一直沿用UNIX网络操作系统。

UNIX系统支持网络文件系统服务，提供数据等应用，功能强大。这种网络操作系统的稳定性和安全性非常好，但由于它多数是以命令方式来进行操作的，不容易掌握，特别是初级用户。正因如此，小型局域网基本不使用UNIX作为网络操作系统，UNIX一般用于大型的网站或大型的企、事业局域网中。UNIX网络操作系统历史悠久，其良好的网络管理功能已为广大网络用户所接受，拥有丰富的应用软件的支持。UNIX本是针对小型机主机环境开发的操作系统，是一种集中式分时多用户体系结构。因其体系结构不够合理，UNIX的市场占有率呈下降趋势。

2.Linux操作系统

Linux是一种在PC上执行的、类似UNIX的网络操作系统。1991年，第一个Linux网络操作系统由芬兰赫尔辛基大学的年轻学生林纳斯•托瓦兹发布，它是一个完全免费的网络操作系统。这是一种新型的网络操作系统，它最大的特点就是源代码开放，可以免费得到许多应用程序。目前也有中文版本的Linux，如REDHAT(红帽子)、红旗Linux、Centos等。在国内得到了用户充分的肯定，主要体现在它的安全性和稳定性方面，它与UNIX有许多类似之处。目前这类操作系统主要应用于中、高档服务器中。

Linux具有以下特点。

(1)开放性。Linux具有良好的开放性，系统遵循相关国际标准规范，易于硬件和软件兼容、实现互连。例如，Linux完全符合POSIX 1003.1标准，POSIX 1003.1标准定义了一个最小的UNIX操作系统接口，使得符合该标准的软件可以在Linux上运行。另外，为了使UNIX System V和BSD上的程序能直接在Linux上运行，Linux还增加了部分System V和BSD的系统接口，使Linux成为一个完善的UNIX程序开发系统。

(2)支持多用户访问和多任务编程。与UNIX操作系统一样，Linux也是一个优秀的多用户操作系统，即系统资源可以被不同用户各自拥有使用，每个用户对自己的资源(如文件、设备)有特定的权限，互不影响。Linux还支持多任务编程，一个用户可以创建多个进程，并使各个进程协同工作完成用户的需求。

(3)良好的用户界面。Linux向用户提供了两种界面:用户界面和系统调用界面。Linux支持传统的基于文本的命令行用户界面，即Shell，它既支持联机使用，又支持以文件形式脱机使用。Shell有很强的程序设计能力，用户可方便地使用它编制程序，将多条命令组合在一起，形成一个Shell程序，方便用户扩充系统功能。Linux 还为用户提供了图形用户界面，利用鼠标、菜单、窗口、滚动条等形式，给用户呈现一个直观、易操作、交互性强的友好的图形化界面。系统调用界面是用户编程时使用的界面，即通过界面在编程时直接调用系统命令，从而为用户程序提供低级、高效率的服务。

(4)设备独立性。设备独立性是指操作系统把所有外部设备统一当作文件来看待，只要安装它们的驱动程序，任何用户都可以像使用文件一样操纵、使用这些设备，而不必知道它们的具体存在形式。当需要增加新设备时，系统管理员就在内核中增加必要的连接，设备独立性的操作系统能够容纳任意种类及任意数量的设备，每一个设备都是通过其与内核的专用连接进行独立访问。

(5)提供了丰富的网络功能。Linux 的通信和网络功能紧密地与内核结合在一起，并内置了完善的网络服务。Linux 免费提供了大量支持 Internet 的软件，用户可以方便地使用网络文件系统、文件传输、远程访问等网络功能。此外，Linux 支持 SLIP 和 PPP 协议，即实现串行线上的 TCP/IP 协议应用，方便用户使用支持上述协议的设备接入 Internet。

(6)支持多种文件系统。Linux 能支持多种文件系统，如 EXT2、EXT、XIAFS 等。Linux 最常用的文件系统是 EXT2，支持文件名长度可达 255 字符，并且还有许多特有的功能，使它比常规的 UNIX 文件系统更加安全。

(7)可靠的系统安全。Linux 采取了许多安全技术措施，包括对读/写进行权限控制、带保护的子系统、审计跟踪、核心授权等，这为网络多用户环境中的用户提供了必要的安全保障。

1.1.4 Windows Server 2016的版本

Windows Server 2016是微软于2016年10月13日正式发布的服务器操作系统。它在整体的设计风格与功能上更加接近Windows 10操作系统。

Windows Server 2016有6个版本，即 Windows Server 2016 Essentials edition（基础版）、Windows Server 2016 Standard edition（标准版）、Windows Server 2016 Datacenter edition（数据中心版）、Microsoft Hyper-V Server 2016 版、Windows Storage Server 2016 Workgroup edition（工作组版）和 Windows Storage Server 2016 Standard edition（标准版）。

(1)Windows Server 2016 Essentials edition

Windows Server 2016 Essentials edition 是专为小型企业而设计的。它对应于 Windows Server 早期版本中的 Windows Small Business Server。此版本最多可容纳 25 个用户和 50 台设备。它支持两个处理器内核和高达 64 GB 的随机存取存储器（Random Access Memory, RAM），它不支持虚拟化技术。一般小型企业服务器使用这个版本的网络操作系统。

(2)Windows Server 2016 Standard edition

Windows Server 2016 Standard edition 是为具有很少或没有虚拟化功能的物理服务器环境设计的。它提供了 Windows Server 2016 网络操作系统可用的许多角色和功能。此版本最多支持 64 个插槽和最多 4 TB 的 RAM。它最多包括两个虚拟机的许可证，并且支持 Nano

服务器安装。

(3)Windows Server 2016 Datacenter edition

Windows Server 2016 Datacenter edition专为高度虚拟化的基础架构设计,包括私有云和混合云环境。它提供Windows Server 2016网络操作系统可用的所有角色和功能。此版本最多支持64个插槽,最多640个处理器内核和最多4 TB的RAM。它为在相同硬件上运行的虚拟机提供了无限的基于虚拟机的许可证。它还包括新功能,如存储空间直通和存储副本,以及新的受防护的虚拟机和软件定义的数据中心场景所需的功能。一般特大型企业的服务器使用这个版本的网络操作系统。

(4)Microsoft Hyper-V Server 2016

Microsoft Hyper-V Server 2016作为运行虚拟机的独立虚拟化服务器,包括Windows Server 2016中虚拟化的所有新功能。主机操作系统没有许可成本,但每个虚拟机必须单独获得许可。此版本最多支持64个插槽和最多4 TB的RAM,并支持加入域。除了有限的文件服务功能,它不支持其他Windows Server 2016角色。此版本没有GUI,但有一个显示配置任务菜单的用户界面。

(5)Windows Storage Server 2016 Workgroup edition

Windows Storage Server 2016 Workgroup edition充当入门级的统一存储设备。此版本允许50个用户,一个处理器内核32 GB的RAM,它支持加入域。

(6)Windows Storage Server 2016 Standard edition

Windows Storage Server 2016 Standard edition支持多达64个插槽,但是以双插槽递增的方式获得许可。此版本最多支持4 TB RAM。它包括两个虚拟机许可证。它支持加入域,支持一些角色,包括DNS、DHCP等。但是不支持其他角色,如AD DS、AD CS、AD FS等。

1.1.5 Windows Server 2016系统安装要求

1.最低配置要求

(1)中央处理器(Central Processing Unit, CPU):最少1.4 GHz的64位处理器;与X64指令集兼容;支持NX或DEP;支持二级地址转换。

(2)RAM:最低512 MB,对于包含桌面体验的服务器安装选项则最少需2 GB。

(3)硬盘:最低32 GB硬盘空间,如果RAM超过16 GB的服务器还需要为页面文件、休眠文件和转储文件分配额外的硬盘空间。

(4)网络适配器:至少有千兆位吞吐量的以太网适配器,符合PCI Express体系结构规范,支持预启动执行环境(PXE)。

2.系统安装选项

Windows Server 2016提供以下3种安装选项:

(1)包含桌面体验的服务器。它会安装标准的图形用户界面,并支持所有的服务与工具。由于包含图形用户界面,因此用户可以通过友好的图形化接口与管理工具来管理服务器。这是我们通常选择的选项。

(2)Server Core。安装完成后的环境没有窗口管理接口,因此只能使用命令提示符

(command prompt)、Windows PowerShell或通过远程计算机来管理此台服务器。有些服务在Server Core模式下并不被支持,除非有图形化接口或特殊服务的使用需求,否则这是微软建议的安装选项。

(3)Nano Server。是针对私有云和数据中心进行优化的远程管理的服务器操作系统。类似于服务器核心模式中的Windows Server,但明显较小,且只支持64位应用程序与工具。它没有本地登录功能,只能通过远程管理来访问服务器,以针对私有云和数据中心进行优化。比起其他选项,它占用的硬盘空间更小、配置速度更快,而且所需的更新和重新启动次数更少。

Nano Server安装选项仅适用于Windows Server 2016的Standard和Datacenter版本。Nano Server非常适用于多种方案:

- 作为Hyper-V虚拟机的计算主机,无论是否在群集中。
- 作为横向扩展文件服务器的存储主机。
- 作为DNS服务器。
- 作为运行Internet Information Services(IIS)的Web服务器。
- 作为使用云应用程序模式开发以及在容器或虚拟机来宾操作系统中运行的应用程序的主机。

1.1.6 Windows Server 2016系统安装方式

Windows Server 2016有多种安装方式,分别适用于不同的环境,选择合适的安装方式可以提高工作效率。除了全新安装外,还有升级安装、远程安装及服务器核心安装。

(1)全新安装

全新安装利用包含Windows Server 2016的光盘或者U盘来启动计算机,并执行光盘或U盘中的安装程序。若硬盘内已经有旧版本的Windows网络操作系统,也可以先启动旧系统,然后插入光盘或U盘来执行其中的安装程序,也可以直接执行Windows Server 2016 ISO文件内的安装程序。

(2)升级安装

Windows Server 2016的任何版本都不能在32位计算机上进行安装或升级。遗留的32位服务器要想运行Windows Server 2016,当前服务器必须升级到64位。在开始升级Windows Server 2016之前,要确保断开一切USB或串口设备。

(3)远程安装

如果网络中已经配置了Windows部署服务,则通过网络远程安装也是一种不错的选择。但需要注意的是,采取这种安装方式必须确保计算机网卡具有预启动执行环境(PXE)芯片,支持远程启动功能。否则,就需要使用rbfg.exe程序生成启动U盘来启动计算机进行远程安装。

在利用PXE功能启动计算机的过程中,根据提示信息按下引导键(一般为F12键),会显示当前计算机所使用的网卡的版本等信息,并提示用户按下键盘上的F12键,启动网络服务引导。

(4)服务器核心安装

服务器核心是从Windows Server 2008开始新推出的功能。确切地说,Windows Server 2016的服务器核心是微软公司革命性的功能部件,是不具备图形界面的纯命令行服务器操作系统,只安装了部分应用和功能,因此会更加安全和可靠,同时降低了管理的复杂度。

使用磁盘阵列(Redundant Arrays of Independent Disks, RAID)卡实现磁盘冗余是大多数服务器常用的存储方案,既可以提高数据存储的安全性,又可以提高网络传输速度。带有RAID卡的服务器在安装和重新安装网络操作系统之前,往往需要配置RAID不同品牌和型号的服务器的配置方法略有不同,应注意查看服务器使用手册。对品牌服务器而言,也可以使用随机提供的安装向导光盘引导服务器,这样将会自动加载RAID卡和其他设备的驱动程序,并提供相应的RAID配置界面。

1.1.7 Windows Server 2016系统安装环境准备

在中小型企业部署网络操作系统时,一般选择Windows Server网络操作系统或者Linux网络操作系统,根据教学的要求,本案例采用Windows Server 2016网络操作系统。

1. 安装VMware Workstation虚拟机准备

(1)准备一台符合要求的物理机,建议安装Windows 10及以上操作系统。

(2)准备虚拟机的光盘或者镜像文件,建议版本:VMware Workstation Pro 15.5.1及以上版本。

(3)规划好安装虚拟机路径,建议选择默认C盘路径安装。

(4)根据要求完成虚拟机安装。

2. 安装Windows Server 2016环境准备

(1)Windows Server 2016网络操作系统的光盘或镜像文件。

(2)硬盘大小60 GB。要求Windows Server 2016的安装分区大小为60 GB,文件系统格式为NTFS,计算机名为Server-1,管理员密码为Password123,服务器的IP地址为192.168.1.1,子网掩码为255.255.255.0。

(3)要求配置桌面环境、关闭防火墙,放行ping命令,客户端和服务器端能够相互通信。

(4)该网络拓扑图如图1-1所示。

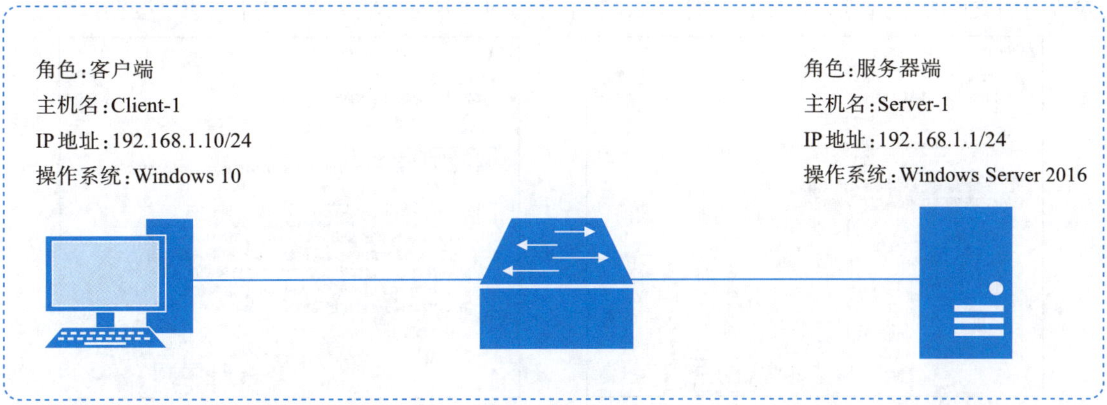

图1-1 网络拓扑图

1.2 项目实施——安装和配置网络操作系统

任务1-1 VMware虚拟机安装与配置

VMware虚拟机安装与配置

Windows Server 2016网络操作系统有多种安装方式，这里采用全新安装方式。为了方便学习，Windows Server 2016的安装在VMware虚拟机中完成。下面讲解如何在物理机上安装VMware虚拟机并对其进行配置。

1. 安装 VMware虚拟机

步骤1 使用的VMware虚拟机的版本为VMware Workstation Pro 15.5.1版本，首先到网上下载VMware安装程序，双击安装程序后打开安装向导，如图1-2所示。

步骤2 单击“下一步”按钮，进入最终用户许可协议，选择“我接受许可协议中的条款”选项，如图1-3所示，然后单击“下一步”按钮。

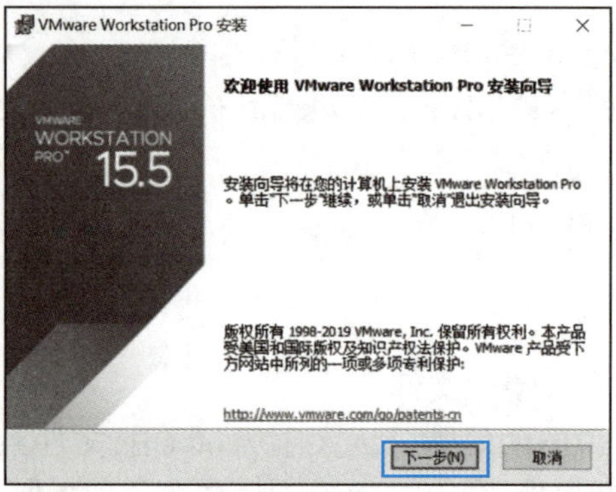

图1-2 “虚拟机安装”窗口

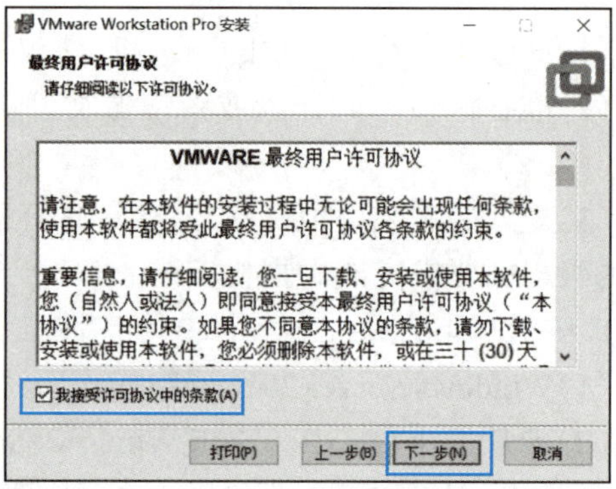

图1-3 “最终用户许可协议”窗口

步骤3 进入“自定义安装”窗口，如果要改变程序安装路径，可以单击“更改”按钮，选择合适的安装路径，如图1-4所示，然后单击“下一步”按钮。

步骤4 进入用户体验设置，可以选择“启动时检查产品更新”和“加入VMware客户体验提升计划”两个选项，如果不需要可以取消，如图1-5所示，然后单击“下一步”按钮。

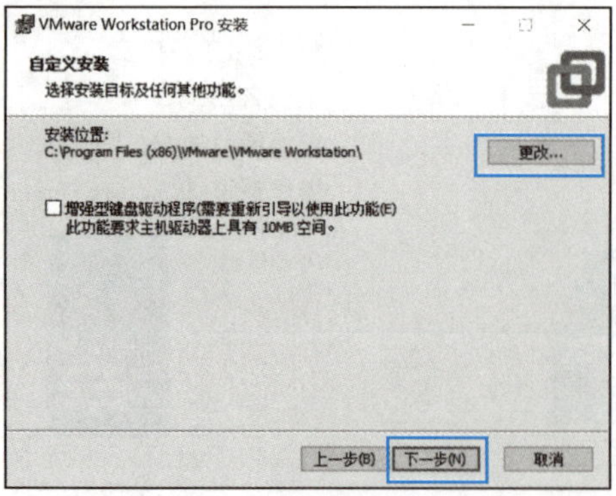

图1-4 “选择安装路径”窗口

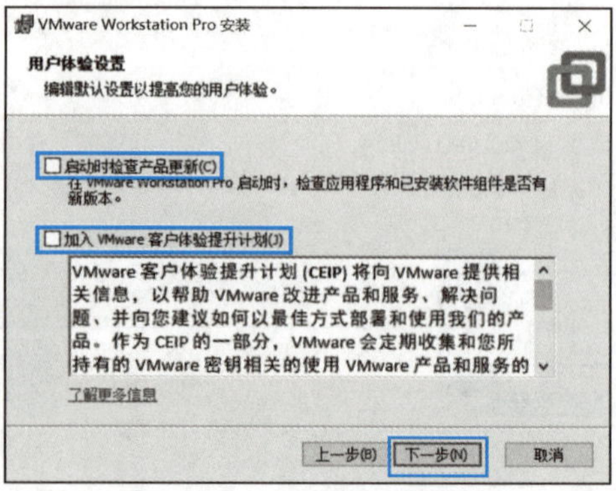

图1-5 “用户体验设置”窗口

步骤 5　默认选择“桌面”和“开始菜单程序文件夹”两项，如图 1-6 所示，然后单击“下一步”按钮。

步骤 6　单击“安装”按钮，如图 1-7 所示。

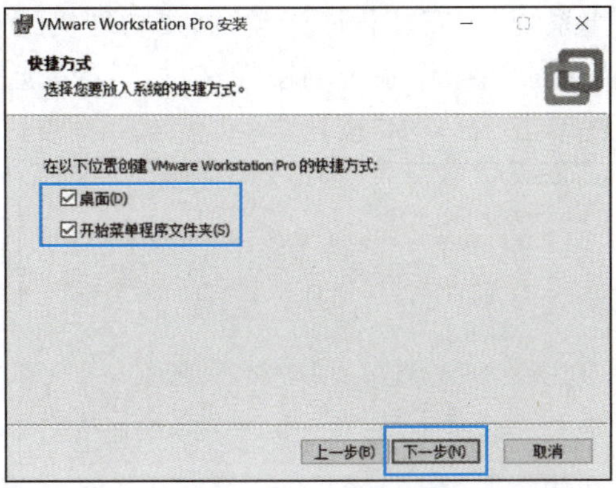

图 1-6　“快捷方式”窗口

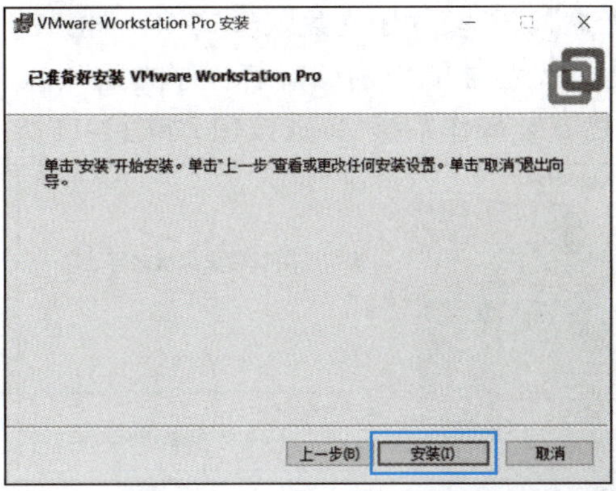

图 1-7　“已准备好安装 VMware Workstation Pro”窗口

步骤 7　过一会提示安装完成，如图 1-8 所示。这里如果有序列号，单击“许可证”按钮，把序列号输入即可，然后单击“完成”按钮，至此 VMware 虚拟机安装完成。

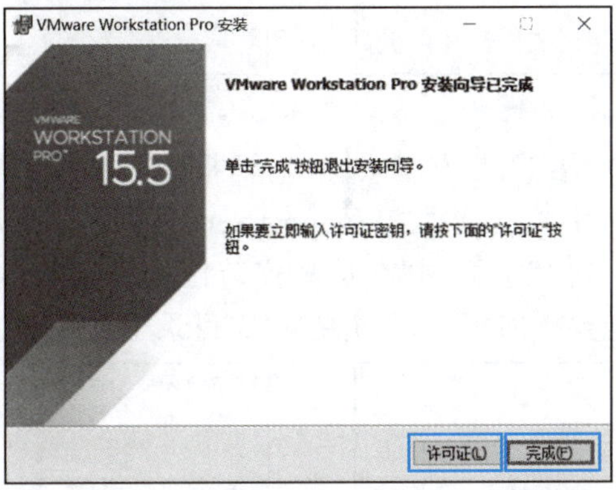

图 1-8　“VMware Workstation Pro 安装向导已完成”

2. 配置 VMware 虚拟机

安装完虚拟机后需要对其做进一步配置才能正常使用操作系统，步骤如下：

步骤 1　成功安装 VMware Workstation 15.5 Pro 后，双击打开虚拟机软件，界面如图 1-9 所示。

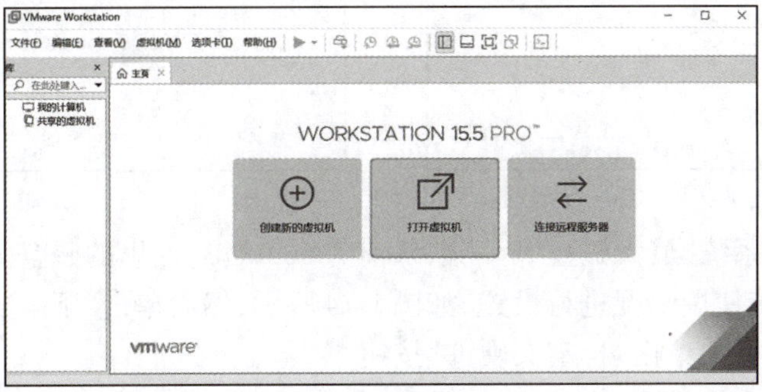

图 1-9　虚拟机管理窗口

步骤2　在图1-9中，单击“创建新的虚拟机”按钮，并在弹出的“新建虚拟机向导”对话框中选中“典型”单选按钮，如图1-10所示，然后单击“下一步”按钮。

步骤3　进入“安装客户机操作系统”对话框，这里有三个选项可以选择，分别是“安装程序光盘”、“安装程序光盘映像文件”、“稍后安装操作系统”。“安装程序光盘”需要物理机配有物理的光盘才能识别，“安装程序光盘映像文件”需要添加操作系统的镜像文件。这里选择“稍后安装操作系统”单选按钮，如图1-11所示，然后单击“下一步”按钮。

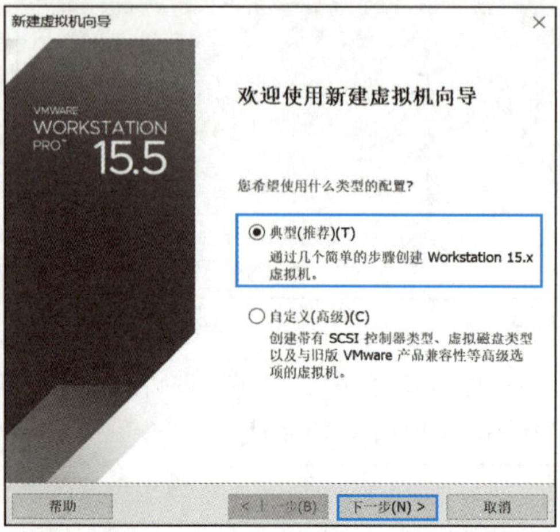

图1-10　“新建虚拟机向导”对话框

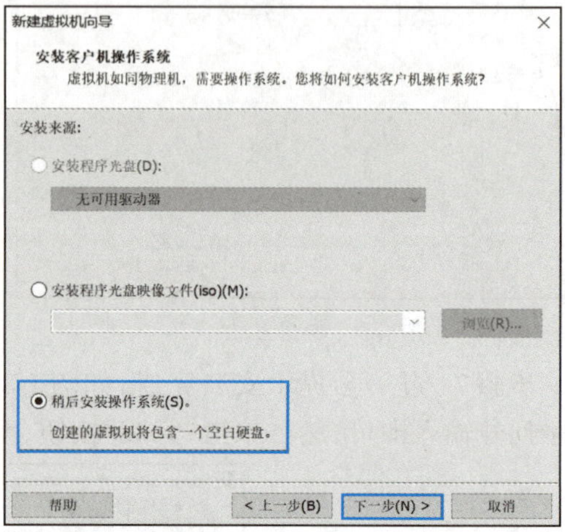

图1-11　“安装客户机操作系统”对话框

步骤4　在图1-12“选择客户机操作系统”对话框中，将客户机操作系统的类型选择为“Microsoft Windows”，版本下拉框选择“Windows Server 2016”，然后单击“下一步”按钮。

步骤5　填写“虚拟机名称”字段，并在选择安装位置之后单击“下一步”按钮，如图1-13所示。注意，安装位置一定要提前规划好，并在相应目录下建好可以安装的目录。

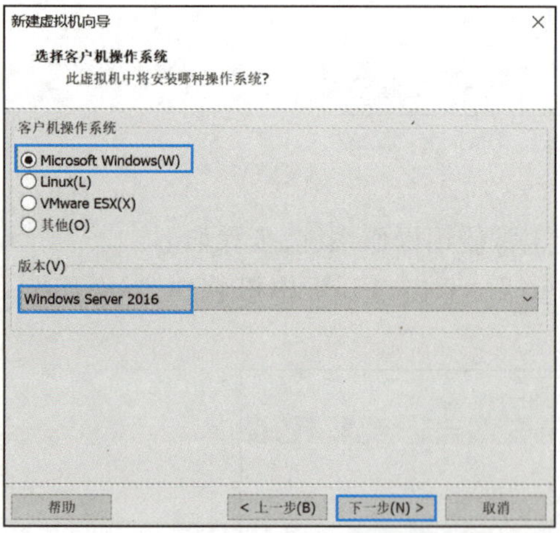

图1-12　“选择客户机操作系统”对话框

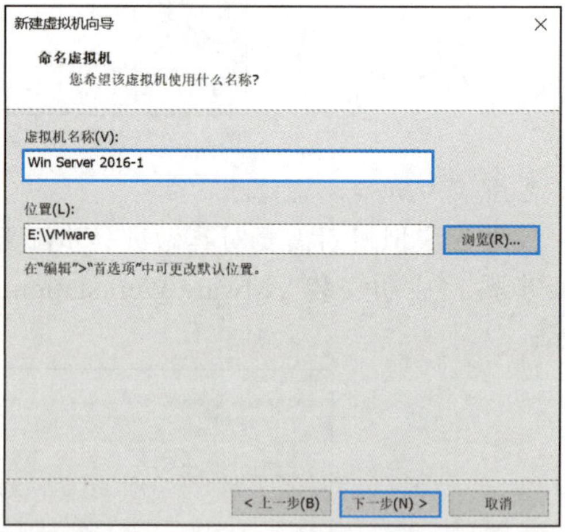

图1-13　“命名虚拟机”对话框

步骤6　虚拟机系统“最大磁盘大小”默认值为60.0 GB，这里的磁盘大小也可以修改，可以根据后面操作系统使用情况进行设置，如图1-14所示，然后单击“下一步”按钮。

步骤7　在图1-15中单击“自定义硬件”按钮。

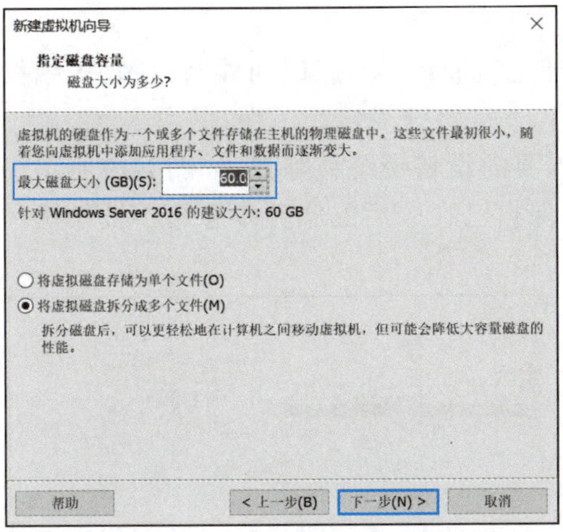

图 1-14 “指定磁盘容量”对话框

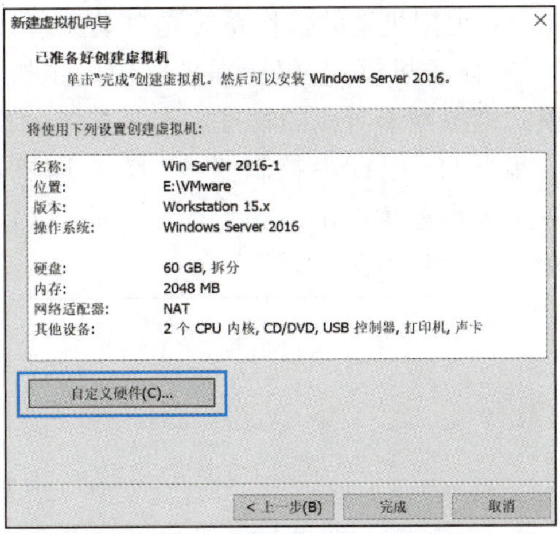

图 1-15 “已准备好创建虚拟机”对话框

步骤 8 在出现的图 1-16 所示的界面中，建议将虚拟机系统内存的可用量设置为 2 GB，最低不应低于 1 GB。根据宿主主机的性能设置 CPU 处理器的数量以及每个处理器的核心数量(不能超过宿主机的处理器的核心总数)，并开启虚拟化功能，然后单击“关闭”按钮，如图 1-16 所示。注意，“虚拟化 CPU 性能计数器”一般不要选择，许多计算机不支持。

步骤 9 在图 1-16 中选择“新 CD/DVD”选项，光驱设备此时应在“使用 ISO 映像文件”中选中下载好的 Windows Server 2016 系统映像文件，如图 1-17 所示。

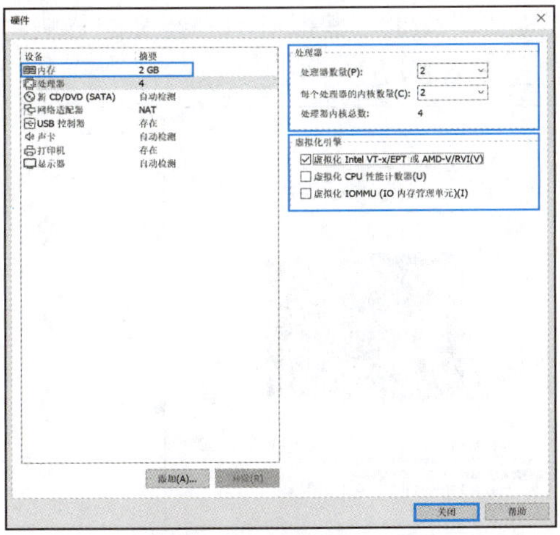

图 1-16 处理器相关设置对话框

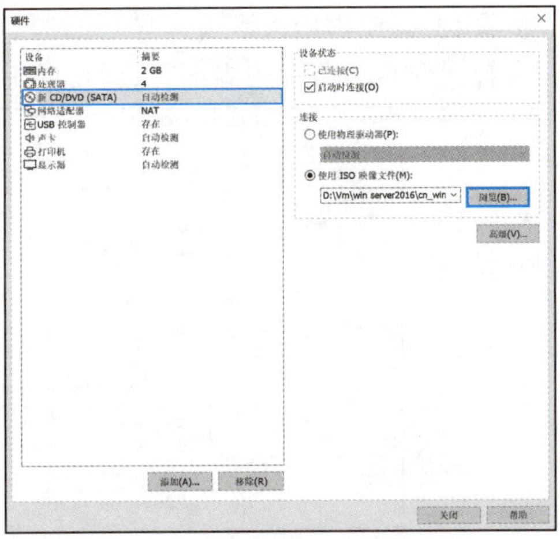

图 1-17 使用 ISO 映像文件对话框

步骤 10 在虚拟机 VMware 中为用户提供了 3 种可选的网络连接模式，分别为桥接模式、NAT 模式与仅主机模式。这里需要根据宿主主机或实验要求选择合适的网络连接模式，可以先选择“桥接模式”，后面如果需要可以更改，如图 1-18 所示。

(1)桥接模式：相当于在物理主机与虚拟机网卡之间架设了一座桥梁，从而可以通过物理主机的网卡访问外网，如果需要跟宿主主机或者外网通信，可以将虚拟机里操作系统 IP 地址设置成与宿主主机同一网段 IP 地址即可。

(2)NAT 模式：让虚拟机 VMware 的网络服务发挥路由器的作用，使得通过虚拟机软件模拟的主机可以通过物理主机访问外网，在真机中 NAT 虚拟机网卡对应的物理网卡是

VMnet8，虚拟机里的操作系统是自动获得IP地址。

(3)仅主机模式：仅让虚拟机内的主机与物理主机通信，不能访问外网，在真机中仅主机模式模拟网卡对应的物理网卡是VMnet1。

步骤11　把USB控制器、声卡、打印机等不需要的设备统统移除掉，如图1-19所示。移除声卡可以避免在输入错误后发出提示声音，确保自己在今后的实验中思绪不被打扰。然后单击“关闭”按钮。

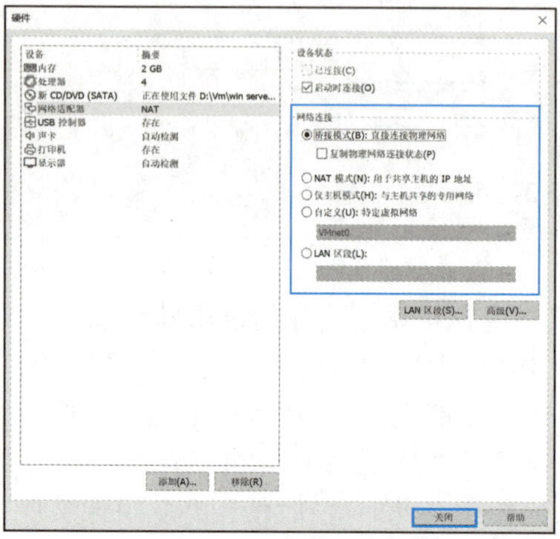

图1-18　选择网络连接模式对话框

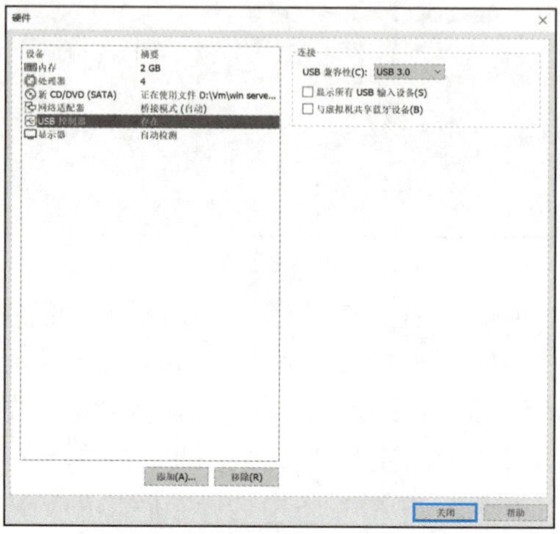

图1-19　虚拟机硬件配置情况

步骤12　返回虚拟机配置向导对话框后，单击“完成”按钮。虚拟机的安装和配置顺利完成。当看到图1-20所示的界面时，就说明虚拟机已经配置成功了。

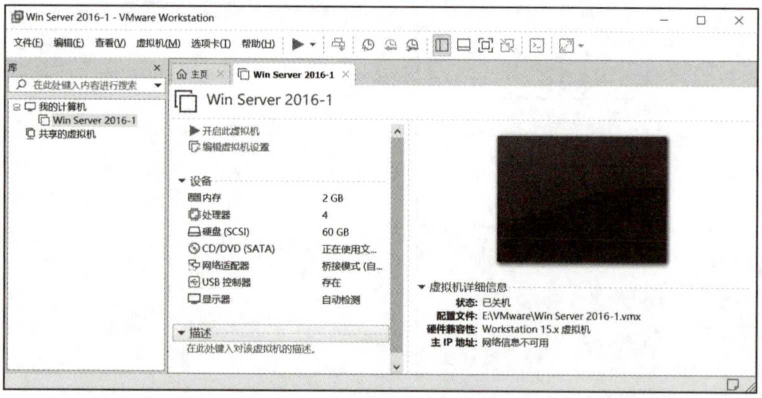

图1-20　虚拟机配置完成窗口

任务1-2　安装Windows Server 2016网络操作系统

下面在已经配置好的虚拟机VMware中安装Windows Server 2016网络操作系统，步骤如下：

步骤1　单击图1-20中的“开启此虚拟机”，启动安装过程以后，显示图1-21所示的“Windows安装程序”窗口，首先需要选择安装语言及设置输入法。

安装 Windows Server 2016 网络操作系统

步骤2 单击“下一步”按钮，接着出现询问是否立即安装 Windows Server 2016 的窗口，单击“现在安装”按钮。在下一界面中输入产品密钥后单击“下一步”按钮，或者单击“我没有产品密钥”按钮。

步骤3 单击“下一步”按钮，显示图1-22所示的“选择要安装的操作系统”对话框。“操作系统”列表框中列出了可以安装的网络操作系统。如果对命令不熟悉建议先不要安装无桌面体验版本，这里选择“Windows Server 2016 Standard（桌面体验）”，也可以选择安装“Windows Server 2016 Datacenter（桌面体验）”数据中心版。

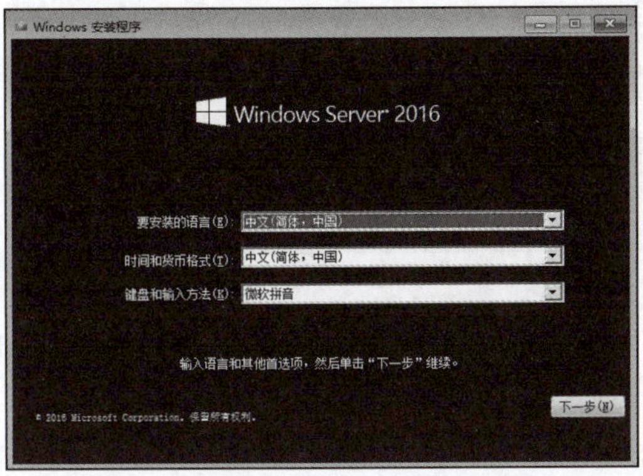

图1-21 “Windows安装程序”窗口

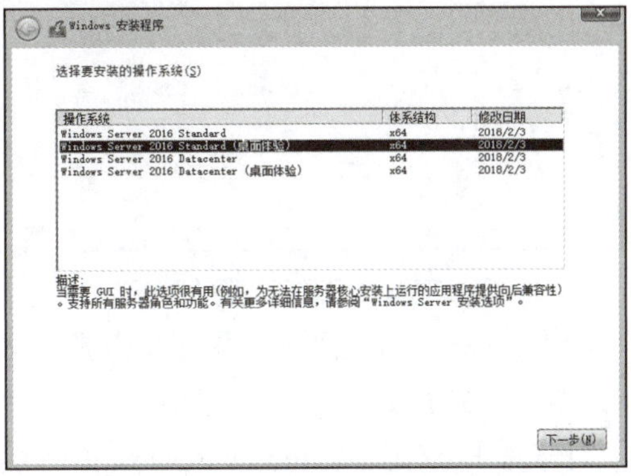

图1-22 “选择要安装的操作系统”对话框

步骤4 单击“下一步”按钮，选择“我接受许可条款”接受许可协议，如图1-23所示。单击“下一步”按钮，出现图1-24所示的“你想执行哪种类型的安装?”对话框。其中“升级”用于从 Windows Server 2012 系列升级到 Windows Server 2016，这里选择“自定义：仅安装 Windows（高级）”。

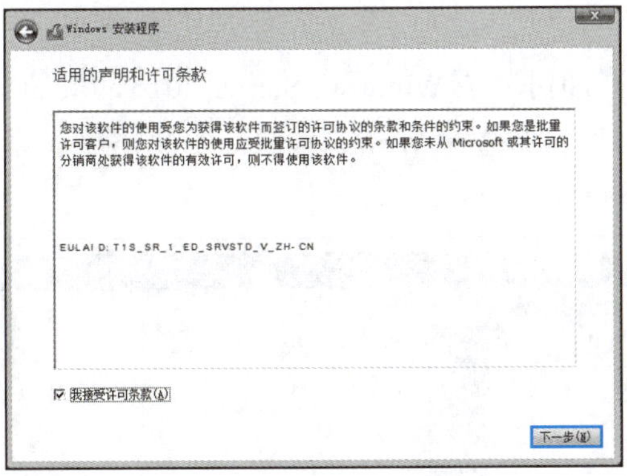

图1-23 “适用的声明和许可条款”对话框

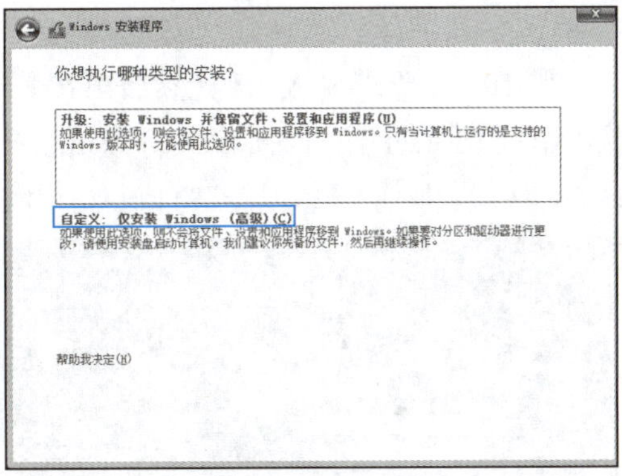

图1-24 “你想执行哪种类型的安装?”对话框

步骤5 单击“自定义：仅安装 Windows（高级）”超链接，显示“你想将 Windows 安装在哪里?”对话框，显示当前计算机硬盘的分区信息。如果服务器安装有多块硬盘，则会依次显示为磁盘0、磁盘1、磁盘2……，如果只有一块硬盘，则默认显示驱动器0。

步骤6 对硬盘进行分区，单击“新建”按钮，在“大小”文本框中输入分区大小，如40 000 MB。单击“应用”按钮，弹出自动创建额外分区的对话框。单击“确定”按钮，完成系统分区（第1个分区）和主磁盘分区（第2个分区）的创建。其他分区照此操作。

步骤7　完成分区创建后的图形界面如图1-25所示。

步骤8　选择“分区4”来安装操作系统，单击“下一步”按钮，显示图1-26所示的“正在安装Windows”对话框，开始复制文件并安装Windows。

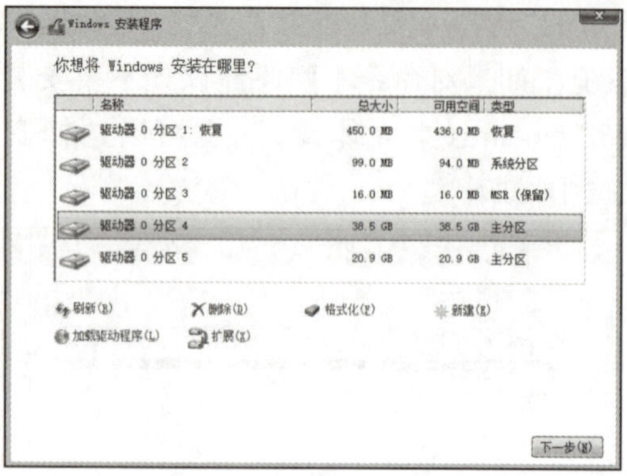

图1-25　完成分区后的界面

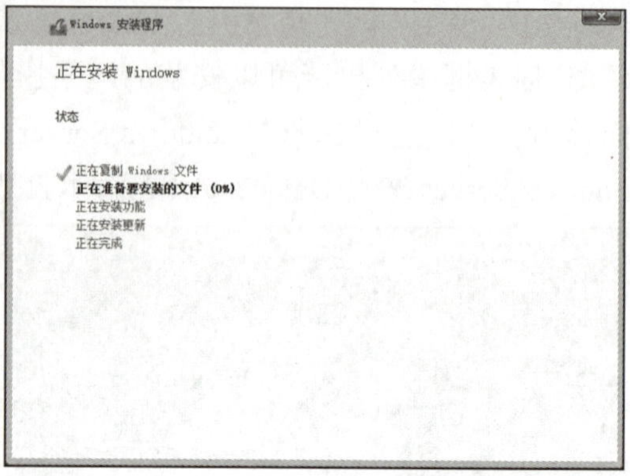

图1-26　“正在安装Windows”对话框

步骤9　在安装过程中，系统会根据需要自动重新启动。要求用户设置Administrator的密码，如图1-27所示。

对于账户密码，Windows Server 2016的要求非常严格，无论是管理员账户还是普通账户，都要求必须设置强密码。除必须满足“至少6个字符”和“不包含Administrator或admin”的要求外，还需至少满足以下4个条件中的两个。

- 包含大写字母(A、B、C等)。
- 包含小写字母(a、b、c等)。
- 包含数字(0、1、2等)。
- 包含非字母数字字符(#、&、^等)。

步骤10　按要求输入密码，然后再按Enter键，即可完成Windows Server 2016的安装，接着按“Alt+Ctrl+Del”组合键，输入管理员密码就可以正常登录Windows Server 2016了。系统默认自动启动“服务器管理器”窗口，如图1-28所示。

图1-27　设置密码界面

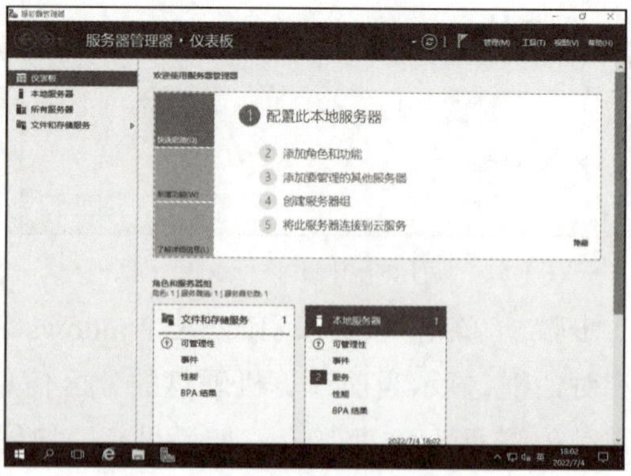

图1-28　“服务器管理器”窗口

步骤11　激活Windows Server 2016。用鼠标右键单击“开始”菜单，在弹出的快捷菜单中选择“控制面板”→“系统和安全”→“系统”命令，打开图1-29所示的“系统”窗口。右下角显示

Windows激活的状况，可以在此激活 Windows Server 2016网络操作系统和更改产品密钥。

图1-29 “系统”窗口

步骤12 系统安装好后，鼠标会被锁定，虚拟机和物理机之间切换需要按“Ctrl+Alt”组合键，如果想在两者之间自由切换，可以安装 VMware Tools工具。选择VMware菜单栏中的“虚拟机”→“安装 VMware Tools”命令，如图1-30所示，然后在桌面下方会弹出提示：“如果VMware Tools没有安装，请按 Windows徽标键+R，然后输入D：\setup.exe”，如图1-31所示，或者在计算机资源管理器中双击“DVD 驱动器（d：）VMware Tools”，安装时选择“典型安装”选项，如图1-32、图1-33和图1-34所示，按照向导完成驱动程序的安装后，自动重启计算机。

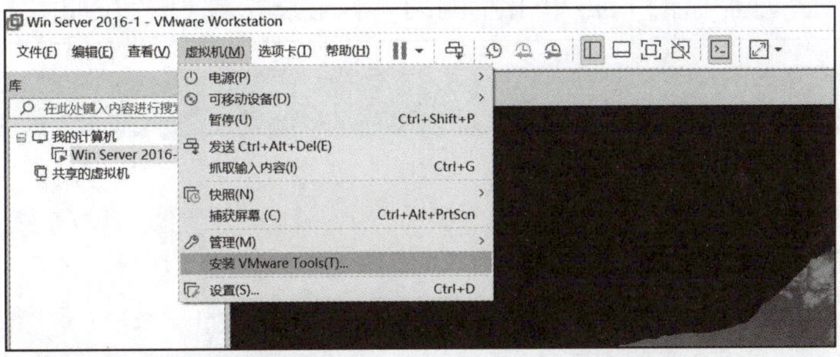

图1-30 “安装VMware Tools工具”界面

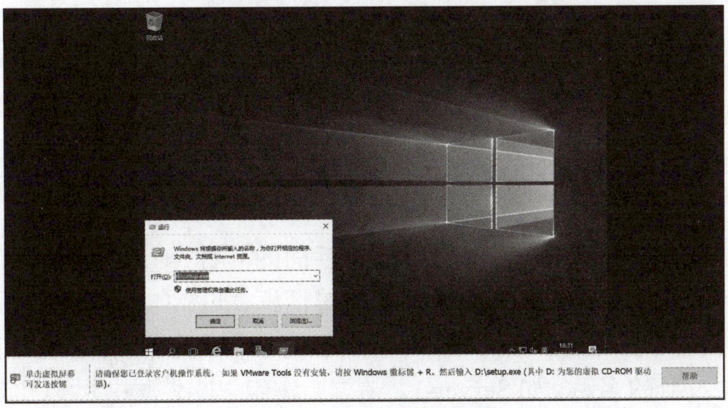

图1-31“通过提示命令行安装VMware Tools工具”界面

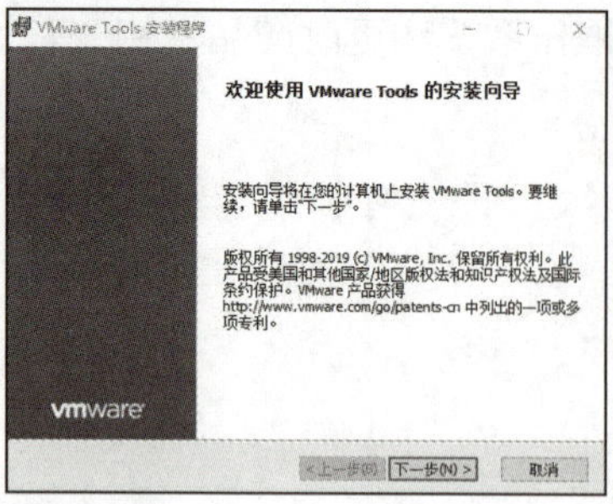

图1-32 “VMware Tools安装向导”窗口

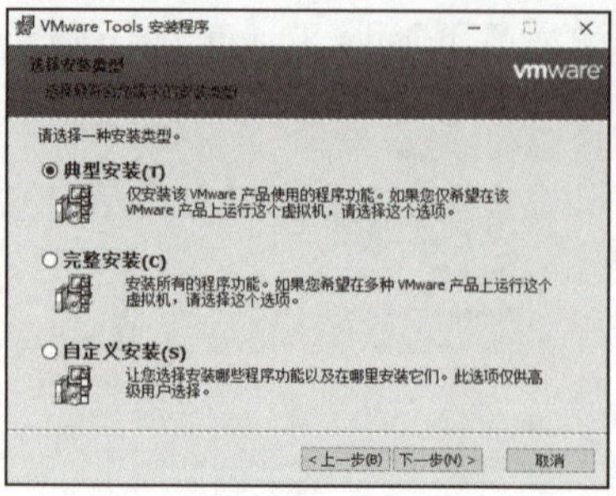

图1-33 “选择典型安装”窗口

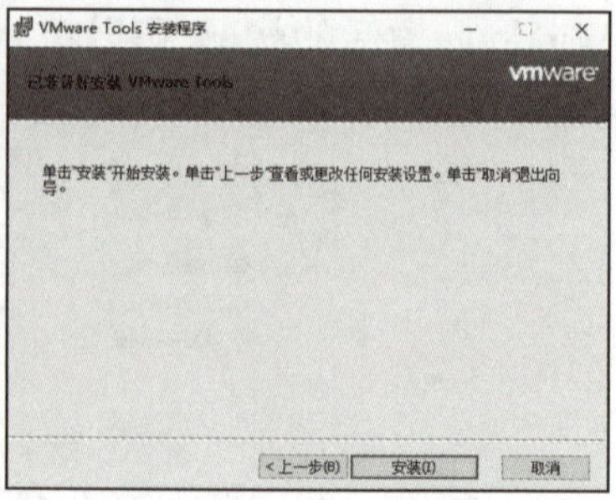

图1-34 “正式安装”窗口

任务1-3 配置Windows Server 2016网络操作系统

配置 Windows Server 2016 网络操作系统

Windows Server 2016网络操作系统安装完成后，应先对其进行一些基本配置，如计算机名、IP地址、虚拟内存、防火墙等，这些均可在“服务器管理器”窗口中完成。

1. 更改计算机名

Windows Server 2016在安装过程中不需要设置计算机名，而是使用由系统随机配置的计算机名。但系统配置的计算机名不仅冗长，而且不便于标记。因此，为了更好地标识和识别服务器，应将其更改为易记或有一定意义的名称。

步骤1 用鼠标右键单击“开始”菜单，在弹出的快捷菜单中依次选择“控制面板”→“系统安全”→“管理工具”→“服务器管理器”命令，或者直接单击左下角的“服务器管理器”按钮，打开“服务器管理器” 窗口，再单击左侧的 “本地服务器” 按钮，如图1-35所示。

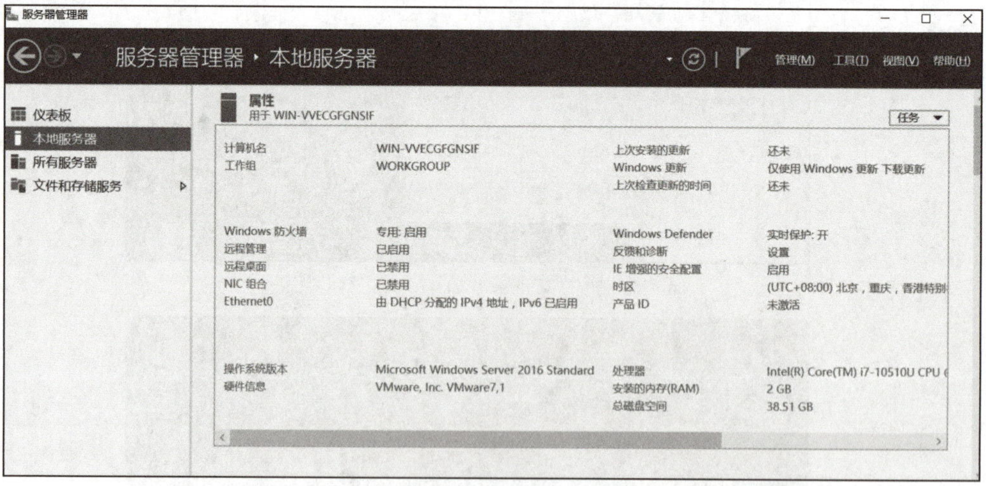

图1-35 “本地服务器”窗口

步骤2 直接单击“计算机名”和“工作组”后面的名称，对计算机名和工作组名进行修改即可。先单击计算机名，出现修改计算机名的对话框，如图1-36所示。

步骤3 单击“更改”按钮，显示图1-37所示的“计算机名/域更改”对话框。在“计算机名”文本框中输入新的名称，如Server-1。在“工作组”文本框中可以更改计算机所处的工作组。

图1-36 计算机描述对话框

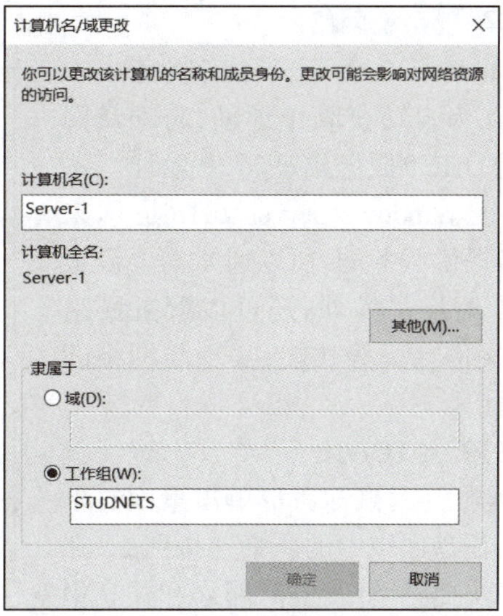

图1-37 “计算机名/域更改”对话框

步骤4 单击“确定”按钮，显示“欢迎加入STUDENTS工作组”对话框，如图1-38所示。单击“确定”按钮，显示“必须重新启动计算机才能应用这些更改”提示界面，如图1-39所示。

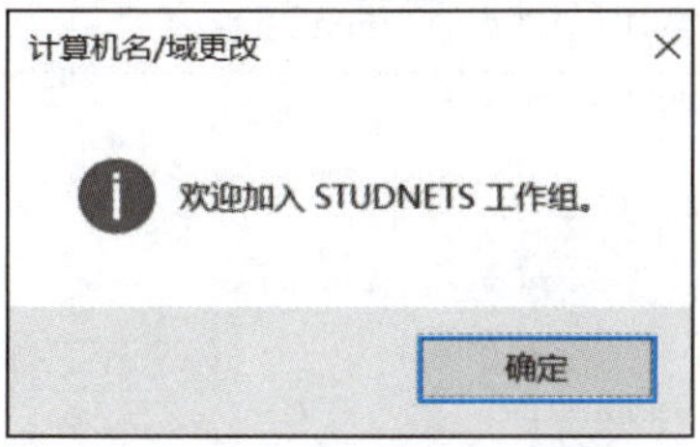

图1-38 “欢迎加入STUDNETS工作组”对话框

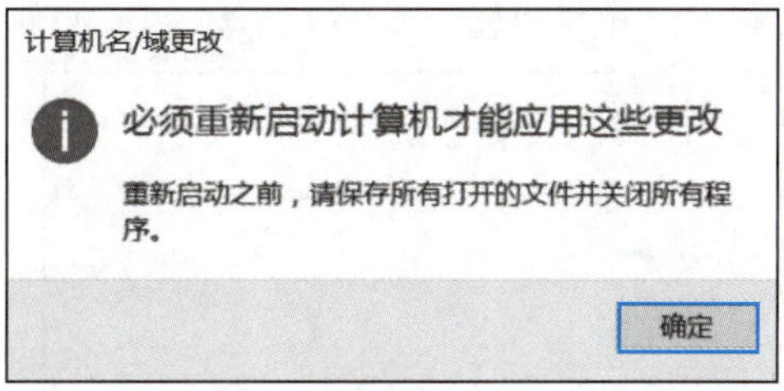

图1-39 “必须重新启动计算机才能应用这些更改”界面

步骤5 单击“确定”按钮，回到“系统属性”对话框，再单击“关闭”按钮，关闭“系统属性”对话框。接着出现对话框，提示“必须重新启动计算机才能应用这些更改”。

步骤6 单击“立即重新启动”按钮，即可重新启动计算机，并应用新的计算机名。若单击“稍后重新启动”按钮，则不会立即重新启动计算机。系统重启后网络操作系统的计算机名和工作组更改成功。如图1-40所示。

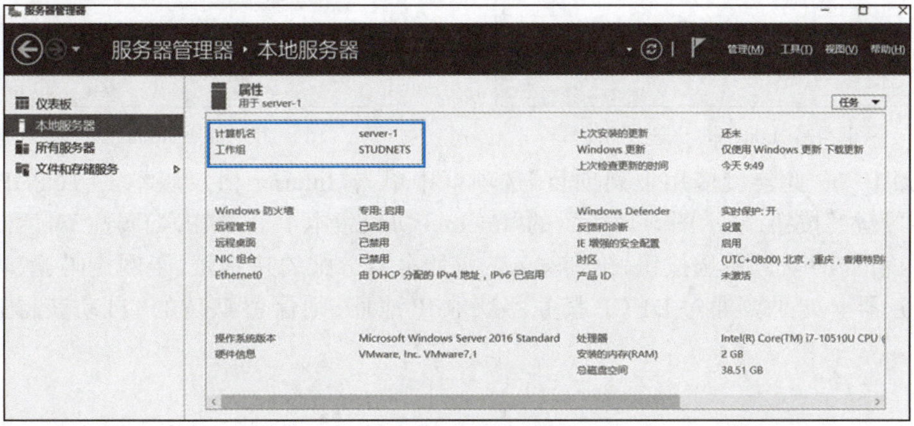

图1-40 查看本地服务器窗口

2. 配置系统网络

Windows Server 2016 安装完成以后，默认为自动获取 IP 地址，自动从网络中的 DHCP 服务器获得 IP 地址。不过，由于 Windows Server 2016 是用来为网络提供服务的，所以通常需要设置静态 IP 地址。另外，还可以配置网络发现、文件共享等功能，实现与网络的正常通信。

（1）配置 TCP/IP

步骤 1　用鼠标右键单击桌面右下角任务托盘区域中的网络连接图标，在弹出的快捷菜单中选择“网络和共享中心”命令，打开图 1-41 所示的“网络和共享中心”界面。

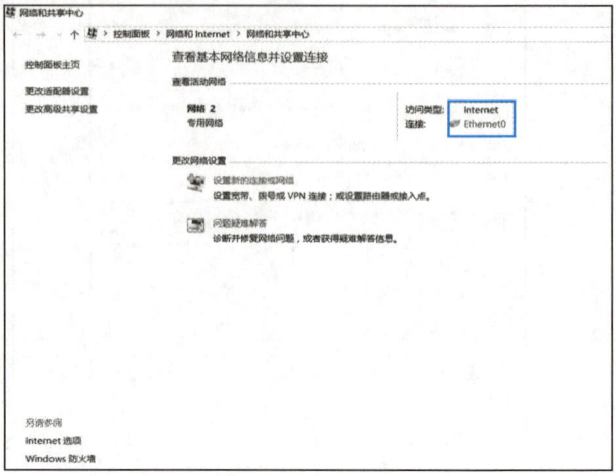

图 1-41　“网络和共享中心”界面

步骤 2　单击“Ethernet0”按钮，打开“Ethernet0 状态”对话框，如图 1-42 所示。

步骤 3　单击 “属性”按钮，显示图 1-43 所示的“Ethernet0 属性”对话框。

图 1-42　“Ethernet0 状态”对话框

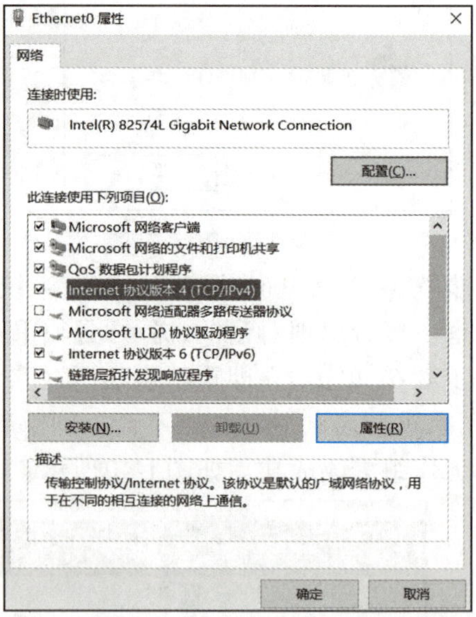

图 1-43　“Ethernet0 属性”对话框

步骤 4　在“此连接使用下列项目”选项框中单击“Internet 协议版本 4（TCP/IPv4）”选项，单击“属性”按钮，显示图 1-44 所示的“Internet 协议版本 4（TCP/IPv4）属性”对话框。选中“使用下面的 IP 地址”单选按钮，分别输入为该服务器分配的 IP 地址、子网掩码、默认网关和 DNS 服务器。如果要通过 DHCP 服务器获取 IP 地址，则保留默认的“自动获得 IP 地址”选项。

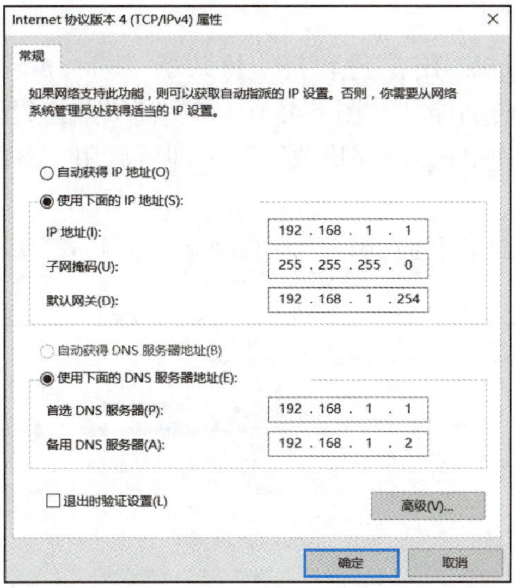

图1-44 “TCP/IPv4属性”对话框

步骤5 单击“确定”按钮，保存所做的修改。

(2)启用网络发现

Windows Server 2016的“网络发现”功能用来控制局域网中计算机和设备的发现与隐藏。如果启用“网络发现”功能，则可以显示当前局域网中发现的计算机，也就是“网络邻居”功能。同时，其他计算机也可以发现当前计算机。如果禁用“网络发现”功能，则既不能发现其他计算机，当前计算机也不能被发现。不过，关闭“网络发现”功能时，其他计算机仍可以通过搜索或指定计算机名、IP地址的方式访问该计算机，但不会显示在其他用户的“网络邻居”中。

为了便于计算机之间的互相访问，可以启用此功能。在图1-41所示的“网络和共享中心”界面中，单击“更改高级共享设置”按钮，出现图1-45所示的“高级共享设置”界面，选中“启用网络发现”单选按钮，并单击“保存更改”按钮，即可启用“网络发现"功能。

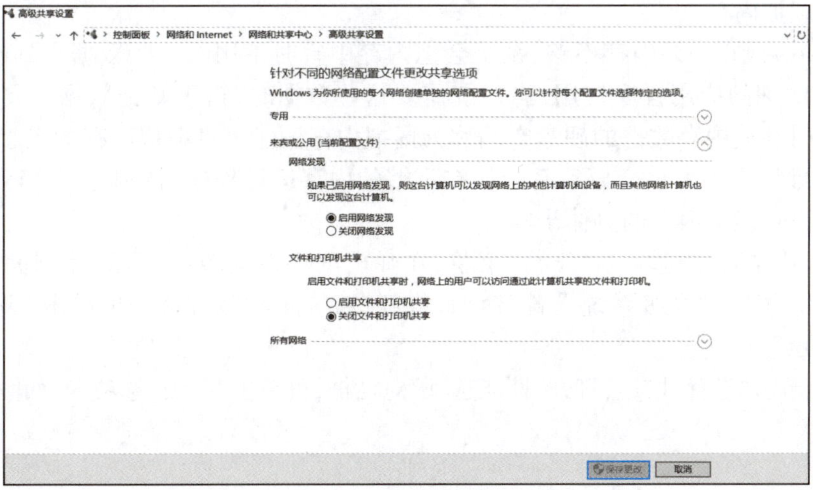

图1-45 “高级共享设置”界面

(3)文件和打印机共享

网络管理员可以通过启用“文件和打印机共享”功能,实现为其他用户提供服务或访问其他计算机上共享资源的功能。在图1-45所示的“高级共享设置”界面中,选中“启用文件和打印机共享”单选按钮,并单击“保存更改”按钮,即可启用“文件和打印机共享”功能。

(4)密码保护的共享

在图1-45所示的界面最下面,单击“所有网络”右侧的箭头,展开“所有网络”的高级共享设置,如图1-46所示。

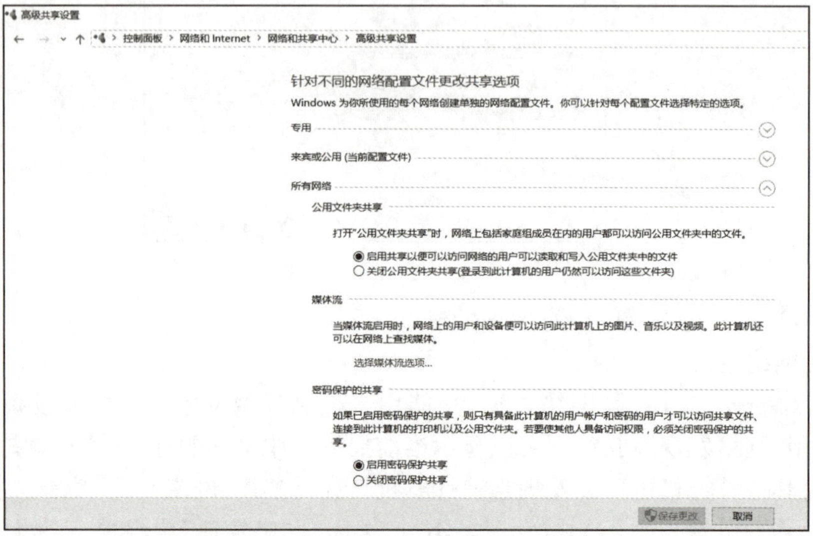

图1-46 “所有网络”设置界面

①可以选择“启用共享以便可以访问网络的用户可以读取和写入公用文件夹中的文件”功能。

②如果选择“启用密码保护共享”功能,则其他用户必须使用当前计算机上有效的用户账户和密码才可以访问共享资源。Windows Server 2016默认启用该功能。

3.配置虚拟内存

在Windows中,如果内存不够,系统会把内存中暂时不用的一些数据写到硬盘上,以腾出内存空间给别的应用程序使用;当系统需要这些数据时,再重新把数据从硬盘读回内存中。用来临时存放内存数据的硬盘空间称为虚拟内存。建议将虚拟内存的大小设为实际内存的1.5倍,虚拟内存太小会导致系统没有足够的内存运行程序,特别是当实际的内存不大时。下面是设置虚拟内存的具体步骤。

步骤1 用鼠标右键单击“开始”菜单,在弹出的快捷菜单中选择“控制面板”→“系统和安全”→“系统”→“高级系统设置”命令,打开“系统属性”对话框,再单击“高级”选项卡,如图1-47所示。

步骤2 单击“设置”按钮,打开“性能选项”对话框,再单击“高级”选项卡,如图1-48所示。

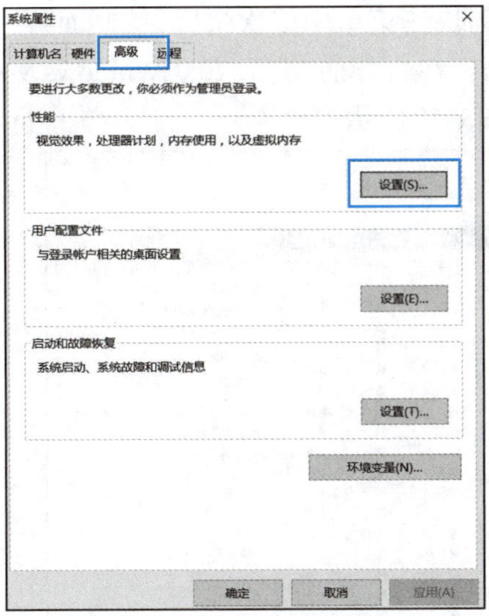

图1-47 “高级”选项对话框

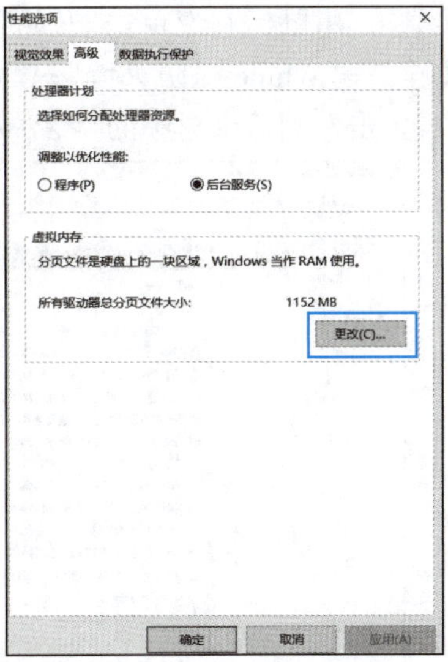

图1-48 “性能选项”对话框

步骤3 单击“更改”按钮，打开“虚拟内存”对话框，如图1-49所示，取消勾选“自动管理所有驱动器的分页文件大小”复选框。选中“自定义大小”单选按钮，并设置初始大小为2 000 MB，最大值为5 000 MB，然后单击“设置”按钮。最后单击“确定”按钮并重启计算机，即可完成虚拟内存的设置。

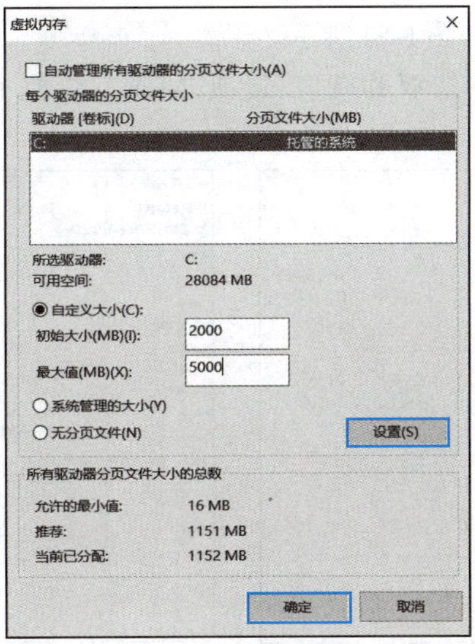

图1-49 设置虚拟内存对话框

4. 配置防火墙，放行ping命令

Windows Server 2016安装后，默认自动启用防火墙，而且ping命令默认被阻止，ICMP协议包无法穿越防火墙。为了后面运用需要，应该设置防火墙，允许ping命令通过。若要放行ping命令，可以用以下方法：在防火墙设置中新建一条允许ICMP v4协议通过的规则，并启用。下面介绍这种方法的具体步骤。

步骤1 用鼠标右键单击“开始”菜单，在弹出的快捷菜单中依次选择“控制面板”→“系统和安全”→“Windows防火墙”→“高级设置”命令。在打开的“高级安全Windows防火墙”窗口中，单击左侧目录树中的“入站规则”选项，如图1-50所示。

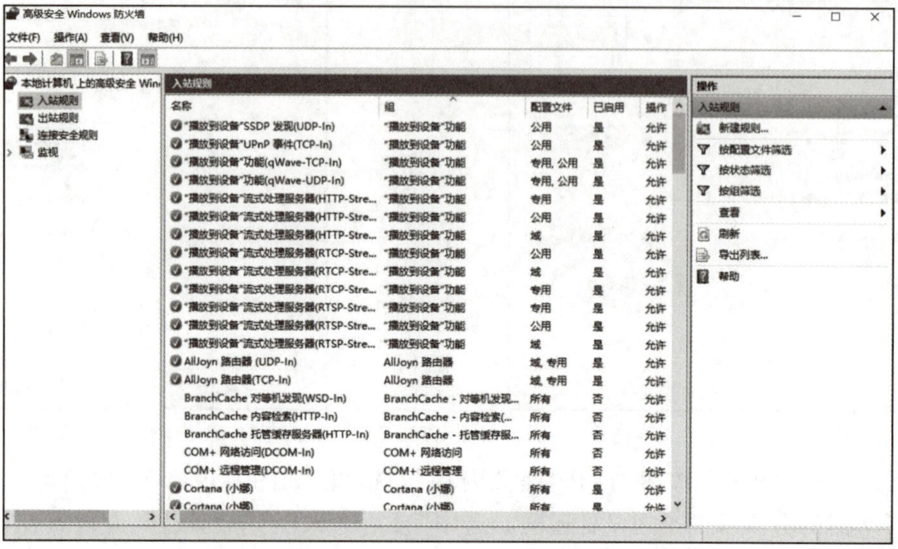

图1-50 “高级安全Windows防火墙”窗口

步骤2 单击“操作”列的“新建规则”选项，出现“新建入站规则向导”的“规则类型”对话框，选中“自定义”单选按钮，如图1-51所示。

步骤3 单击“步骤”列的“协议和端口”选项，如图1-52所示。在“协议类型”下拉列表框中单击“ICMP v4”选项。

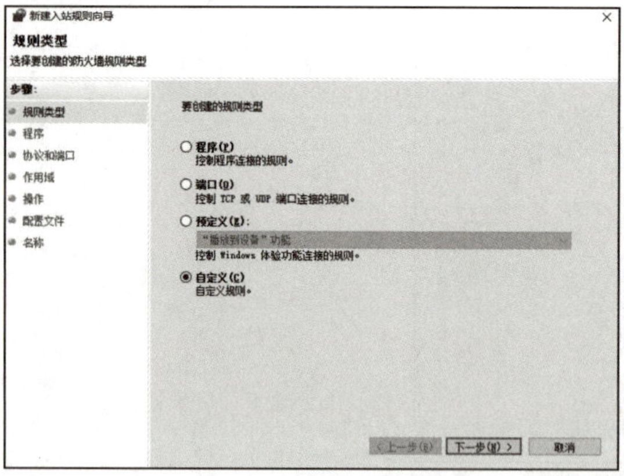

图1-51 设置防火墙规则类型

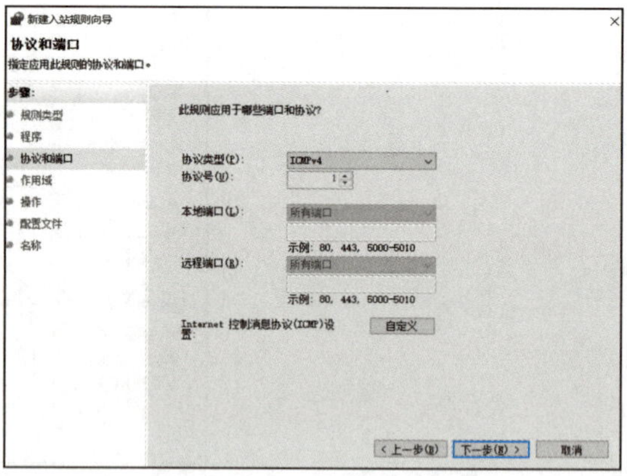

图1-52 指定应用此规则的协议和端口

步骤4 单击“下一步”按钮，在出现的对话框中选择应用于哪些本地IP地址和哪些远程IP地址。可以选中“任何IP地址”单选按钮。如图1-53所示。

步骤5 继续单击“下一步”按钮，选择是否允许连接，此处选中“允许连接”单选按钮。如图1-54所示。

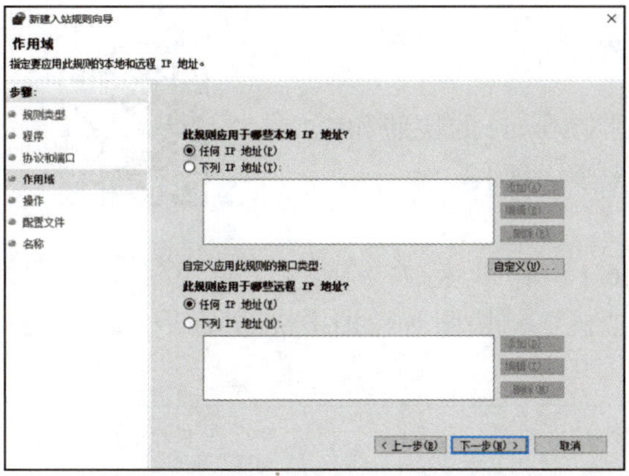

图1-53 指定本地和远程IP地址

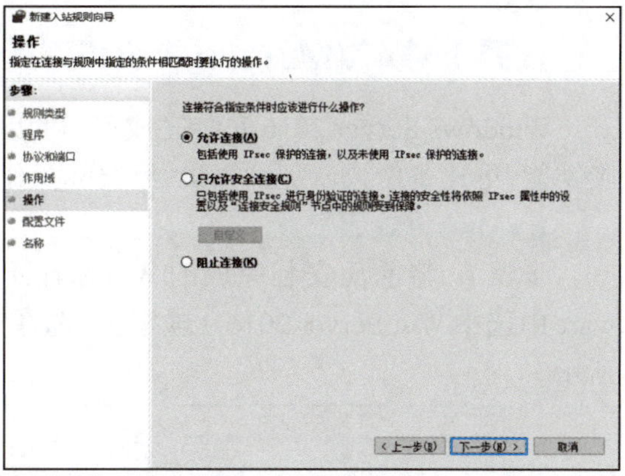

图1-54 指定条件相匹配时要执行的操作

步骤6 单击“下一步”按钮,选择何时应用该规则。如图1-55所示。

步骤7 最后单击“下一步”按钮,输入本规则的名称,如:rule1。单击“完成”按钮,使新规则生效。如图1-56所示。

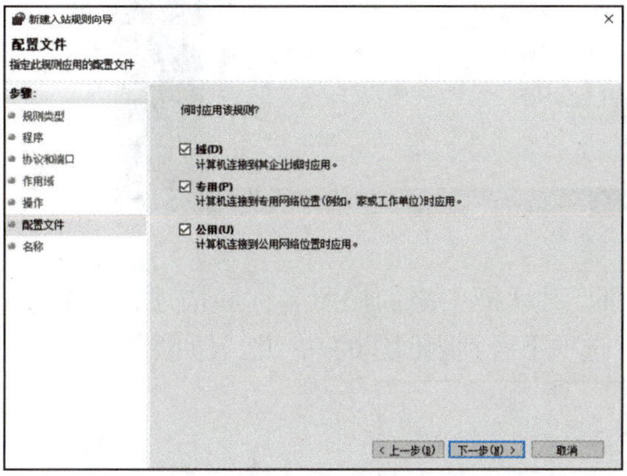

图1-55 “指定此规则应用的配置文件”对话框

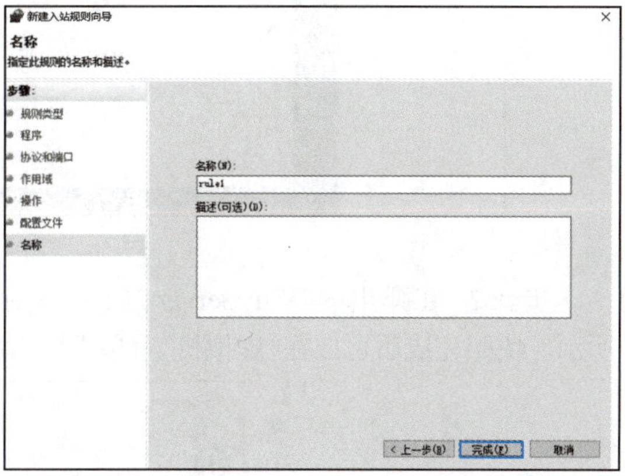

图1-56 “指定此规则的名称和描述”对话框

5. 查看系统信息

系统信息包括硬件资源、组件和软件环境等内容。用鼠标右键单击“开始”菜单,在弹出的快捷菜单中选择“控制面板”→“系统安全”→“管理工具”→“系统信息” 命令,打开图1-57所示的“系统信息”窗口,在此窗口中可以看到操作系统名称、版本、系统名称、系统型号等相关信息。

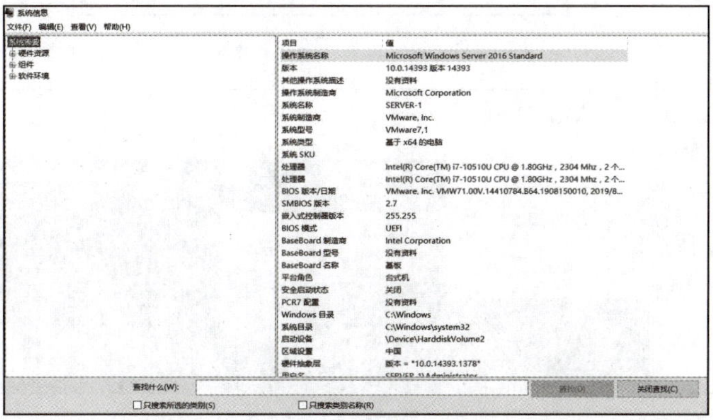

图1-57 “系统信息”窗口

任务1-4　VMware快照和克隆配置

Windows Server 2016安装完成后，可以使用VMware的快照和克隆功能，迅速备份或恢复计算机，给实际操作带来极大便利。

VMware快照和克隆配置

1.VMware快照配置

步骤1　将前面安装完成的Win Server 2016-1当作母盘，在VMware中选中Win Server 2016-1虚拟机，选择“虚拟机”→“快照”→“拍摄快照”命令，如图1-58所示。

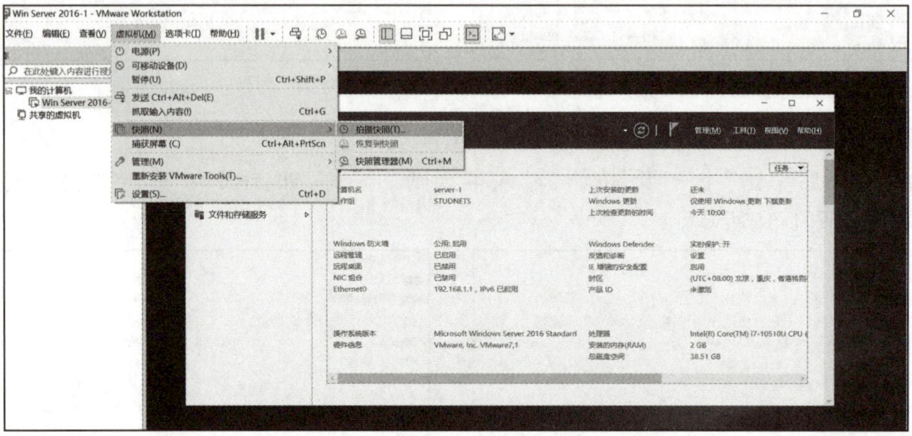

图1-58　选择“拍摄快照”命令窗口

步骤2　在弹出的“Win Server 2016-1-拍摄快照”对话框中添加快照名称和描述，如图1-59所示。快照完成后可以在“虚拟机”菜单下的“快照”选项下看到刚创建的“快照1”，如图1-60所示。

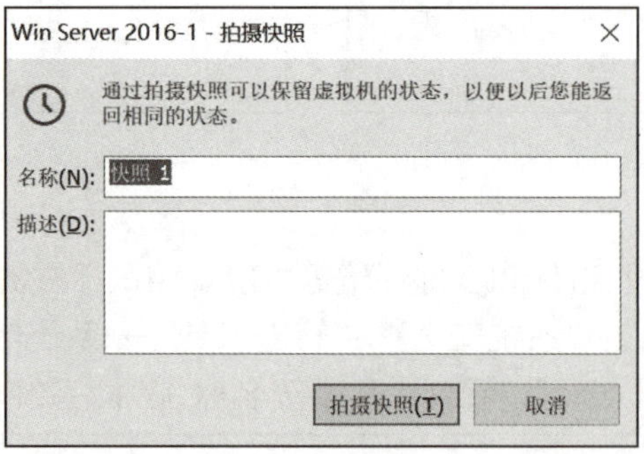

图1-59　设置快照名称和描述

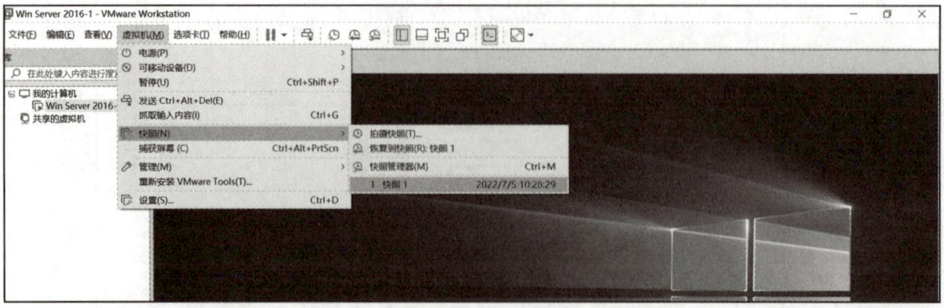

图1-60　查看完成快照

2.VMware克隆配置

步骤1 选中Win Server 2016-1虚拟机，选择“虚拟机”→“管理”→“克隆”命令(注：做克隆之前先关闭虚拟机)，如图1-61所示。然后进入克隆虚拟机向导，如图1-62所示。

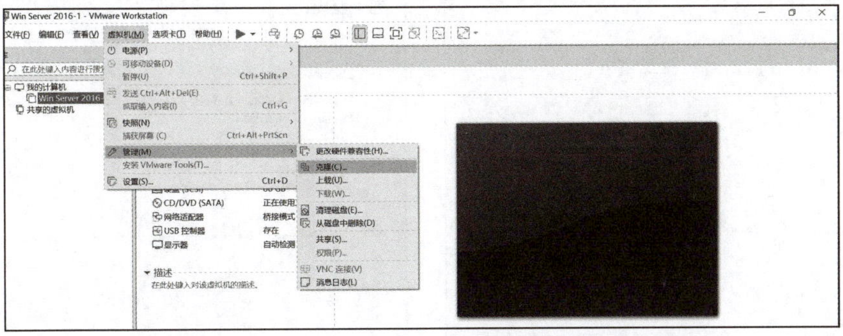

图1-61 创建克隆

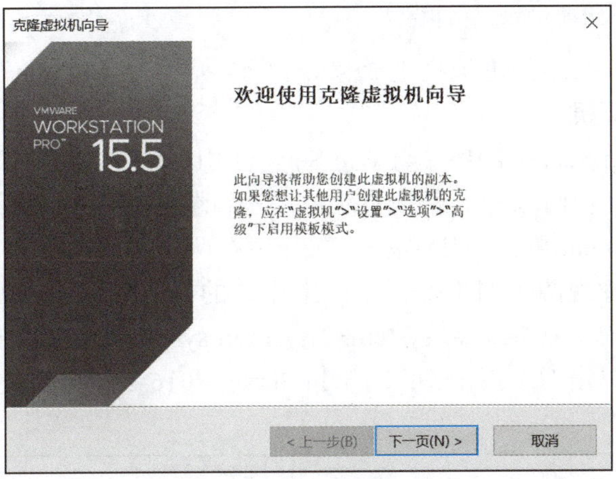

图1-62 “克隆虚拟机向导”对话框

步骤2 单击“下一页”，这可以选择从哪个状态创建克隆，可以从当前的虚拟机，也可以从现有快照进行克隆，这里选择“虚拟机中的当前状态”，然后单击“下一页”，如图1-63所示。

步骤3 进入如何克隆此虚拟机，这里选择“创建完整克隆”，然后单击“下一页”，如图1-64所示。

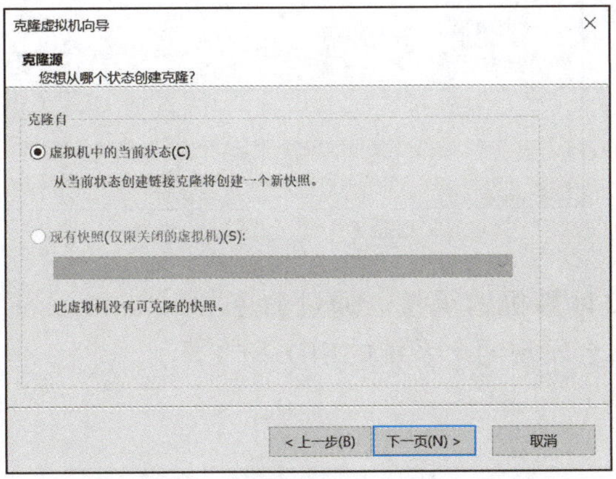

图1-63 “您从哪个状态创建克隆?”对话框

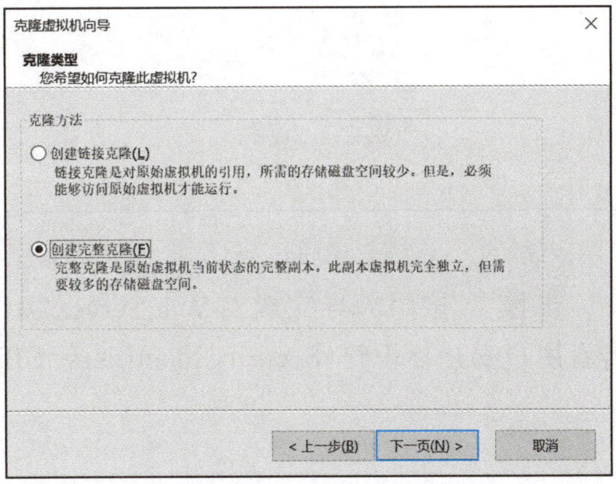

图1-64 克隆虚拟机方法

步骤4 在图1-65中填写新虚拟机的名称和位置，单击“完成”按钮，快速生成Win Server 2016-2计算机。如图1-66所示，系统正在克隆。

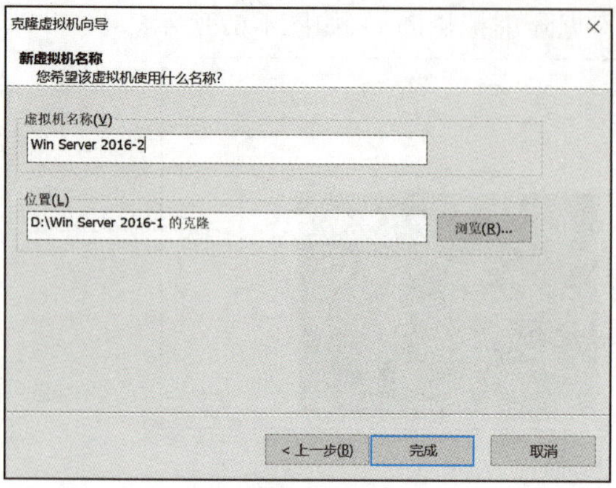

图1-65 设置克隆后虚拟机名称和存放位置

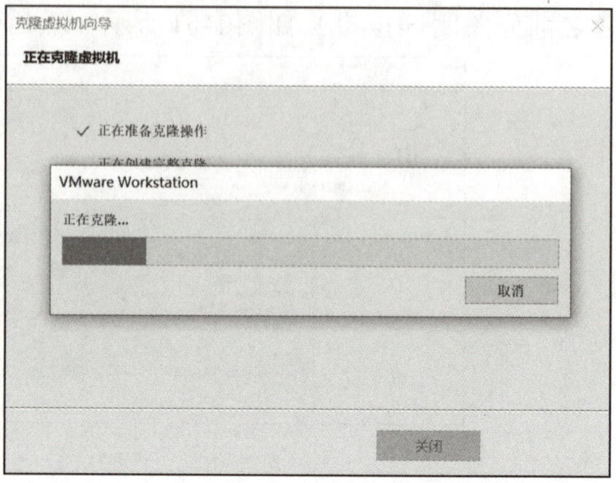

图1-66 “正在克隆虚拟机”对话框

步骤5 克隆成功后，新的虚拟机生成，如图1-67所示。启动Win Server 2016-2虚拟机，以管理员身份登录计算机。

步骤6 注意，Win Server 2016-2与Win Server 2016-1的管理员账户和密码相同，因为Win Server 2016-2是克隆而来的。两个系统的所有配置以及相关的信息都是一样的，用户安全标识符(Security Identifiers，SID)也一样，分别在两个网络操作系统中的命令行窗口输入“who am i /user”会发现两个网络操作系统中用户的SID值是一样的，可以通过相应操作区分这两个系统。打开C:windows\system32\sysprep\sysprep程序，勾选界面中“通用”复选框，如图1-68所示。单击“确定”按钮，对Win Server 2016-2计算机进行重整，消除克隆的影响。

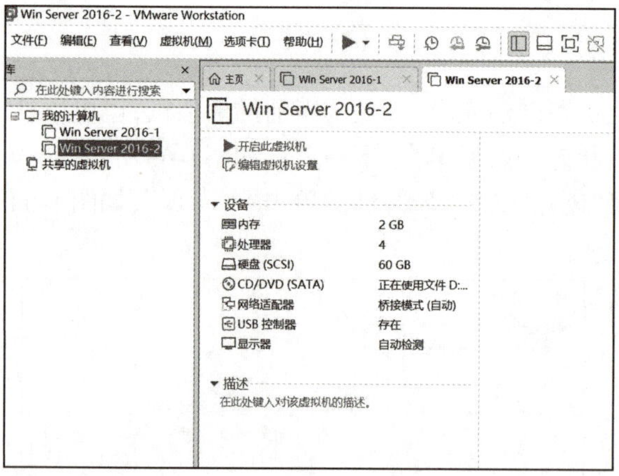

图1-67 克隆成功后界面

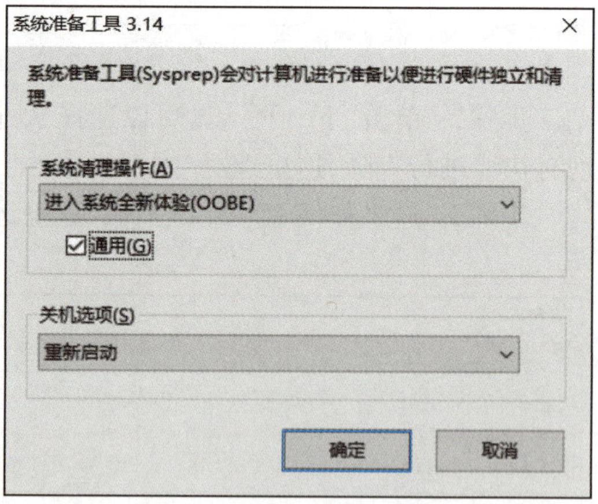

图1-68 消除克隆影响

步骤7 按照向导完成对Win Server 2016-2计算机的重整。通过命令“who am i /user”查看用户安全标识符(Security Identifiers，SID)，会发现两个系统的SID不同了。

本项目小结

本项目主要讲解Windows Server 2016网络操作系统的基础知识、网络操作系统的概念、几种典型网络操作系统、网络操作系统的功能与特性，并详细描述了VMware虚拟机的安装与配置、Windows Server 2016网络操作系统的安装要求及安装过程、Windows Server 2016操作系统的基本配置、VMware虚拟机的快照和克隆方法等内容。内容涉及大量的实操，培养学生实际动手解决问题的能力和团结协作的精神。

本项目练习

一、选择题

1. 如果让ping命令一直ping某一个主机，应使用(　　)参数。

A. -t　　B. -a　　C. -f　　D. -s

2. 下列不是网络操作系统的是(　　)。

A. UNIX　　B. NetWare　　C. Windows 10　　D. Windows Server 2016

3. 在Windows Server 2016系统中，如果要输入DOS命令，则在“运行”对话框中输入(　　)。

A. AUTOEXE　　B. MMC　　C. CMD　　D. TTY

4. 现要在一台装有Windows Server 2008 R2操作系统的机器上安装Windows Server 2016，并做成双引导系统。此计算机硬盘的大小是200 GB，有2个分区：C盘100 GB，文件系统是FAT；D盘100 GB，文件系统是NTFS。为使计算机成为双引导系统，下列哪个选项是最好的方法？(　　)

A. 安装时选择升级选项，并且选择D盘作为安装盘

B. 全新安装，且选择D盘作为安装盘

C. 升级安装，选择C盘上与Windows不同的目录作为Windows Server 2016的安装目录

D. 全新安装，选择C盘上与Windows相同的目录作为Windows Server 2016的安装目录

5. Windows Server 2016系统安装时生成的Documents and Settings、Windows以及Windows\System 32文件夹是不能随意更改的，因为它们是(　　)。

A. Windows的桌面

B. Windows正常运行时所必需的应用软件文件夹

C. Windows正常运行时所必需的用户文件夹

D. Windows正常运行时所必需的系统文件夹

6. 在一台Windows Server 2016系统中，用户想要查看当前登录账号的SID值，应该在CMD命令提示符下输入(　　)命令。

A. tracert　　B. ipconfig　　C. who am i　　D. hostname

7. 有一台服务器的操作系统是Windows Server 2008 R2，文件系统是NTFS，无任何分区。现要求对该服务器进行Windows Server 2016的安装，保留原数据，但不保留操作系统。

应使用下列方法(　　)进行安装才能满足需求。

A.在安装过程中进行全新安装并格式化磁盘

B.对原操作系统进行升级安装,不格式化磁盘

C.做成双引导,不格式化磁盘

D.重新分区并进行全新安装

二、填空题

1.操作系统是______与计算机之间的接口,网络操作系统可以理解为______与计算机网络之间的接口。

2.网络中的Web服务器、DNS服务器以及大型数据库服务器等都是典型的________模式。

3.对于虚拟内存的大小,建议为实际物理内存的______倍。

4. Windows Server 2016所支持的文件系统包括____、____、____。Windows Server 2016系统只能安装在____文件系统分区。

5. Windows Server 2016有多种安装方式,分别适用于不同的环境,选择合适的安装方式可以提高工作效率。除了常规的使用DVD启动安装方式以外,还有________、________及______。

6.目前流行的网络操作系统包括Windows Server、UNIX、________等

三、判断题

1.在Windows Server2016的命令提示符下,可以使用ipconfig命令查看本机的路由表信息。　　(　　)

2.网络通信是网络最基本的功能,其任务是在源主机和目标主机之间实现无差错的数据传输。　　(　　)

3.Linux操作系统是网络操作系统,使用它既可以把计算机安装成服务器也可以安装成客户机。　　(　　)

4.要将一台服务器配置成一台路由器或网关,安装一张网卡就可以实现。　　(　　)

四、名词解析题

1.网络操作系统

2.虚拟内存

五、简答题

1.网络操作系统有哪些基本的功能与特性?

2.Windows Server 2016的安装方式有哪些?

3.主流的服务器操作系统有哪几种类型?

4.解释服务器角色、角色服务与功能的概念,简述它们之间的关系。

六、实操题

任务一、安装VMware虚拟机和Windows Server 2016网络操作系统

1.实训目的

熟练使用VMware虚拟机。

掌握VMware虚拟机的详细配置与管理方法。

掌握使用VMware虚拟机安装Windows Server 2016网络操作系统的方法。

2.实训要求

在Windows 10操作系统上安装VMware Workstation，并在VMware中安装虚拟机Server-1，其操作系统为Windows Server 2016数据中心版。服务器的硬盘空间约为200 GB。安装要求如下：

（1）主分区C：50 GB；主分区D：100 GB；主分区E：50 GB。

（2）要求Server-1的安装分区大小为60 GB，文件系统格式为NTFS，计算机名为Server-1，管理员密码为P@ssword123，服务器的IP地址为192.168.1.1，子网掩码为255.255.255.0，DNS地址为192.168.1.1，默认网关为192.168.1.254。

（3）设置不同的虚拟机网络连接方式，测试物理主机与虚拟机之间的通信状况。

（4）为Server-1添加第2块网卡和第2块硬盘。

（5）利用快照功能快速恢复到初始安装节点。

（6）利用克隆生成2个操作系统Server-2、Server-3，并使用C：\Windows\System32\sysprep命令重整克隆生成的系统。

任务二、配置Windows Server 2016网络操作系统

1.实训目的

掌握Windows Server 2016网络操作系统的网络配置。

掌握Windows Server 2016网络操作系统防火墙的配置方法。

掌握Windows Server 2016网络操作系统虚拟内存的配置。

2.实训要求

（1）在VMware中安装Windows Server 2016网络操作系统。

（2）利用克隆生成1个Windows Server 2016操作系统，并使用C：\Windows\System32\sysprep命令重整克隆生成的系统。

（3）更改Windows Server 2016网络操作系统的计算机名以及所属的工作组。

（4）将Windows Server 2016网络操作系统的虚拟内存设为实际内存的2倍。

（5）配置网络：将服务器IP地址设为192.168.1.1/24，网关的IP地址为192.168.1.254/24，DNS地址为192.168.1.1。

（6）设置Windows Server 2016网络操作系统防火墙，使用规则放行ping命令。

项目2 活动目录和域管理

主要内容

本项目详细介绍活动目录的基本知识，让读者了解目录服务的概念、了解活动目录的意义、掌握活动目录的功能及对象类型、掌握活动目录结构、掌握目录树和目录林之间的关系、掌握域控制器的安装与配置、掌握额外域控制器的安装和配置、掌握子域的安装与配置等内容。

知识目标

- 了解活动目录的概念
- 了解活动目录的意义
- 掌握活动目录的功能及对象类型
- 掌握活动目录结构及域网络
- 掌握域网络环境部署基本结构

技能目标

- 掌握域控制器的安装与配置
- 掌握域成员计算机加入域的过程
- 掌握额外域控制器的安装与配置
- 掌握子域的安装与配置
- 掌握验证不同域之间信任关系的过程

素质目标

- 提升自学以及创新能力
- 树立团队合作、协作进取的意识
- 提升动手能力，解决实际问题的能力
- 增强网络安全意识，提高解决网络安全问题能力

2.1 项目知识准备——活动目录和域

我们常会用到目录服务,如电话簿、计算机文件系统都是一种目录,一些电子邮件系统也使用目录服务。实际上,目录服务既是一种信息查询工具,如用来查询信息;又是一种管理工具,如用于网络资源管理,各种资源都可作为目录对象来管理,随着网络中对象数量的增长,目录服务变得越来越重要。

2.1.1 活动目录的意义

活动目录(Active Directory,AD)是Windows Server网络操作系统中非常重要的目录服务。活动目录用于存储网络上各种对象的有关信息,包括用户账户、组、打印机、共享文件夹等,并把这些数据存储在目录服务数据库中,便于管理员和用户查询及使用。活动目录具有安全、可扩展、可伸缩的特点,与域名系统(DNS)集成在一起,可基于策略进行管理。

活动目录就是Windows网络中的目录服务(Directory Service),即活动目录域服务(Active Directory Domain Services, AD DS)。目录服务有两方面的内容:目录和与目录相关的服务。

活动目录负责目录数据库的保存、新建、删除、修改与查询等服务,用户能很容易地在目录内寻找所需的数据。AD DS的适用范围非常广泛,它可以用在一台计算机、一个小型局域网络或数个广域网结合的环境中。它包含此范围中的所有对象,如文件、打印机、应用程序、服务器、域控制器和用户账户等。使用活动目录具有简化管理、安全性、改进的性能与可靠性等意义。

2.1.2 活动目录功能及对象类别

Active Directory是组织、管理和定位网络资源的增强性目录服务,它建立在域的基础上,由域控制器对网络中的资源实行集中管理和控制。对于Windows网络来说,规模越大,需要管理的资源越多,建立AD域就越有必要。

1.Active Directory功能

Active Directory存储了网络对象大量的相关信息,网络用户和应用程序可根据不同的授权使用在Active Directory中发布的有关用户、计算机、文件和打印机等信息。它具有下列功能:

(1)数据存储,也称为目录,它存储着与Active Directory对象有关的信息。这些对象包括共享资源,如服务器、打印机、文件、网络用户和计算机账户。

(2)包含目录中每个对象信息的全局编录,允许用户和管理员查找目录信息。

(3)查询和索引机制的建立,可以使网络用户或应用程序发布并查找这些对象及其属性。

(4)通过网络分发目录数据的复制服务。

2.Active Directory 对象

与其他目录服务器一样,Active Directory以对象为基本单位,采用层次结构来组织管理对象。这些对象包括网络中的各项资源,如用户、计算机、打印机、应用程序等。Active Directory对象可分为两种类型,一种是容器对象,可包含下层对象;另一种是非容器对象,不包含下层对象。每个对象均有一组属性,用来记录该对象的特性。对象与属性的关系相当于数据库中的记录和字段之间的关系,每个对象都可通过多种不同的名称引用。

3.Active Directory 对象的主要类别

Active Directory对象是一组表示域中资源的属性。每个Active Directory对象都由唯一的SID(安全标识符)标识,被用来允许或拒绝对域中各种资源的访问。

(1)用户(User)。作为安全主体,被授予安全权限,用户对象被分配给域用户账户,用于获取域资源的访问权限。

(2)计算机(Computer)。表示网络中的计算机实体,加入域的Windows计算机都可创建相应的计算机账户。当用户以域用户登录计算机时,计算机对象将充当向域验证用户身份的媒介。如果计算机对象从域中删除,用户将无法登录,因为计算机将无法访问域控制器。

(3)联系人(Contact)。一种个人信息记录。联系人没有任何安全权限,不能登录网络,主要用于通过电了邮件联系的外部用户。

(4)组(Group)。某些用户、联系人、计算机的分组,用于简化大量对象的管理。通过组可以将权限分配给一组用户/计算机而不是单个账户,使系统管理员的管理更容易。

(5)组织单位(Organization Unit)。将域进行细分的Active Directory容器。

(6)共享文件夹(Shared Folder)。在Active Directory中发布的共享文件夹。

2.1.3 活动目录结构

1.活动目录的逻辑结构

活动目录结构是指网络中所有用户、计算机以及其他网络资源的层次关系,就像一个大型仓库中分出若干个小储藏间,每个小储藏间分别用来存放东西。通常活动目录的结构可以分为逻辑结构和物理结构,分别包含不同的对象。活动目录的逻辑结构非常灵活,目录中的逻辑单元通常包括架构、域、组织单位、域目录树、域目录林、站点、目录分区等。

(1)架构

AD DS对象类型与属性数据是定义在架构内的,例如,它定义了用户对象类型内包含的属性(如姓、名、电话等)。隶属于Schema Admins组的用户可以修改架构内的数据,应用程序也可以自行在架构内添加其所需的对象类型或属性,在一个林内的所有域树共享相同的架构。

(2)域

域是Active Directory的基本单位和核心单元,是Active Directory的分区单位,Active Directory中必须至少有一个域。域包括以下3种类型的计算机:

- 域控制器。它是整个域的核心，存储Active Directory数据库，承担主要的管理任务，负责处理用户和计算机的登录。
- 成员服务器。它是域中非域控制器的Windows服务器，不存储Active Directory信息，不处理账户登录过程。
- 工作站。加入域的Windows计算机，可以访问域中的资源。

成员服务器和工作站可统称为域成员计算机。域就是一组服务器和客户机的集合，如图2-1所示。它们共享同一个Active Directory数据库。Windows Server 2016采用DNS命名方式来为域命名。

图2-1 域结构

(3)组织单位

组织单位(Organizational Unit，OU)在活动目录中扮演特殊的角色，它是一个当普通边界不能满足要求时创建的边界。组织单位把域中的对象组织成逻辑管理组，而不是安全组或代表地理实体的组。组织单位是应用组策略和委派责任的最小单位。

组织单位是包含在活动目录中的容器对象。创建组织单位的目的是对活动目录对象进行分类。因此组织单位是可将用户、组、计算机和其他单元放入活动目录的容器，组织单位不能包括来自其他域的对象。

组织单位相当于域的子域，可以像域一样包含各种对象。组织单位本身也具有层次结构，如图2-2所示。可在组织单位中包含其他的组织单位，将网络所需的域的数量降到最低限度。每个域的组织单位层次都是独立的，组织单位不能包括来自其他域的对象。在域中创建组织单位应该考虑能反映组织单位的职能或商务结构。

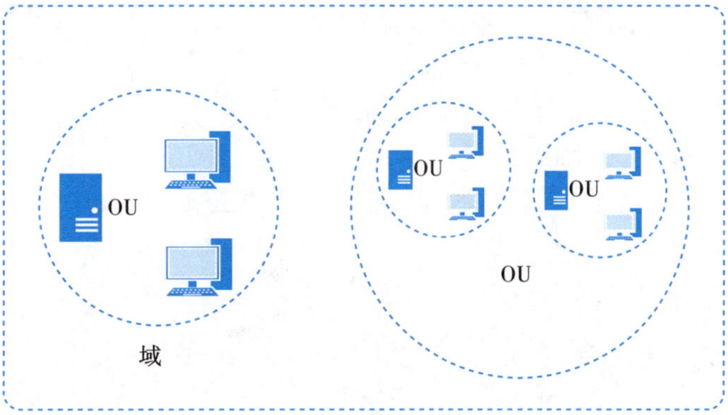

图2-2 组织单位

(4)域目录树

当要配置一个包含多个域的网络时,应该将网络配置成域目录树结构。在图2-3所示的域目录树中,最上层的域名为abc.com,是这个域目录树的根域,也称为父域。下面两个域child1.abc.com和child2.abc.com是abc.com域的子域,3个域共同构成了这个域目录树。

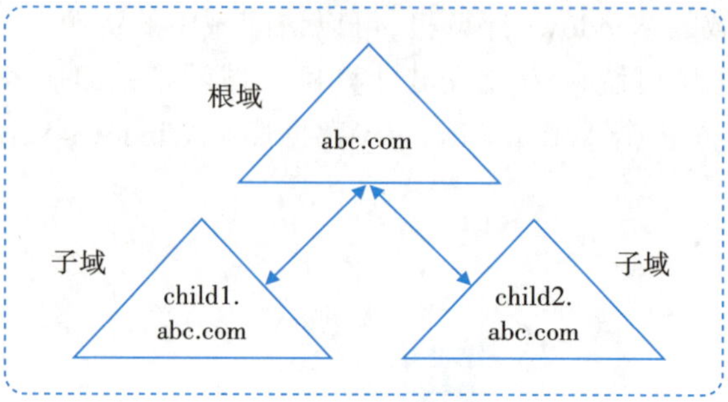

图2-3 域目录树

活动目录的域采用DNS域的命名规则命名。在图2-3所示的域目录树中,两个子域的域名child1.abc.com和child2.abc.com中仍包含父域的域名abc.com,因此,它们的命名空间是连续的。这也是判断两个域是否属于同一个域目录树的重要条件。

在整个域目录树中,所有域共享同一个活动目录,即整个域目录树中只有一个活动目录,只不过这个活动目录分散地存储在不同的域中(每个域只负责存储和本域有关的数据),整体上形成一个大的分布式的活动目录数据库。在配置较大规模的企业网络时,可以配置为域目录树结构,例如,将企业总部的网络配置为根域,各分支机构的网络配置为子域,整体上形成一个域目录树,以实现集中管理。

(5)域目录林

如果网络的规模比前面提到的域目录树还要大,甚至包含了多个域目录树,就可以将网络配置为域目录林(也称森林)结构。域目录林由一个或多个域目录树组成,如图2-4所示。域目录林中的每个域目录树都有唯一的命名空间,它们之间并不是连续的,不同的域目录树之间形成信任关系。

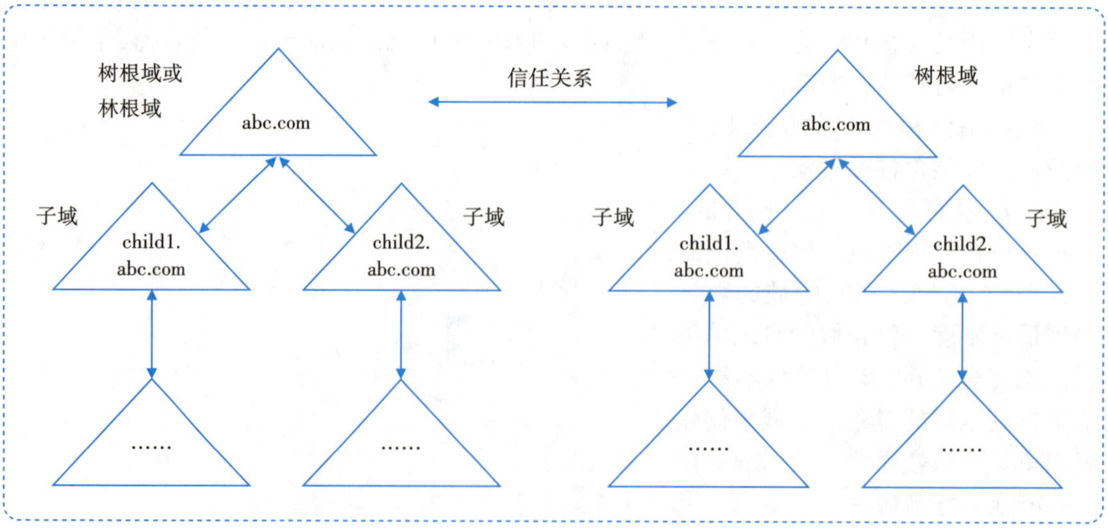

图2-4 域目录林

整个域目录林中也存在一个根域,这个根域是域目录林中最先安装的域。在图2-4所示的域目录林中,因为abc.com是最先安装的,所以这个域既是域目录树的根域也是域目录林的根域。

(6)域信任关系

域信任关系是建立在两个域之间的关系,它使一个域中的账户由另一个域中的域控制器验证。如图2-5所示,所有域信任关系都只能有两个域:信任域和受信任域;信任方向可以是单向的,也可以是双向的;信任关系可传递,也可不传递。

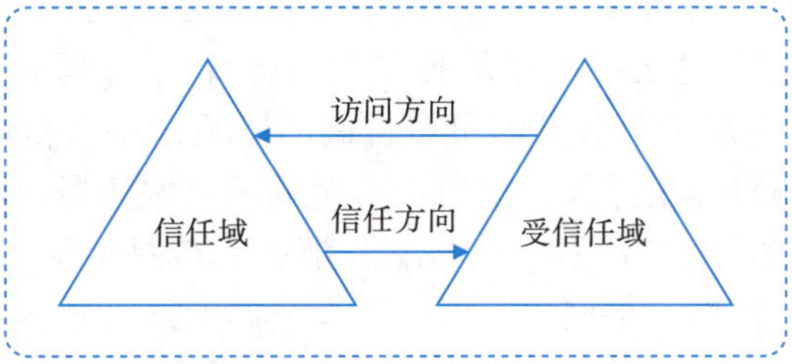

图2-5 域信任关系

在Active Directory中创建域时,相邻域(父域和子域)之间自动创建信任关系。在林中,林根域和从属于此林根域的任何树根域或子域之间自动创建信任关系。因为这些信任关系是可传递的,所以可以在林中的任何域之间进行用户和计算机的身份验证。

除默认的信任关系外,还可手动建立其他信任关系,如林信任(林之间的信任)、外部信任域与林外的域之间的信任等信任关系。

2. 活动目录的物理结构

活动目录的物理结构与逻辑结构是彼此独立的两个概念。逻辑结构侧重于网络资源的管理,而物理结构则侧重于网络的配置和优化。物理结构的3个重要概念是域控制器、只读域控制器和全局编录服务器。

(1)域控制器

域控制器是指安装了活动目录的Windows Server 2016的服务器,它保存了活动目录信息的副本。域控制器管理目录信息的变化,并把这些变化复制到同一个域中的其他域控制器上,使各域控制器上的目录信息同步。域控制器负责用户的登录过程以及其他与域有关的操作,如身份鉴定、目录信息查找等。一个域可以有多个域控制器,规模较小的域可以只有两个域控制器,一个实际应用,另一个用于容错性检查,规模较大的域则使用多个域控制器。

域控制器没有主次之分,采用多主机复制模式,每一个域控制器都有一个可写入的目录副本,这为目录信息容错带来了无尽的好处。尽管在某个时刻,不同的域控制器中的目录信息可能有所不同,但一旦活动目录中的所有域控制器执行同步操作,最新的变化信息就会一致。

(2)只读域控制器

只读域控制器(Read-Only Domain Controller, RODC)的AD DS数据库只可以被读取、不可以被修改,也就是说,用户或应用程序无法直接修改RODC的AD DS数据库。RODC的AD DS数据库的内容只能够从其他可读写的域控制器中复制过来。RODC主要是设计给远程分公司的网络使用的，因为一般来说，远程分公司的网络规模比较小、用户人数比较少，此网络的安全措施或许并不如总公司完备，也可能缺乏IT技术人员，因此采用RODC可避免因其AD DS数据库被破坏而影响到整个AD DS环境。

（3）全局编录服务器

尽管活动目录支持多主机复制模式，然而由于复制引起通信流量以及网络潜在的冲突，变化的传播并不一定能够顺利进行，因此有必要在域控制器中指定全局编录（Global Catalog，GC）服务器以及操作主机。全局编录是一个信息仓库，包含活动目录中所有对象的部分属性，是在查询过程中访问最为频繁的属性。利用这些信息，可以定位任何一个对象实际所在的位置。全局编录服务器是一个域控制器，它保存了全局编录的一份副本，并执行对全局编录的查询操作。全局编录服务器可以提高活动目录中大范围内对象检索的性能，例如，在域林中查询所有的打印机操作。如果没有全局编录服务器，那么必须调动域林中每一个域的查询过程。如果域中只有一个域控制器，那么它就是全局编录服务器。如果有多个域控制器，那么管理员必须把一个域控制器配置为全局编录服务器。

2.1.4 AD域网络

1.AD与DNS 集成

Active Directory与DNS集成并共享相同的名称空间结构，两者集成体现在以下3个方面：

（1）Active Directory和DNS有相同的层次结构。

（2）DNS区域可存储在Active Directory中。如果使用Windows服务器的DNS服务，主区域文件可存储于Active Directory中，可复制到其他Active Directory域控制器。

（3）Active Directory将DNS作为定位服务使用。为了定位域控制器，Active Directory客户端需查询DNS，Active Directory需要DNS才能工作。如图2-6所示，DNS将AD域、站点和服务名称解析成IP地址。

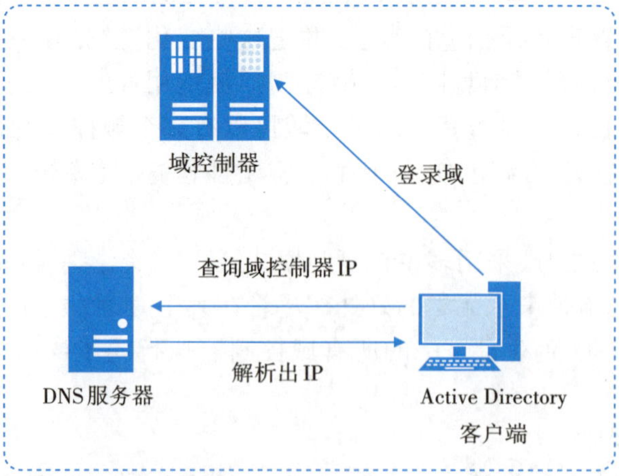

图2-6 AD将DNS作为定位服务使用

DNS不需要Active Directory也能运行，而Active Directory需要DNS才能正常运行。

2.Windows域网络

规划Windows网络结构时，有工作组（Workgroup）和域（Domain）两种选择，前者适用于小型网络；后者拥有较优越的管理能力，更适用于大、中型网络。

（1）工作组——对等式网络

工作组是种对等式网络，联网计算机彼此共享对方的资源，每台计算机地位平等，只能够管理本机资源。如图2-7所示，无论是服务器还是工作站，都拥有本机的本地安全账户数据库，称为安全账户管理器（Security Accounts Manager，SAM）数据库。如果用户要访问每台计算机内的资源，就必须在每台计算机的SAM数据库内创建该用户的账户。

采用工作组结构，计算机各自为政，网络管理很不方便，突出的问题有以下两点：

- 账户管理烦琐。例如，有10台计算机和20个用户，需要相互访问，则要在每台计算机上重复创建相同的20个用户账户，任何一个账户修改，都要在每台计算机上进行相应修改。
- 系统设置不便。例如，需要对每台计算机单独进行网络设置、系统配置、安全设置等。

工作组不一定要部署服务器计算机，若干Windows客户端就能构建一个工作组结构的网络。

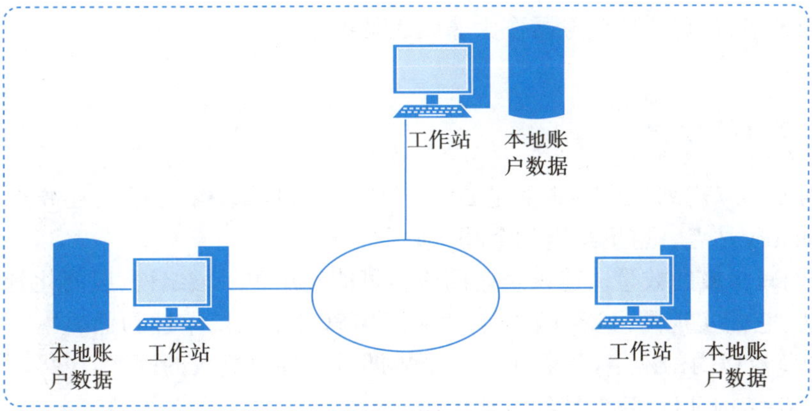

图2-7 工作组网络

（2）域——集中管理式网络

域由一群通过网络连接在一起的计算机组成，它们将计算机内的资源共享给网络上的其他用户访问。与工作组不同的是，域是一种集中管理式网络，域内所有的计算机共享一个集中式的目录数据库，它包含整个域内的用户账户与安全数据。在域结构的Windows网络中，这个目录数据库存储在域控制器中。

域控制器主管整个域的账户与安全管理，所有加入域的计算机，都以域控制器的账户和安全性设置为准，不必个别建立本地账户数据，如图2-8所示。（用户以域账户登录域后，即可根据授权使用域中相应的服务和资源。网管员只需维护域控制器上的目录数据库，即可管理域里的所有用户与计算机，这样能大大提高网络管理效率，适用于较复杂的或规模较大的网络。）

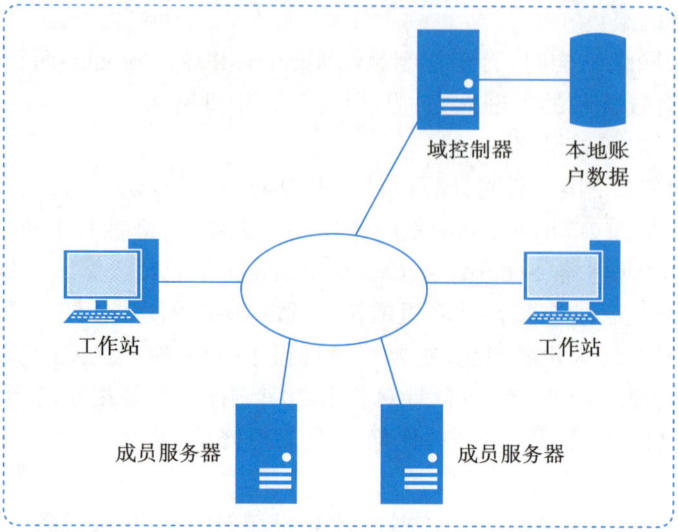

图2-8 域集中管理式网络

在域网络结构中，只有服务器才可以胜任域控制器的角色。计算机必须加入域，用户才能够在这些计算机上利用域账户登录，否则只能够利用本地安全账户登录。

如果企业主要是运行基于数据库服务器的信息管理系统，或者仅仅提供网站服务，就不一定要建立域环境，可将这些服务器作为非域成员单独管理。

2.1.5 AD的规划

Active Directory 规划的内容主要是DNS名称空间和域结构，必要时还要规划组织单位或Active Directory站点。这里给出几个基本原则。

(1)尽可能减少域的数量。建议企业网应尽可能使用单一域结构，以简化管理工作。与多域结构相比，它能实现网络资源集中管理并保障管理上的简单性和低成本。规模较小的网络，如50个节点以内的网络，只需建立一个域即可。规模更大的网络，应尽可能在域中建立组织单位层次结构，以代替多域的设计结构。

(2)组织单位的规划很重要，在域内划分组织单位可依据多种标准，如按对象(用户、计算机、组、打印机等)来划分；按业务部门(如市场部、生产部、销售部)划分；按地理位置划分等。可在组织单位中根据新的标准再划分组织单位，形成组织单位的层次结构。

(3)林是驻留在该林内的所有对象的安全和管理边界，Active Directory 中必须有一个林。

(4)选择DNS名称用于Active Directory域时通常使用现有域名，以企业保留在Internet上的已注册DNS域名后缀开始，并将该名称和企业中使用的地理名称或部门名称结合起来，组成Active Directory域的全名。例如，可将销售中心的域命名为“sales.abc.com”。

(5)内部名称空间与外部名称空间尽可能保持一致。微软建议将两者分离，对DNS域名进行分组，如内部DNS名称使用诸如“internal.abc.com”的名称，外部DNS名称使用诸如“external.abc.com”的名称。

(6)多数情况下只需一个Active Directory站点，如一个包含单个子网的局域网，或者以高速主干线连接的多个子网。

2.1.6 域网络环境规划

本案例需要三台服务器和一台客户端，三台服务器都安装 Windows Server 2016 操作系统，域成员计算机安装 Windows 10 操作系统，整个网络结构如图 2-9 所示。

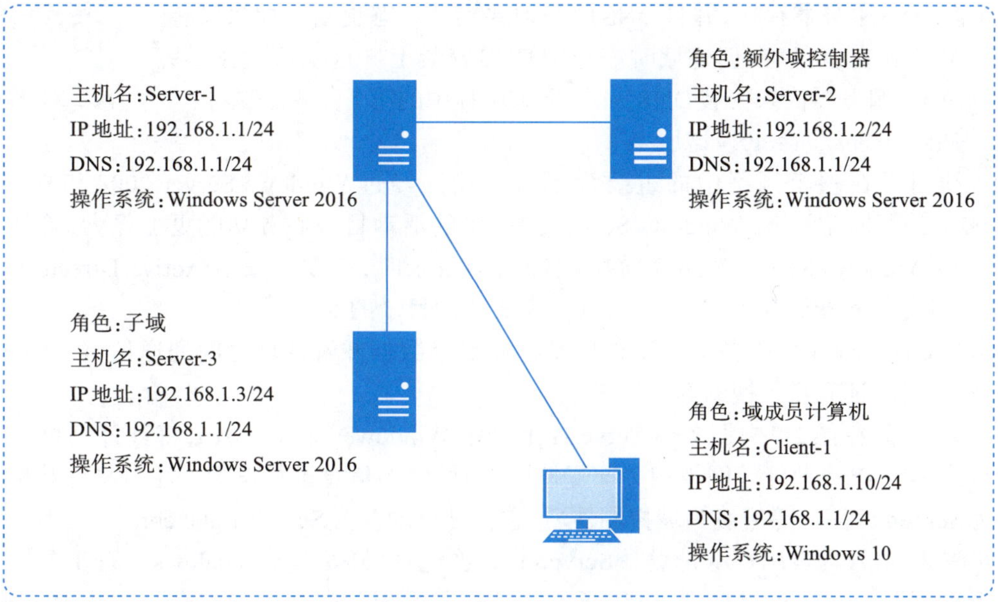

图 2-9 域网络规划拓扑图

本案例实施步骤：

(1)建立第一个林中的第一个域控制器为 Server-1，IP 地址为 192.168.1.1/24，DNS 地址指向自己的 IP 地址，操作系统为 Windows Server 2016 数据中心版。

(2)将域成员计算机 Client-1(其 IP 地址为 192.168.1.10/24，DNS 为 192.168.1.1，操作系统为 Windows 10)加入新建的域。

(3)安装额外域控制器 Server-2，其 IP 地址为 192.168.1.2，DNS 为 192.168.1.1，操作系统为 Windows Server 2016 数据中心版。

(4)创建域控制器的子域并进行验证，服务器 Server-3 作为子域控制器，IP 地址为 192.168.1.3/24，DNS 为 192.168.1.1，操作系统为 Windows Server 2016 数据中心版。

(5)设置父域 abc.com 和子域 child1.abc.com 之间的信任关系。

2.2 项目实施——安装和配置域

任务2-1 域控制器的安装

由于域控制器使用的活动目录和DNS有非常密切的关系，因此网络中要求有DNS服务器存在，并且DNS服务器要支持动态更新。如果没有DNS服务器存在，可以在创建域时一起把DNS安装上。这里假设图2-9中的Server-1服务器尚未安装DNS，并且是该域林中的第1台域控制器。

域控制器的安装

1. 安装Active Directory域服务

活动目录在整个网络中的重要性不言而喻。经过Windows Server 2008和Windows Server 2012的不断完善，Windows Server 2016中的活动目录服务功能更加强大，管理更加方便。在Windows Server 2016系统中安装活动目录时，需要先安装Active Directory域服务，然后将此服务器提升为域控制器，从而完成活动目录的安装。

Active Directory域服务的主要作用是存储目录数据并管理域之间的通信，包括用户登录处理、身份验证和目录搜索等。

步骤1　先在图2-9中服务器Server-1上安装Windows Server 2016，将其计算机名称设置为Server-1，IPv4地址等网络相关配置按图2-9所示的信息进行设置。注意将计算机名称设置为Server-1即可，等升级为域控制器后，它会被自动改为Server-1.abc.com。

步骤2　以管理员用户身份登录Server-1，依次选择"开始"→"Windows管理工具"→"服务器管理器"命令（也可以依次选择"开始"→"控制面板"→"系统和安全"→"管理工具"→"服务器管理器"命令），单击"添加角色和功能"按钮，打开图2-10所示的"添加角色和功能向导"窗口。

步骤3　单击"下一步"按钮，默认选择"基于角色或基于功能的安装"选项，如图2-11所示。

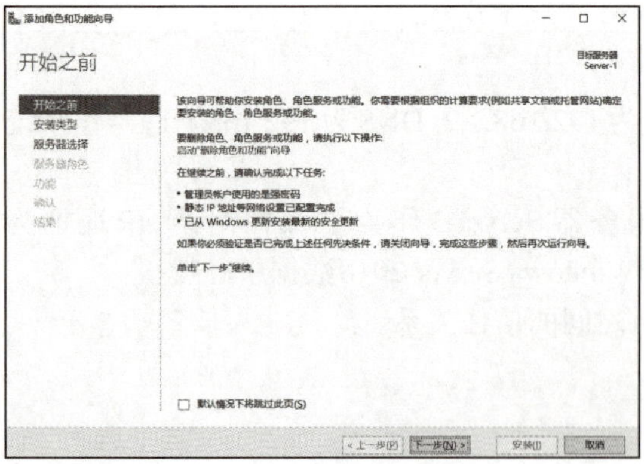

图2-10 "添加角色和功能向导"窗口

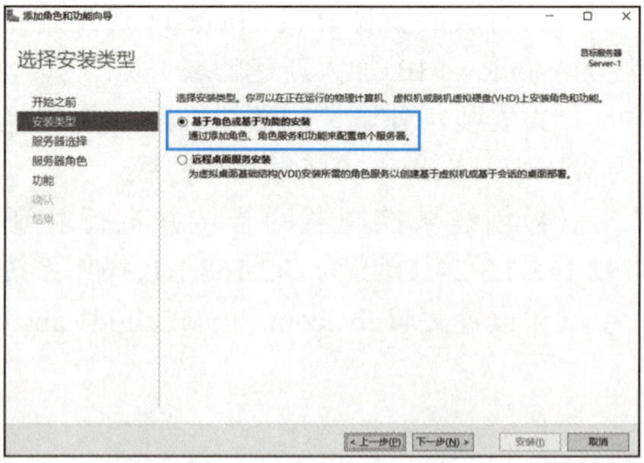

图2-11 "选择安装类型"窗口

步骤4　单击"下一步"按钮，选择"从服务器池中选择服务器"选项，服务器池里默认可以看到本台服务器相关的信息，如图2-12所示。

步骤5　单击"下一步"按钮，显示图2-13所示的"选择服务器角色"窗口时，勾选"Active

Directory 域服务"复选框，单击"添加功能"按钮。

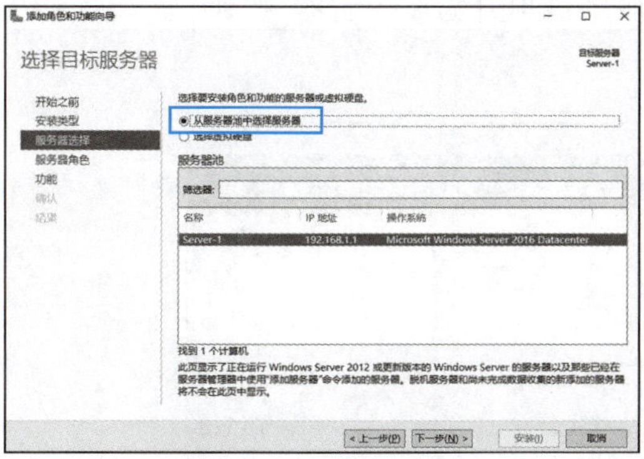

图2-12 "选择目标服务器"窗口

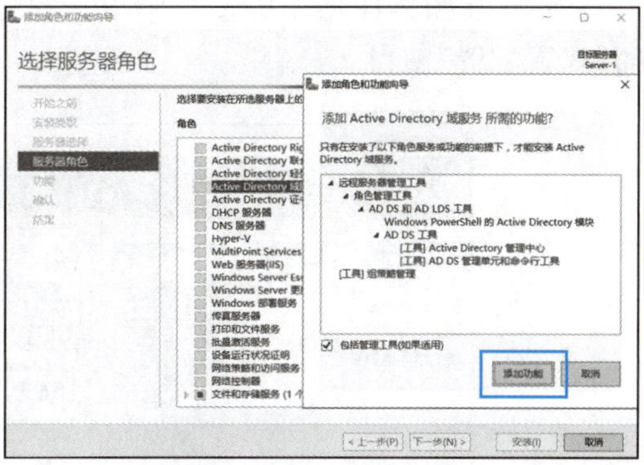

图2-13 "选择服务器角色"窗口

步骤6 单击"下一步"按钮，显示图2-14所示的"选择功能"窗口时，这里默认不用操作。

步骤7 单击"下一步"按钮，显示图2-15所示的"Active Directory 域服务"窗口时，这里默认不用操作。

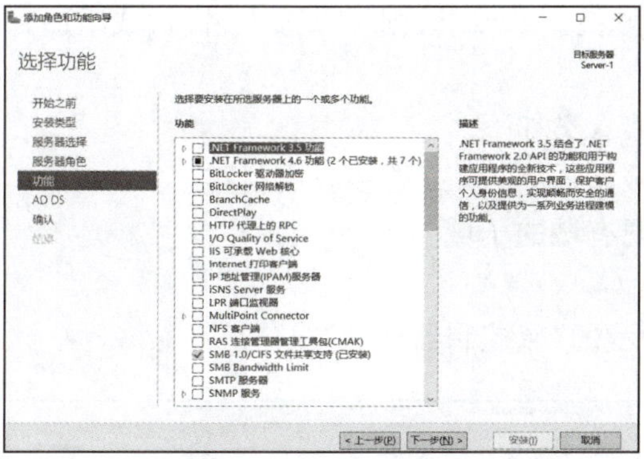

图2-14 "选择功能"窗口

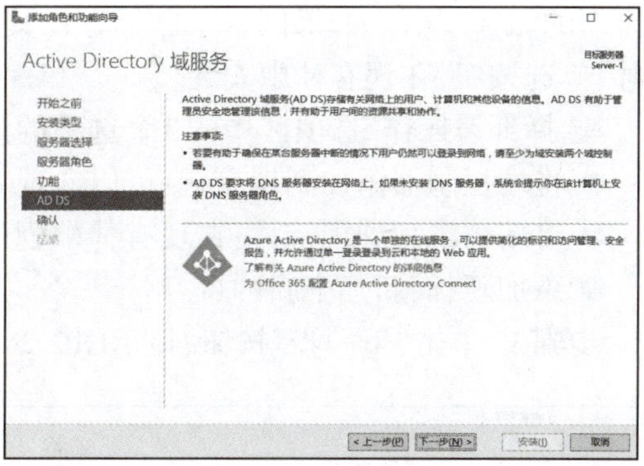

图2-15 "Active Directory 域服务"窗口

步骤8 持续单击"下一步"按钮，直到显示图2-16所示的"确认安装所选内容"窗口。

步骤9 单击"安装"按钮即可开始安装。安装完成后显示图2-17所示的安装结果，提示"需要配置。已在Server-1上安装成功。"

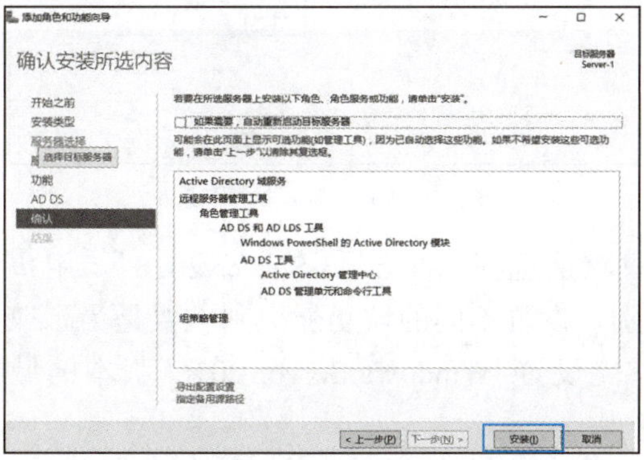

图2-16 "确认安装所选内容"窗口

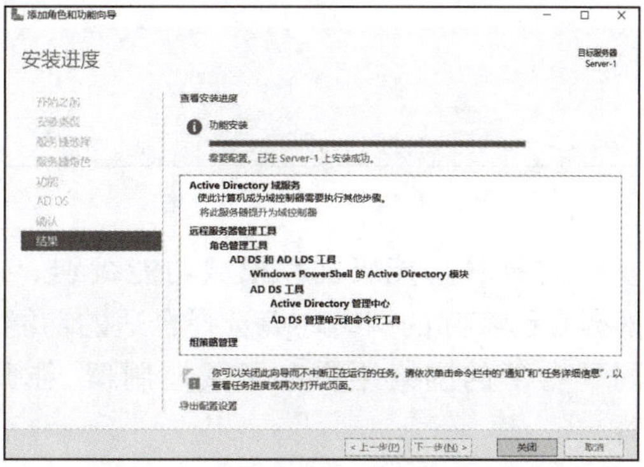

图2-17 Active Directory 域服务成功安装

2.升级到域控制器

步骤1　在图2-18所示的窗口中单击“将此服务器提升为域控制器”按钮，显示图2-19所示的“部署配置”窗口。

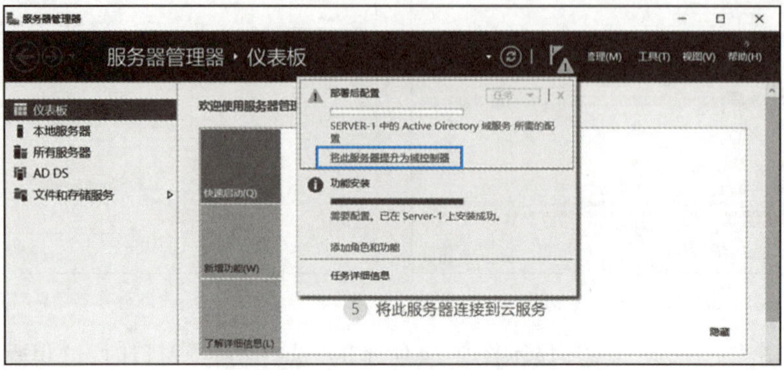

图2-18　“将此服务器提升为域控制器”窗口

步骤2　在图2-19中选中“添加新林”单选按钮，设置林根域名(本例为abc.com)，创建一台全新的域控制器。如果网络中已经存在其他域控制器或林，则可以选中“将新域添加到现有林”单选按钮，在现有林中安装。

“选择部署操作”选项区中的3个选项的具体含义如下。

- 将域控制器添加到现有域：可以向现有域添加第2台或更多域控制器。
- 将新域添加到现有林：在现有林中创建现有域的子域。
- 添加新林：新建全新的域。

步骤3　单击“下一步”按钮，显示图2-20所示的“域控制器选项”窗口。

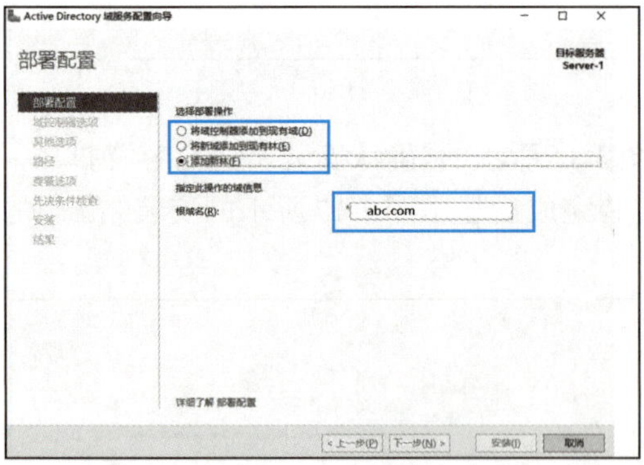

图2-19　“部署配置”添加新林

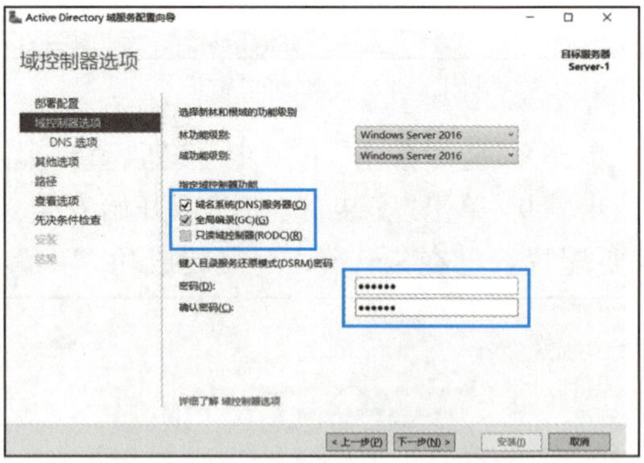

图2-20　“域控制器选项”窗口

- 选择林功能级别和根域功能级别。这里默认选择“Windows Server 2016”。用户可以根据自己实际的网络环境选择合适的功能级别。设置不同的域功能级别主要是为了兼容不同平台下的网络用户和子域控制器，在此只能设置“Windows Server 2016”版本的域控制器。

- 输入目录服务还原模式密码。由于有时需要备份和还原活动目录，且还原时(启动系统时按F8键)必须进入“目录服务还原模式”下，所以此处要求输入“目录服务还原模式”

时使用的密码。由于该密码和管理员密码可能不同，所以一定要牢记该密码。

● 指定域控制器功能。因为默认在此服务器上直接安装DNS服务器，所以该向导将自动创建DNS区域委派。无论DNS服务是否与AD DS集成，都必须将其安装在部署的AD DS目录林根级域的第一个域控制器上。

○ 第一台域控制器需要扮演全局编录服务器的角色。

○ 第一台域控制器不可以是只读域控制器。

步骤4　单击“下一步”按钮，显示图2-21所示的警告信息，因为DNS还没有安装，因此不必理会它，不用选择“创建DNS委派”，直接单击“下一步”按钮。

步骤5　在图2-22所示的窗口中会自动为此域设置一个NetBIOS名称，也可以更改此名称。如果此名称已被占用，安装程序会自动指定一个建议名称，这里默认不用更改，完成后单击“下一步”按钮。

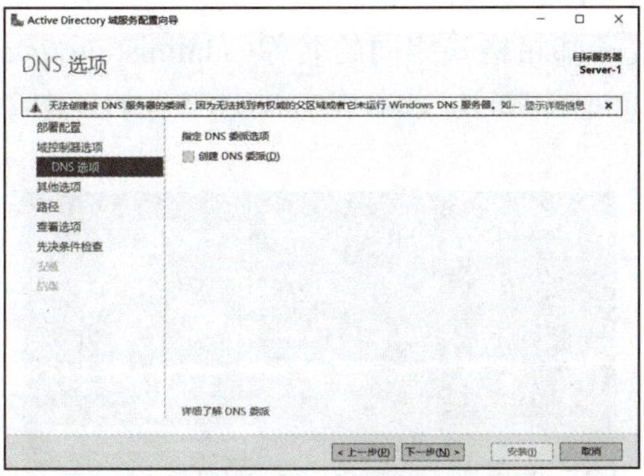

图2-21　“DNS选项”窗口

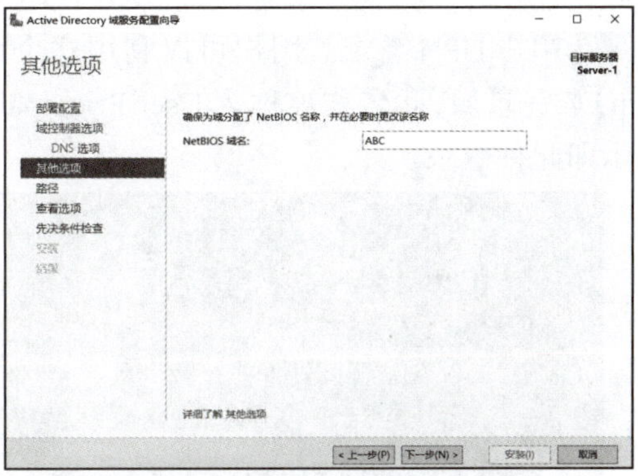

图2-22　设置NetBIOS域名

步骤6　显示图2-23所示的“路径”窗口，可以单击“浏览”按钮更改为其他路径。其中，“数据库文件夹”用来存储互动目录数据库，“日志文件文件夹”用来存储活动目录的变化日志，以便于日常管理和维护。需要注意的是，“SYSVOL文件夹”必须保存在NTFS格式的分区中。完成后单击“下一步”按钮。

步骤7　出现如图2-24“查看选项”窗口，单击“下一步”按钮。

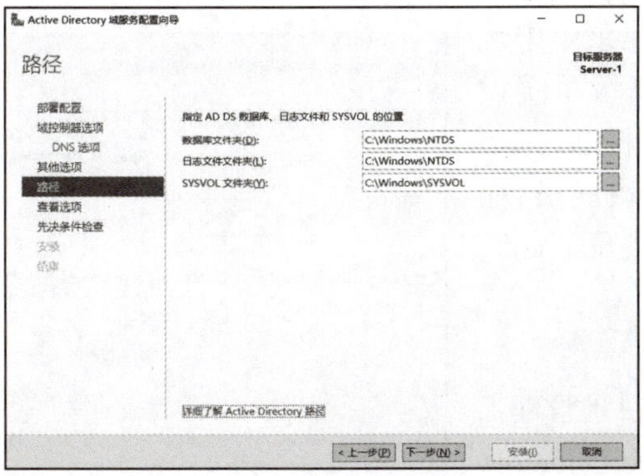

图2-23　“路径”窗口

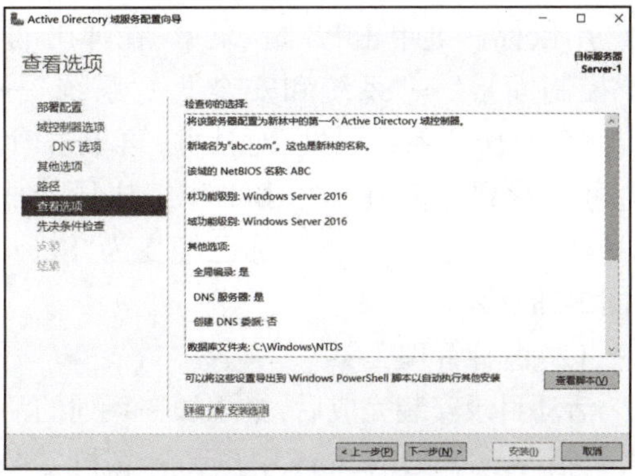

图2-24　“查看选项”窗口

步骤8　在图2-25所示的“先决条件检查”窗口中，如果顺利通过检查，就直接单击“安装"按钮，否则要先按提示排除问题。安装完成后会自动重新启动计算机。

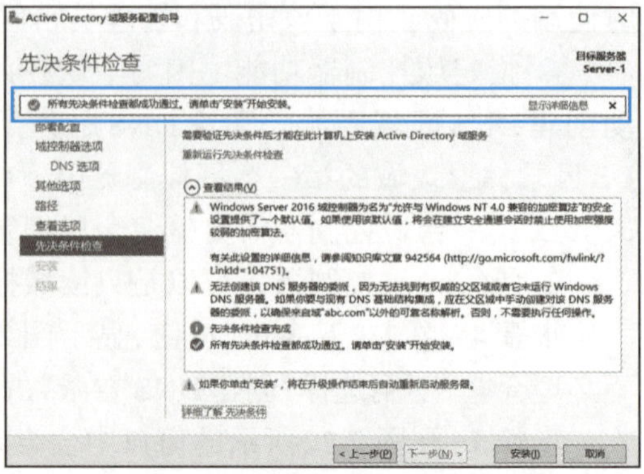

图2-25 "先决条件检查"窗口

步骤9 重新启动计算机，升级为Active Directory域控制器之后，必须使用域用户账户登录，格式为"域名\用户账户"，如图2-26所示。选择左下角的其他用户可以更换登录用户，如图2-27所示。

①用户名Sam Account Name登录。用户也可以利用此名称（如abc\administrator）来登录。同一个域中，此名称必须是唯一的。Windows NT、Windows 98等旧版操作系统不支持UPN，因此在这些计算机上登录时，只能使用此登录名。图2-26所示即此种登录。

②用户UPN登录。用户可以利用这个与电子邮箱格式相同的名称（administrator@abc.com）来登录域，此名称被称为User Principal Name（UPN）。此名在林中是唯一的。图2-27所示即此种登录。

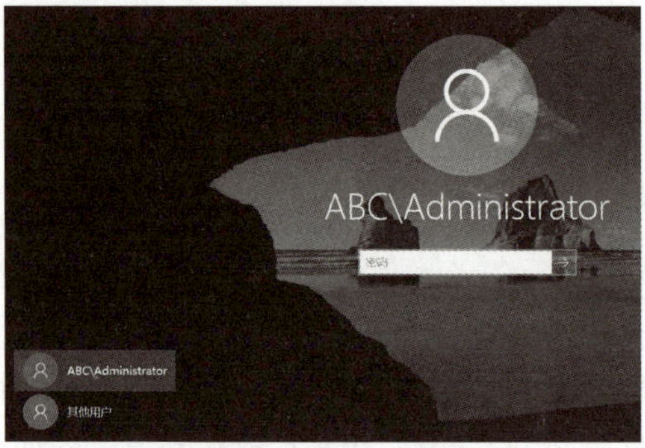

图2-26 Sam Account Name登录界面

图2-27 UPN登录界面

3. 检查Active Directory域服务

活动目录安装完成后，检查安装情况。

（1）查看计算机名

用鼠标右键单击"开始"菜单，在弹出的快捷菜单中选择"控制面板"→"系统和安全"→"系统"→"高级系统设置"命令，打开"系统属性"对话框，再单击"计算机名"选项卡，可以看到计算机已经由工作组成员变成了域成员，而且是域控制器。计算机名称已经变为"Server-1.abc.com"，如图2-28所示。

图2-28 "系统属性"对话框

（2）查看管理工具

活动目录安装完成后，会添加一系列的活动目录管理工具，包括"Active Directory用户和计算机""Active Directory站点和服务""Active Directory域和信任关系"等。选择"开始"→"Windows管理工具"，可以在"管理工具"中找到这些管理工具的快捷方式。在"服务器管理器"的"工具"

菜单中也会增加这些管理工具，如图2-29所示。

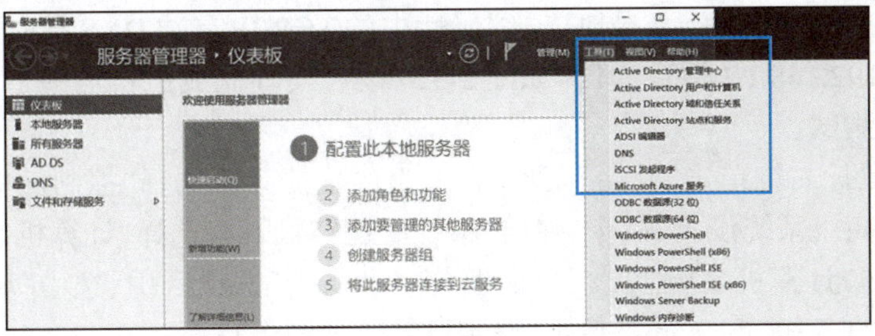

图2-29 “工具”菜单窗口

(3)查看活动目录对象

单击“开始”→“Windows管理工具”→“Active Directory用户和计算机”命令，或者通过选择“服务器管理器”→“工具”命令，打开“Active Directory用户和计算机”控制台，可以看到企业的域名为abc.com。单击该域，窗口左侧的详细信息窗格中会显示域中的各个容器，其中包括一些内置容器，如图2-30所示，主要有以下几种。

- Builtin：存放活动目录域中的内置组账户。
- Computers：存放活动目录域中的计算机账户。
- Users：存放活动目录域中的部分用户和组账户。
- Domain Controllers：存放域控制器的计算机账户。

(4)查看DNS记录

依次选择“开始”→“Windows管理工具”→“DNS”命令，或者在“服务器管理器”窗口中选择右上方的“工具”→“DNS”命令，打开“DNS管理器”窗口，即可看到一个注册了SRV记录的DNS服务器，如图2-31所示。

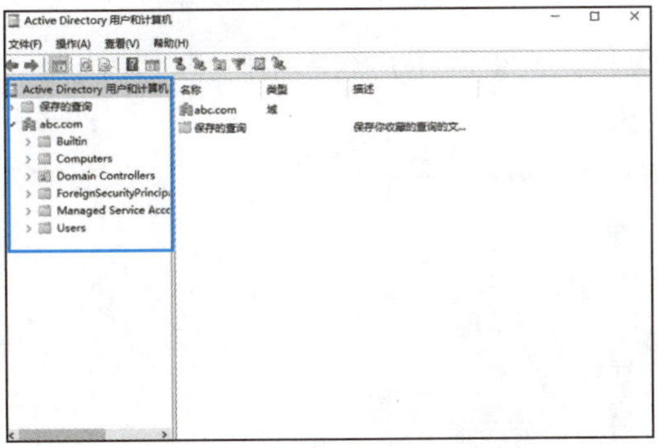

图2-30 “Active Directory用户和计算机”窗口

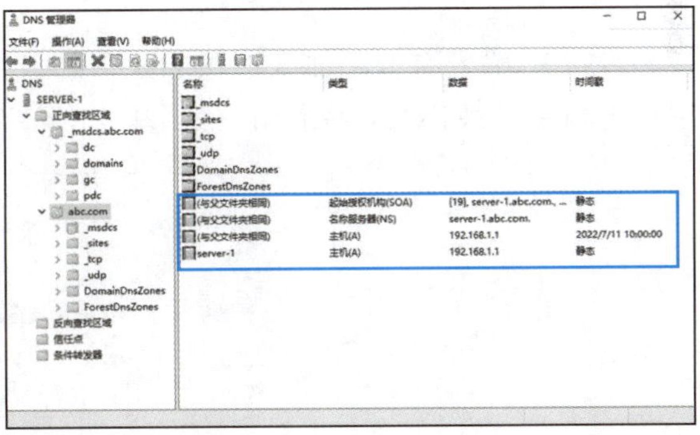

图2-31 “DNS管理器”窗口

任务2-2 将域成员计算机加入域

1. 将计算机添加到域

Windows计算机可以作为域成员加入Active Directory域，接受域控制器的集中管理。有两种情况，一种是将独立服务器加入域；另一种是将工作站加入域。加入域的计算机可统称为域成员计算机。下面再将Client-1（IP：192.168.1.10/24）计算机加入abc.com域，Client-1与Server-1的虚拟机

将域成员计算机加入域

网络连接模式都是“仅主机模式”，步骤如下：

步骤1　在Client-1上确认“本地连接”属性中的TCP/IP首选DNS指向了abc.com域的DNS服务器，即192.168.1.1地址，具体如图2-32所示，设置完成后检测一下网络连通性，利用ping命令进行测试。

步骤2　用鼠标右键单击“开始”菜单，在弹出的快捷菜单选择“控制面板”→“系统和安全”→“系统”→“高级系统设置”命令，弹出“系统属性”对话框，选择“计算机名”选项卡，单击“更改”按钮，弹出“计算机名/域更改”对话框，在“隶属于”选项区中，选中“域”单选按钮，并输入要加入的域的名称“abc.com”，单击“确定”按钮，如图2-33所示。

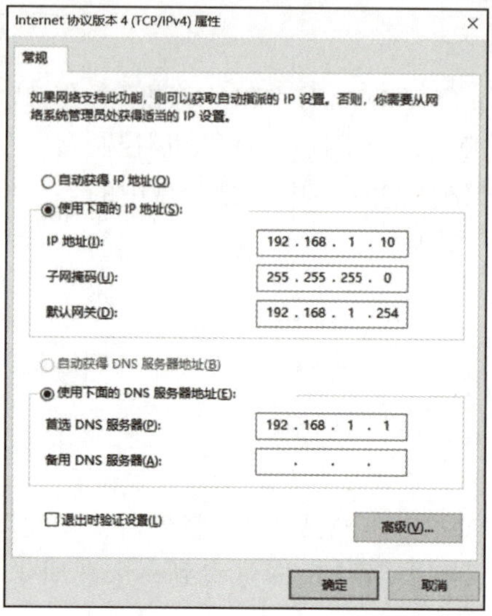

图2-32　域成员计算机网络配置对话框

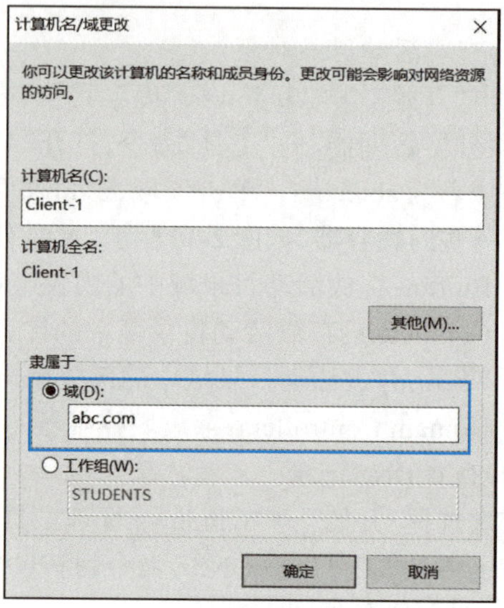

图2-33“计算机名/域更改”对话框

步骤3　输入有权限加入该域的账户的名称和密码，这里的用户名和密码是域控制器的用户名和密码，如图2-34所示。然后单击“确定”按钮。

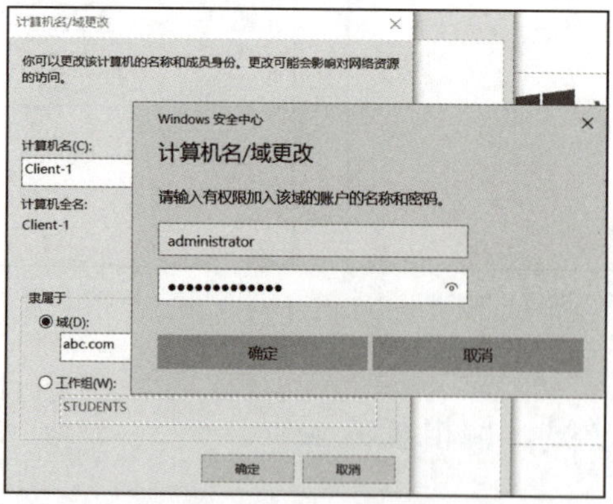

图2-34　“请输入有权限加入该域的账户和密码”对话框

步骤4　如果输入的用户名和密码正常，则弹出图2-35所示对话框。

步骤5　单击“确定”按钮后，计算机会提示重新启动。重启后查看“计算机系统”，Client-1的计算机名和域都会变化，如图2-36所示，这时Client-1就以域成员计算机加入abc.com域。

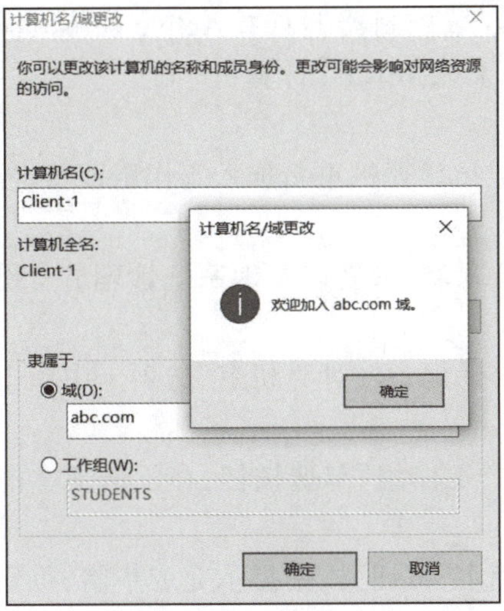

图2-35 “欢迎加入abc.com域”界面

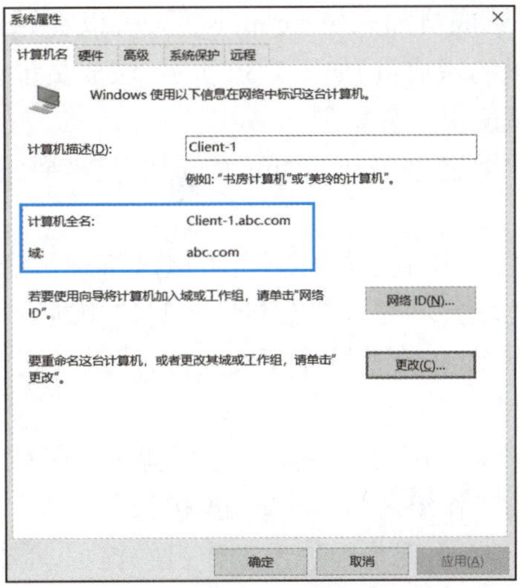

图2-36 加入域后“系统属性”界面

2. 域成员计算机登录域

可以在域成员计算机上通过本地用户或域账户进行登录。启动域成员计算机出现登录界面，默认出现的是本地用户登录，此时系统利用本地安全账户数据库来检查账户与密码，如果成功登录，只可以访问本地计算机的资源。下面介绍分别利用本地账户和域账户进行登录。

- 利用本地账户登录

在Client-1登录界面中按“Ctrl+Alt+Del”组合键后，出现图2-37所示的界面，图中默认让用户利用本地系统管理员Administrator或stu的身份登录，这里采用stu账户登录，因此只要输入stu的密码就可以登录。

此时，系统会利用本地安全性数据库来检查账户与密码是否正确，如果正确，就可以成功登录，也可以访问计算机内的资源（若有权限），不过无法访问域内其他计算机的资源，除非在连接其他计算机时再输入有权限的用户名与密码。

- 利用域用户账户登录

如果要利用域系统管理员Administrator的身份登录，则单击图2-37所示左下角的“其他用户”链接，打开图2-38所示的“其他用户”登录框，输入域系统管理员的账户（abc\administrator）与密码，单击“登录”按钮进行登录。

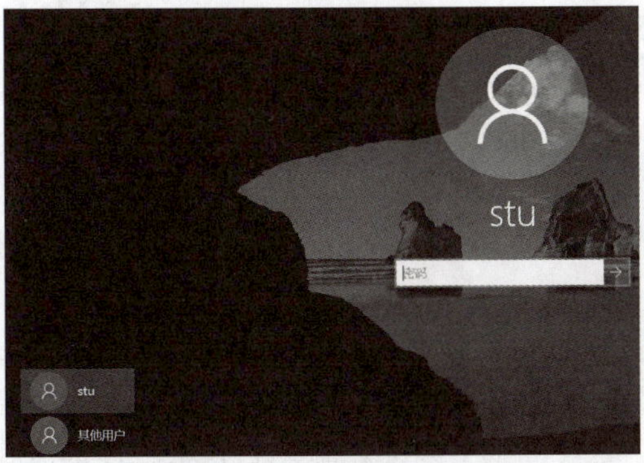

图2-37 本地账户stu登录

图2-38 域账户登录

注：域成员加入abc.com域后，可以在Server-1域控制器上查看Active Directory用户和计算机里的域成员，如图2-39所示，域成员里包括了CLIENT-1计算机。

3. 域成员计算机退出域

如果要退出Active Directory域，只需要将域成员计算机重新加入工作组即可，操作步骤如下。

步骤1　在域成员计算机上以域管理员身份登录域，或者以本地系统管理员身份登录本机。退出域并不要求能够与域控制器相通。

步骤2　在域成员计算机上打开“系统属性”对话框，在“计算机名”选项卡中单击“更改”按钮。

步骤3　如图2-40所示，在“隶属于”区域选中“工作组”单选按钮，在下面文本框中输入要加入的工作组名，单击“确定”按钮。

步骤4　出现欢迎加入工作组的提示，单击“确定”按钮，根据提示完成步骤，重新启动计算机即可。

此后，在该计算机上就只能利用本地用户账户登录，无法再使用域用户账户登录。

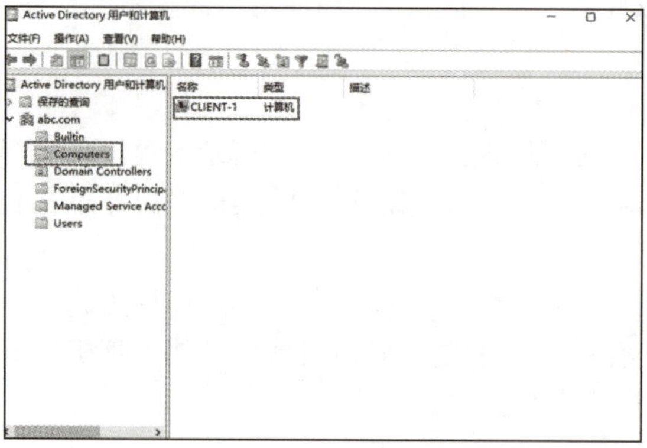

图2-39　计算机成功加入域

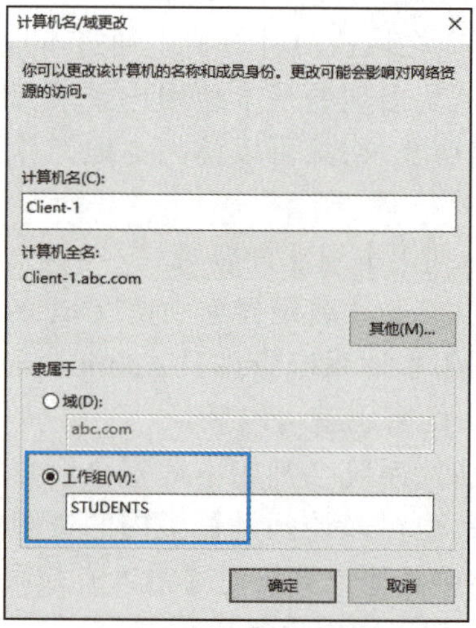

图2-40　“计算机名/域更改”界面

任务2-3　安装额外域控制器

安装额外域控制器

一个域内若有多台域控制器，便可以拥有下面的优势。

（1）改善用户登录的效率。若同时有多台域控制器来对客户端提供服务，就可以分担用户身份验证（账户与密码）的负担，提高用户登录的效率。

（2）容错功能。若有域控制器故障，此时仍然可以由其他正常的域控制器来继续提供服务，因此对用户的服务并不会停止。

在安装额外域控制器（Additional Domain Controller）时，需要将AD DS数据库由现有的域控制器复制到这台新的域控制器。然而若数据库非常庞大，则这个复制操作势必会增加网络负担，尤其是这台新域控制器位于远程网络内时。系统提供了两种复制AD DS数据库的方式。

● 通过网络直接复制。若AD DS数据库庞大，此方法会增加网络负担、影响网络效率。

● 通过安装介质。需要事先到一台域控制器内制作安装介质(Installation Media)，其中包含AD DS数据库；接着将安装介质复制到U盘、CD、DVD等媒体或共享文件夹内；然后在安装额外域控制器时，要求安装向导到这个媒体或共享文件夹内读取安装介质内的AD DS数据库。这种方式可以大幅降低对网络造成的负担。若在安装介质制作完成之后，现有域控制器的AD DS数据库内有新变动数据，则这些少量数据会在完成额外域控制器的安装后，再通过网络自动复制过来。

下面说明如何将图2-41中Server-2升级为常规额外域控制器，Server-2为域abc.com的额外域控制器，也是此域的成员服务器。

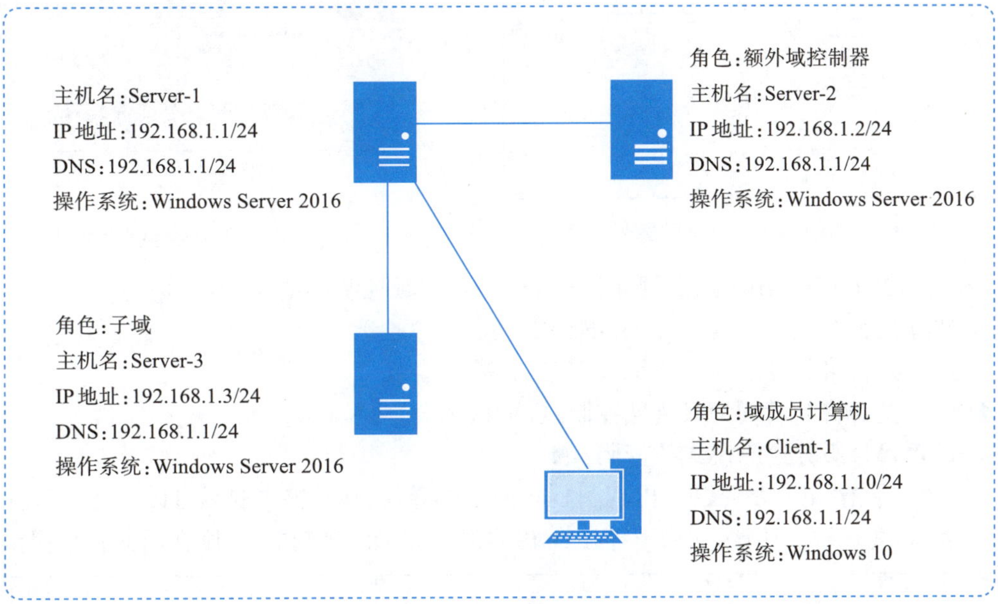

图2-41 域网络规划拓扑图

1. 利用网络复制安装额外域控制器

Server-1和Server-2的网络连接模式都是"仅主机模式"，首先要保证2台服务器网络互通。

步骤1 先在服务器Server-2上安装Windows Server 2016，IPv4地址等按照图2-41所示的信息来设置。这里将计算机名称设置为Server-2即可，等升级为域控制器后，它会自动被改为Server-2.abc.com。

步骤2 在Server-2上安装Active Directory域服务。操作方法与安装第1台域控制器的方法完全相同，参考[任务2-1]安装域控制器第一部分安装Active Directory域服务过程，此处省略。安装完Active Directory域服务后，单击"将此服务器提升为域控制器"链接，开始活动目录的安装，如图2-42所示。

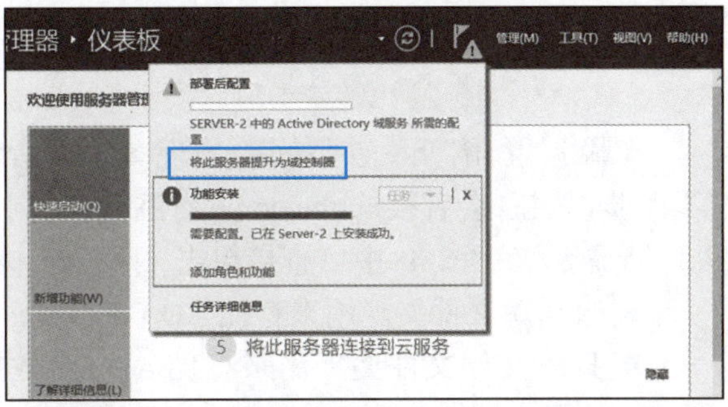

图2-42 "将此服务器提升为域控制器"窗口

步骤3　当显示“部署配置”窗口时，选中“将域控制器添加到现有域”单选按钮，在“域”项文本框中直接输入“abc.com”，如图2-43所示。

步骤4　单击“更改”按钮，弹出“Windows安全性”对话框，需要指定可以通过相应主域控制器验证的用户账户凭据，该用户账户必须是Domain Admins组，拥有域管理员权限。例如，根域控制器的管理员账户abc\administrator，如图2-44所示。

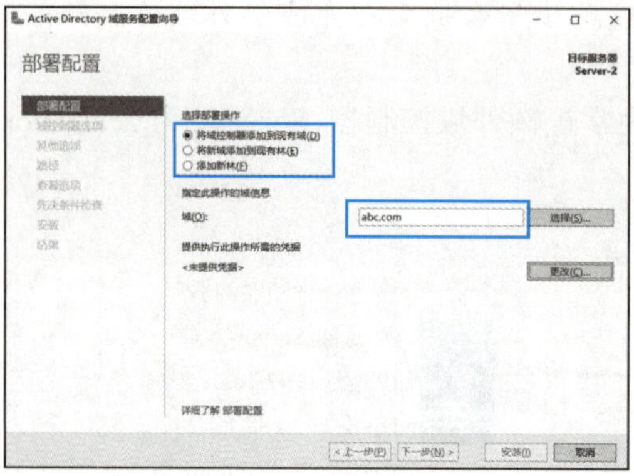

图2-43　“将域控制器添加到现有域”窗口

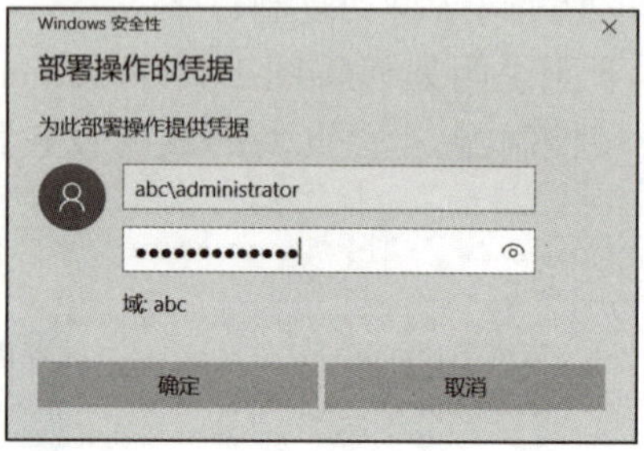

图2-44　提供执行此操作所需的凭据

步骤5　单击“下一步”按钮，显示图2-45所示的“域控制器选项”窗口。

- 选择是否在此服务器上安装DNS服务器(默认会)。
- 选择是否将其设定为全局编录服务器(默认会)。
- 选择是否将其设置为只读域控制器(默认不会)。
- 设置目录服务还原模式的密码。

步骤6　单击“下一步”按钮，出现图2-46所示的界面，弹出警告提示可以忽略，不勾选“更新DNS委派”复选框。注意，如果不存在DNS委派却勾选此复选框了，则在后面将会报错。

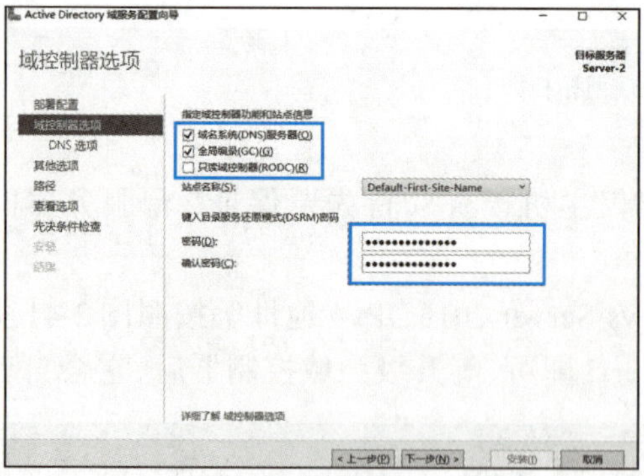

图2-45　“域控制器选项”窗口

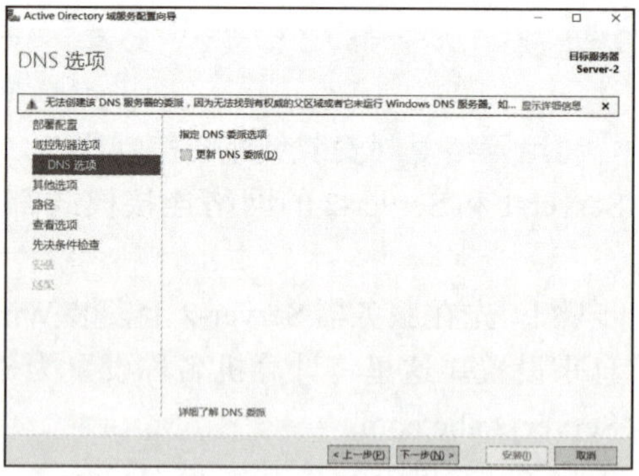

图2-46　“DNS选项”窗口

步骤7　单击“下一步”按钮，出现图2-47所示的界面，不要选择“从介质安装”，继续单击“下一步”按钮，会直接从abc.com域控制器复制AD DS数据库。

步骤8　在图2-48中可直接单击“下一步”按钮。

- 数据库文件夹。用来存储AD DS数据库。
- 日志文件文件夹。用来存储AD DS数据库的变更日志，此日志文件可被用来修复AD DS数据库。

● SYSVOL文件夹。用来存储域共享文件(如组策略相关的文件)。

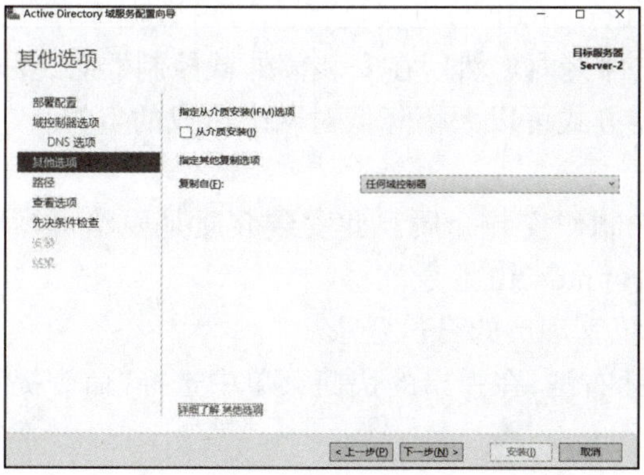

图2-47 “其他选项”窗口

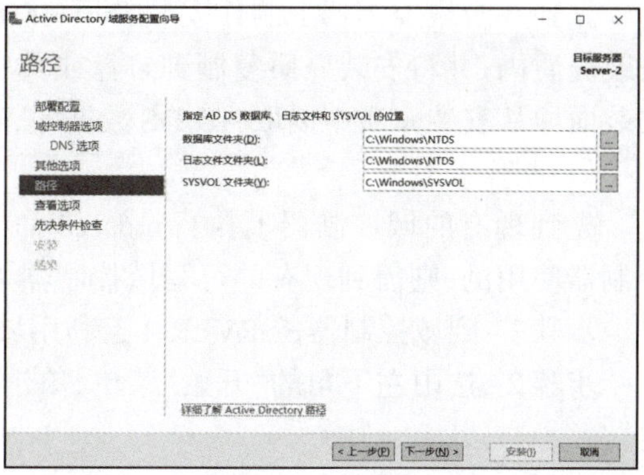

图2-48 指定数据库、日志、SYSVOL路径

步骤9 进入“查看选项”窗口,如图2-49所示,单击“下一步”按钮。

步骤10 在图2-50中,若顺利通过检查,就直接单击“安装”按钮,否则请根据界面提示先排除问题。

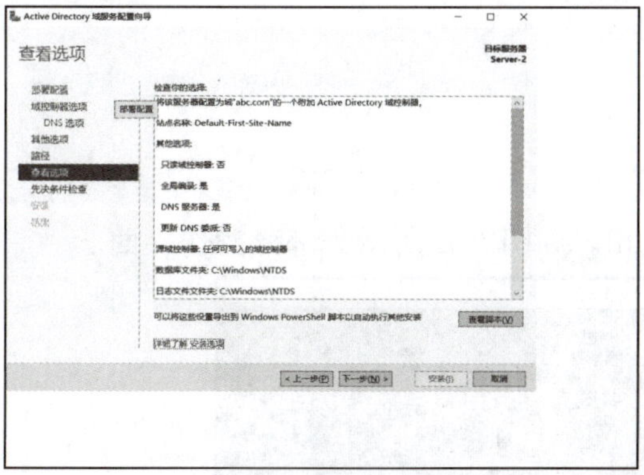

图2-49 “查看选项”窗口

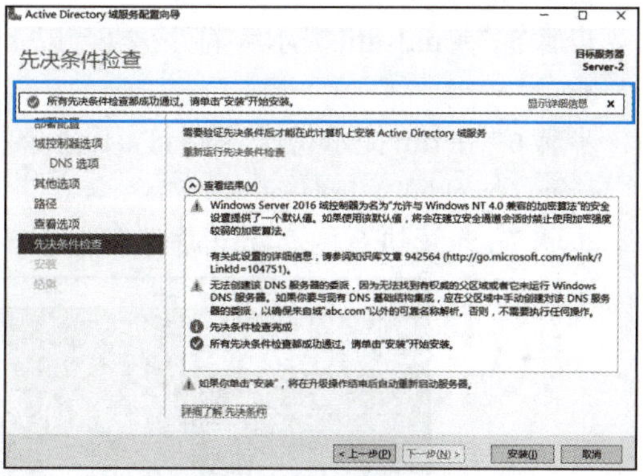

图2-50 “先决条件检查”窗口

步骤11 安装完成后会自动重新启动计算机,请重新登录。到SERVER-1域控制器的“Active Directory用户和计算机”里可以查看到额外域控制器SERVER-2,如图2-51所示。

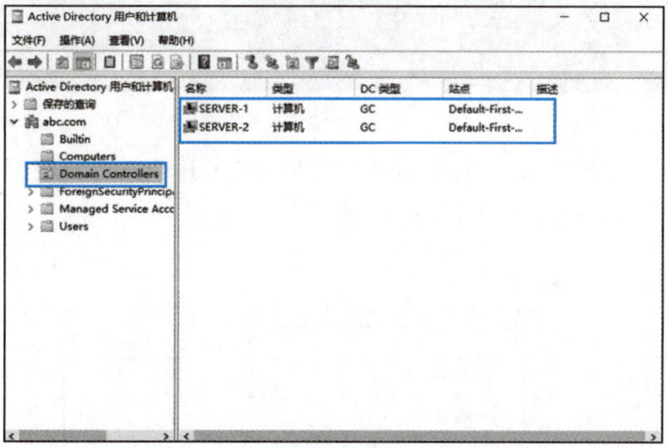

图2-51 “Active Directory用户和计算机”窗口

2. 利用介质安装额外域控制器

先到一台域控制器上制作安装介质(Installation Media),也就是将AD DS数据库存储到安装介质内,并将安装介质复制到U盘或共享文件夹内。然后在安装额外域控制器时,要求安装向导从安装介质中读取AD DS数据库,这种方式可以大幅降低对网络造成的负担。

(1)制作安装介质

先到现有的域控制器上执行ntdsutil命令来制作安装介质。此安装介质是要给可写域控制器使用的,则需到现有的可写域控制器上执行ntdsutil指令。

步骤1　到域控制器SERVER-1上利用域系统管理员的身份登录。

步骤2　选中左下角的"开始"菜单,单击鼠标右键,在弹出的快捷菜单中选择"命令提示符"命令。

步骤3　输入下面命令后按Enter键。

```
ntdsutil
```

步骤4　在ntdsutil提示符下,执行以下命令。

```
activate instance ntds
```

它会将域控制器的AD DS数据库设置为使用中。

步骤5　在ntdsutil提示字符下,执行以下命令。

```
ifm
```

步骤6　在ifm提示符下,执行以下命令。

```
create sysvol full c:\InstallationMedia
```

步骤7　连续执行两次quit命令来结束ntdsutil。如图2-52所示为部分操作界面。

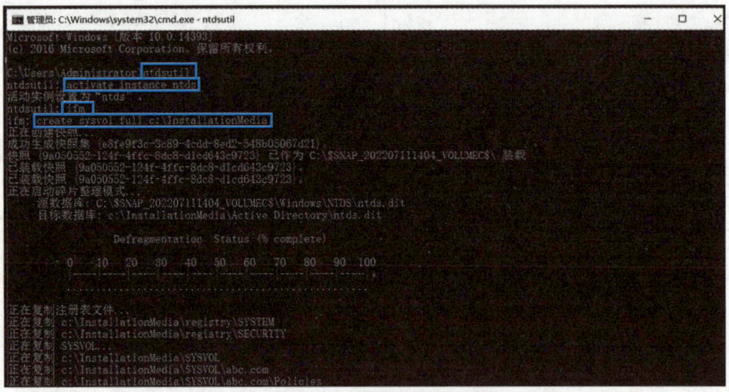

图2-52　利用介质安装额外域控制器命令界面

步骤8　在C盘目录下生成一个文件夹,将整个C:\InstallationMedia文件夹内的所有数据复制到U盘或共享文件夹内,如图2-53所示。

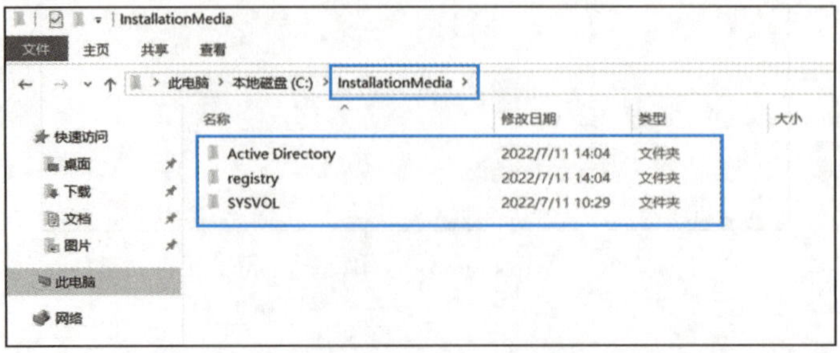

图2-53　生成介质文件界面

(2)安装额外域控制器

步骤1 将包含安装介质的U盘放到即将扮演额外域控制器角色的计算机SERVER-2(这里也可以克隆一台服务器进行操作)上。

步骤2 安装额外域控制器的方法与前面的大致相同,因此下面仅列出不同之处。下面假设已经通过工具或者网络把安装介质复制到即将升级为额外域控制器的服务器SERVER-2的C:\InstallationMedia文件夹内,在图2-54中改为选中“从介质安装”复选框,并在路径处指定存储安装介质的文件夹C:\InstallationMedia。其他步骤与通过网络复制额外域控制器一样。

在安装过程中会从安装介质所在的文件夹C:\InstallationMedia复制AD DS数据库。若在安装介质制作完成之后,现有域控制器的AD DS数据库更新数据,则这些少量数据会在完成额外域控制器安装后再通过网络自动复制过来。

步骤3 安装完成后会自动重新启动计算机,请重新登录SERVER-1域控制器的“Active Directory用户和计算机”里可以查看额外域控制器SERVER-2,如图2-55所示。

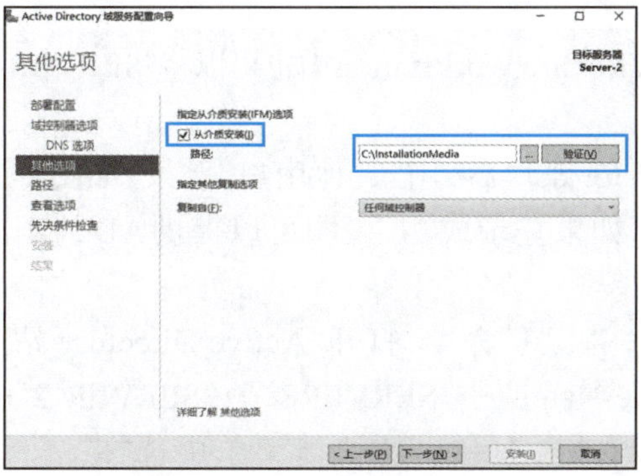

图2-54 “从介质安装”界面

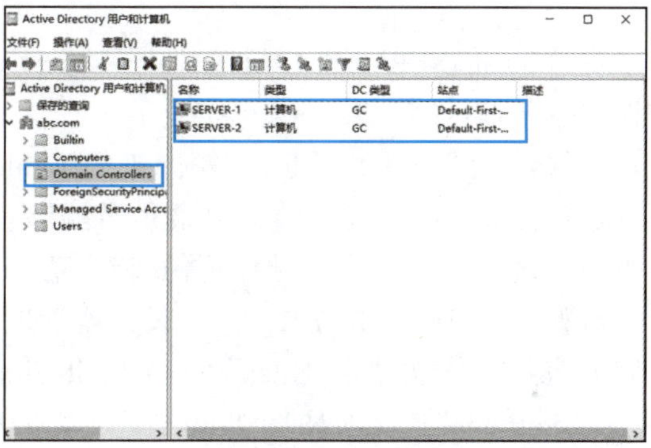

图2-55 额外域控制器添加成功界面

(3)验证额外域控制器

SERVER-1是第一台域控制器,SERVER-2服务器已经提升为额外域控制器,现在可以将域成员计算机Client-1的首选DNS指向SERVER-1域控制器,备用DNS指向SERVER-2额外域控制器,当SERVER-1域控制器发生故障时,SERVER-2额外域控制器可以负责域名解析和身份验证等工作,从而实现不间断服务。

步骤1 在Client-1上配置“首选DNS”的IP地址为192.168.1.1,“备用DNS”的IP地址为192.168.1.2。Client-1上网络配置如图2-56所示。

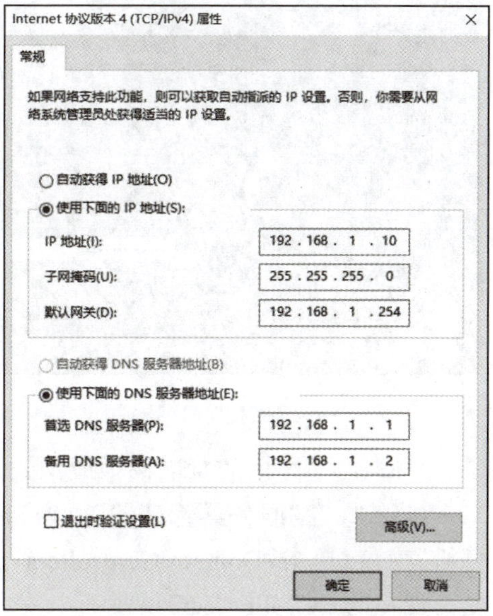

图2-56 客户端网络配置界面

步骤2 利用SERVER-1域控制器的“Active Directory用户和计算机”建立供测试用的域用户user1(新建用户时,姓名和用户登录名都是user1),如图2-57所示。刷新SERVER-2的“Active Directory

用户和计算机”中的Users容器，发现user1几乎同时同步到了这两台域控制器上，如图2-58所示。

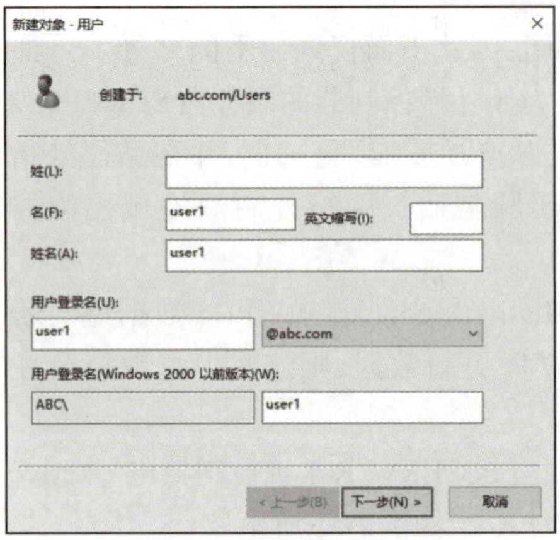

图2-57　添加用户界面

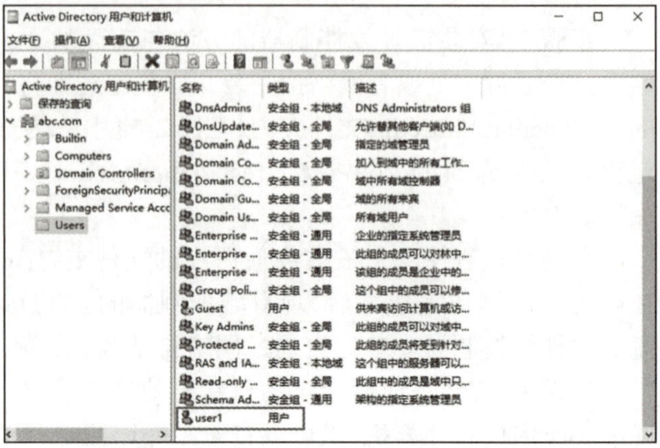

图2-58　额外域控制器同步用户成功界面

步骤3　将“SERVER-1域控制器”暂时关闭，在VMware Workstation中也可以将“SERVER-1域控制器”暂时挂起。

步骤4　在“Client-1”上，注销原来的administrator账户后，用“其他用户”登录，如图2-59所示。使用abc\user1登录域，观察是否能够登录，如果登录成功，说明可以提供AD的不间断服务了，也验证了额外域控制器安装成功。

步骤5　选择“SERVER-2”→“服务器管理器”→“工具”命令，打开“Active Directory站点和服务”窗口，依次单击“Sites”→“Default-First-Site-Name”→“SERVERS”→“SERVER-2”→“NTDS Settings”选项，如图2-60所示，单击鼠标右键，在弹出的快捷菜单中选择“属性”命令。

图2-59 利用新创建的user1用户登录

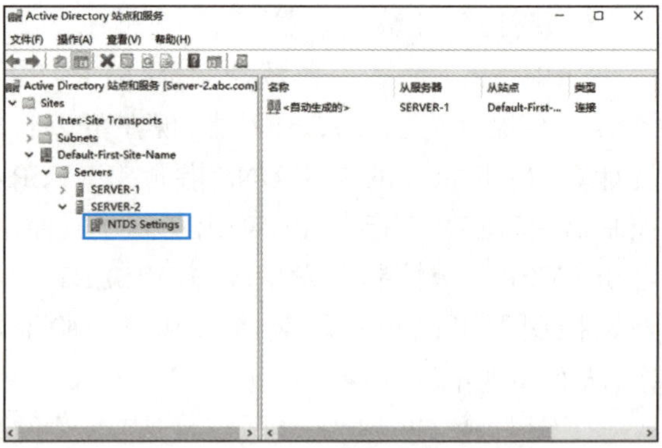

图2-60 “Active Directory 站点和服务”窗口

步骤6　在弹出的对话框中取消勾选“全局编录”复选框，如图2-61所示。

步骤7　在“服务器管理器”主窗口下，选择“工具”命令，打开“Active Directory用户和计算机”窗口，单击“Domain Controllers”选项，可以看到SERVER-2的“DC类型”由之前的GC变为现在的DC，如图2-62所示。

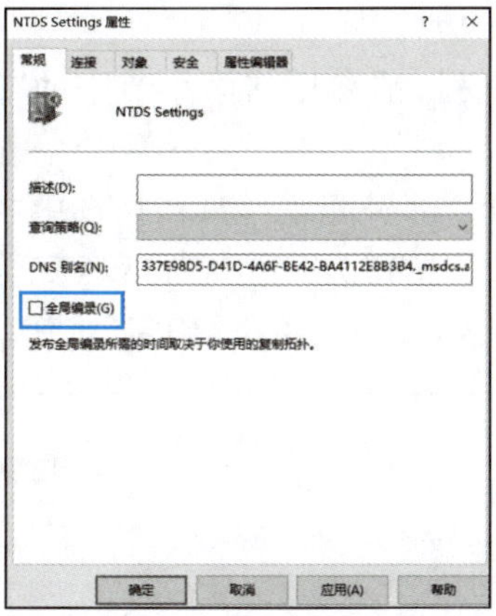

图2-61 “NTDS Settings属性”对话框

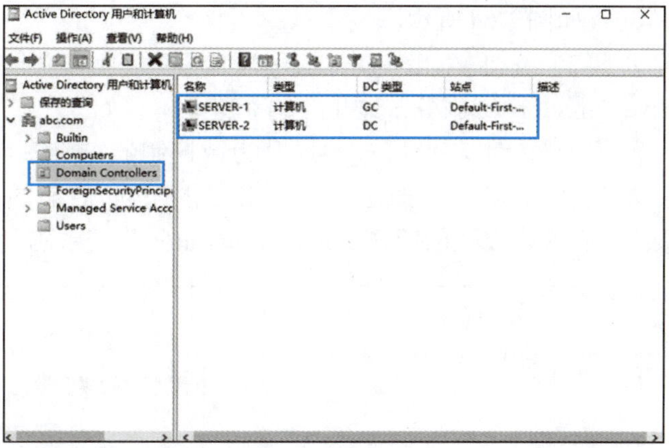

图2-62 DC类型变化

任务2-4 创建子域

本次任务要求创建abc.com的子域child1.abc.com。创建子域之前，如图2-63所示，Server-3服务器为子域控制器，Server-1为父域控制器。根据图中要求设置域中父域控制器和子域控制器的TCP/IP属性、IP地址、子网掩码、默认网关和DNS服务器的IP地址等。

创建子域

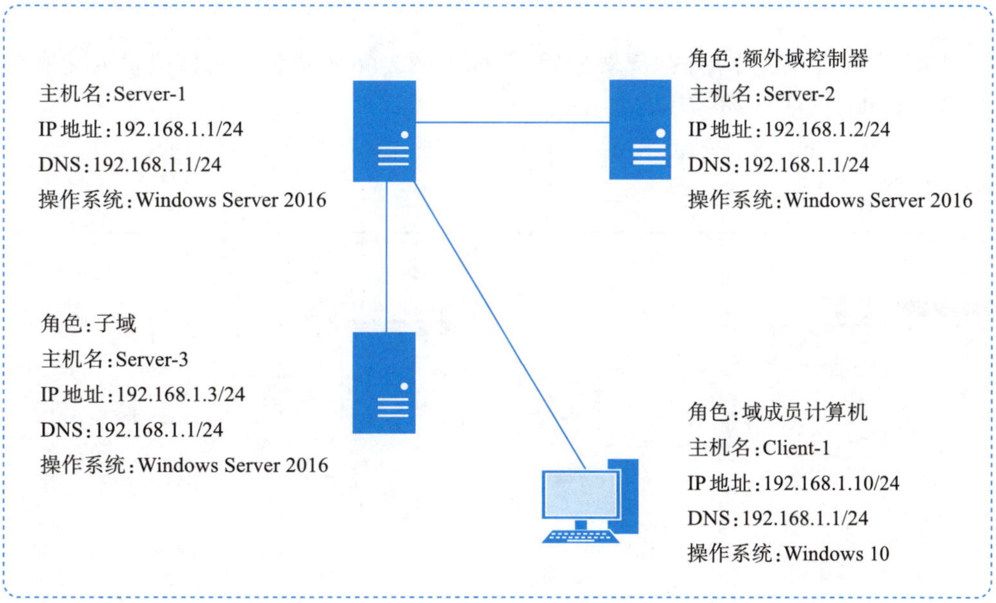

图2-63 域网络规划拓扑图

1. 添加子域

在服务器Server-3上安装Active Directory域服务，使其成为子域“child1.abc.com”中的域控制器，具体步骤如下。

步骤1 在Server-3上以管理员账户登录，打开“Internet协议版本4（TCP/IPv4）属性”对话框，按图2-63所示的信息配置Server-3计算机的IP地址、子网掩码、默认网关以及DNS服务器的IP地址，其中DNS服务器一定要设置为自身的IP地址和父域的域控制器的IP地址，具体配置如图2-64所示。

步骤2　添加“Active Directory域服务”角色和功能的过程，请参见前面小节中的“安装Active Directory域服务”，这里不再赘述。

步骤3　启动“将此服务器提升为域控制器”操作，当显示“部署配置”窗口时，选中“将新域添加到现有林”单选按钮，单击“未提供凭据”后面的“更改”按钮，出现“Windows安全性”对话框，输入有权限的用户abc\administrator及其密码，如图2-65所示，单击“确定”按钮。

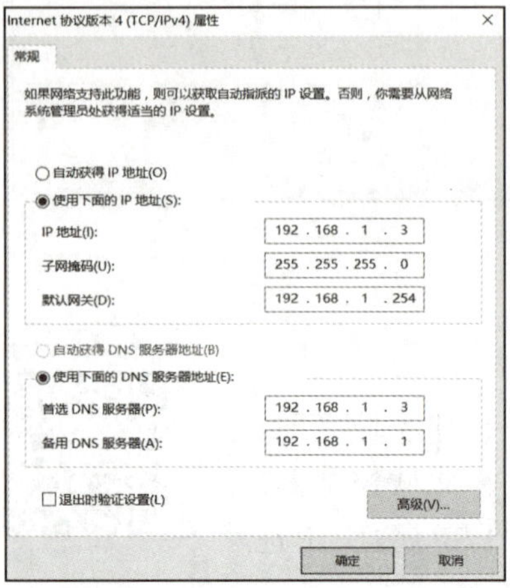

图2-64　子域控制器网络配置信息

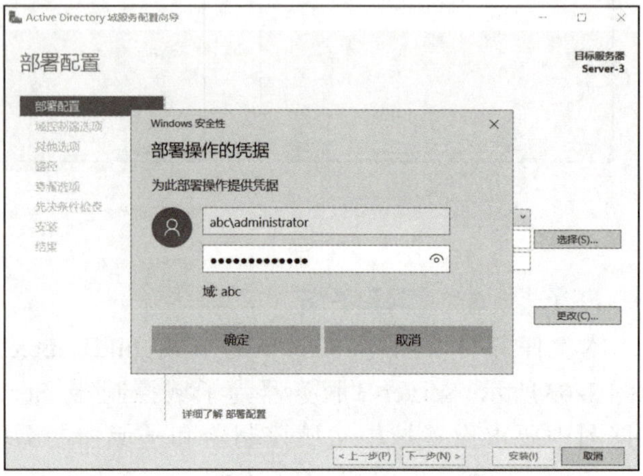

图2-65　提供凭证的“部署配置”窗口

步骤4　出现提供凭据后的“部署配置”界面如图2-66所示。请选择或输入父域名abc，输入新域名child1。(注意：不是child1.abc.com)

步骤5　单击“下一步”按钮，显示“域控制器选项”窗口，如图2-67所示。选中“域名系统CDNS/服务器”复选框。

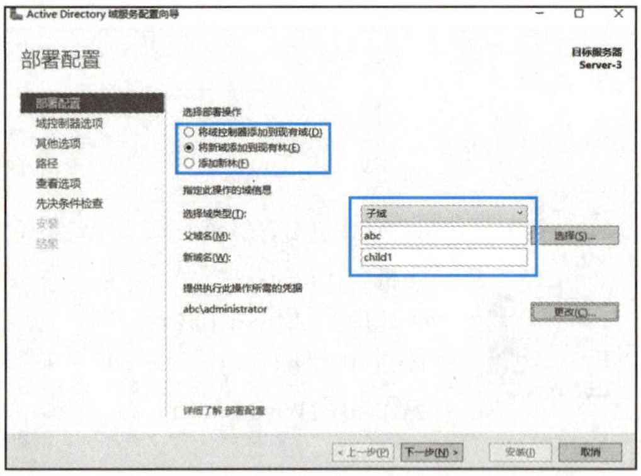

图2-66　“部署配置”窗口

图2-67　“域控制器选项”窗口

步骤6　单击“下一步”按钮，显示“DNS选项”窗口，默认选中“创建DNS委派”复选框，如图2-68所示。

步骤7　单击“下一步”按钮，设置“NetBIOS”的名称，如图2-69所示。持续单击“下一步”按钮，在“先决条件检查”窗口中，如果顺利通过检查，就直接单击“安装”按钮，如图2-70所示，否则要按提示先排除问题。安装完成后会自动重新启动计算机。

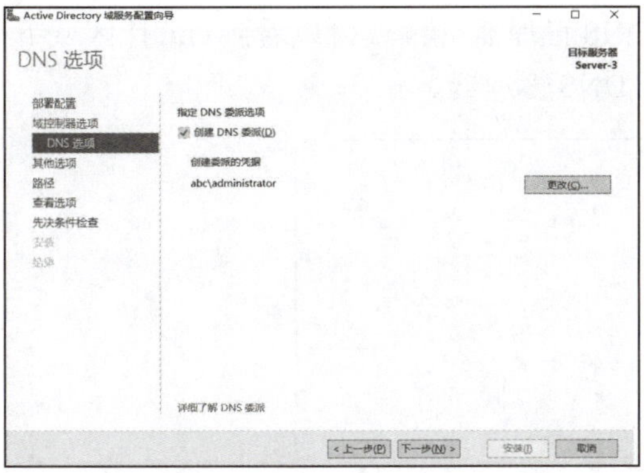

图2-68 “DNS选项”窗口

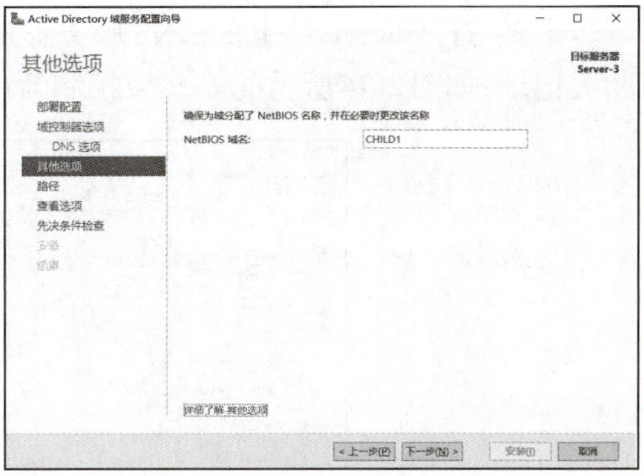

图2-69 “NetBIOS域名”窗口

步骤8 重新启动计算机，升级为Active Directory域控制器之后，必须使用域用户账户登录，格式为“域名\用户账户”，如图2-71所示，选择“其他用户”可以更换登录用户。

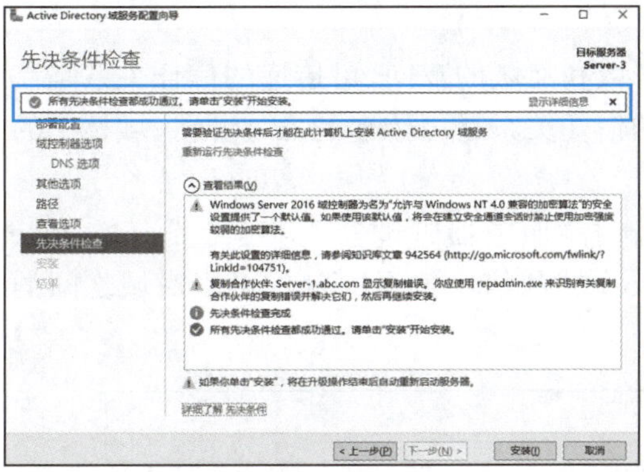

图2-70 “先决条件检查”窗口

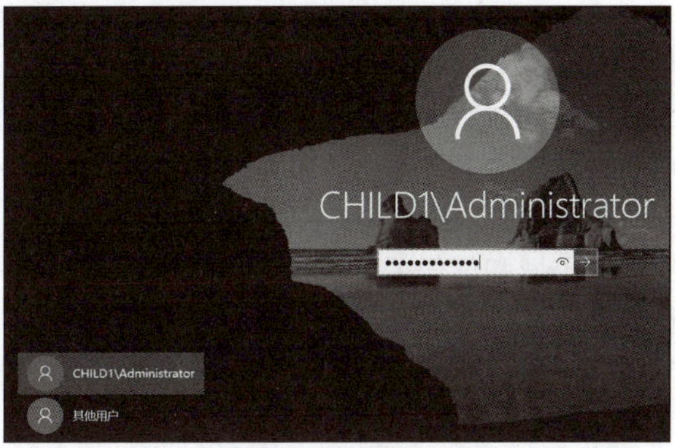

图2-71 域用户账户登录

2. 验证子域

步骤1 重新启动Server-3计算机后，用管理员身份登录子域中。选择“服务器管理器”→“工具”→“Active Directory用户和计算机”命令，打开“Active Directory用户和计算机”窗口，可以看到child1.abc.com子域，如图2-72所示。

步骤2 在Server-3上，选择“开始”→“Windows管理工具”→“DNS”命令，打开“DNS管理器”窗口，依次展开各选项，可以看到区域“child1.abc.com”，如图2-73所示。

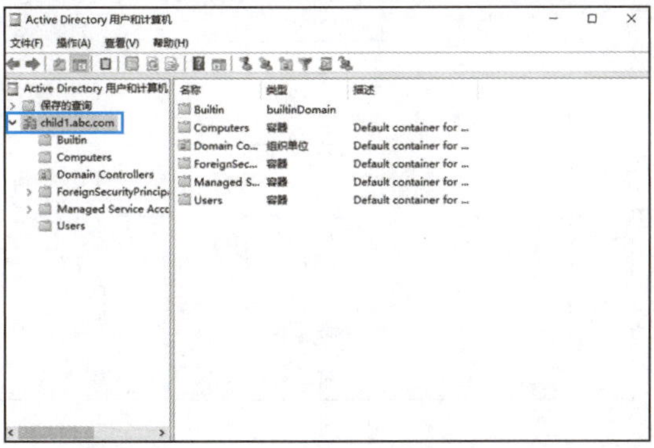

图2-72 “Active Directory用户和计算机”窗口

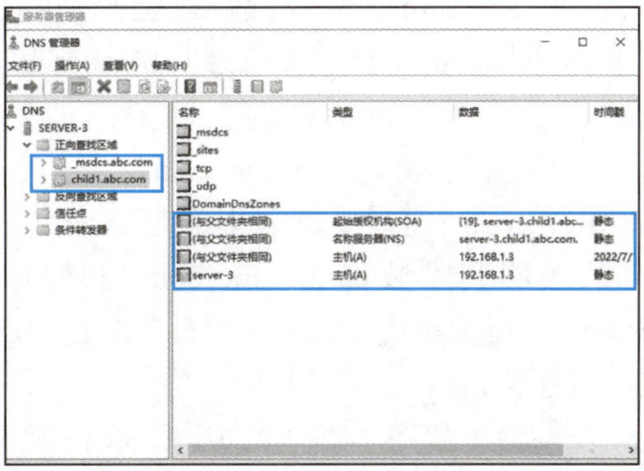

图2-73 子域控制器的DNS管理器窗口

步骤3　打开Server-1上的DNS服务器的“DNS管理器”窗口，可以看到child1区域下面有相关记录，如图2-74所示的是父域控制器中的DNS管理器。

图2-74　父域控制器的DNS管理器窗口

3.验证父子域信任关系

构建了abc.com及其子域child1.abc.com后，子域和父域的双向、可传递的信任关系是在安装域控制器时就自动建立的，同时由于域林中的信任关系是可传递的，因此同一域林中的所有域都显式或者隐式地相互信任。

步骤1　在Server-1上以域管理员身份登录，选择“服务器管理器”→“工具”→“Active Directory域和信任关系”命令，弹出“Active Directory域和信任关系”窗口，可以对域之间的信任关系进行管理，如图2-75所示。

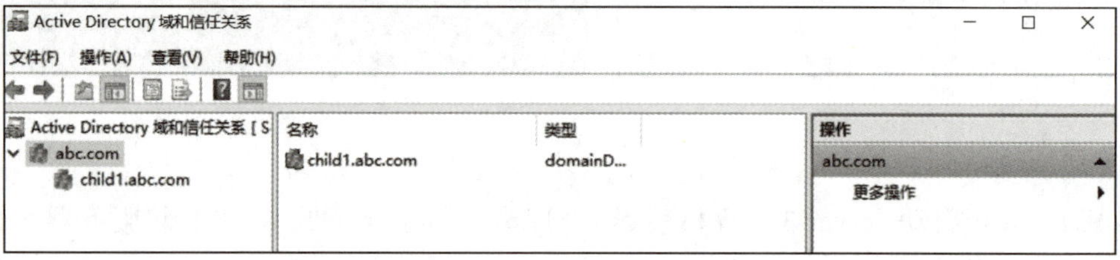

图2-75　“Active Directory域和信任关系”窗口

步骤2　在窗口左侧用鼠标右键单击“abc.com”节点，在弹出的快捷菜单中选择“属性”命令，打开“abc.com属性”对话框，选择“信任”选项卡，如图2-76所示，可以看到abc.com和其他域的信任关系。对话框的上部列出的是abc.com所信任的域，表明abc.com信任其子域child1.abc.com；窗口下部列出的是信任abc.com的域，表明其子域child1.abc.com信任其父域abc.com。也就是说abc.com和child1.abc.com有双向信任关系。

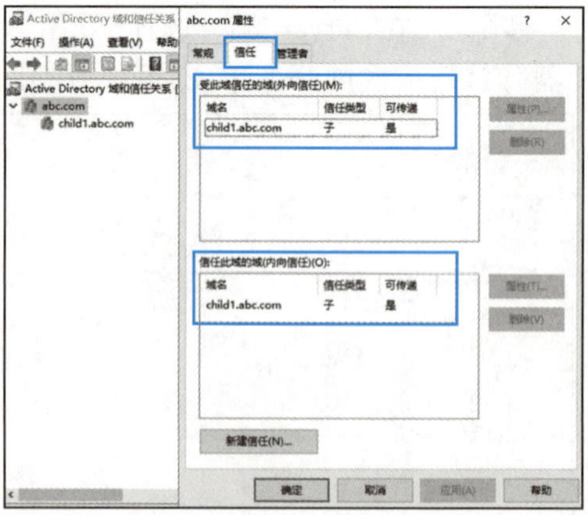

图2-76　父域和子域的信任关系

步骤3　在图2-75中，用鼠标右键单击“child1.abc.com”节点，在弹出的快捷菜单中选择“属性”命令，查看其信任关系，信任此区域和受此区域信任都是abc.com，所以表明父域abc.com和子域child1.abc.com是相互信任的。如图2-77所示。

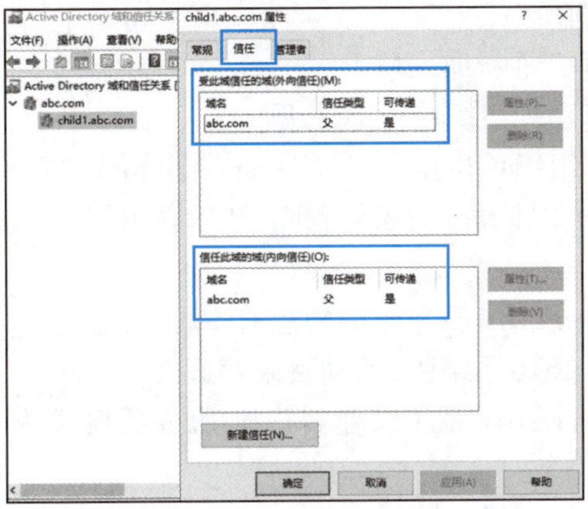

图2-77　child1.abc.com的信任关系

本项目小结

本项目主要讲解了活动目录的基础知识、目录服务的概念、活动目录的意义、活动目录的功能及对象类型、活动目录结构、目录树和目录林之间的关系，并详细描述了域控制器的安装与配置、额外域控制器的安装与配置、子域的安装与配置等内容，通过本项目内容的学习和实际操作，培养学生的动手和解决实际问题的能力，增强学生的网络安全意识，提高团队协作的能力。

本项目练习

一、选择题

1. 两个域shanghai.zjjy.com和beijing.zjjy.com的共同父域是(　　)。

A.www.zjjy.com　　B. beijing.com　　C.home.zjjy.com　　D.zjjy.com

2. 在一个邮件服务器中有如下地址，邮件地址abc@pit.arc.nasa.gov中(　　)表示域名。

A.pit.arc.nasa.gov　　B.abc@pit.arc.nasa.gov　　C.nasa.gov　　D.abc

3. 公司有一个Active Directory域，名为intranet.contoso.com。所有域控制器都运行Windows Server 2016。域功能级别和林功能级别都设置为Windows 2000纯模式。你需要确保用户账户有UPN后缀contoso.com。应该先怎么做?(　　)

A. 将新的UPN后缀添加到林

B. 将contoso.com域功能级别提升到Windows Server 2008或Windows Server 2016

C. 将contoso.com林功能级别提升到Windows Server 2008或Windows Server 2016

D. 将Default Domain Controllers组策略对象(GPO)中的Primary DNS Suffix选项设置为contoso.com

4. 公司处在单域的环境中，公司有两个部门：销售部和市场部，两个部门在活动目录中都有一个相应的OU(组织单位),分别是sales和market。有一个用户tom从市场部调动到销售部,tom的账户原来存放在组织单位market里,想将tom账户存放到组织单位sales里,应该通过(　　)来实现此功能。

A.将tom使用的计算机重新加入域

B.直接将tom账户拖动到组织单位sales里

C.复制tom的账户到组织单位里,然后将market里tom的账户删除

D.在组织单位market里将tom的账号删除,然后在组织单位sales里新建

二、填空题

1.安装Windows Server 2016服务器的角色有三种,分别是:____、____、____。

2.在Windows Server 2016系统中,活动目录存放在____中。

3.通过Windows Server 2016系统组建客户机/服务器模式的网络时,应该将网络配置为________。

4.活动目录的逻辑结构包括____、____、____和____。

5.在Windows Server 2016系统中安装____后,计算机即成为一台域控制器。

6.同一个域中的域控制器的地位是平等的。在域树中,子域和父域的信任关系是____。独立服务器上安装了____就升级为域控制器。

7.活动目录的物理结构包括____、____和____三个重要概念。

8.无论DNS服务器服务是否与AD DS集成,都必须将其安装在部署的AD DS目录林根级域的第________个域控制器上。

三、判断题

1.在一个域中,至少有一个域控制器(服务器),也可以有多个域控制器。 (　　)

2.一个域目录树不能称为域目录林。 (　　)

3.在一台Windows Server 2016计算机上安装AD后,计算机就成了域控制器。 (　　)

4.同一域林中的所有域都显式或者隐式地相互信任。 (　　)

5.在Windows Server 2016系统中,活动目录存放在c:\windows\system32中。 (　　)

6.客户机在加入域时,需要正确设置首选DNS服务器地址,否则无法加入。 (　　)

7.域中所有账户信息都存储于域控制器中。 (　　)

8.一个组织单位只指定一个委派管理员,不能为一个组织单位指定多个管理员。 (　　)

四、名词解析题

1.活动目录

2.IIS

3.域控制器

4.组织单位

5.容器

五、简答题

1.为什么要安装额外的域控制器?什么时候需要安装多个域树?

2.简述Active Directory结构。

3.工作组网络与域网络有何不同?

4.简述Active Directory规划的基本原则。

5.简述什么是活动目录、域、域树和域林。

6.简述什么是信任关系。

7.活动目录中存放了什么信息?

六、实训题

任务　安装和部署Active Directory域服务环境

1.实训目的

掌握在局域网服务器中安装活动目录。

掌握合理规划和部署目录树、目录林级域的方法。

掌握安装部署额外域控制器的方法及管理。

掌握创建子域的方法以及父域和子域之间的信任关系。

2.实训要求

(1)域环境需要三台Windows Server 2016网络操作系统,IP地址根据实际情况进行规划。

(2)在VMware虚拟中安装一台Windows Server 2016虚拟机,其计算机名为Server-1,在此服务器上安装AD域服务,并将该服务器升级为域控制器,创建的域名称为abc.com。

(3)安装域abc.com的额外域控制器,额外域控制器的计算机名为Server-2,测试主域控制器和额外域控制器之间数据同步传输。

(4)创建子域child1.abc.com,其域控制器的计算机名称为Server-3。

(5)查看父域和子域之间的信任关系。

(6)备份abc.com域中的活动目录,并利用备份进行恢复。

项目3 网络操作系统配置

主要内容

本项目详细介绍Windows Server 2016系统基本配置和管理，让读者掌握本地用户、本地组、域账户和域组的创建和管理，掌握隐藏账户的创建与管理，掌握NTFS文件和文件夹权限、NTFS文件系统压缩、NTFS文件系统加密，掌握Windows Server 2016系统中的基本磁盘和动态磁盘的管理和配置。

知识目标

- 掌握本地用户、本地组的基本概念
- 掌握隐藏账户的概念及意义
- 掌握域账户和域组的基本概念
- 掌握NTFS文件系统的类型及权限
- 掌握NTFS文件系统压缩和加密技术
- 掌握基本磁盘和动态磁盘的概念及其区别

技能目标

- 掌握本地用户、本地组的创建与管理
- 掌握域账户、域组的创建与管理
- 掌握隐藏账户的创建与管理
- 掌握设置NTFS文件和文件夹权限
- 掌握NTFS文件系统压缩和加密的过程
- 掌握基本磁盘和动态磁盘的配置过程

素质目标

- 培养自我保护网络信息意识
- 培养动手操作能力，自我防护意识
- 培养工匠精神、精益求精、爱岗敬业
- 提高数据安全意识，强化信息安全技术创新

3.1 项目知识准备——系统用户和组基础

操作系统中每个用户必须要有一个账户,通过该账户登录计算机访问其资源。用户账户用于用户身份验证,授权用户对资源访问,审核网络用户操作。在Windows网络中,按照作用范围,用户账户分为本地用户账户与域用户账户。

3.1.1 本地用户创建和管理

用户账户代表用户在操作系统中的身份。用户在启动计算机并登录操作系统时,必须使用有效的用户账户才能进入操作系统。登录操作系统后,系统会根据用户账户的类型为用户分配相应的操作权利和权限,从而可以限制不同类型的用户所能执行的操作。

Windows操作系统中的用户账户可以分为以下三种类型,每种类型为用户提供不同的计算机控制级别。

(1)管理员用户:拥有对计算机最高级别的操作权利和权限。

(2)标准用户:可以完成大量常规操作,但是不能进行可能会影响系统稳定和安全的操作。

(3)来宾用户:可以在不需要用户账户和密码的情况下登录操作系统而临时使用计算机。需要注意的是,用户的权利与权限并不相同,权利是针对用户而言的,指的是授权用户在计算机中可以执行的操作,比如备份文件和关闭计算机。而权限是与对象相关联的一种规则,规定了哪些用户可以访问指定的对象以及访问的方式。

当多个用户使用同一台计算机时,每个用户的用户账户中都包含了与用户本人相关的一系列计算机设置和个人首选项,如桌面背景和屏幕保护程序等。这些数据保存在用户的个人配置文件中,当用户登录操作系统时将会自动加载与用户关联的配置文件。这样就可以实现不同用户在登录同一台计算机时具有各自的自定义设置。用户配置文件与用于登录Windows的用户账户不同。每个用户账户至少有一个与其关联的用户配置文件。

当计算机中包含几十个或上百个用户账户时,逐一为这些用户账户分配权利和权限的工作将会变得非常烦琐,而且很容易出错。组账户的出现解决了这个问题。通过预先为组账户分配好操作权利和权限,然后可以将具有相同操作权利和权限的多个用户账户添加同一个组账户中,这些用户账户会自动继承这个组账户中的所有权利和权限。如果以后需要修改一组中的所有用户的权利和权限,只需修改它们所在的组的权利和权限即可,无需对这些用户逐一进行修改。还可以将一个用户添加到多个不同的组中,这样用户将拥有这些组中的所有权利和权限。在某些用户不需要组中的权利和权限时,还可以随时将这些用户从组中删除。通过对组而不是对个人用户分配权利和权限可以极大地简化用户账户的管理工作。

1. 内置用户账户

安装Windows Server 2016时由系统自动创建的账户称为内置账户，默认有三个，打开Windows Server 2016操作系统，打开“管理工具”→“计算机管理”→“系统工具”→“本地用户和组”→“用户”，如图3-1所示。

(1)系统管理员(Administrator)。具有对服务器的完全控制权限，可以管理整个计算机的账户数据库。该账户不能被删除，但可以重命名或被禁用。

(2)DefaultAccount账户。也称为默认系统管理账户(Default System Managed Account，DSMA)，是Windows 10版本1607和Windows Server 2016中引入的内置账户。DSMA是一种众所周知的用户账户类型。它是一个用户中立账户，可用于运行多用户感知或用户不可知的进程。

(3)来宾(Guest)。临时账户，可以访问网络中的部分资源，默认情况下该账户是禁用的。

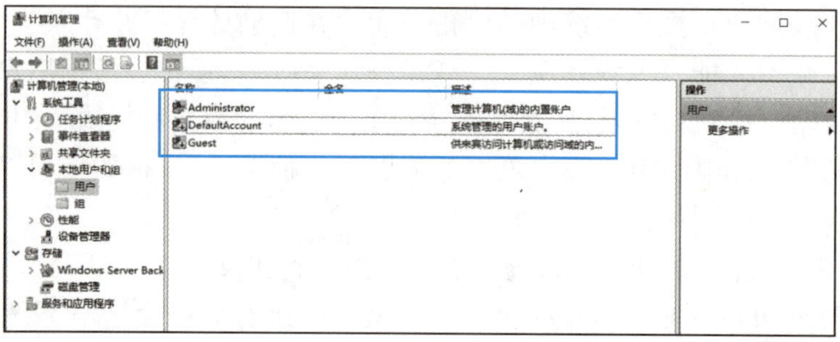

图3-1 内置用户账户

平常在操作服务器时最好不要以系统管理员身份登录计算机，以免使系统受到木马及其他安全风险的威胁。需要执行管理任务时，如升级操作系统或配置系统参数，先注销其他用户再以管理员身份登录。

2. 创建用户账户

无论是从本地，还是从网络中其他计算机登录Windows服务器，必须拥有相应的用户账户。用户账户主要包括用户名、密码、所属组等信息。

(1)从“管理工具”菜单中选择“计算机管理”命令打开计算机管理控制台。

(2)在左侧控制台树中依次展开“系统工具”→“本地用户和组”→“用户”节点。

(3)右键单击空白区域或“用户”节点，从快捷菜单中选择“新用户”命令打开相应的对话框，如图3-2所示。

(4)输入用户名和密码，默认选中“用户下次登录时须更改密码”复选框，可根据需要选中“用户不能更改密码”、“密码永不过期”和“账户已禁用”复选框。

(5)单击“创建”按钮将关闭“新用户”对话框，计算机管理控制台右侧详细窗格用户列表中将增加新建的用户，表明本地用户创建成功。

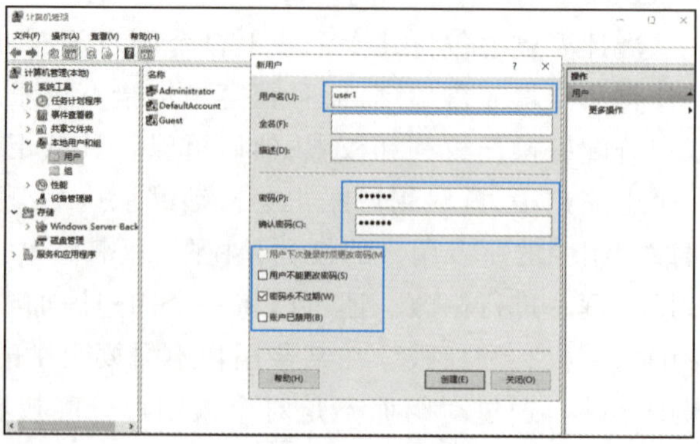

图3-2 添加用户界面

3. 管理用户账户

对于已创建的用户账户，往往还需要进一步配置和管理，这需要使用计算机管理控制台，从用户列表中选择要管理的用户进行设置，如图3-3所示。

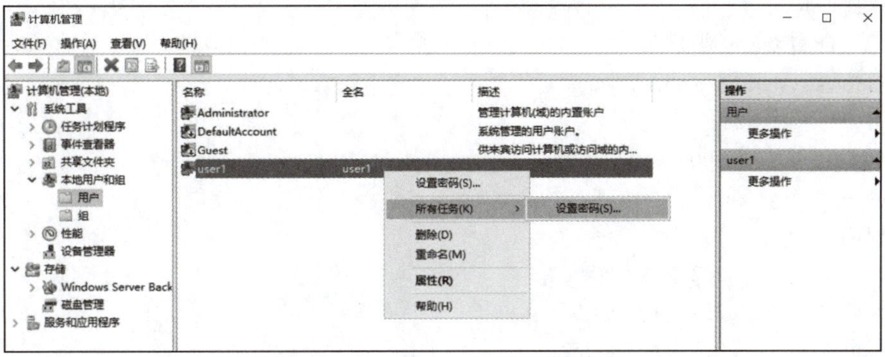

图3-3　管理用户账户界面

(1)重设密码。出于安全性考虑，最好过一段时间就对用户账户的密码进行重新设置。右键单击要重设密码的用户账户，从快捷菜单中选择“设置密码”命令，弹出相应对话框，分别输入两次完全一样的密码即可完成设置。

(2)重命名账户。需要将一个用户账户转给另一个用户时，可以对该用户重新命名。例如，一位新员工替代一位已离职的员工，可将后者的账户重命名给前者。右键单击要重命名的用户账户，从快捷菜单中选择“重命名”命令，直接更改用户名即可。

(3)禁用、启用账户。如果某用户在一段时间内不需要其账户，但以后还需要使用，如某人暂时离开公司，可以将其账户临时禁用，等返回之后再启用，以防止他人利用其用户账户登录服务器。右键单击要设置的用户账户，从快捷菜单中选择“属性”命令打开相应的对话框，切换到“账户”选项卡，选中“账户已禁用”复选框将禁用该账户；清除该复选框，则启用该账户。

(4)删除用户账户。对于不需要使用的用户账户，可以将其删除。右键单击要删除的用户账户，从快捷菜单中选择“删除” 命令，根据提示确认即可。已删除的用户账户是不能恢复的。

对计算机账户的管理也可以通过命令net user，其可以对账户进行创建、删除等操作。

在渗透Windows操作系统时，当黑客获取shell以后首先会使用相关命令查看所属的用户与组，从而检查所拥有的权限，然后再经过“系统提权”获取管理员执行权限并创建用户。而这些操作往往都是使用DOS命令的方式进行操作，因此，为了更好地保障系统安全，掌握这些命令非常重要。

net user命令创建和管理用户账户：

步骤1　查看当前系统账户列表。可以看到当前系统存在用户Administrator、DefaultAccount、Guest，这三个用户处于启用状态。

```
C:\Windows\system32>net user
\\SERVER-2 的用户账户
-------------------------------------------------------------------------------
Administrator          DefaultAccount          Guest
```

```
krbtgt          user1
命令成功完成。
```

步骤2 添加账户 wang,密码为 Password123

```
C:\Windows\system32>net user wang Password123 /add
命令成功完成。
```

步骤3 查看 wang 账户属性

```
C:\Windows\system32>net user wang
用户名              wang
国家/地区代码         000 (系统默认值)
账户启用             Yes
账户到期             从不
上次设置密码          2023/4/1 12:04:57
密码到期             2023/5/13 12:04:57
密码可更改            2023/4/2 12:04:57
需要密码             Yes
用户可以更改密码        Yes
本地组成员
全局组成员            *Domain Users
命令成功完成。
```

步骤4 删除账户 wang

```
C:\Windows\system32>net user wang /del
命令成功完成。
```

3.1.2 本地组创建和管理

组账户是一类特殊账户,就是指具有相同或者相似特性的用户集合,比如可以将一个部门的用户组建为一个组账户。管理员向一组用户而不是每一个用户分配权限来简化用户管理工作。用户可以是一个或多个组账户的成员。如果一个用户属于某个组,该用户就具有在该本地计算机上执行各种任务的权利和能力。组账户也可分为本地用户组和域用户组。

1. 内置组账户

Windows Server 2016 自动创建内置组,下面列出几个主要的内置组账户。

(1)管理员组(Administrators)。其成员具有对服务器的完全控制权限,可以根据需要向用户指派用户权利和访问控制权限。管理员账户(Administrator)是其默认成员。

(2)备份操作员组(Backup Operators)。其成员可备份和还原服务器上的文件。

(3)超级用户组(Power Users)。其成员可以创建用户账户,修改并删除所创建的账户。

(4)网络配置用户组(Network Configuration Users)。其成员可以执行常规的网络配置功能。

(5)性能监视用户组(Performance Monitor Users)。其成员可以监视本地计算机的性能。

(6)用户组(Users)。其成员可以执行大部分普通任务。可以创建本地组,但是只能修改自己创建的本地组。

(7)远程桌面用户组(Remote Desktop Users)。其成员可以远程登录服务器，允许通过终端服务登录。

2. 创建和配置本地用户组账户

除了内置组之外，管理员可以根据实际需要来创建自己的组账户，如将一个部门的用户全部放置到一个组账户中，然后针对这个组账户进行权限设置。

打开计算机管理控制台，依次展开“系统工具”“本地用户和组”“组”节点，右键单击空白区域或“组”节点，从快捷菜单中选择“新建组”命令打开相应的对话框，根据提示输入用户组名称和说明文字即可，如图3-4所示。

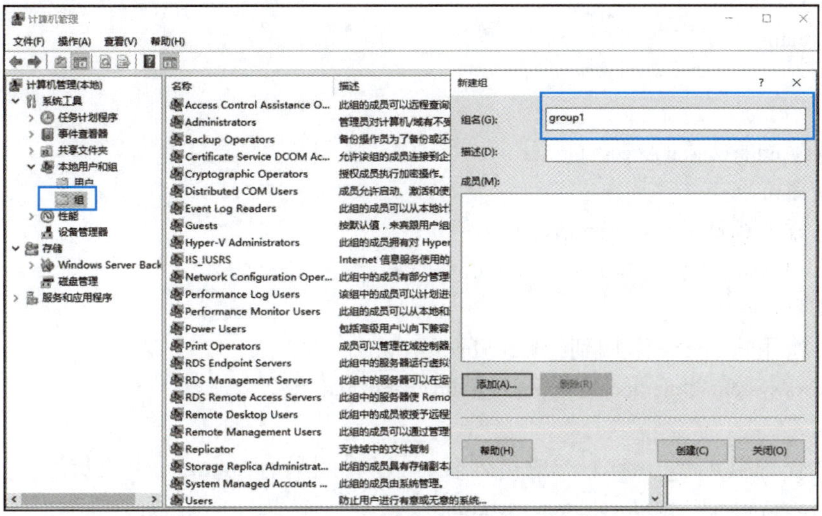

图3-4 “新建组”对话框

通过组来为用户账户分配权限，对用户进行分组管理，前提是让用户成为组的成员。为用户组添加成员有两种方式，一种是为用户选择所属组，将现有用户账户添加到一个或多个组中，如图3-5所示；另一种是向组中添加用户，将一个或多个用户添加到现有的组中，单击图3-4上的“添加”按钮，弹出“选择用户”对话框，如图3-6所示，然后单击“高级”按钮，再单击“立即查找”，找到前面新建的user1用户，单击“确定”就可以了。

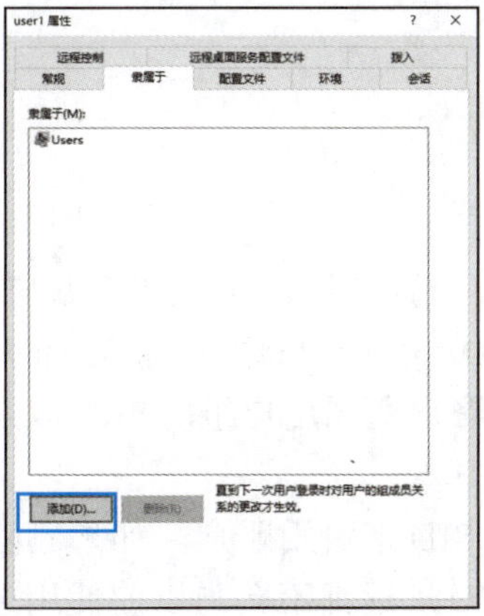

图3-5 “将用户加入组”对话框

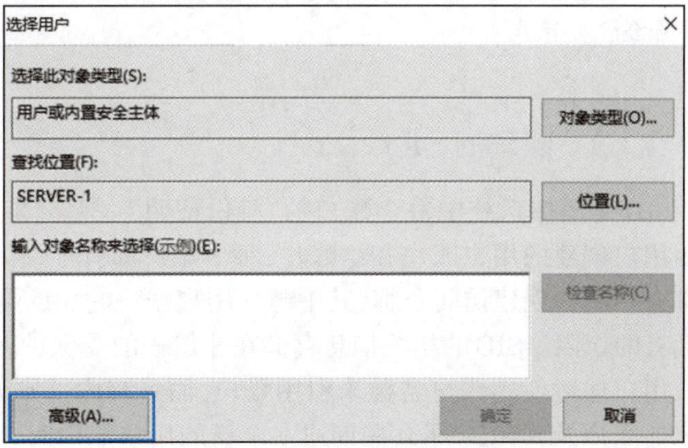

图3-6 组里添加用户界面

对计算机组账户的管理也可以使用命令net localgroup,其可以对组账户进行创建、删除等操作。

net localgroup命令创建和管理组账户：

步骤1 查看当前系统组账户列表,可以看到当前系统存在很多内置组账户。

```
C:\Windows\system32>net localgroup
\\SERVER-2 的别名
-------------------------------------------------------------------------------
*Access Control Assistance Operators
*Account Operators
*Administrators
……
*Users
*Windows Authorization Access Group
命令成功完成。
```

步骤2 添加组账户usergroup。

```
C:\Windows\system32>net localgroup usergroup /add
命令成功完成。
```

步骤3 将用户zhang添加到组账户usergroup中。

```
C:\Windows\system32>net localgroup usergroup zhang /add
命令成功完成。
```

步骤4 查看组usergroup下的成员列表,可以看到只有zhang一个成员

```
C:\Windows\system32>net localgroup usergroup
别名     usergroup
成员

-------------------------------------------------------------------------------
zhang
命令成功完成。
```

步骤5 删除组账户usergroup。

```
C:\Windows\system32>net localgroup usergroup /del
命令成功完成。
```

3.1.3 账户的SID

SID是操作系统中每个账户的“身份证明”。无论是系统内置的用户账户和组账户,还是由用户创建的用户账户和组账户,每个账户都有唯一的SID。在用户每次登录系统时,系统都会为用户创建访问令牌,其中包含用户账户的SID、用户账户所属用户组的SID,以及用户拥有的权限。SID的相关信息存储在注册表的受保护区域中。

用户通过使用账户名称来引用账户,而系统内部则使用SID来引用账户。如果删除了原来的账户及其SID,那么在创建一个新的用户账户时,其SID永远都不会与以前使用过的SID相同。即使新建的用户账户与已删除的用户账户拥有相同的名称,但是它们的SID也不会相同。常用的系统内置账户的SID及其对应的名称如表3-1所示。

表3-1 常用的系统内置账户SID

SID	与SID对应的账户	SID	与SID对应的账户
S-1-0-0	Null	S-1-5-11	Authenticated Users
S-1-1-0	Everyone	S-1-5-18	Local System
S-1-2-0	Local	S-1-5-19	Local Service
S-1-3-0	Creator Owner	S-1-5-20	Network Service
S-1-5-1	Dialup	S-1-5-32-544	Administrators
S-1-5-2	Network	S-1-5-32-545	Users
S-1-5-4	Interactive	S-1-5-32-546	Guests
S-1-5-6	Service	S-1-5-32-547	Power Users
S-1-5-7	Anonymous Logon	S-1-5-32-551	Backup Operators

表3-1中列出的系统内置账户的SID具有相同的结构。例如，Administrators组账户的SID为S-1-5-32-544，由4个“-”符号将整个SID分隔为5组字符和数字，其中：

(1)字母S表示该串字符是一个SID；

(2)数字1表示SID的修订级别；

(3)数字5表示SID的颁发机构，5代表NT Authority；

(4)数字32表示SID的域标识符，32代表“内置”；

(5)数字544表示SID的相对标识符，544代表Administrators。

由用户创建的用户账户的SID的组成结构与系统内置账户的SID类似，但是SID的长度通常会更长。例如，下面就是一个由用户创建的用户账户的SID。

```
S-1-5-21-2319384204-2662211735-595857245-1001
```

其中“21-2319384204-2662211735-595857245”是SID的域标识符，表示本地计算机，这意味着本地计算机中如果还存在其他用户账户，那么该组数字都是相同的。最后一组数字1001表示SID的相对标识符，是当前用户账户与其他用户账户进行区分的标志，这意味着本地计算机中用户账户的SID的最后一组数字具有唯一性，不会发生重复。

如果计算机中已经有了SID为S-1-5-21-2319384204-2662211735-595857245-1001的用户账户，那么当创建新的用户账户时，SID中的前4组字符和数字完全相同，而最后一组数字会自动在前一个用户账户SID的基础上加1，如新建用户账户的SID为S-1-5-21-2319384204-2662211735-595857245-1002，依此类推。本地计算机中的Administrator和Guest账户的SID与用户创建的用户账户的SID类似，只是最后一组表示相对标识符的数字不同，具体如下：

Administrator账户的SID为：S-1-5-域标识符-500；

Guest账户的SID为：S-1-5-域标识符-501。

查看用户账户SID的方法：

(1)可以通过注册表编辑器来查看指定SID所对应的用户账户的名称，具体操作步骤如下：

步骤1　右击“开始”按钮，在弹出的快捷菜单中选择“运行”命令，在打开的“运行”对话框中输入“regedit”命令后按回车键。

步骤2　打开“注册表编辑器”窗口，在左侧窗格中依次找到“ProfileList”子键，在ProfileList子键下包含了多个SID，前3个通常是系统虚拟账户的SID。

HKEY_LOCAL_MACHINE\SOFTWARE\Microsoft\WindowsNT\CurrentVersion\ProfileList

步骤3　选择要查看用户账户名称的SID，然后在右侧窗格中双击名为ProfileImagePath的键值，在打开的对话框中即可看到与当前SID对应的用户账户的名称。例如：SID为S-1-5-21-1706617507-2029176413-3709583797-500的用户账户的名称是Administrator，如图3-7所示。

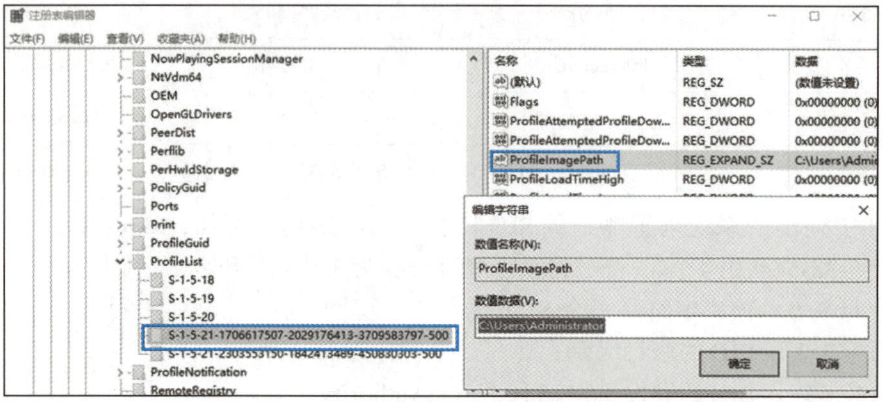

图3-7　注册表中的SID

(2)可以使用whoami命令查看当前用户账户的用户名、组名以及SID等信息。右击“开始”按钮，在弹出的快捷菜单中选择“Windows PowerShell(管理员)”命令，以管理员身份打开“管理员：Windows PowerShell”窗口，然后输入“whoami / all ”命令并按回车键，将会显示当前用户账户的相关信息，如图3-8所示。

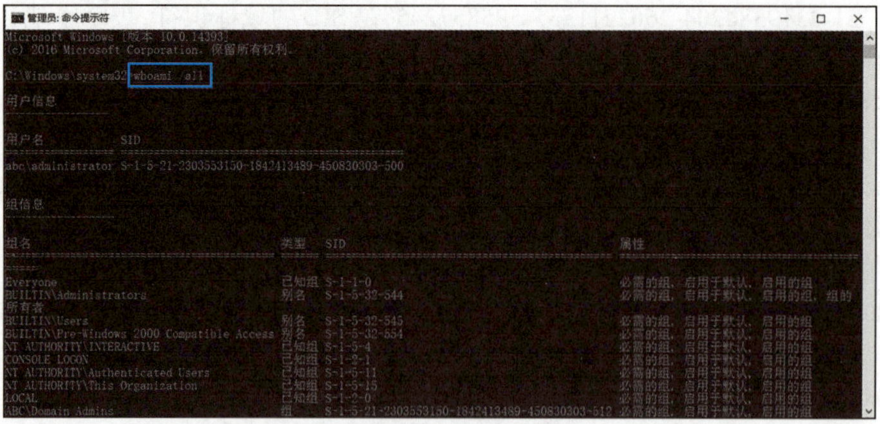

图3-8　whoami /all命令运行结果

3.2 项目实施——创建和配置系统用户和组

任务3-1 隐藏账户的创建与管理

隐藏账户的创建与管理

在Windows操作系统渗透测试中有一种利用方式是创建隐藏账户。隐藏账户就是在控制面板和开机选择中看不见，却有管理员权限的账户，使用该账户即便别人设置了密码也可以直接进入系统。创建好隐藏账户后将该账户加入管理员组Administrators，那么该账户就拥有了管理员权限。

Windows系统中创建隐藏账户分为两种类型：通过“$”符号创建隐藏账户；通过修改注册表创建隐藏账户。

1. 使用“$”符号创建隐藏账户

这种方法利用了Windows系统具有的一项功能：“$”符号隐藏账户或文件夹。该方法创建的账户只能在“命令提示符”中进行隐藏，而使用“计算机管理”则可以发现该账户。因此这种隐藏账户的方法并不是很实用，是一种入门级的系统账户隐藏技术。设置方法如下：

步骤1 选择一台Windows Server 2016服务器，本例中用Server-3服务器，右击“开始”按钮，在弹出的快捷菜单中选择“运行”命令，在打开的“运行”对话框中输入cmd命令后按回车键。

步骤2 输入命令“net user student$ 123456 /add”按回车键，成功后会显示“命令成功完成。”，此时隐藏账户student$已经创建成功。

在“命令提示符”窗口中输入查看系统账户的命令“net user”，按回车键后会显示当前系统中存在的账户，从返回的结果中可以看到刚才建立的student$账户并不显示，如图3-9所示。

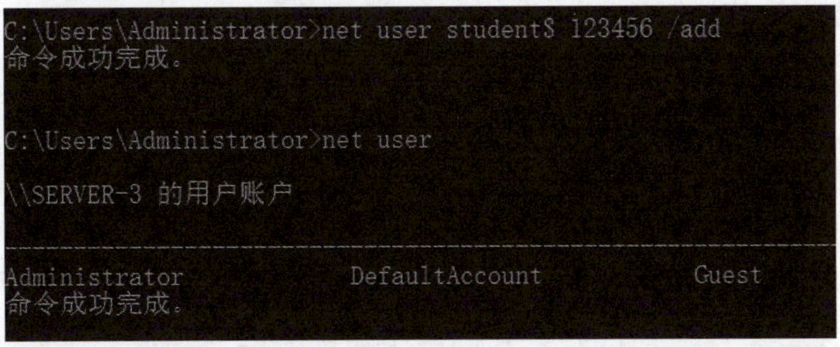

图3-9 命令查看账户

步骤3 进入控制面板的“管理工具”，打开其中的“计算机管理”节点，查看其中的“本地用户和组”，在“用户”一项中，建立的隐藏账户student$便会显示，如图3-10所示。

步骤4 对新建的隐藏用户进行测试，在Server-3服务器上，选择“此电脑”右击属性，打开“系统属性”对话框，选择“高级系统设置”→“远程”，如图3-11所示。

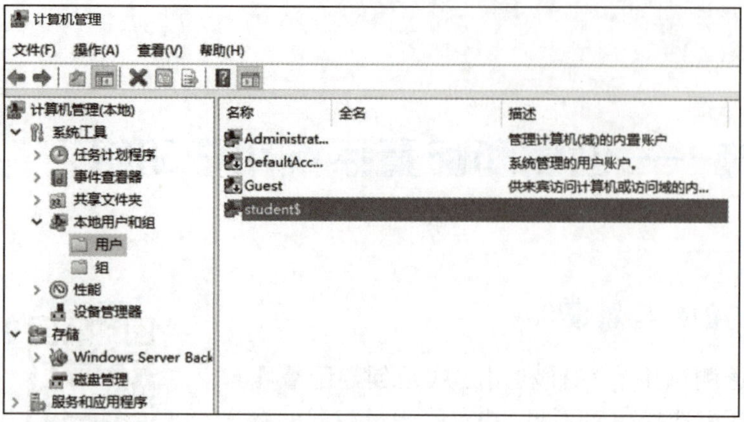

图3-10 计算机管理中显示student$用户

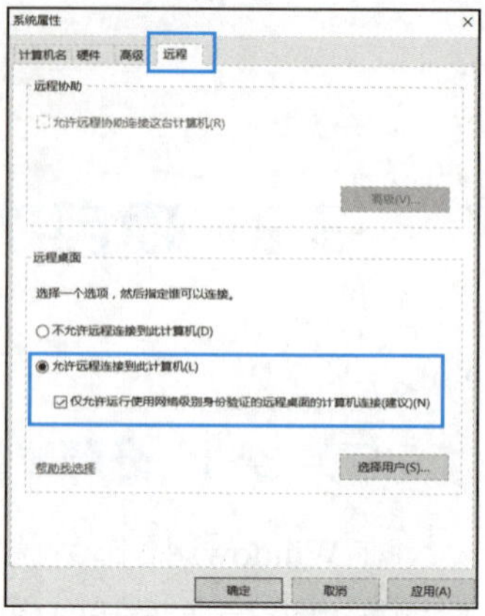

图3-11 “远程”设置对话框

步骤5 单击“选择用户”按钮，在图3-12界面中单击“添加”，将隐藏用户student$添加到远程桌面用户中，如图3-13所示。

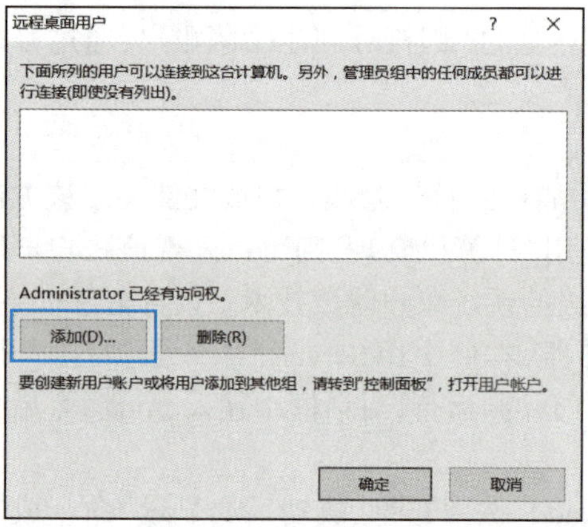

图3-12 添加隐藏用户界面

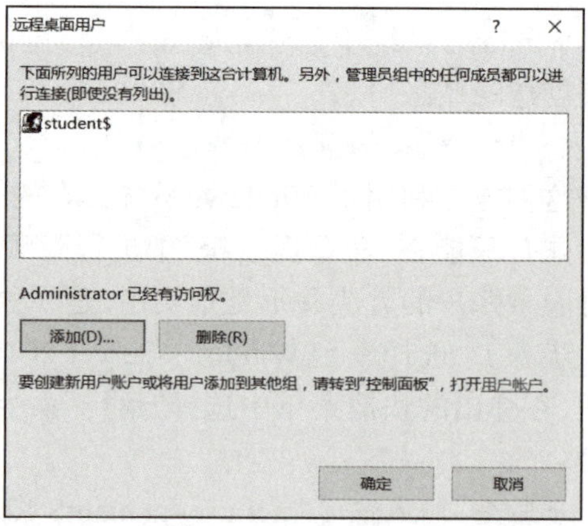

图3-13 成功添加student$用户

步骤6 选择网络中另外一台主机，打开“运行”，输入“mstsc”命令，打开“远程桌面连接”窗口，在“计算机”中输入远程主机的IP地址，“用户名”为student$，单击“连接”按钮，输入对应的密码就可以远程登录Server-3主机了，如图3-14和图3-15所示。

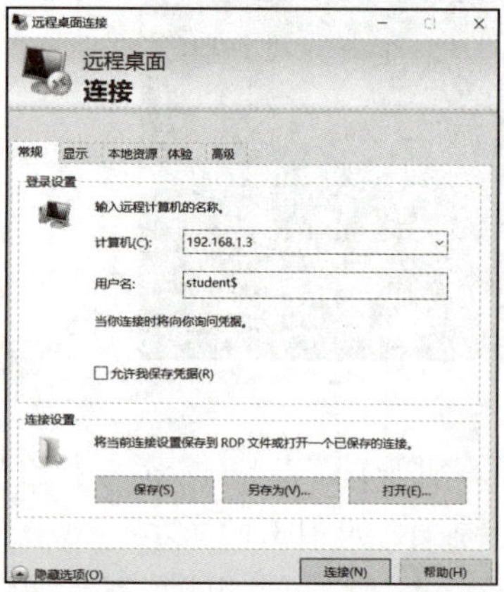

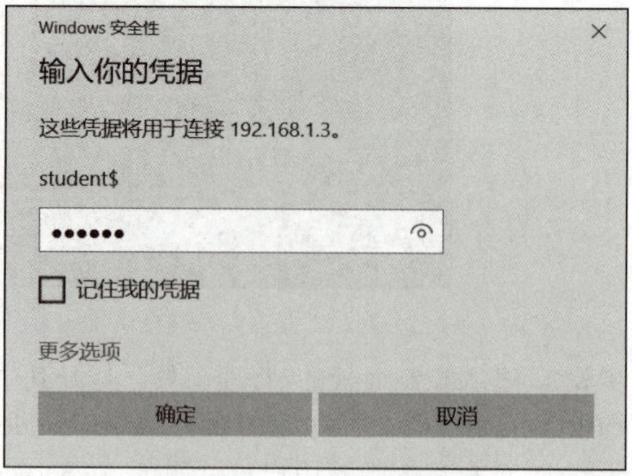

图3-14 “远程桌面连接”窗口 图3-15 输入隐藏账户密码

2.通过修改注册表创建隐藏账户

该方法通过修改Windows注册表创建隐藏账户，通过该方法创建的隐藏账户可以在命令行和图形界面中全部隐藏用户，只能通过一些特定的杀毒软件才可以被发现。设置方法如下：

步骤1　打开SERVER-3服务器，右击“开始”按钮，在弹出的快捷菜单中选择“运行”命令，在打开的“运行”对话框中输入“regedit”命令后按回车键，打开注册表。

步骤2　打开注册表位置HKEY_LOCAL_MACHINE\SAM\SAM\Domains\Account\Users\Names\。如果该SAM无法打开，则需为该SAM进行授权，其要求Administrators组用户具有“完全控制”权限，如图3-16和3-17所示。最后退出重新进入注册表即可打开。

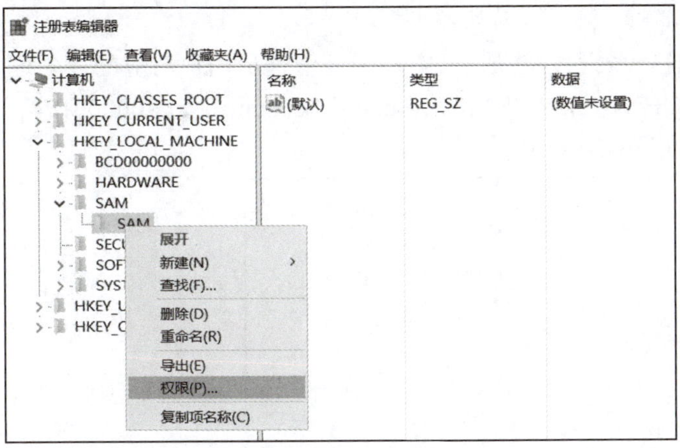

图3-16　给SAM授权界面

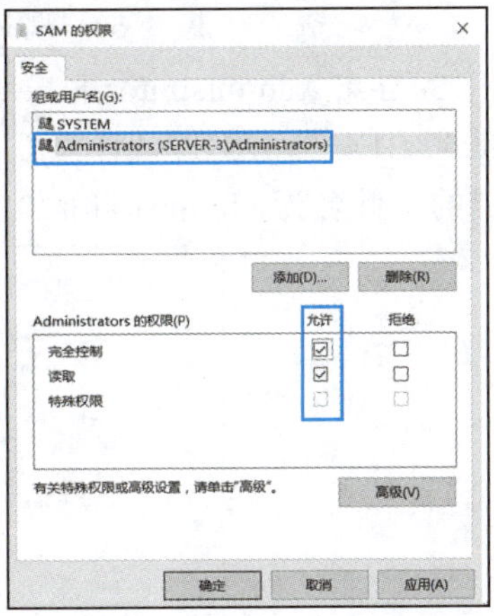

图3-17　授予Administrators组完全控制权限

步骤3　在上述注册表的目录下，找到任意创建的用户，本案例使用的账户为student$。这时需要导出三个注册表，具体操作如下：

（1）导出student$账户注册表，选择student$隐藏账户，右击选择“导出”，导出的注册表文件名为student$，如图3-18所示。

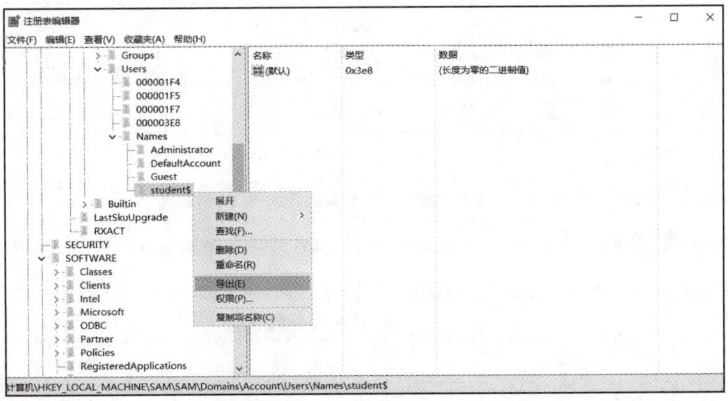

图3-18　导出student$账户注册表

（2）导出student$账户对应的Users注册表，由于student$账户对应注册表类型为000003E8，所以在Users目录下找到000003E8注册表并导出，导出的文件名为student$_03e8，如图3-19所示。

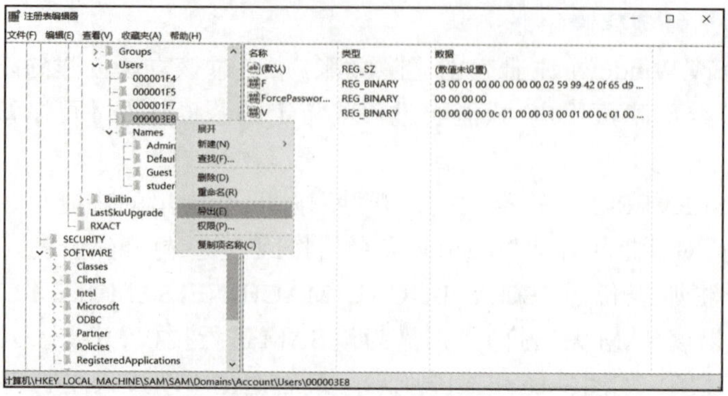

图3-19 导出student$账户对应Users注册表

（3）导出Administrator账户对应的Users目录注册表，本例中该管理员用户对应的表名称为000001F4，即HKEY_LOCAL_MACHINE\SAM\SAM\Domains\Account\Users\000001F4\。导出的文件名为administrator_01f4，如图3-20所示。

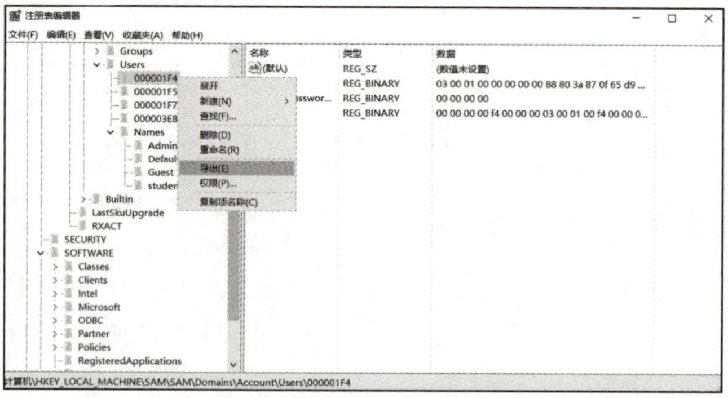

图3-20 导出Administrator账户对应Users注册表

步骤4 利用写字板打开Administrator导出的注册表文件administrator_01f4，将其中的F参数的值替换到student$对应Users目录的注册表中，即student$_03e8文件中，如图3-21所示。

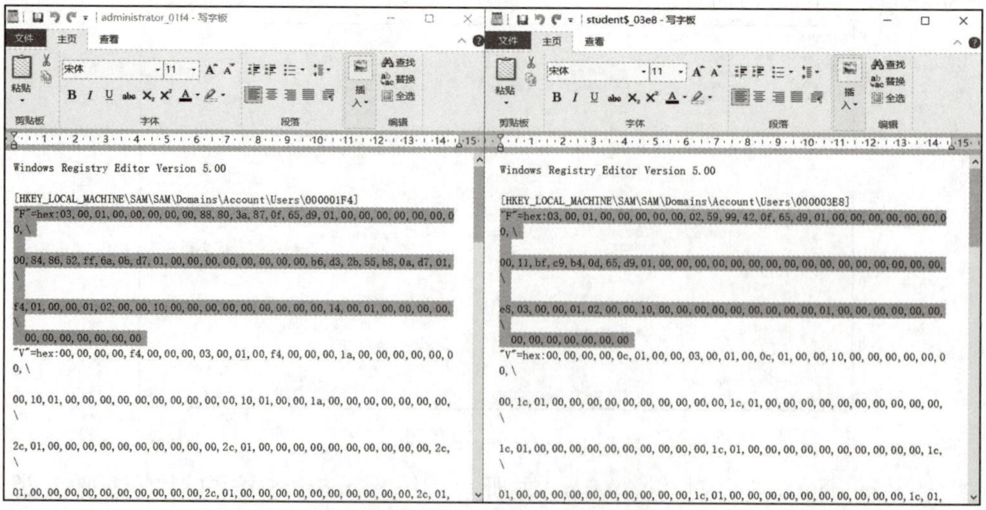

图3-21 替换注册表内容

通过上述操作创建了隐藏账户student$，且该账户具有系统管理员权限。

步骤5 将原有的student$用户删除，如图3-22所示。

步骤6 在注册表中选择“文件”→“导入”命令，先将student$导入注册表，然后再将修改后的student$_03e8导入注册表，如图3-23所示。

图3-22 删除student$账户

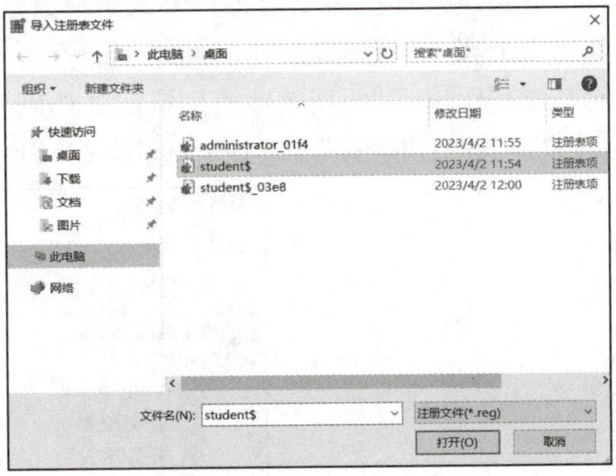

图3-23 分别导入注册表文件

步骤7 测试功能，使用命令行与图形界面方式检查隐藏账户是否存在，然后通过远程桌面访问来测试账户合法性，使用隐藏账户进行远程桌面连接。

（1）命令行检测用户，未发现隐藏账户student$，如图3-24所示。

（2）通过图形界面检查隐藏账户student$，未显示该账户，如图3-25所示。

图3-24 命令行查看隐藏账户

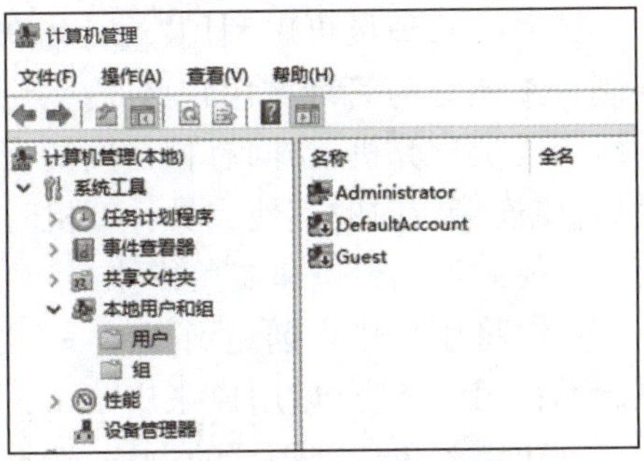

图3-25 图形界面查看隐藏用户

（3）在Server-2主机上使用隐藏账户student$登录服务器Server-3的远程桌面，可以发现在无法察觉任何隐藏账户的情况下，登录了对端的远程桌面，登录成功后使用命令whoami查看当前用户身份时，系统误认为该账户是administrator管理员账户，而不是student$账户。如图3-26所示。

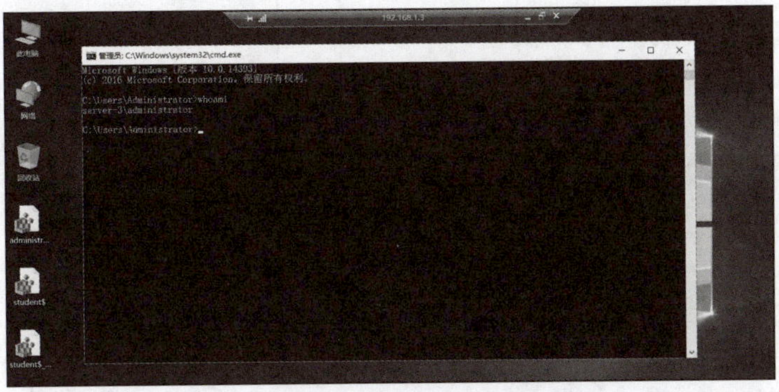

图3-26 成功登录远程桌面并隐藏登录账户

任务3-2 域账户、域组的创建和管理

域账户、域组的创建和管理

域系统管理员需要为每一个域用户分别建立一个用户账户，让他们可以利用这个账户来登录域、访问网络上的资源。域系统管理员同时需要了解如何有效利用组，以便高效地管理资源的访问。当一台服务器提升为域控制器后，打开"计算机管理"会发现"本地用户和组"选项已经没有了，如图3-27所示。

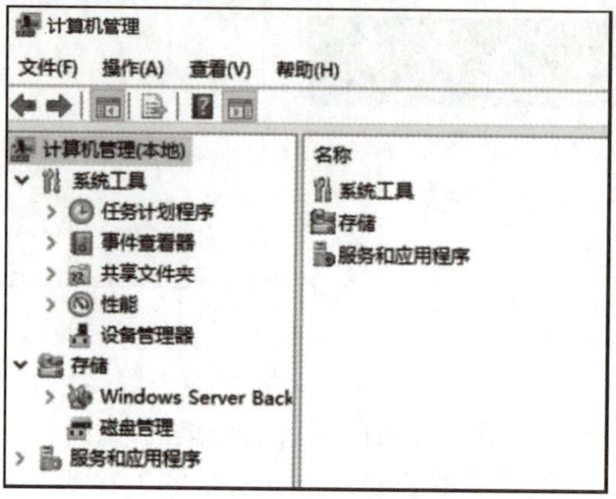

图3-27 "计算机管理"窗口

域系统管理员可以利用"Active Directory 管理中心"或"Active Directory 用户和计算机"控制台来建立与管理域用户账户。当用户利用域用户账户登录域后，便可以直接连接域内的所有成员计算机，访问有权访问的资源。换句话说，域用户在一台域成员计算机上成功登录后，要连接域内的其他成员计算机时，并不需要再登录被访问的计算机。

1. 创建组织单位和域用户账户

可以将用户账户创建到任何一个容器或组织单位内。首先创建名称为"sales"的组织单位，然后在其内建立域用户账户"wang"和"zhang"。

创建组织单位"sales"的方法：选择"服务器管理器"→"工具"→"Active Directory 用户和计算机"，用鼠标右键单击"域名"选项，在弹出的快捷菜单中选择"新建"→"组织单位"命令，如图3-28所示。单击后打开图3-29所示的"新建对象-组织单位"对话框，输入组织单位名称"sales"，然后单击"确定"按钮。

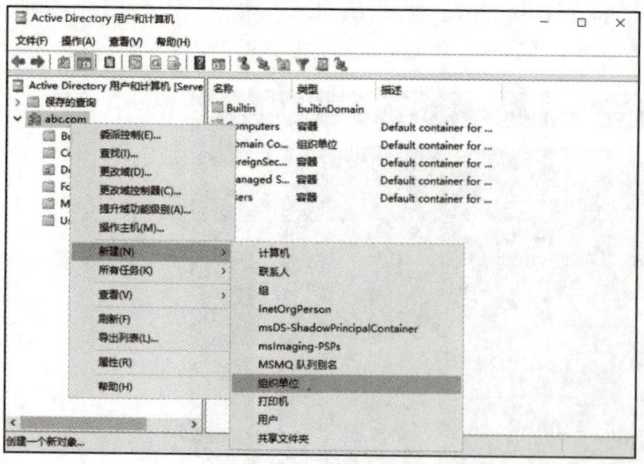

图3-28 新建组织单位

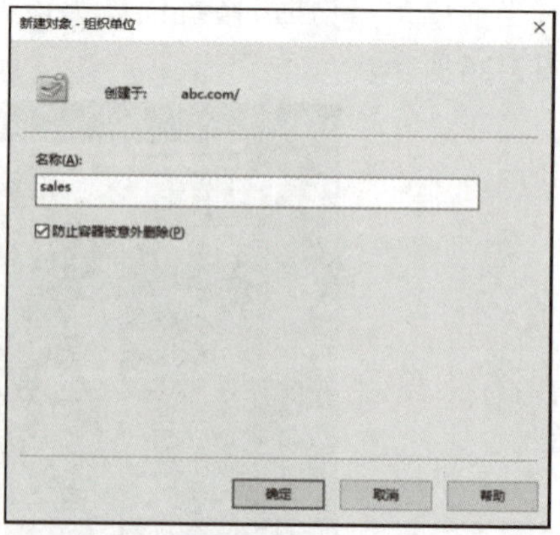

图3-29 "新建对象-组织单位"对话框

在组织单位“sales”内建立用户账户“wang”的方法为：选中组织单位“sales”并单击鼠标右键，在弹出的快捷菜单中选择“新建用户”命令，如图3-30所示。单击“下一步”输入密码，如图3-31所示。注意，域用户的密码默认需要至少7个字符，且不可以包含用户账户名称或全名。再依此步骤新建用户“zhang”。

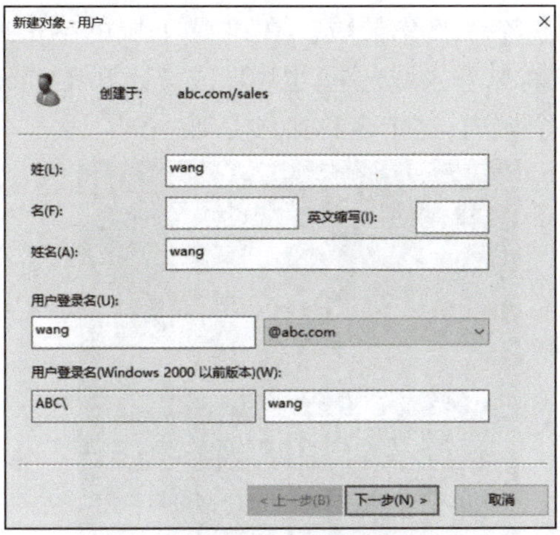

图3-30　新建用户

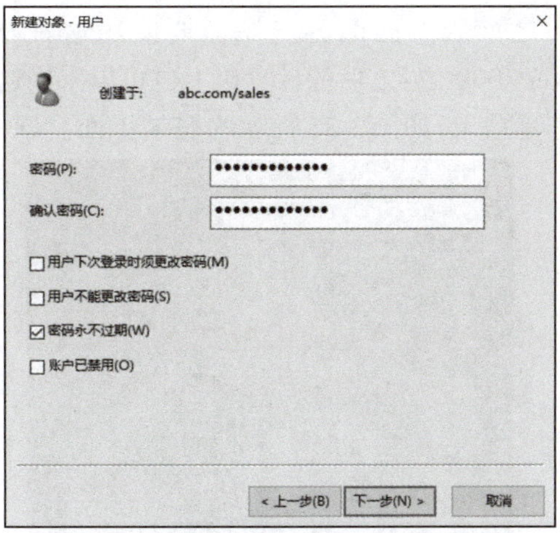

图3-31　设置用户密码

这样就在组织单位“sales”下面新建了2个用户，分别是“wang”和“zhang”，如图3-32所示。

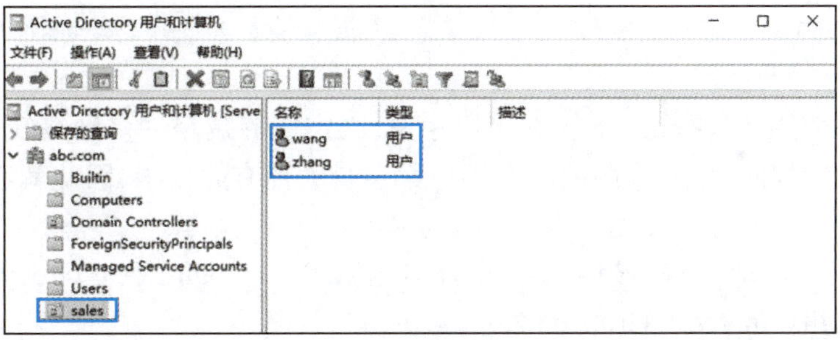

图3-32　完成新建用户

2. 利用域账户登录

域用户可以在域成员计算机上（域控制器除外）利用两种账户来登录域，它们分别是用户UPN登录与用户SamAccountName登录。打开“服务器管理器”→“工具”→“Active Directory管理中心”下面找到前面新的用户“wang”。右击用户“wang”，选择“属性”，如图3-33所示。

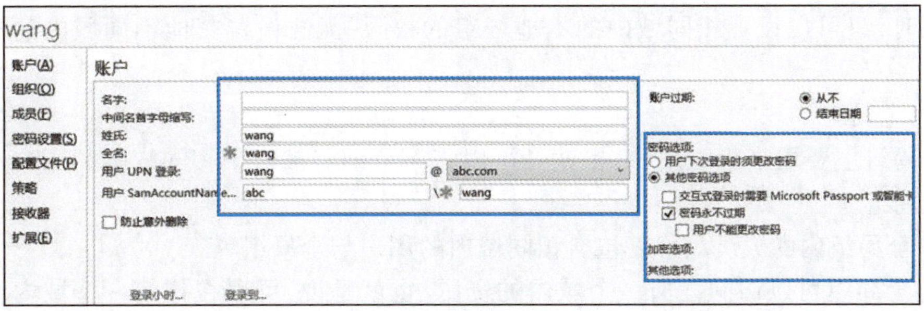

图3-33　wang域账户属性界面

● 用户UPN登录。UPN的格式与电子邮件账户相同，例如，wang@abc.com这个名称只能在隶属于域的计算机上登录域时使用，比如在域成员计算机Client-1上进行登录，如图3-34所示登录界面。在整个林内，这个名称必须是唯一的。

● 用户SamAccountName登录。“abc\wang”是旧格式的登录账户。Windows Server 2000之前版本的旧客户端需要使用这种格式的名称来登录域。在隶属于域的Windows Server 2000(含)之后的计算机上也可以采用这种名称来登录域，这里也用域成员计算机Client-1上进行登录，如图3-35所示的登录界面。在同一个域内，这个名称必须是唯一的。

图3-34　用户UPN登录界面

图3-35　用户SamAccountName登录界面

3. 域组账户的分类

如果能够使用组(Group)来管理用户账户，必定能够减轻许多网络管理负担。例如，针对网络部组设置权限后，此组内的所有用户都会自动拥有此权限，因此就不需要设置每一个用户。

从组的使用范围来看，域内的组分为本地域组(Domain Local Group)、全局组(Global Group)和通用组(Universal Group)3种。

(1)本地域组

本地域组主要被用来分配其所属域内的访问权限，以便访问该域内的资源。

● 本地域组的成员可以包含任何一个域内的用户、全局组、通用组，也可以包含相同域内的本地域组，但无法包含其他域内的本地域组。

● 本地域组只能够访问该域内的资源，无法访问其他不同域内的资源；换句话说，在设置权限时，只可以设置相同域内的本地域组的权限，无法设置其他不同域内的本地域组的权限。

(2)全局组

全局组主要用来组织用户，也就是可以将多个即将被赋予相同权限的用户账户加入同一个全局组。

● 全局组内的成员只可以包含相同域内的用户与全局组。

● 全局组可以访问任何一个域内的资源，也就是说，可以在任何一个域内设置全局组的权限，以便让此全局组具备权限来访问该域内的资源。

(3)通用组

- 通用组可以在所有域内为通用组分配访问权限,以便访问所有域内的资源。
- 通用组具备万用领域的特性,其成员可以包含林中任何一个域内的用户、全局组、通用组,但是它无法包含任何一个域内的本地域组。
- 通用组可以访问任何一个域内的资源,也就是说,可以在任何一个域内设置通用组的权限,以便让此通用组具备权限来访问该域内的资源。

4. 创建与管理域组账户

(1)组的新建、删除与重命名

要创建域组时,可选择"服务器管理器"→"工具"→"Active Directory 管理中心"命令,展开域名,单击容器或组织单位(如sales),单击右侧任务窗格的"新建"→"组"选项,然后在图3-36中输入组名"group",选择组类型与组范围等。若要删除组,则选中组账户并单击鼠标右键,在弹出的快捷菜单中选择"删除"命令即可。

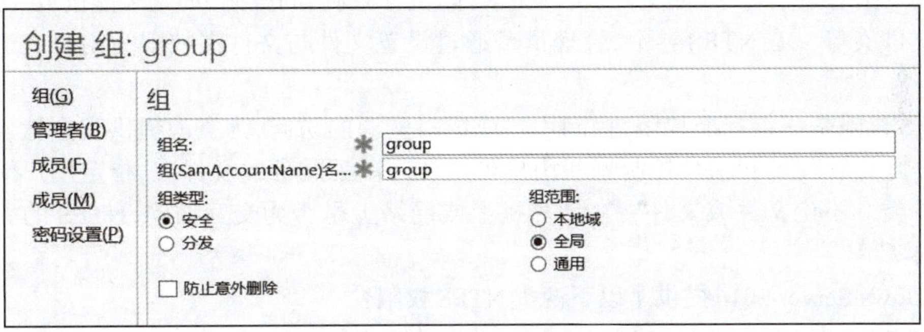

图3-36 "创建 组:group"对话框

(2)添加组的成员

将用户、组等加入组内的方法为:在图3-37中,单击"成员(M)"→"添加"→"高级即查找"按钮,选取要被加入的成员,单击"确定"按钮。本例将用户wang、zhang加入group组。

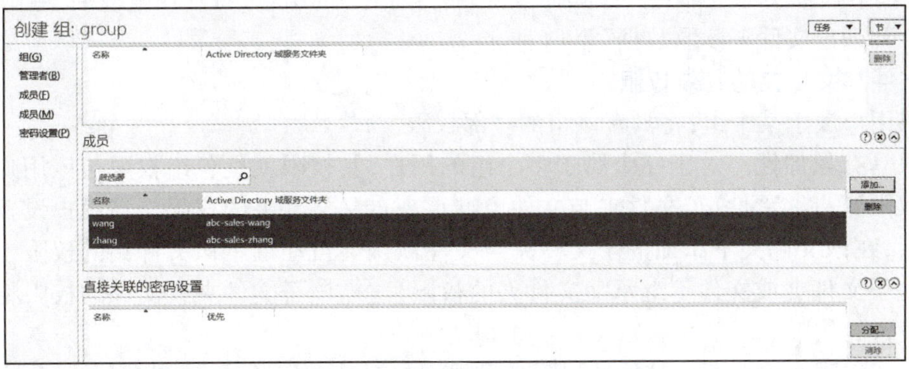

图3-37 添加组成员

3.3 项目知识准备——文件系统基础

NTFS(New Technology File System,新技术文件系统)是微软1993年推出的用于Windows系统的文件系统,用于代替原来的FAT文件系统,从而提高性能。Windows Server 2016服务器使用NTFS文件系统,以充分利用NTFS的高级功能。

NTFS文件和文件夹权限

权限是指对某个对象(如文件、文件夹、打印机等)的访问限制,如是否能读取、写入或删除某个文件夹等。在NTFS卷中,管理员可通过设置文件与文件夹权限为用户或组指定访问级别。

NTFS权限是一组标准权限,控制用户或组对资源的访问,为资源提供安全性。具体实现方法是允许管理员和用户控制哪些用户可以访问单独文件或文件夹,指定用户能够得到的访问种类。不论文件或文件夹在计算机上或网络上是否为交互访问,NTFS 的安全性都是有效的。

Windows Server 2016提供了以下两类NTFS权限:

- NTFS文件权限。用于控制对NTFS卷上单独文件的访问。
- NTFS文件夹权限。用于控制对NTFS卷上单独文件夹的访问。

1. 文件和文件夹的基本权限

文件和文件夹的基本权限包括读取、写入、列出文件夹目录、读取和运行、修改、完全控制6种。基本权限实际上都是一些具体权限(特殊权限)的组合,特殊权限包括“遍历文件夹/运行文件”“列出文件夹读取数据”等14种。

2. 文件和文件夹的有效权限

如果用户属于某个组,将具有该组的全部权限。

权限具有累加性。对于一个属于多个组的用户,其权限就是各组权限与该用户权限的累加。权限具有继承性,子文件夹与文件可继承来自父文件夹的权限。当用户设置文件夹的权限后,在该文件夹下添加的子文件夹与文件默认会自动继承该文件夹的权限。用户可以设置让子文件夹或文件不继承父文件夹的权限,这样该子文件夹或文件的权限将改为用户直接设置的权限。

“拒绝”权限会覆盖所有其他的权限。虽然用户对某个资源的有效权限是其所有权限来源的总和,但是只要其中有一个权限被设为拒绝访问,则用户将无法访问该资源。

文件权限会覆盖文件夹的权限。如果针对某个文件夹设置了NTFS权限,同时也对该文件夹内的文件设置了NTFS权限,则以文件的权限设置为优先。

将文件或文件夹复制到其他文件夹中,被复制的文件或文件夹继承目的文件夹的权限。

将文件或文件夹移动到同一磁盘的文件夹中,被移动的文件或文件夹会保留原来的权限；但移动到另一磁盘，则被移动的文件或文件夹则继承目的文件夹的权限。

3. 文件和文件夹的权限设置

在NTFS卷中系统会自动设置其默认权限值，其中有一部分权限会被其下的文件夹、子文件夹或文件继承。用户可以更改这些默认值。

文件和文件夹权限设置以文件或文件夹为设置对象，而不是以用户或组为设置对象，也就是先选定文件或文件夹，再设置哪些账户对它有什么权限，不能直接设置用户或组能够访问哪些对象。最好是将权限分配给组以简化管理。

只有Administrators组成员、文件或文件夹的所有者、具备完全控制权限的用户，才有权指派这个文件或文件夹的NTFS权限。下面以文件夹为例讲解访问权限的设置步骤。

（1）打开“计算机”或Windows资源管理器，定位到要设置权限的文件夹file，右键单击它，选择“属性”命令打开相应的对话框，切换到“安全”选项卡，如图3-38所示。

（2）在“组或用户名”区域列出已经分配文件夹权限的用户或组账户，下面的区域显示所选用户或组的具体权限项目，可见Administrators组具备最高级权限“完全控制”。

（3）要更改权限时，只需单击“编辑”按钮打开图3-39所示的对话框，可对访问权限进行编辑设置。定位指定的用户或组，选中权限右方的“允许”或“拒绝”复选框即可。权限项目复选框为灰色，表明是从父文件夹继承的权限，不能够直接去除。不过，可以更改从父对象所继承的权限，如添加权限，或者通过选中“拒绝”复选框删除权限。

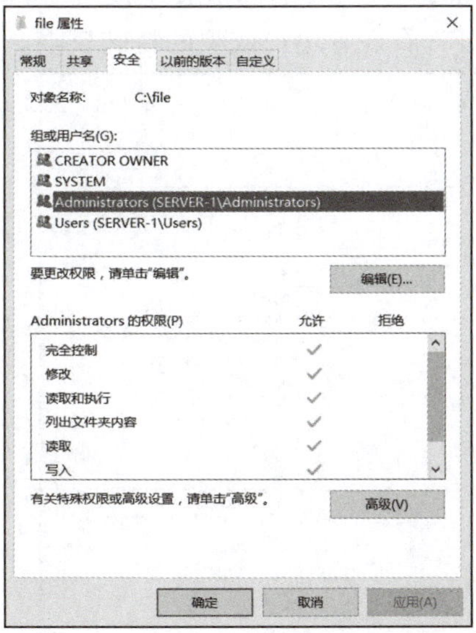

图3-38 file属性对话框

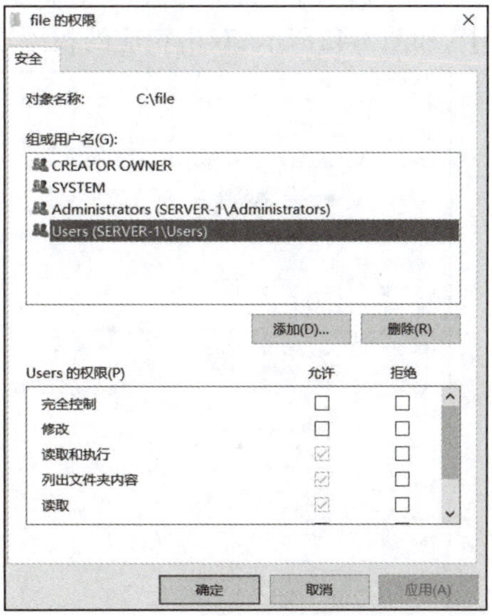

图3-39 基本权限设置对话框

使用“拒绝”选项一定要谨慎。对Everyone组应用“拒绝”可能导致任何人都无法访问资源，包括管理员。全部选择“拒绝”则无法访问该目录或文件的任何内容。

（4）为其他用户或组分配权限

单击图3-39中“添加”按钮，弹出“选择用户或组”对话框，如图3-40所示，可以直接输入用户或组的名称的格式表示，可单击“检查名称”按钮来检查；也可以查找或从列表中选择所需账户，具体方法是单击“高级”按钮切换到图3-41所示的对话框，再单击“立即查找”按钮从搜索结果中选择。

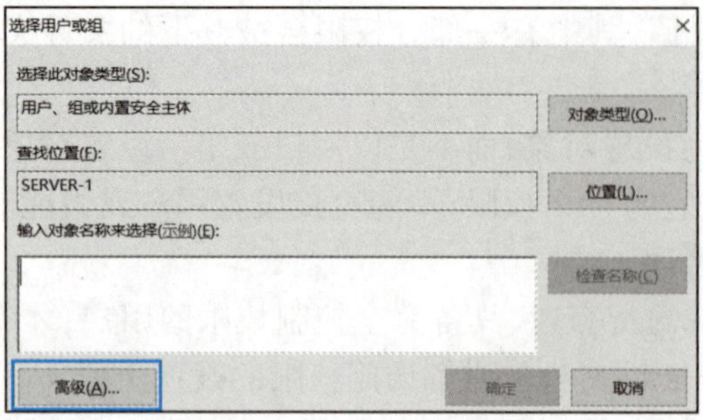

图3-40 “选择用户或组”对话框

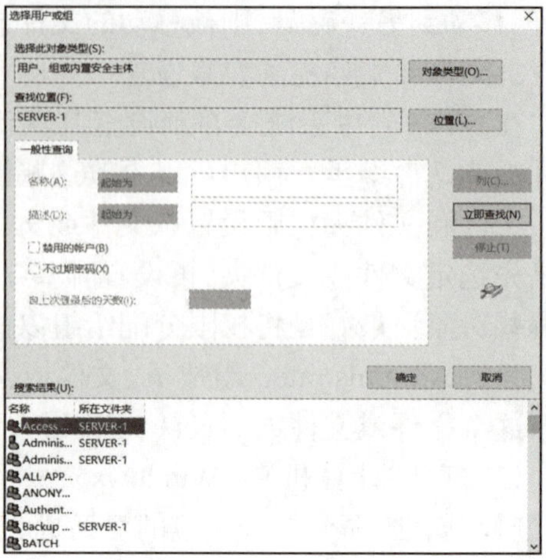

图3-41 查找用户和组账户对话框

选择好用户或组账户，回到文件夹属性对话框，新加入的用户或组出现在列表中。默认为新加用户或组授予“读取和执行”“列出文件夹内容”和“读取”3项权限，可根据需要修改。

如果要为组或用户设置特殊权限，继续下面的步骤。

(5)设置特殊权限

回到“安全”选项卡(图3-38)，单击“高级”按钮，打开“file的高级安全设置”窗口，在“权限”选项卡，如图3-42所示，双击相应的权限项目可查看现有用户或组的特殊权限。

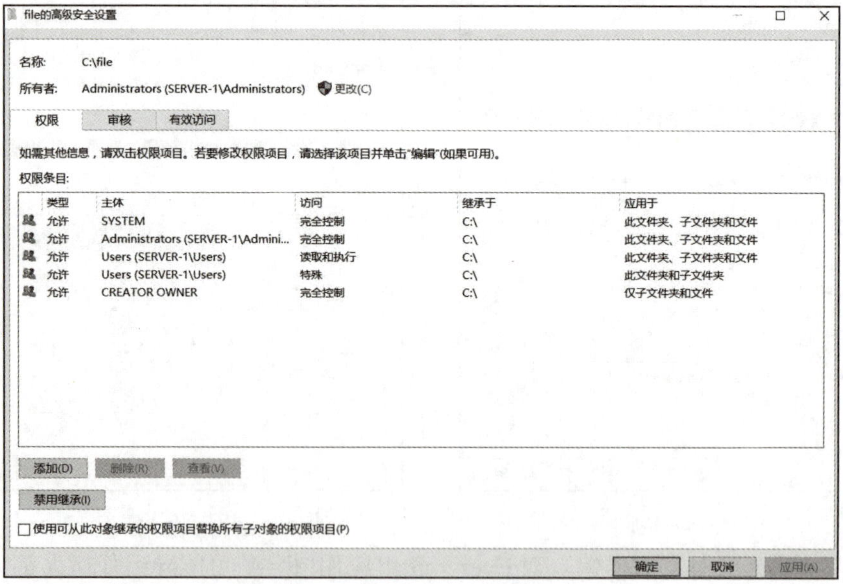

图3-42 “file的高级安全设置”窗口

3.4 项目实施——文件系统配置

任务3-3 NTFS文件系统压缩

NTFS文件系统压缩

将文件压缩后可以减小对磁盘空间的占用，既可以压缩整个NTFS卷，也可以配置NTFS卷中所要压缩的某个文件和文件夹。

1. 启用NTFS压缩

可以在格式化某个卷时启用压缩，在格式化向导选择“启用文件和文件夹压缩”选项即可。默认情况下，一旦启用卷压缩，其中的文件和文件夹都会被压缩。也可以在任何时候为整个卷、某个文件或某个文件夹启用压缩。打开目标的属性对话框，选择“常规”→“高级”→“压缩内容以便节省磁盘空间”复选框，如图3-43所示。Windows Server 2016会询问是只压缩根文件夹，还是同时压缩所有的子文件夹和文件，如图3-44所示。

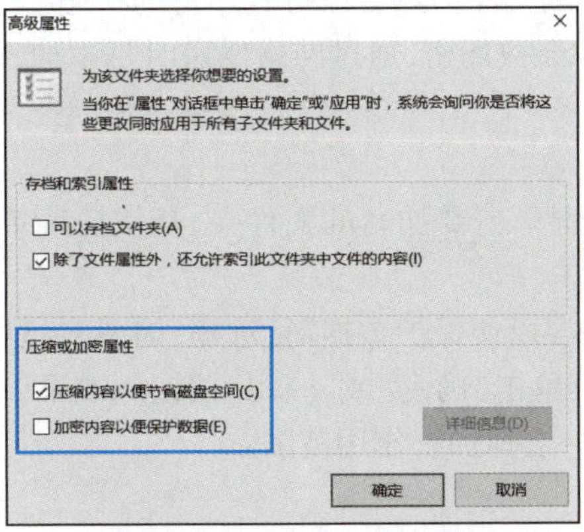

图3-43 “高级属性”对话框

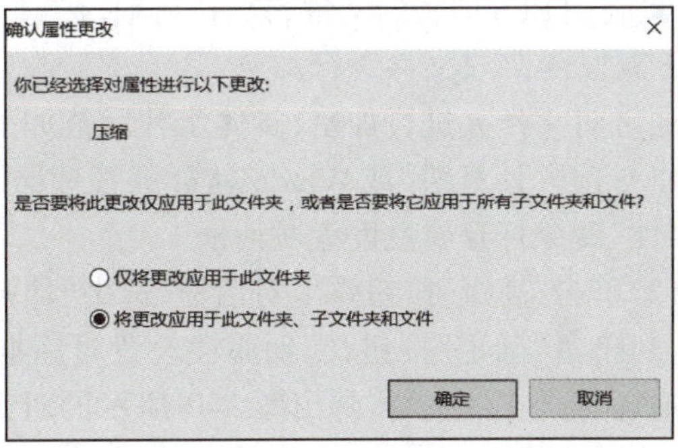

图3-44 压缩应用范围选择

2. 压缩对于移动和复制文件的影响

移动和复制文件会影响它们的压缩属性，这主要体现在以下几个方面：

- 将未压缩文件移动到任何文件夹中。该文件仍保持未压缩状态，与目标文件夹压缩属性无关。
- 将压缩文件移动到任何文件夹中。该文件仍然保持压缩状态，与目标文件夹的压缩属性无关。
- 复制文件。该文件具有目标文件夹的压缩属性。
- 替换文件。如果将一个文件复制到某个文件夹中，而该文件夹中已经有了一个同名文件，并且新复制的文件替换了原始文件，那么该文件使用被替换文件的压缩属性。

任务3-4　NTFS文件系统加密

Windows Server 2016 利用“加密文件系统(Encrypting File System, EFS)”提供文件加密的功能,以增强文件系统的安全性。

NTFS文件系统加密

1. 文件系统加密概述

文件或文件夹经过加密后,只有当初将其加密的用户或者经过授权的用户能够读取。用户一旦启用加密,EFS自动为该用户产生一对密钥(公钥和私钥)。当用户读取自己加密的文件时,首先以用户的私钥对加密过的文件加密钥进行加密,然后使用文件加密钥对文件进行解密。其他用户因为私钥不同就无法读取加密文件。加密是NTFS文件系统的一个特性,需注意以下事项:

- 只有NTFS卷内的文件、文件夹才可以被加密。如果将文件复制或移动到非NTFS卷内,则该文件会被解密。
- 不能对整个卷进行加密。
- NTFS文件压缩与加密无法并存。
- 当用户将一个未加密的文件移动或复制到加密文件夹时,该文件会自动加密,然而将一个加密的文件移动或复制到非加密文件夹时,该文件仍然会保持其加密的状态。
- 利用EFS加密的文件,只有存储在硬盘内才会被加密,通过网络发送时是不加密的。

2. 对文件夹或文件进行加密

通常对文件夹进行加密,具体步骤示范如下。

(1)打开“计算机”或Windows资源管理器,右键单击要加密的文件夹,从快捷菜单中选择“属性”命令打开属性设置对话框。

(2)单击“高级”按钮弹出对话框,选中“加密内容以便保护数据”复选框,如图3-45所示。

(3)单击“确定”按钮,回到属性设置对话框,再单击“确定”或“应用”按钮。如果该文件夹下面还有子文件夹,将弹出图3-46所示的对话框,选择加密作用范围。

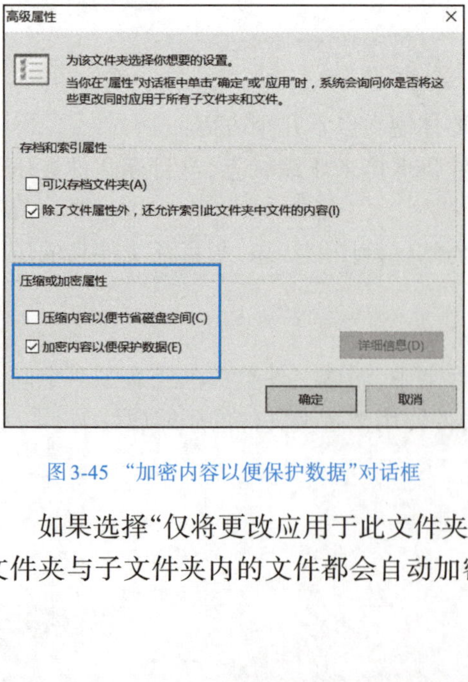

图3-45　“加密内容以便保护数据”对话框

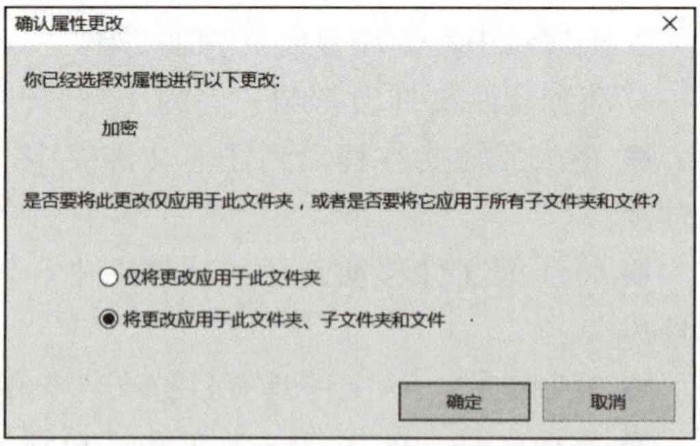

图3-46　设置加密范围

如果选择“仅将更改应用于此文件夹”单选按钮,则以后在该文件夹内所添加的文件、子文件夹与子文件夹内的文件都会自动加密,但是并不会影响到该文件夹内现有的文件与文件夹。如果选择“将更改应用于此文件夹、子文件夹和文件”单选按钮，则不但以后在该文件夹内添加的文件、子文件夹与子文件夹内的文件都会自动加密，同时会加密已经存在于该文件夹内的现有文件、子文件夹与子文件夹内的文件。

3. 不同用户访问加密文件验证

步骤1　首先在Windows Server 2016操作系统的C盘下新建三个文件夹file1、file2和file3。每个文件夹下分别新建三个记事本，命名为text1、text2和text3，输入相应内容，如图3-47所示。

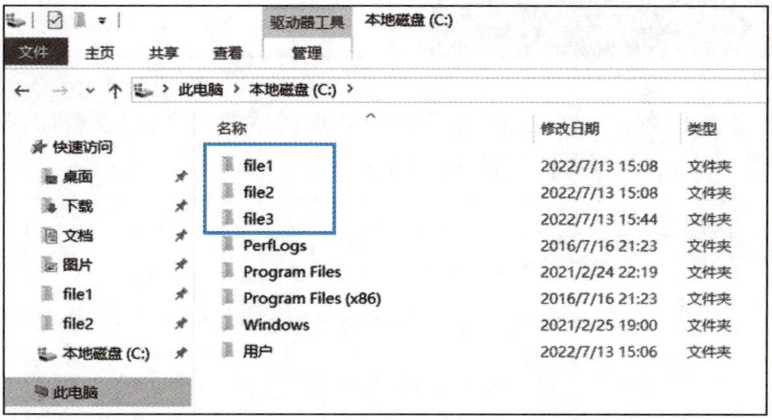

图3-47　新建文件夹

步骤2　对file1文件夹以及其内的文件和文件夹进行加密操作，file2和file3两个文件夹不做任务操作。

步骤3　在操作系统的“管理工具”→“计算机管理”→“本地用户和组”下面新建两个用户，分别为user1和user2，如图3-48所示。

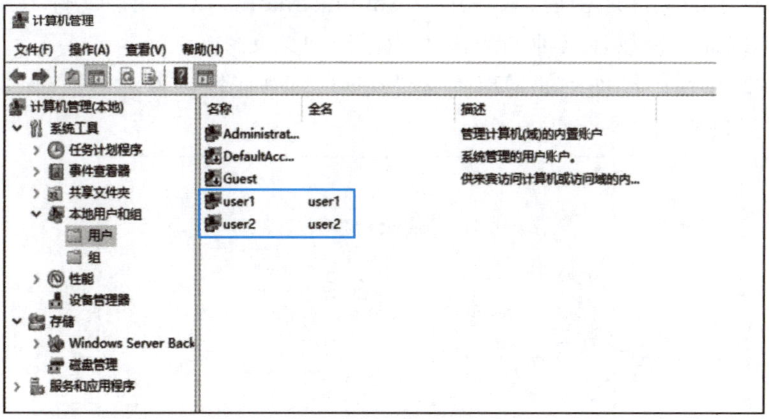

图3-48　新建用户

步骤4　在当前用户账户下（Administrator），可以对三个文件夹进行正常访问，下面测试另外两个用户user1和user2是否对三个文件夹有同样的访问权限。注销当前的用户，以user1用户进行登录，如图3-49所示。然后访问加密过的file1文件夹里的记事本文件，发现无权访问，如图3-50所示。

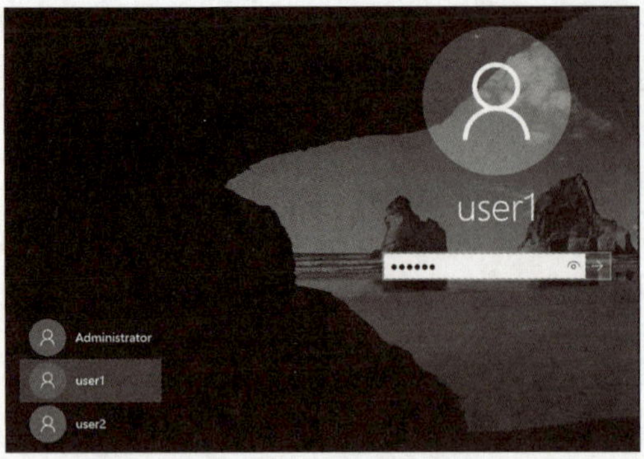

图 3-49　user1 用户登录界面

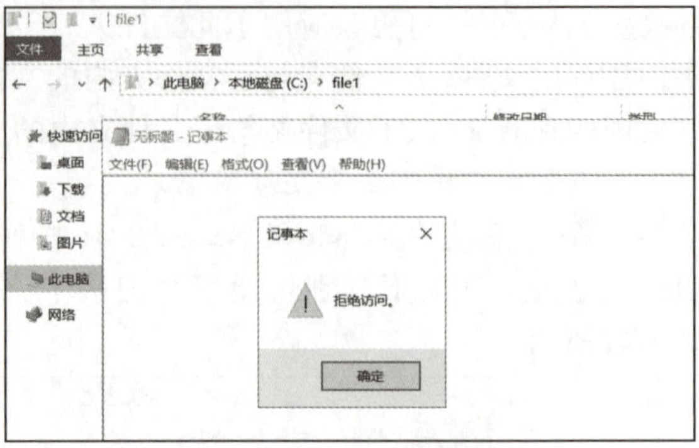

图 3-50　用户 user1 无权访问

步骤 5　重复以上操作，用户 user2 也无权访问加密后的文件，但没有加密的 file2 和 file3 目录下的文件是可以正常访问的，如图 3-51 所示。

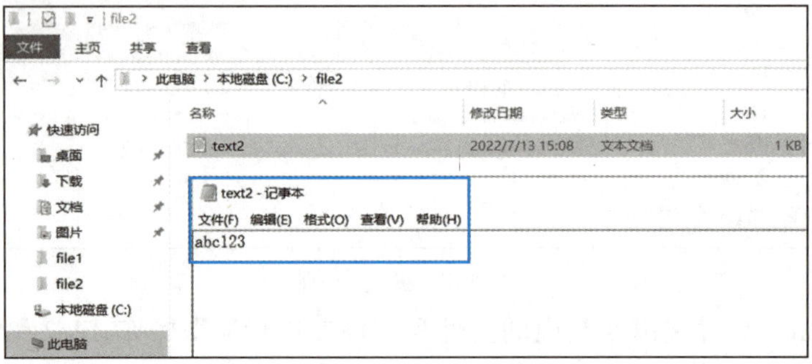

图 3-51　普通用户可以正常访问未加密的文件

4. 授权其他用户访问加密文件

在对文件夹中的文件加密后，只有用户 Administrator 可以访问该文件，上面内容已经验证过。不过，可以通过授权让其他的用户也能够访问该文件。

步骤 1　右键单击已经加密的记事本文件 text1，打开属性设置对话框，单击“高级”→“详细信息”，如图 3-52 所示。

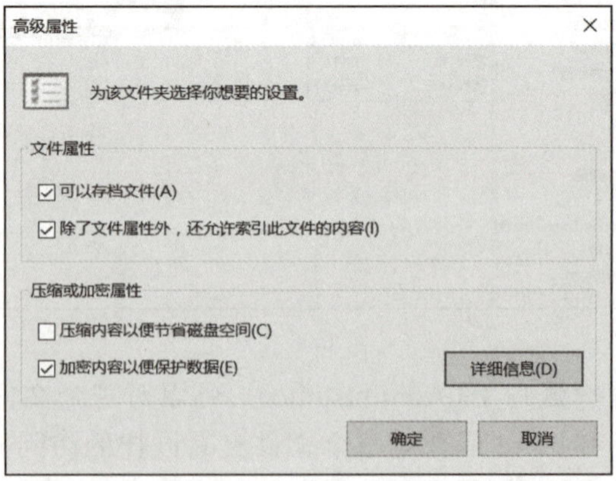

图 3-52　“高级属性”对话框

步骤 2　选择最上面的“Administrator”用户，单击“备份密钥”按钮，弹出图 3-53 所示的“证书导出向导”对话框。

步骤3　单击“下一步”，进入导出文件格式选择，默认选择“个人信息交换-PKCS#12”，如图3-54所示，单击“下一步”。

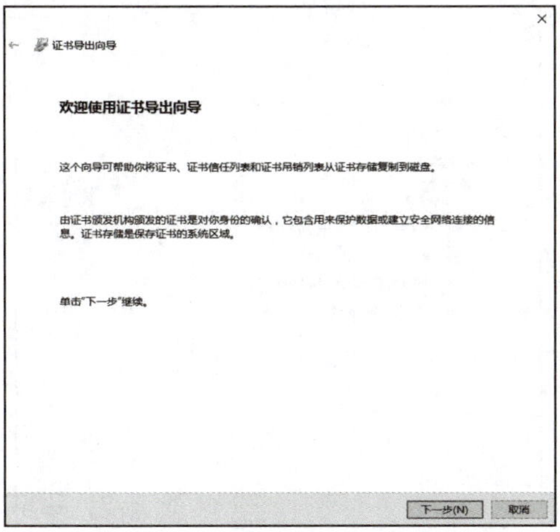

图3-53　“证书导出向导”对话框

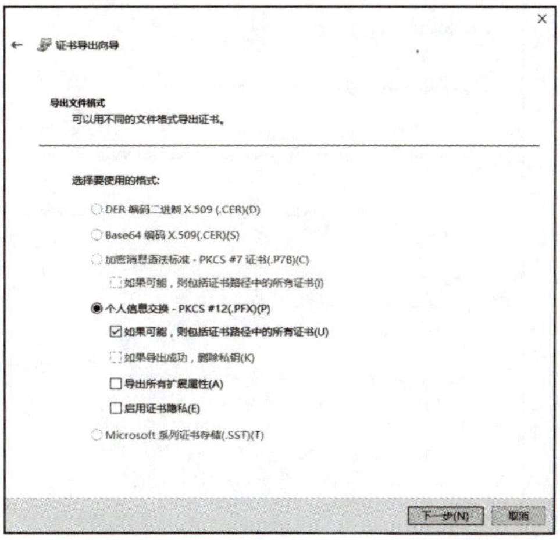

图3-54　选择要使用的格式

步骤4　选择“密码”前面的复选框，加入保护证书安全的密码，如图3-55所示。单击“下一步”按钮。

步骤5　指定证书导出的路径和文件名，如图3-56所示。单击“下一步”按钮。

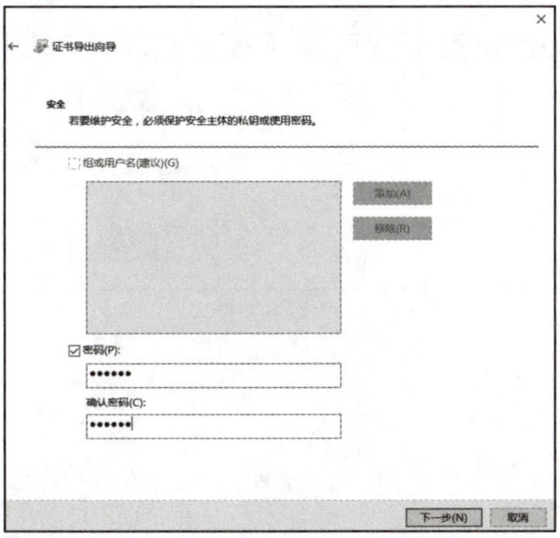

图3-55　设置保护证书密码

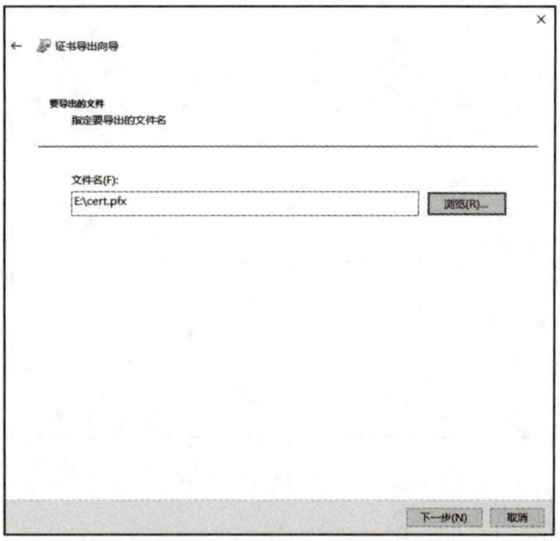

图3-56　设置导出证书路径

步骤6　持续单击“下一步”按钮，直至成功导出证书。在相应的目录下查看已经生成了证书文件。如图3-57所示。

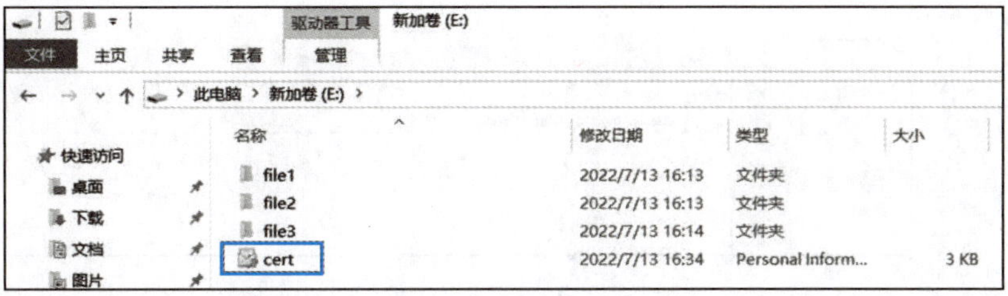

图3-57　生成证书文件

步骤7 注销当前操作系统，利用user1用户进行登录系统，然后找到上一步生成的证书文件，双击“cert”证书文件，将证书进行导入，如图3-58至图3-61所示。

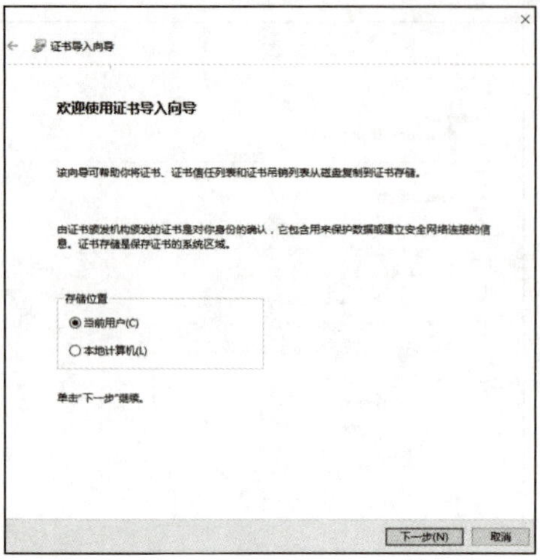

图3-58 “证书导入向导”对话框

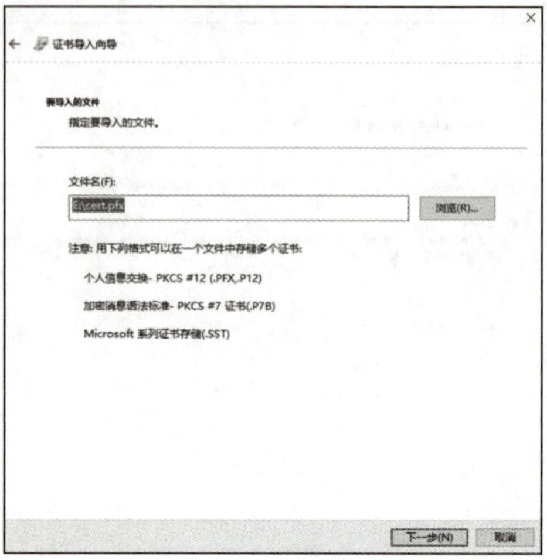

图3-59 指定导入证书路径

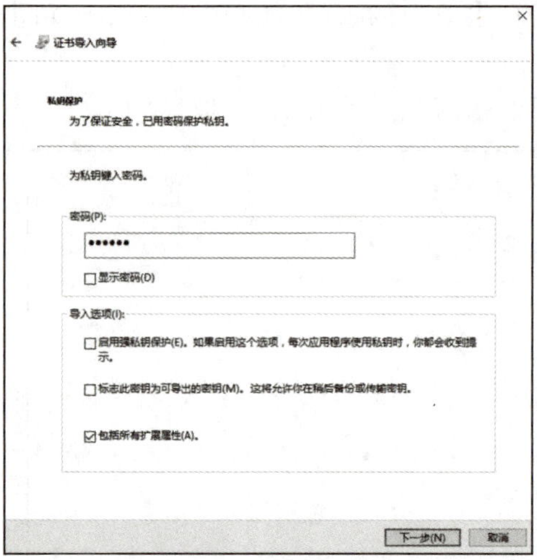

图3-60 “私钥保护”对话框

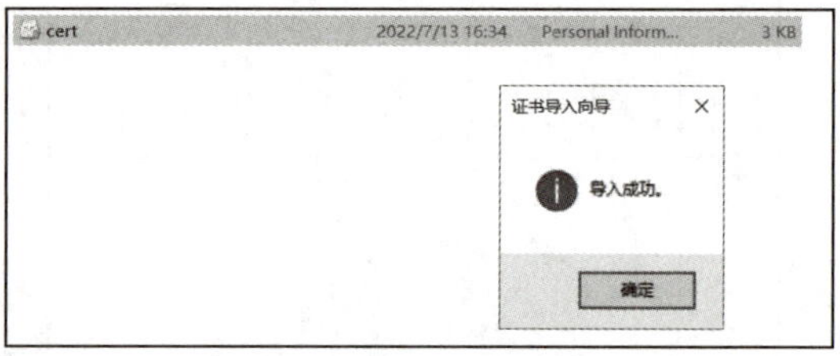

图3-61 证书导入成功

步骤8 证书导入成功后，在当前user1用户下就可以正常访问在Administrator用户下加密的文件了。如图3-62所示。

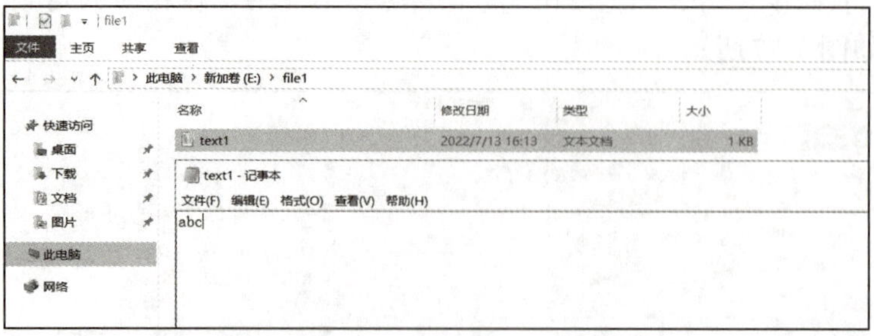

图3-62 user1用户可以正常访问加密文件

注意只有具备EFS证书的用户才可以被授权。一般用户执行过文件或文件夹加密操作后，就会自动赋予一个EFS证书。当然，普通用户只有对自己创建的文件或文件夹才能执行加密操作。

5. 备份EFS证书

前面的操作是针对某个加密文件的证书导出和导入，当然也可以对所有EFS证书进行备份操作。EFS证书丢失或损毁将导致加密文件无法读取，因此强烈建议使用证书控制台来备份EFS证书。

步骤1 在“开始”菜单的“运行”中执行“certmgr.msc”命令打开“证书”管理单元，展开“个人”→“证书”选项，用鼠标右键单击预期目的为“加密文件系统”的证书，在弹出的快捷菜单中选择“所有任务”→“导出”命令，如图3-63所示。

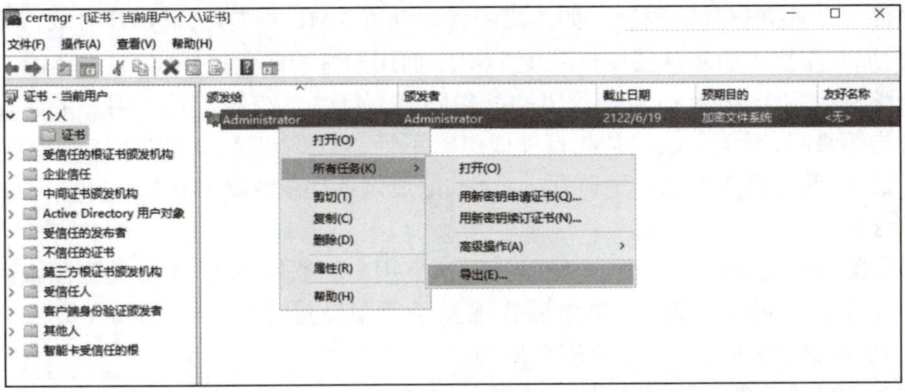

图3-63 “导出”窗口

步骤2 然后单击“下一步”按钮，选中“是，导出私钥”单选按钮，单击“下一步”按钮，选择默认的.pfx格式，设置保护证书密码，最后成功导出证书。如图3-64所示。建议将此证书文件备份到另外一个安全的地方。如果有多个EFS证书，请全部导出存档。

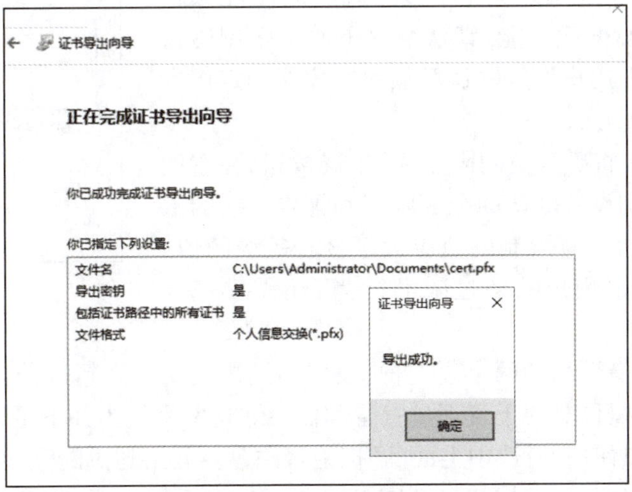

图3-64 证书导出成功

任务3-5　磁盘配额管理

磁盘配额管理

磁盘配额的主要作用是限制用户在卷的存储空间，防止用户占用额外的服务器磁盘空间，既可减少磁盘空间浪费，又可避免不安全因素，有助于管理共享服务器磁盘的用户。

1. 磁盘配额的特性

(1)只有NTFS卷才支持磁盘配额。

(2)磁盘配额只应用于卷，且不受卷的文件夹结构及物理磁盘上布局的影响。如果卷有多个文件夹，则分配给该卷的配额将整个应用于所有文件夹。

(3)磁盘配额监视用户卷的使用情况，依据文件所有者来计算其使用空间，并且不受卷中用户文件的文件夹位置的限制。如果用户A建立了5 MB的文件，而用户B取得了该文件的所有权，那么用户A的磁盘使用将减少5 MB，而用户B的磁盘使用将增加5 MB。

磁盘配额有两个控制点：警告等级和配额限制。第一个控制点是当用户的磁盘使用量要超越警告等级时，系统可以记录此事件或忽略不管；第二个控制点是当用户的磁盘使用量要超越配额限制时，系统可以拒绝该写入动作、记录该事件或忽略不管。

2. 磁盘配额的设置与使用

磁盘配额的设置有两种类型，一种是针对所有用户的通用设置(默认的配额限制)，另一种是针对个别用户的单独设置，单独设置优先于通用设置。Administrators 组成员可启用NTFS卷上的配额，为所有用户设置磁盘配额。

步骤1　打开“计算机”或Windows资源管理器，右键单击要启用磁盘配额的NTFS卷，这里采用E盘。选择“属性”命令，打开属性对话框，切换到“配额”选项卡。如图3-65所示，进行各项设置。

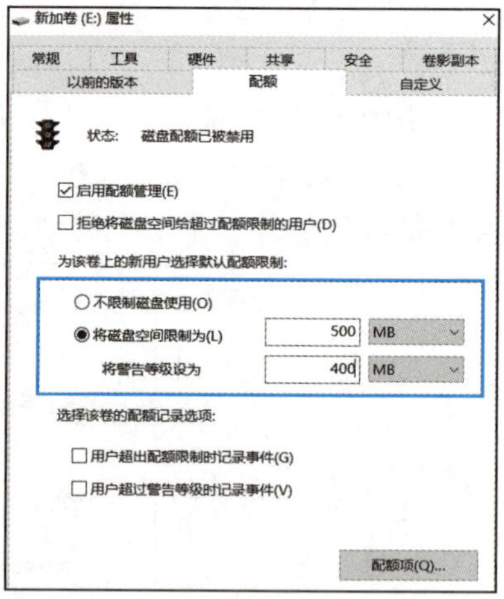

图3-65　“配额”界面

步骤2　选中“启用配额管理”复选框，启用配额功能。尽管启用磁盘配额功能，默认情况下并不限制磁盘使用。只有为卷上用户设置默认配额限制才能确定用户的超过限额行为。

步骤3　选中“将磁盘空间限制为”单选按钮，在右侧两个文本框中分别设置默认的配额限制和警告等级的磁盘占用空间。通常配额限制的值应大于警告等级的值。至于系统如何处置用户的超过限额行为，还需进一步设置。

步骤4　选中最下面的两个复选框，设置当用户使用空间超过警告等级或配额限制时，系统将记录此事件日志，便于管理员查看和监控。这两个行为并不足以阻止用户超限行为。如果严格限制用户使用，应选中上面的“拒绝将磁盘空间给超过配额限制的用户”复选框。

步骤5　单击“配额项”按钮打开图3-66所示的对话框。可检查该卷上的用户账户的磁盘使用状态、登录名、使用量、配额限制、警告等级等信息。

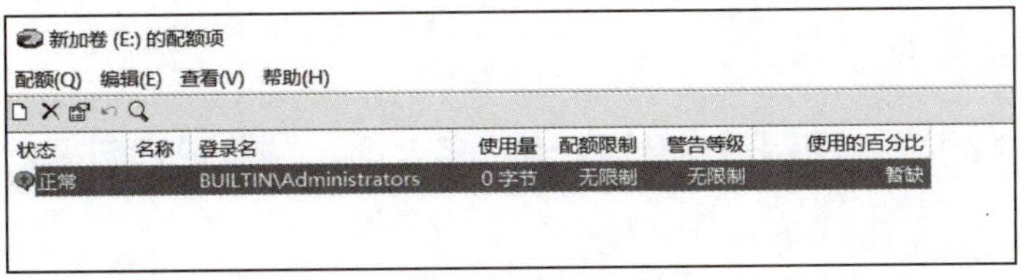

图3-66 “配额项”对话框

系统管理员和Administrators组成员不受默认配额限制影响。启用磁盘配额后，系统将自动建立并实时更新磁盘配额项目列表，并将所有文件拥有者当作新用户加入其中。此后警告等级和配额限制的更改仅仅影响新的用户，不会影响以前的用户，即以前用户的配额限制不变。至此所有用户仅接受默认配额限制，还可针对特定用户进一步设置磁盘配额。

步骤6 从菜单中选择“配额”→“新建配额项”命令，弹出“选择用户”对话框，在此需要输入一个或多个用户账户名称，也可通过查找来选取用户，如图3-67所示，这里选择user1用户。

步骤7 单击“确定”按钮弹出“user1(SERVER-1\user1)的配额设置”对话框，如图3-68所示，为选定用户单独设置磁盘配额限制和磁盘配额警告等级。

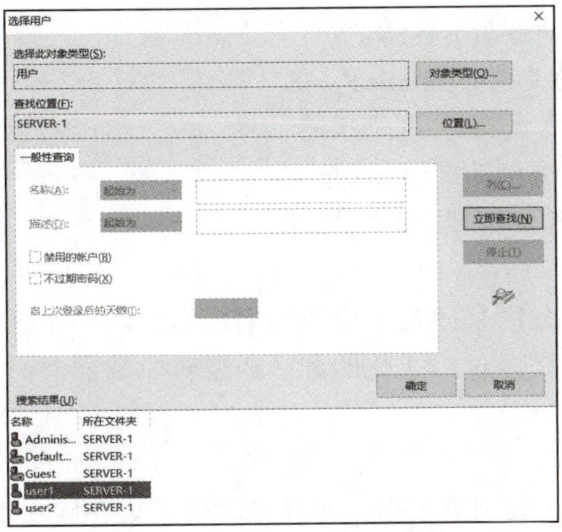

图3-67 “选择用户”界面

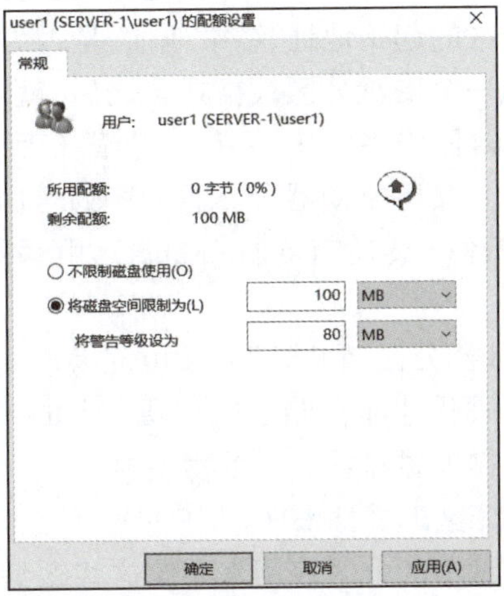

图3-68 为用户单独设置配额

步骤8 单击“确定”按钮回到配额项管理界面，新建的配额项生效，如图3-69所示。

步骤9 注销操作系统，利用user1用户进行登录，然后选择一个大于100 MB的文件拷贝到E盘，会弹出“目标文件夹访问被拒绝”对话框，如图3-70所示。

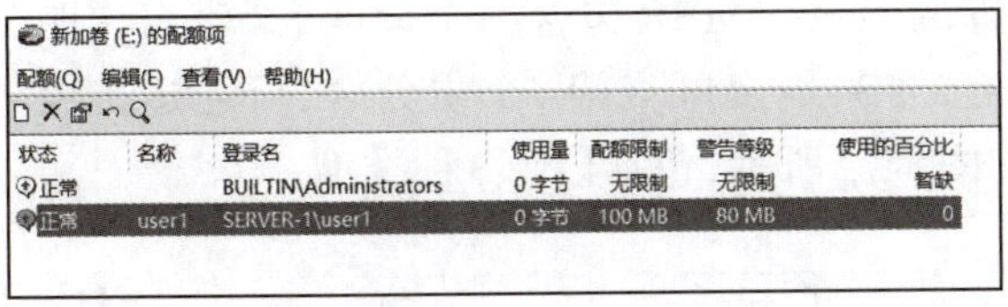

图3-69 完成磁盘配额设置

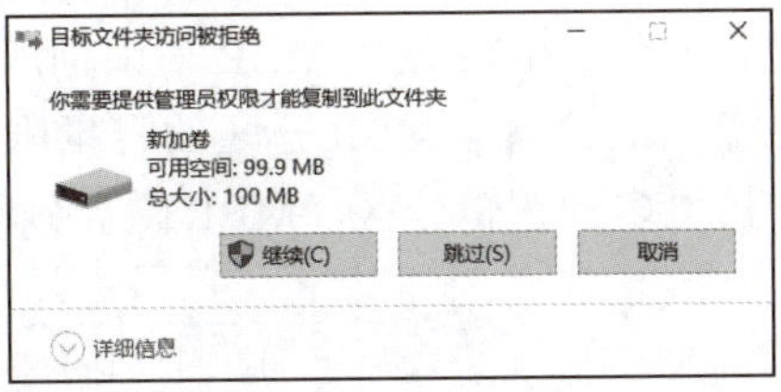

图3-70 访问被拒绝

3.5 项目知识准备——磁盘基础

磁盘是用来存储需要永久保存的数据，目前常见的磁盘包括硬盘、光盘、U盘、移动硬盘等。这里的磁盘主要指硬盘。注意Windows Server 2016并不限于磁盘存储，还包括范围更广的数据存储功能，如移动存储、远程存储。

磁盘管理基础

磁盘在系统中使用都必须先进行分区，然后建立文件系统，才可以存储数据。

1. 磁盘分区与卷

分区有助于更有效地使用磁盘空间。如图3-71所示，每一个分区在逻辑上都可以视为一个磁盘，每一个磁盘都可以划分若干分区。分区表用来存储这些磁盘分区的相关数据，如每个磁盘分区的起始地址、结束地址、是否为活动磁盘分区等。

当一个磁盘分区被格式化之后，就可称为卷(Volume)。在Windows操作系统中，每一个卷都有所谓的盘符(一般使用字母表示)，又称驱动器号。卷的序列号由系统自动产生，不能由手动修改。卷还有卷标(Label)，由系统默认生成，也可以自定义。

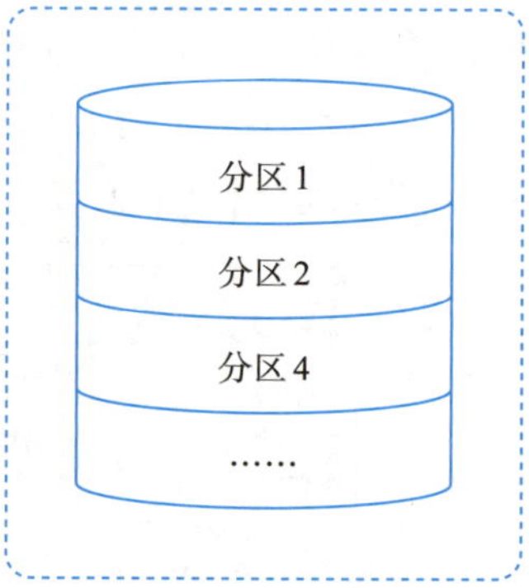

图3-71 磁盘分区

术语“分区”和“卷”通常可互换使用。分区是硬盘上由连续扇区组成的一个区域，需要进行格式化才能存储数据。硬盘上的“卷”是经过格式化的分区或逻辑驱动器。另外，还可将一个物理磁盘看成一个物理卷。

2. 分区形式：MBR与GPT

磁盘中的分区表用来存储这些磁盘分区的相关数据。一种是将分区表存储在主引导记录(MBR)内，另一种分区形式称为GUID分区表(GPT)。这两种分区形式有所不同，但与分区相关的配置管理任务差别并不大。为区分这两种分区形式的磁盘，通常将使用MBR分区形式的磁盘标记为MBR磁盘，而将使用GPT分区形式的磁盘标记为GPT磁盘。

(1)MBR

现有PC机架构采用主板BIOS加磁盘MBR分区的组合模式，操作系统通过BIOS与硬件进行通信，BIOS使用MBR来识别所配置的磁盘。MBR包含一个分区表，该表说明分区在磁盘中的位置。MBR分区的容量限制是2 TB，最多可支持4个主分区，可通过扩展分区来支持更多的逻辑分区。MBR磁盘分区如图3-72所示，包括以下3种类型。

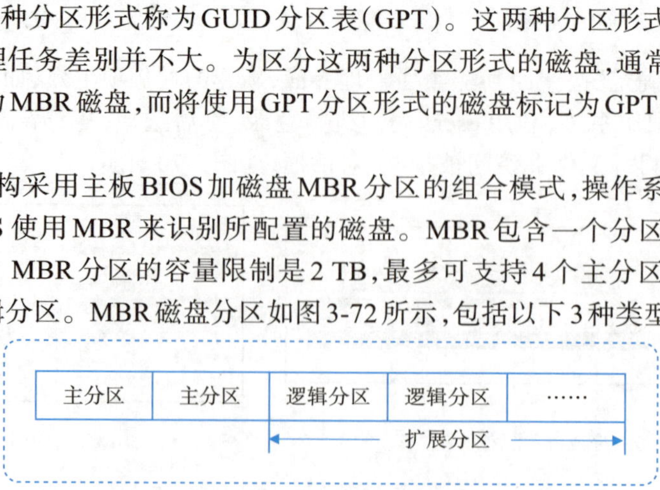

图3-72 MBR磁盘分区

- 主分区。可用来启动操作系统。每个磁盘最多可以分成4个主分区。
- 扩展分区。无法用来启动操作系统,也不能直接使用,必须在扩展分区上建立逻辑分区才能使用。每个磁盘上只能够有一个扩展分区,但扩展分区可包含多个逻辑分区。
- 逻辑分区。建立在扩展分区之上,操作系统可以直接使用,可以存储资源。

不管什么操作系统,能够直接使用的只有主分区和逻辑分区。

(2)GPT

随着主板集成技术的发展,硬盘容量突破2 TB,出现主板EFI(可扩展固件接口)加硬盘GPT分区的组合模式。EFI只是一个接口,位于操作系统与平台固件之间。GPT支持唯一的磁盘和分区ID(GUID),分区容量限制为18 EB,最多支持128个分区。GPT磁盘上至关重要的平台操作数据位于分区中,而不是像与MBR磁盘那样位于未分区或隐藏的扇区中。Windows Server 2016的所有版本都能使用GPT分区磁盘进行数据操作,但只有基于EFI主板的系统支持从GPT启动。

3. 基本磁盘与动态磁盘

Windows系统的磁盘可分为基本磁盘和动态磁盘两种类型。

(1)基本磁盘

基本磁盘是传统的磁盘系统,可以被早期版本Windows操作系统所使用的磁盘类型。Windows Server 2016安装时默认采用基本磁盘。基本磁盘的磁盘分区可分为主分区和扩展分区两类,如图3-73所示。

(2)动态磁盘

动态磁盘是对基本磁盘进行转换得到的。为与基本磁盘有所区分,在动态磁盘上使用“卷”(Volume)来取代“磁盘分区”这个术语。卷代表动态磁盘上的一块存储空间,可以看成一个逻辑盘,可以是一个物理硬盘的逻辑盘,也可以是多个硬盘或多个硬盘的部分空间组成的磁盘阵列,但它的使用方式与基本磁盘的主要磁盘分区相似,都可分配驱动器号,经格式化后存储数据,动态磁盘及其卷如图3-74所示。

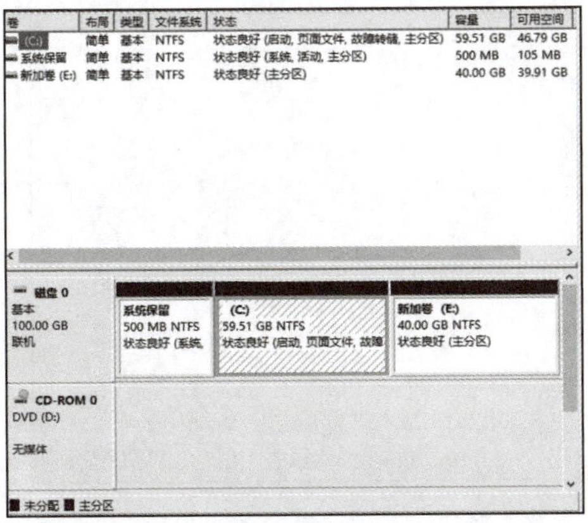

图3-73 基本磁盘及分区

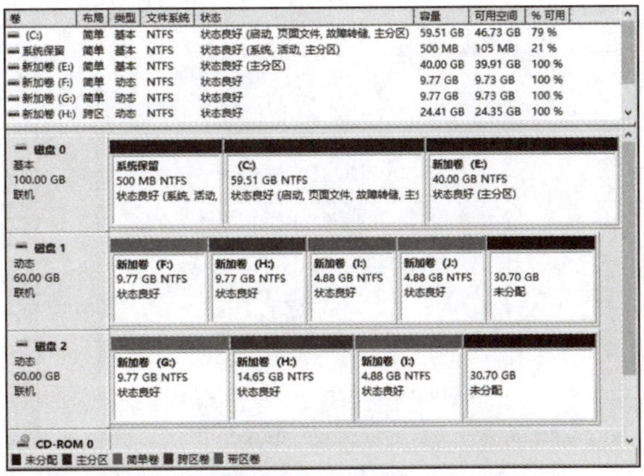

图3-74 动态磁盘及分区

动态磁盘具有以下特点:

- 卷数目不受限制。动态磁盘不使用分区表,可容纳若干卷,而且能提高容错能力。
- 可动态调整卷。在动态磁盘上建立、调整、删除卷,不须重新启动系统即能生效。
- 动态磁盘不能被其他操作系统(如Windows 2000以下版本、Linux等)访问。

对于Windows Server 2016来说，卷分为两种：一种是基本磁盘上的基本卷，另一种是动态磁盘上的动态卷。操作系统必须安装在基本卷上，之后基本卷可随基本磁盘转换而变成动态卷。

3.6 项目实施——磁盘配置和管理

任务3-6 配置基本磁盘

在基本磁盘用于存储任何文件之前，必须将其划分成分区（卷）。为实现兼容性，Windows Server 2016仍然支持基本磁盘，并将那些在早期版本中已分区或未分区的磁盘初始化为基本磁盘。基本磁盘内的每个主分区或逻辑分区又被称为“基本卷”。基本卷是可以被独立格式化的磁盘区域。当使用基本磁盘时，只能创建基本卷。

配置基本磁盘

1. 初始化磁盘

所有磁盘一开始都是带数据结构的基本磁盘。操作系统根据数据结构识别该磁盘。具体的数据结构取决于该磁盘分区形式是MRB还是GPT。在Windows Server 2016计算机中添加新磁盘时，必须先初始化磁盘。安装新磁盘后，系统会自动检测到新的磁盘，并且自动更新磁盘系统的状态，将其作为基本磁盘。

步骤1 打开虚拟机Windows Server 2016操作系统，选择VMware虚拟机的“虚拟机”下的“设置”选项，打开“虚拟机设置”对话框，如图3-75所示。

步骤2 单击“添加”按钮，选择“硬盘”，单击“下一步”按钮，如图3-76所示。

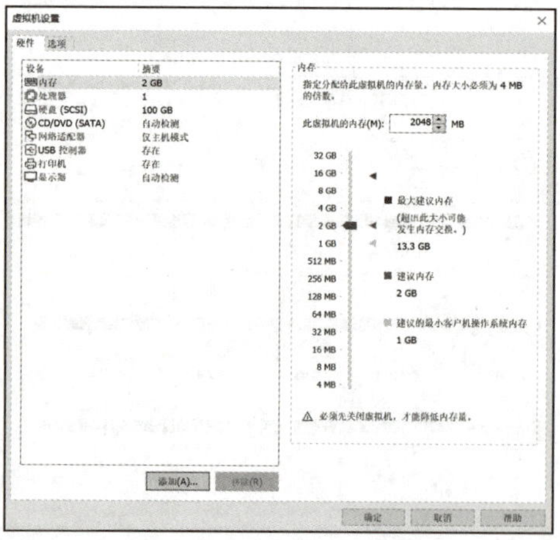

图3-75 “虚拟机设置”对话框

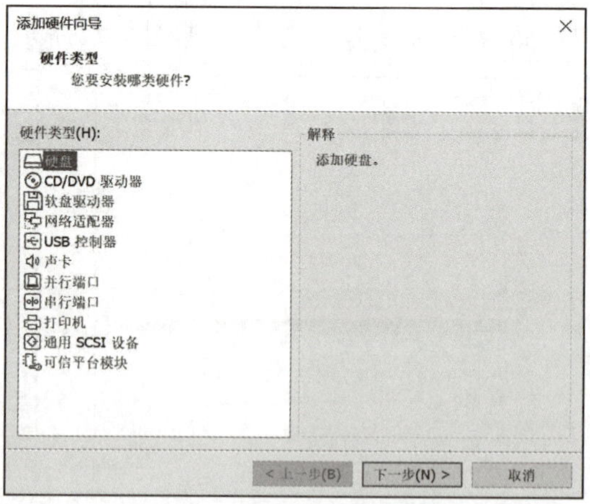

图3-76 “添加硬件向导”对话框

步骤3 选择磁盘类型，这里默认选择“SCSI”虚拟磁盘类型，如图3-77所示。然后单击“下一步”。

步骤4 进入“选择磁盘”对话框，磁盘有三种选择，这里选择“创建新虚拟磁盘”选项，如图3-78所示，然后单击“下一步”。

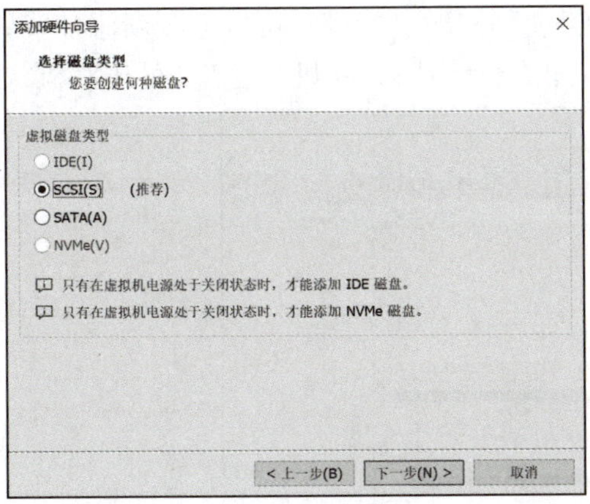

图3-77 “选择磁盘类型”对话框

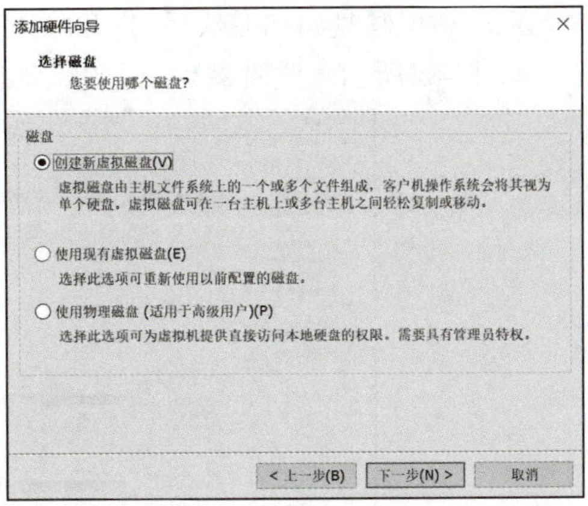

图3-78 “选择磁盘”对话框

步骤5 进入“指定磁盘容量”对话框，可以设置磁盘容量大小，选择“将虚拟磁盘拆分成多个文件”选项，如图3-79所示。然后单击“下一步”。

步骤6 进入“指定磁盘文件”对话框，选择生成虚拟磁盘的存放路径和虚拟磁盘名称，如图3-80所示，然后单击“完成”按钮。

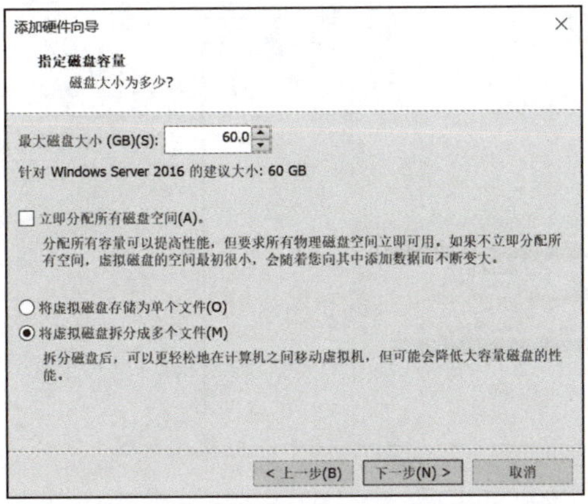

图3-79 “指定磁盘容量”对话框

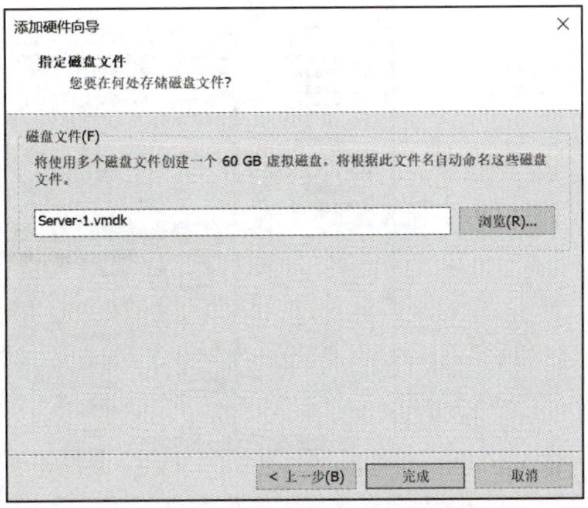

图3-80 “指定磁盘文件”对话框

步骤7 虚拟磁盘创建完成后，在“虚拟机设置”里可以看到一块新的硬盘，如图3-81所示。

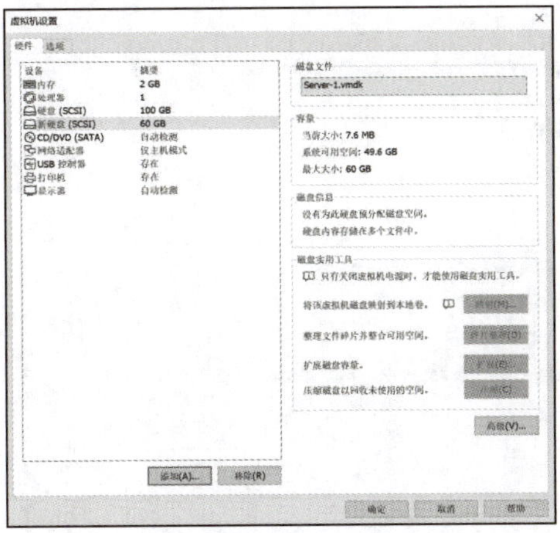

图3-81 成功添加新硬盘

步骤8 虚拟硬盘添加完成后，打开“计算机管理”→“磁盘管理”，可以看到新添加了一块磁盘1，如图3-82所示。此时磁盘1是脱机状态，右击“磁盘1”→“联机”，磁盘1处于联机状态。

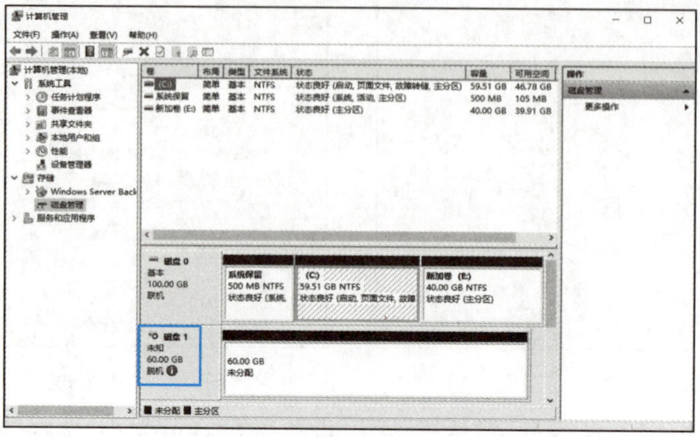

图3-82 “磁盘管理”窗口

步骤9 右击磁盘1，选择“初始化磁盘”，如图3-83所示。

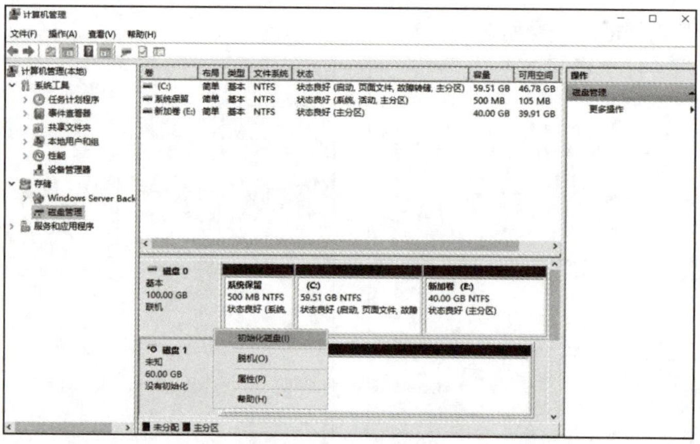

图3-83 选择初始化磁盘

步骤10 随后弹出“初始化磁盘”对话框，这里选择“MBR”选项，如图3-84所示。单击“确定”按钮。

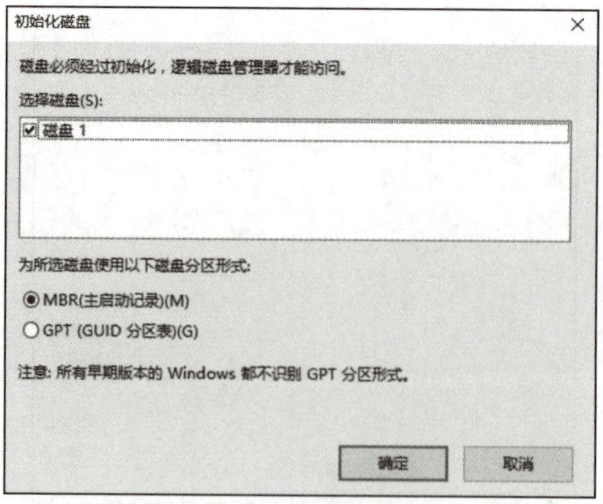

图3-84 “初始化磁盘”对话框

步骤11 新建的虚拟化磁盘初始化成功，如图3-85所示。

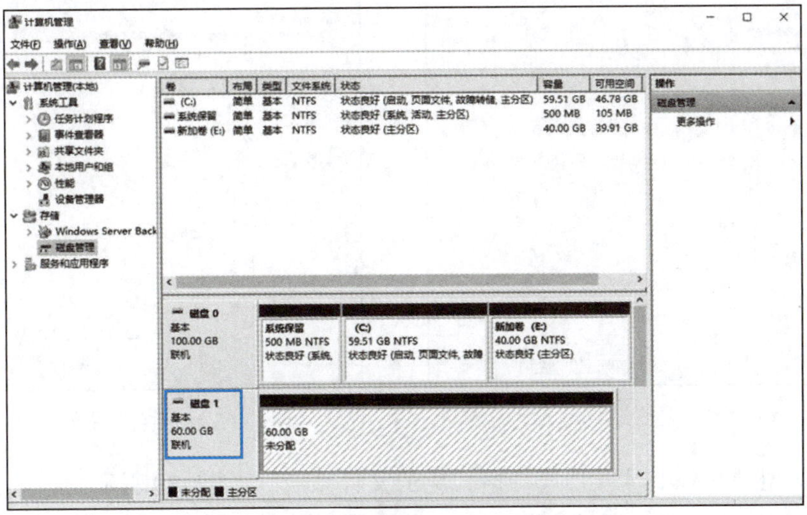

图3-85 磁盘初始化成功

2.磁盘分区管理

对于MBR磁盘来说，一个基本磁盘内最多可以有4个主分区，而对GTP磁盘来说，一个基本磁盘内最多可有128个主分区。

（1）创建主磁盘分区

步骤1 选择Windows Server 2016计算机的“服务器管理器”→“工具”→“计算机管理”→“磁盘管理”命令，在右侧的窗格中用鼠标右键单击“磁盘1”的未分配空间，选择“新建简单卷”命令，如图3-86所示。

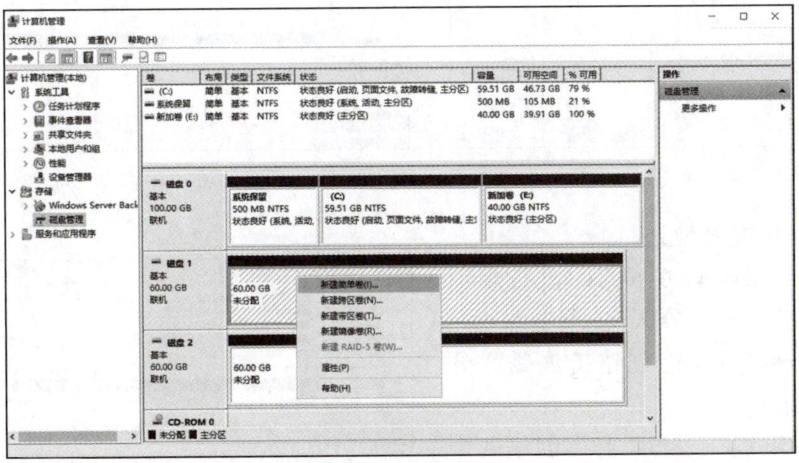

图3-86 新建简单卷

步骤2 打开“新建简单卷向导”对话框，单击“下一步”按钮，设置卷的大小为10 000 MB，如图3-87所示。

步骤3 单击“下一步”按钮，分配驱动器号，驱动器号一般默认选择，也可以进行更改，如图3-88所示。

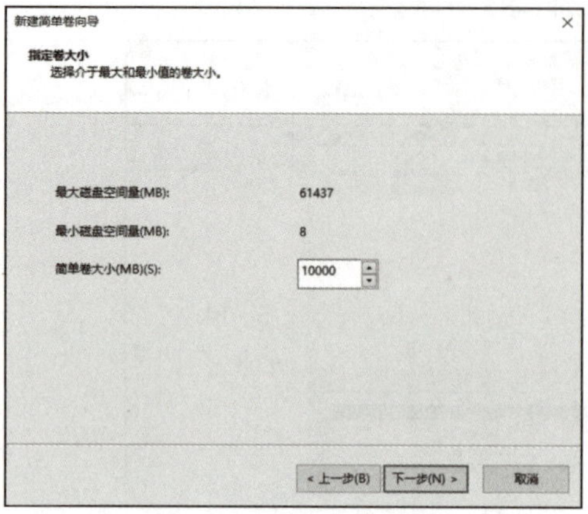

图 3-87 “指定卷大小”对话框

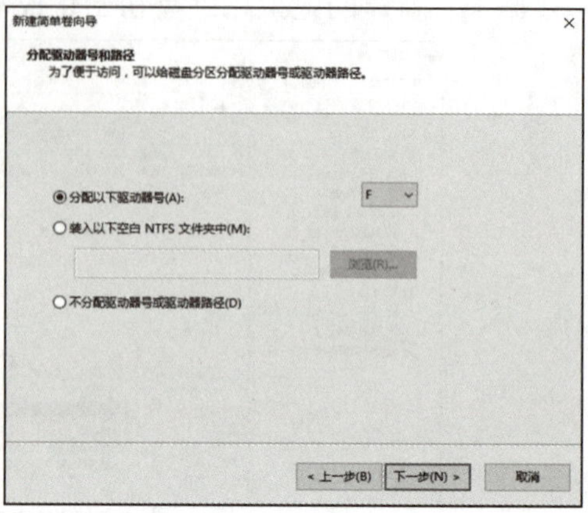

图 3-88 “分配驱动器号和路径”对话框

步骤 4 单击“下一步”按钮，选择格式化的文件系统，如图 3-89 所示。格式化结束，单击“完成”按钮，完成主磁盘分区的创建。本例划分给主磁盘分区 10 GB 的空间，其驱动器号为 F，如图 3-90 所示。

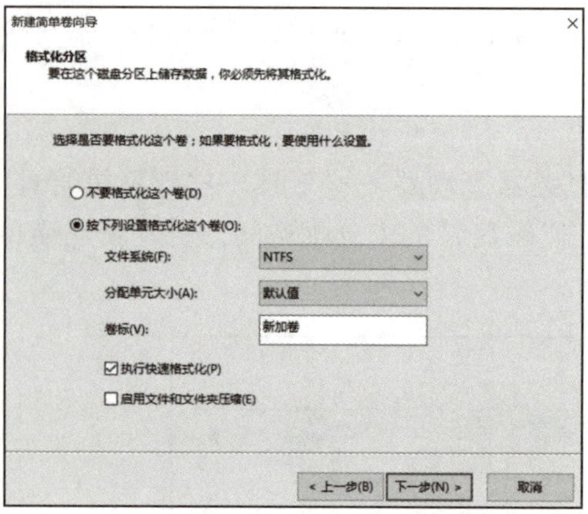

图 3-89 “格式化分区”对话框

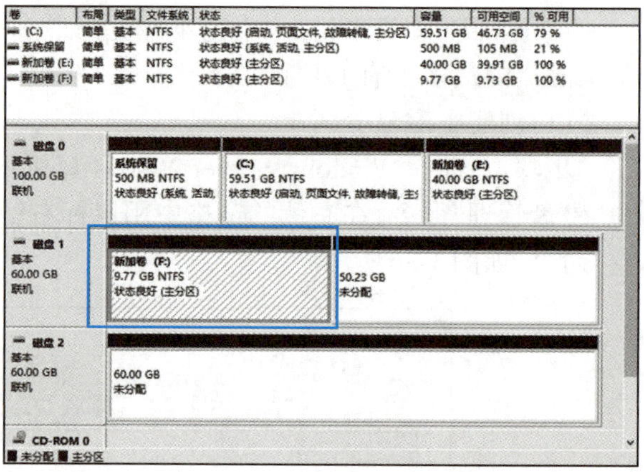

图 3-90 添加卷成功

(2)创建扩展磁盘分区。

Windows Server 2016 的磁盘管理不能直接创建扩展磁盘分区，必须先创建完 3 个主磁盘分区后才能创建扩展磁盘分区。步骤如下：

步骤 1 继续在磁盘 1 上再创建两个主磁盘分区，共创建了三个主分区，如图 3-91 所示。

步骤 2 完成 3 个主磁盘分区创建后，在该磁盘未分配空间上单击鼠标右键，在弹出的快捷菜单中选择“新建简单卷”命令，空间大小设置为 15 000 MB。

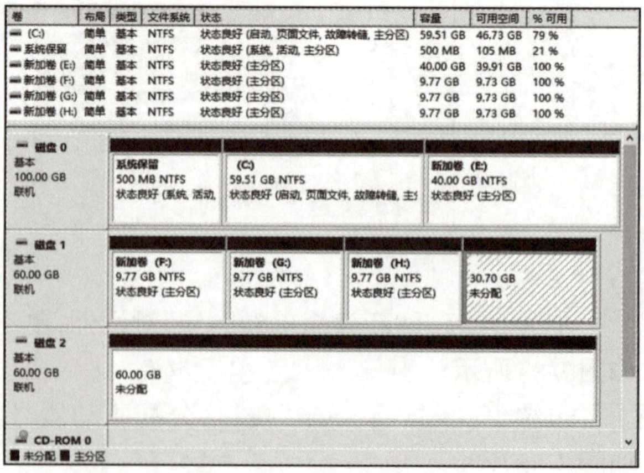

图 3-91 主分区创建完成

步骤3 后面的过程与创建主磁盘分区相似，不同的是当创建完成、显示“状态良好”的分区信息后，系统会自动将刚才这个分区设置为扩展磁盘分区的一个逻辑驱动器，如图3-92所示。

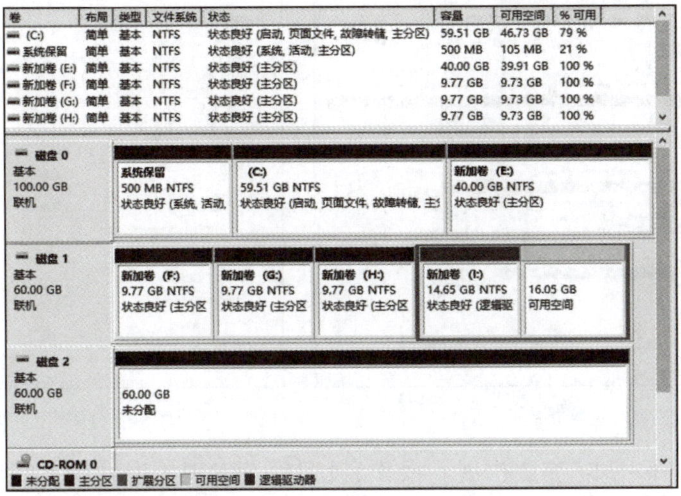

图3-92 三个主分区和一个扩展分区

(3)更改驱动器号和路径

步骤1 在“磁盘管理”窗口中，用鼠标右键单击目标驱动器H，在弹出的快捷菜单中选择“更改驱动器号和路径”命令，打开图3-93所示的对话框。

步骤2 单击“更改”按钮，可以更改驱动器号；单击“添加”按钮，可打开“添加驱动器号或路径”对话框，如图3-94所示。

步骤3 输入完成后，单击“确定”按钮。

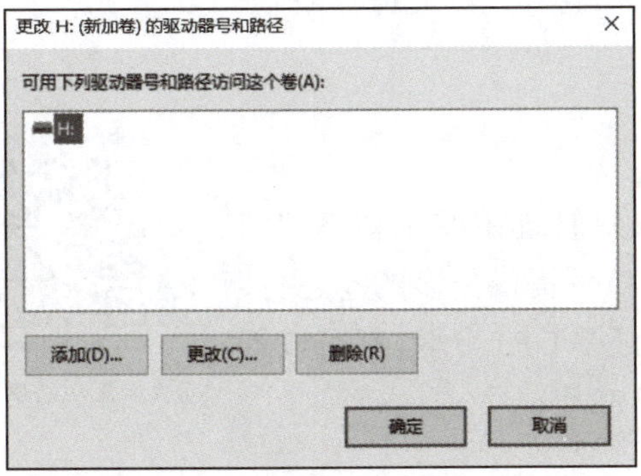

图3-93 更改驱动器号和路径

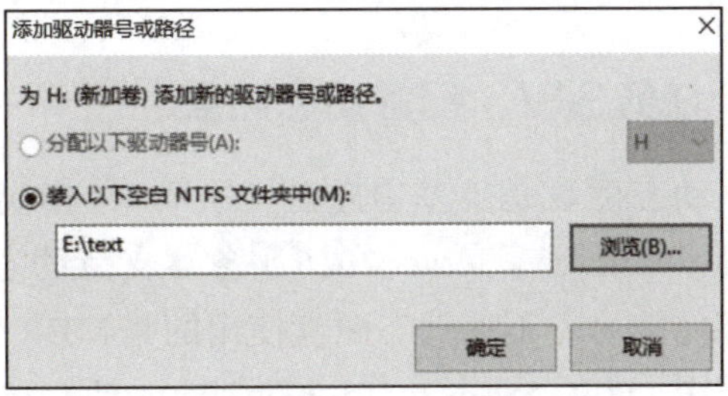

图3-94 添加驱动器号或路径

(4)扩展与压缩基本卷

可以根据需要扩展现有的基本卷，也就是将未分配的空间合并到基本卷内，以便扩大其容量。只有未格式化的或已格式化为NTFS的基本卷才可以被扩展，系统卷与启动卷无法扩展，新增加的空间必须是紧跟着该基本卷之后的未分配空间。

步骤1 在“磁盘管理”管理单元中右键单击需要扩展的卷，选择“扩展卷”命令打开相应的对话框，如图3-95所示，进入“扩展卷向导”页面，持续单击“下一步”按钮。

步骤2　选择需要扩展的空间，选择磁盘1中剩余的磁盘空间，这里设置大小为5 000 MB，也可以选择磁盘2的磁盘空间来扩展卷的大小，如图3-96所示。

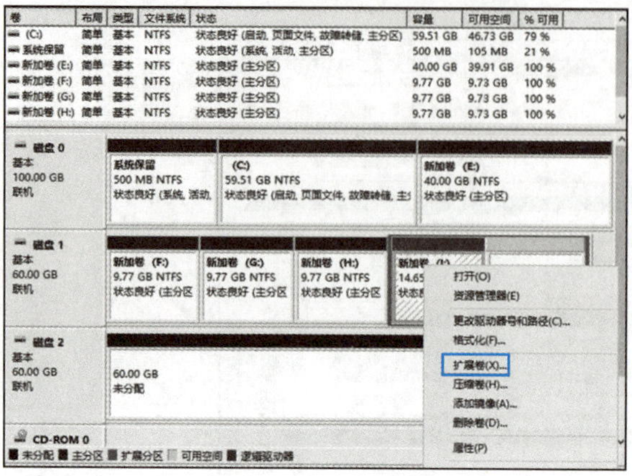

图3-95　选择扩展卷

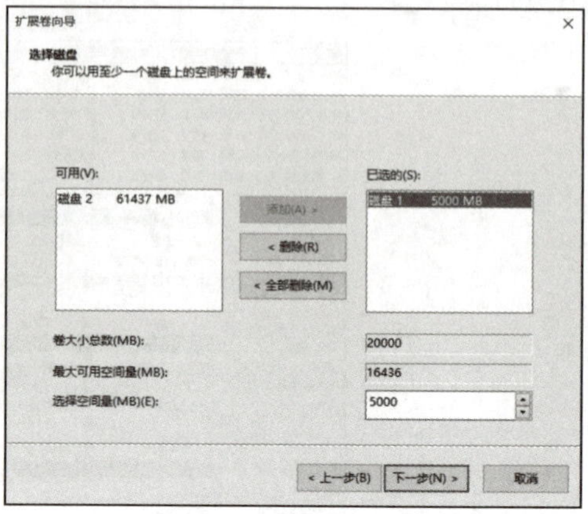

图3-96　扩展空间大小设置

步骤3　单击"下一步"完成扩展卷操作，设置后会发现扩展卷的空间增加了5 000 MB，如图3-97所示。

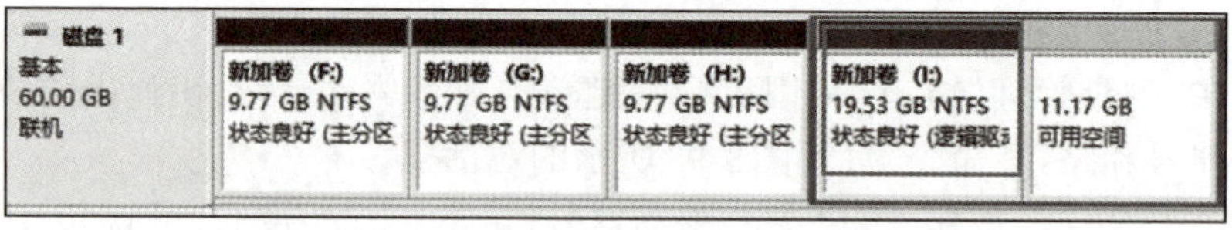

图3-97　扩展后的基本卷

压缩卷是指缩减卷空间，缩小原分区，从卷中未使用的剩余空间中划出一部分作为未分区空间。操作方法与扩展卷相似，只是要选择"压缩卷"命令（此操作略）。

任务3-7　配置动态磁盘

动态磁盘是由基本磁盘转换而来，相应的磁盘管理主要是动态卷的管理。Windows Server 2016服务器支持动态磁盘，可提供更多的卷、更大的存储能力。不论动态磁盘使用的是MBR分区还是GPT分区，都可以创建最多2 000个动态卷，但一般创建的动态卷少于32个。

配置动态磁盘

1. 动态卷及其类型

Windows Server 2016支持5种动态卷，具体说明如表3-2所示。如果需要对数据加以保护，对存储容量进行扩展，对磁盘存取性能进行提升，可考虑选择磁盘阵列（RAID）。磁盘阵列技术用来将一系列磁盘组合起来，以提高可用性、改善性能，从而比单个磁盘驱动器具有更高的速度、更好的稳定性和更大的存储能力。磁盘阵列技术是一种工业标准，根据不同的技术实现模式分为多个级别（Level），目前工业界公认的标准分别为RAID0~RAID5。Windows Server 2016的动态卷可以实现基于软件的磁盘阵列，简单卷和跨区卷不支持磁盘阵列，其他3种卷都对应一种标准的磁盘阵列。

表 3-2 动态卷类型

卷类型	说明	对应RAID技术
简单卷	简单卷与基本磁盘的分区类似，单个物理磁盘上的卷，可以由磁盘上的单个区域或同一磁盘上连接在一起的多个区域组成，可以在同一磁盘内扩展简单卷	无
跨区卷	跨区卷可以将多个磁盘上的未分配空间合成一个逻辑卷；适用于多个硬盘，需要动态扩大存储容量的场合	简单磁盘捆绑
带区卷	将多个磁盘上容量相同的空间组合成一个卷，写入时将数据分成64 KB大小相同的数据块，同时写入卷的每个成员磁盘的空间上。带区卷不能被扩展或镜像，并且没有容错能力	RAID 0
镜像卷	将两个磁盘上相同尺寸的空间建立为镜像，有容错功能，但空间利用率只有50%，实现成本相对较高	RAID 1
带奇偶校验的带区卷	每个独立磁盘进行条带化分割，检验数据平均分布在每块磁盘上，容错性能好，需要3个及以上的磁盘	RAID 5

2. 将基本磁盘转换为动态磁盘

要使用动态卷，首先必须建立动态磁盘。默认情况下，Windows Server 2016将所有硬盘都视为基本磁盘，这就需要将基本磁盘转换为动态磁盘，不过需要注意以下两点。

- 将基本磁盘转换为动态磁盘以整个物理磁盘为单位，不能只转换其中一个分区。
- 将基本磁盘转换为动态磁盘不会影响原有数据，但是不能轻易地将动态硬盘再转回基本磁盘，除非删除整个磁盘上的所有卷。

步骤1 打开“磁盘管理”管理单元，右键单击要转换的磁盘，选择“转换为动态磁盘”命令，打开图3-98所示的对话框。

步骤2 从列表中选择要转换的基本磁盘，这里选中“磁盘1”与“磁盘2”，单击“确定”按钮。

步骤3 出现“要转换的磁盘”对话框，单击“详细信息”按钮可查看某磁盘的具体卷信息，如图3-99所示。

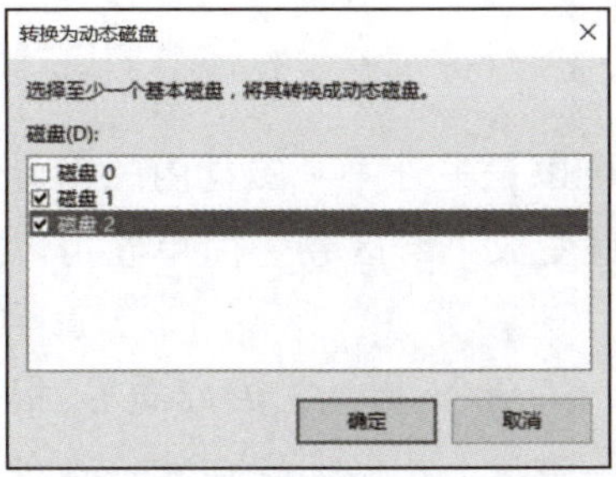

图3-98 选择要转换的磁盘

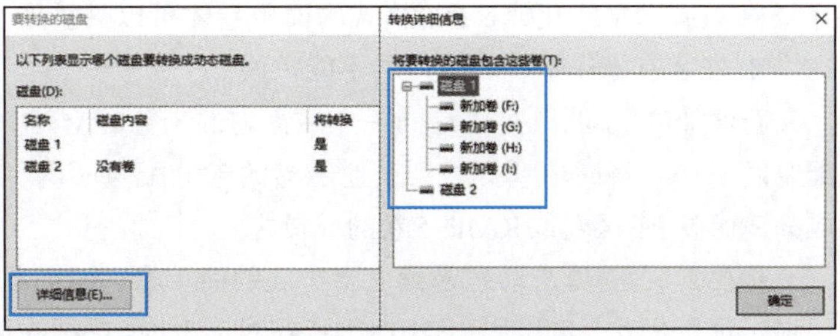

图3-99 需要转换的磁盘内容

步骤4 单击“确定”按钮，弹出警告对话框，单击“是”按钮开始执行转换。转换完毕，该磁盘上的状态标识由“基本”变为“动态”；如果原基本磁盘包含分区或逻辑驱动器，都将变为简单卷，如图3-100所示。

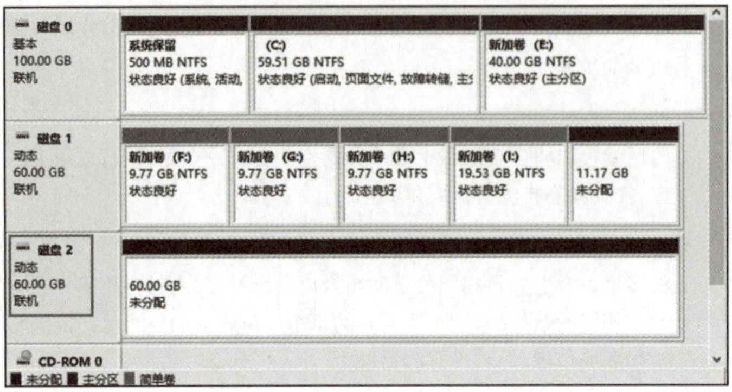

图3-100 转换成功后的动态磁盘

一旦转换为动态磁盘后，就无法直接再将其转换回到基本磁盘，除非删除动态磁盘内的所有扇区。也就是说，只有空的磁盘才可以转换回到基本磁盘。

3. 创建和管理简单卷

简单卷是动态磁盘中的基本单位，它的地位与基本磁盘中的主磁盘分区相当。可以从一个动态磁盘内选择未分配空间来创建简单卷，并且在必要的时候可以将此简单卷扩大。

步骤1 利用同一物理磁盘上的空闲空间创建简单卷。打开“磁盘管理”管理单元，右键单击动态磁盘上未分配空间，选择“新建简单卷”命令启动相应的向导，根据提示执行简单卷大小定义、驱动器号和路径指定、文件系统选择、格式化等操作，过程与前面创建主分区和扩展分区过程类似。图3-101所示为磁盘2创建了两个简单卷。

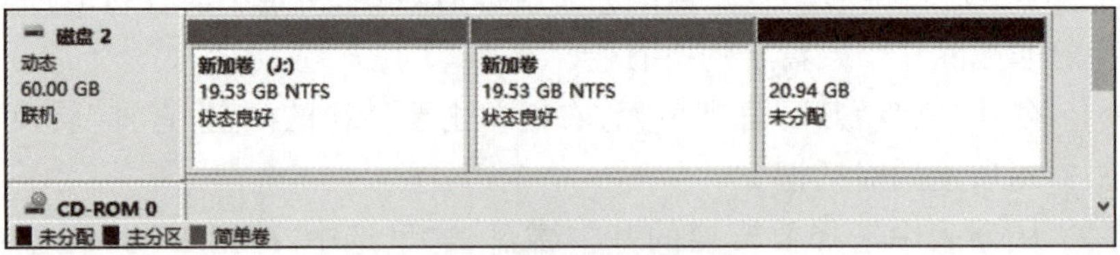

图3-101 创建两个简单卷

可以将未分配空间合并到简单卷中，也就是扩展简单卷的空间，以便扩大其容量。扩展简单卷必须注意以下问题。

- 只有未格式化或NTFS格式的简单卷才可以被扩展。
- 安装有操作系统的简单卷不能扩展。

新增加的空间，既可以是同一个磁盘内的未分配空间，也可以是另外一个磁盘内的未分配空间。一旦将简单卷护展到其他磁盘的未分配空间内，它就变成了跨区卷。简单卷可以成为镜像卷、带区卷或RAID-5卷的成员之一。

步骤2 右键单击动态磁盘上要扩展的简单卷，选择“扩展卷”命令，启动扩展卷向导，根据提示进行操作，当出现图3-102所示的对话框时，选择在同一磁盘上扩展还是在另一磁盘上扩展，这里还是选择同一磁盘1。

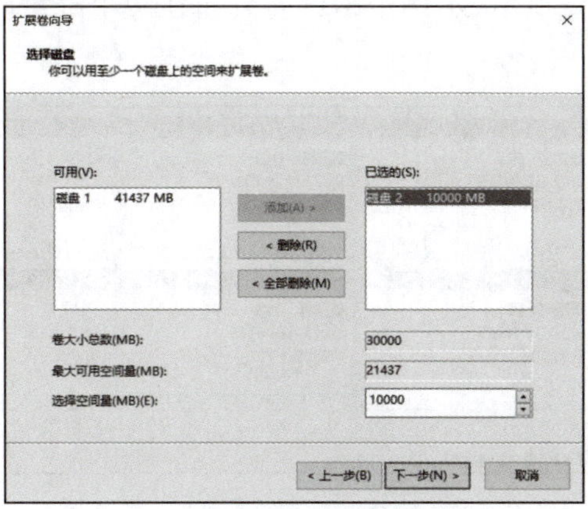

图3-102 选择扩展对象及空间大小

步骤3 扩展完成后，查看需要扩展的卷，会发现卷空间变大了，如图3-103所示。

图3-103 卷K空间扩展成功

4. 创建和管理跨区卷

跨区卷是指多个位于不同磁盘的未分配空间所组合成的一个逻辑卷。可将多个磁盘内的多个未分配空间合并成一个跨区卷，并赋予一个共同的驱动器号。跨区卷具有以下特性。

- 跨区卷必须由两个或两个以上物理磁盘上的存储空间组成。
- 组成跨区卷的每个成员，其容量大小可以不相同。
- 组成跨区卷的成员中，不可以包含系统卷与活动卷。
- 将数据存储到跨区卷时，是先存储到其成员中的第1个磁盘内，待其空间用尽时，才会将数据存储到第2个磁盘，以此类推，所以它不具备提高磁盘访问效率的功能。
- 跨区卷被视为一个整体，无法独立使用其中任何一个成员，除非将整个跨区卷删除。

步骤1 打开“磁盘管理”管理单元，右键单击要组成跨区卷的任一未分配空间，选择“新建跨区卷”命令启动相应的向导，根据提示执行卷成员（这里选择磁盘1和磁盘2，跨区卷分配的空间大小分别是10 GB和15 GB），如图3-104所示。

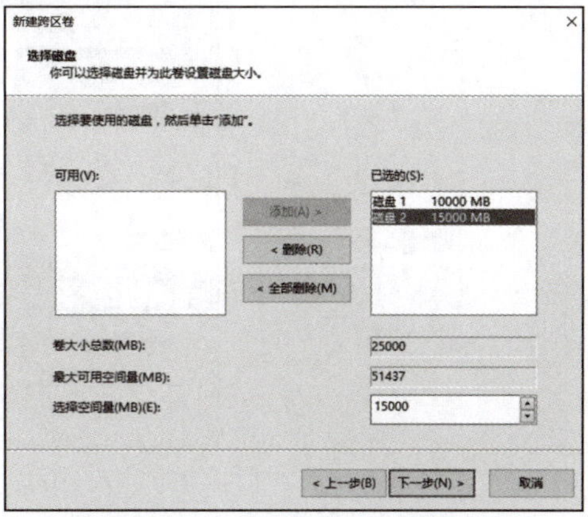

图3-104 选择磁盘并指定卷大小

步骤2 单击"下一步"后，进行分配驱动器号和路径指定、卷区格式化等操作即可。操作成功的跨区卷如图3-105所示，示例中跨区卷分布在两个磁盘内，总空间为25 GB，使用同一驱动器号。

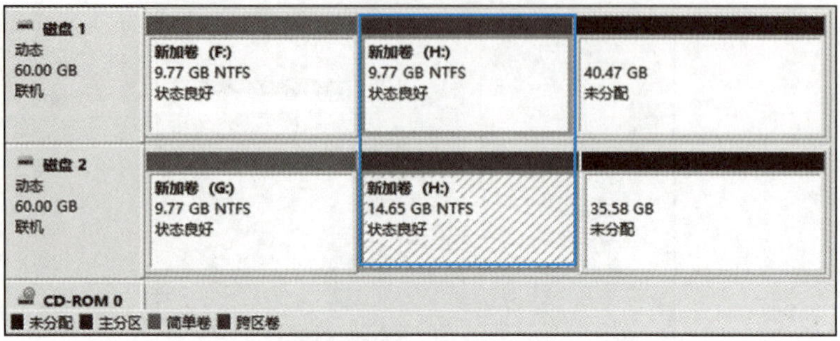

图3-105 跨区卷示例

步骤3 可以将未分配空间合并到跨区卷中，也就是扩展跨区卷的空间，以便扩大其容量。只有NTFS格式的跨区卷才可以被扩展。扩展跨区卷的步骤同简单卷。还可以通过压缩卷来缩小跨区卷的空间（此操作略）。

5. 创建和管理带区卷（RAID 0阵列）

在Windows Server 2016上创建带区卷，实际上就是建立一个高性能的软件RAID 0阵列。与跨区卷类似，带区卷是指多个分别位于不同磁盘的未分配空间所组合成的一个逻辑卷，赋予其共同的驱动器号。如果没有未分配空间，可以通过删除现有的卷来产生。与跨区卷不同的是，带区卷的每个成员其容量大小是相同的，并且数据写入时是以64 KB为单位平均地写到每个磁盘内。带区卷使用RAID 0技术，单纯就效率来讲，它是工作效率最高的动态卷类型。创建带区卷至少需要两个磁盘有未分配空间，可通过压缩卷来腾出未分配空间。

步骤1 打开"磁盘管理"管理单元，右键单击要组成带区卷的磁盘中任一未分配空间，选择"新建带区卷"命令启动相应的向导，根据提示执行卷成员（这里选择磁盘1和磁盘2，带区卷分配的空间都是5 GB），如图3-106所示。

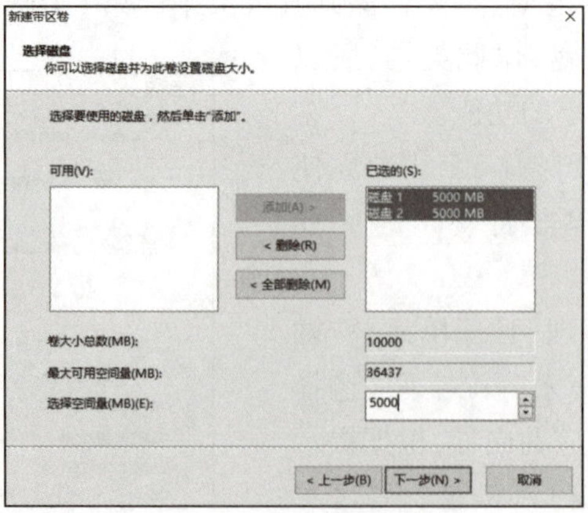

图3-106 选择磁盘并指定卷大小

步骤2 单击"下一步"，分配驱动器号和路径指定、卷区格式化等操作即可。操作成功的带区卷如图3-107所示，示例中带区卷分布在两个磁盘内，总空间10 GB正好是卷成员空间的两倍，使用同一驱动器号。

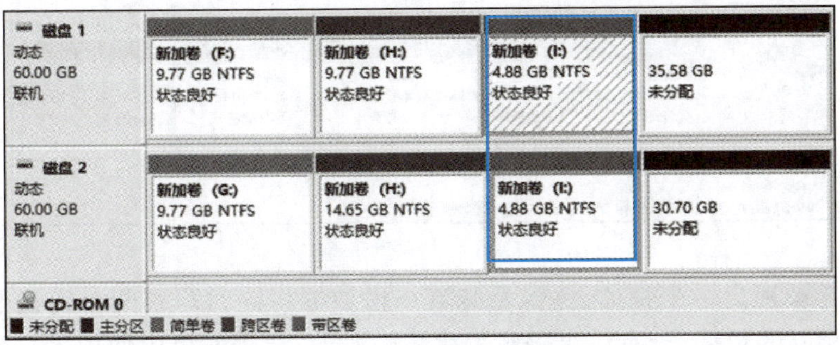

图3-107 带区卷示例

步骤3 带区卷只能整个被删除，不能分割，也不能再扩大。不过删除带区卷将删除该卷包含的所有数据以及组成该卷的分区。要删除带区卷，右键单击要删除的带区卷，然后选择"删除卷"命令即可（此操作略）。

6. 创建和管理镜像卷（RAID 1阵列）

在Windows Server 2016中创建镜像卷，实际上就是建立一个支持数据冗余的RAID 1阵列。每个镜像卷需要两个动态磁盘，既可将两个动态磁盘上的未分配空间组成一个镜像卷，又可将一个动态磁盘上的简单卷与另一个动态磁盘上的未分配空间组成一个镜像卷，然后给予一个逻辑驱动器号。下面利用两个动态磁盘的未分配空间创建一个镜像卷。

步骤1 需右键单击任意一个未分配空间，选择"新建镜像卷"命令启动相应的向导，选择两个成员磁盘及其卷空间（这里选择磁盘1和磁盘2，带区卷分配的空间都是5 GB）。如图3-108所示。

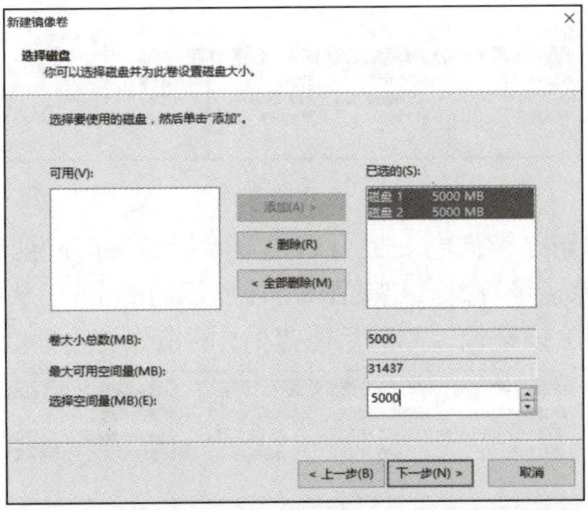

图3-108 选择磁盘并指定卷大小

步骤2 单击"下一步"，分配驱动器号和路径指定、卷区格式化等操作即可。操作成功的镜像卷如图3-109所示，示例中镜像卷分布在两个磁盘内，总空间为10 GB，使用同一驱动器号。

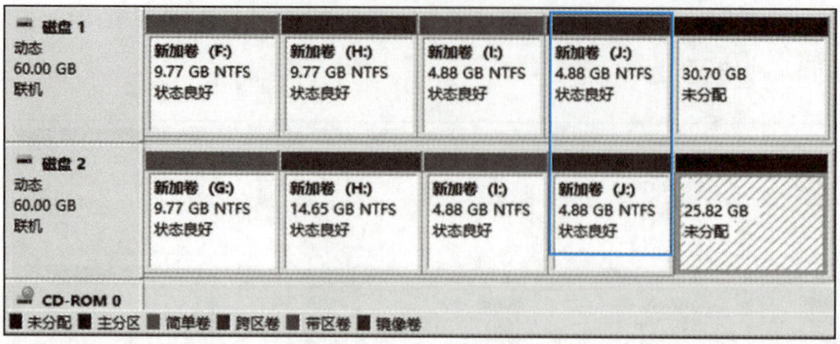

图3-109　镜像卷示例

整个镜像卷被视为一个整体,镜像意味着一份数据将同时写到两个磁盘上。两个成员内将存储完全相同的数据,当有一个磁盘发生故障时,系统仍然可以使用另一个正常磁盘内的数据,因此具备容错的能力。镜像卷比较实用,在实际应用中可根据需要对镜像卷实现进一步管理。

步骤3　中断镜像卷。要强制解除两个磁盘的镜像关系,执行中断镜像操作,将镜像卷分成两个卷。右键单击镜像卷,选择"中断镜像卷"命令,如图3-110所示。弹出对话框提示"如果中断镜像卷,数据将不再有容错性。要继续吗?",单击"是"按钮,则组成镜像的两个成员自动改为简单卷(不再具备容错能力),其中的数据也被分别保留,磁盘驱动器号也会自动更改,列在前面的卷的驱动器号维持原镜像卷的代号,列在后面的卷的驱动器号自动取用下一个可用的驱动器号。

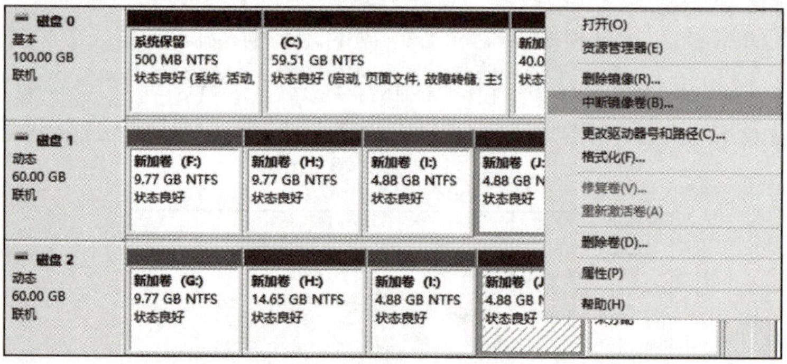

图3-110　中断镜像卷

步骤4　删除镜像与删除镜像卷。也可通过删除镜像来解除两个磁盘的镜像关系。右键单击镜像卷,选择"删除镜像"命令,出现图3-111所示的对话框,从中选择一个磁盘2,单击"删除镜像"按钮,即可删除该镜像。删除后磁盘1上的镜像卷自动变成了简单卷。

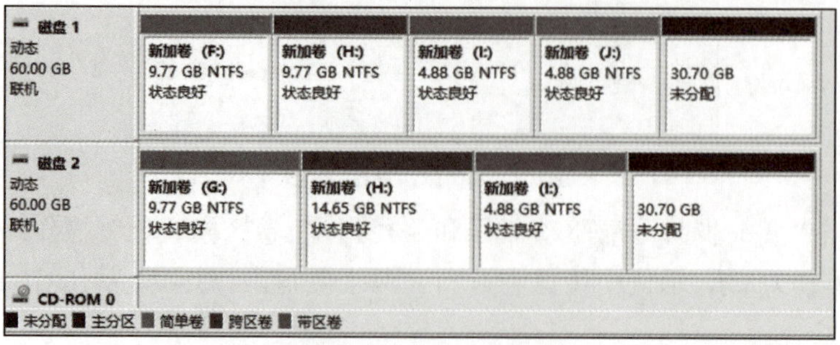

图3-111　删除镜像卷

7. 创建和管理RIAD-5卷（RAID 5阵列）

用Windows Server 2016实现RAID-5卷（相当于RAID 5阵列），至少需要用3块硬盘，最多可支持32个硬盘。必须用多个动态磁盘上的未分配空间来组成一个RAID-5卷。系统默认以未分配空间最小的容量为单位，然后从所选的动态磁盘中分别取用该容量的未分配空间，来组成一个完整的RIAD-5卷。当然也可自定义最小单位。整个RAID-5卷被视为一个整体，不能将其中任何一个成员独立出来使用。只有将整个RAID-5卷删除，才能还原每个成员，不过，这样一来RAID-5卷上所有的数据都将丢失。

步骤1 准备三块动态磁盘，已经有磁盘1和磁盘2，在虚拟机上再添加虚拟磁盘3，添加成功后如图3-112所示。

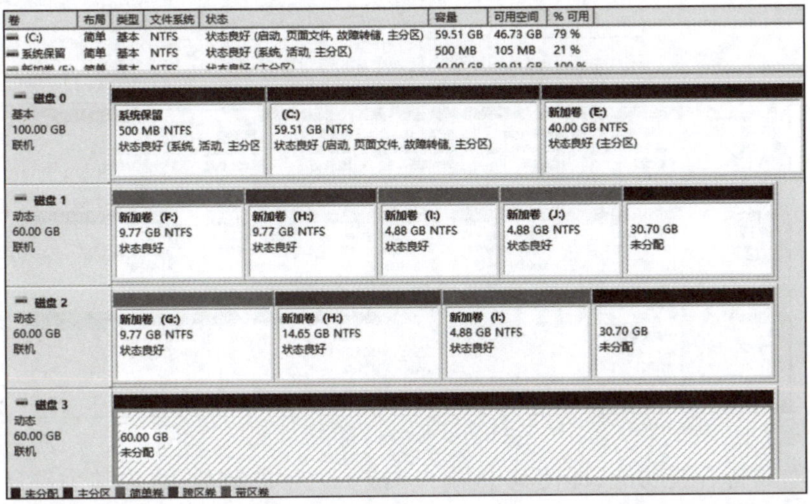

图3-112 三个动态磁盘

步骤2 创建RAID-5卷，右击磁盘3，选择“新建RAID-5卷”选项，如图3-113所示。

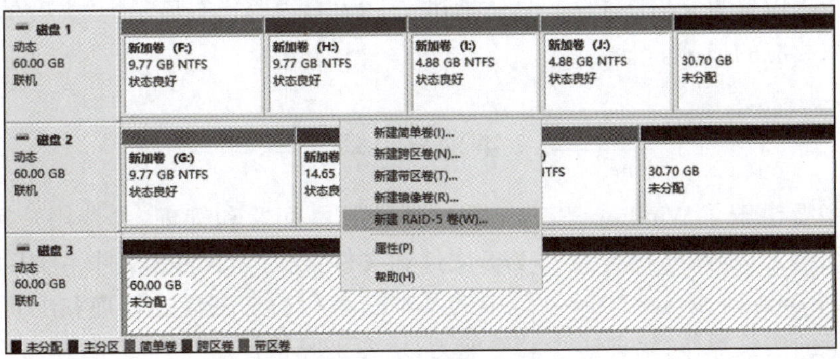

图3-113 新建RAID-5卷

步骤3 打开新建RAID-5卷向导，选择三个成员磁盘及其卷空间（这里选择磁盘1、磁盘2和磁盘3，空间都是10 GB）。如图3-114所示。

步骤4 单击“下一步”，分配驱动器号和路径指定、卷区格式化等操作即可。如图3-115所示，示例中RAID-5卷分布在三个磁盘内，总空间30 GB，使用同一驱动器号。

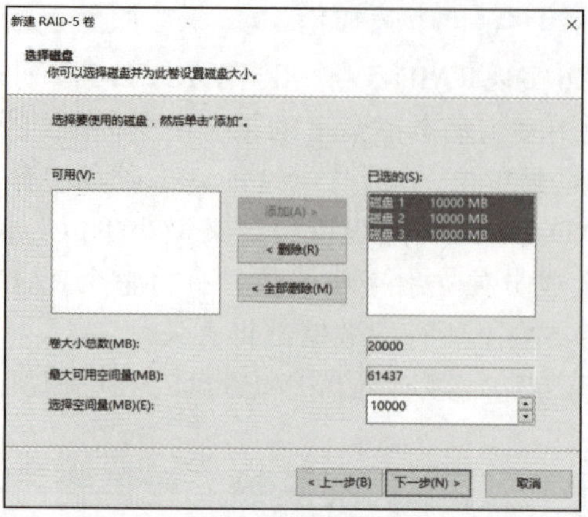

图3-114　选择磁盘和指定卷大小

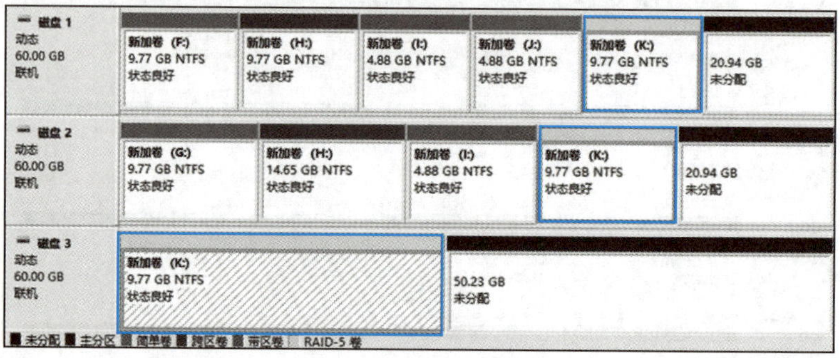

图3-115　RAID-5卷示例

RAID-5卷具备容错功能，即使其中某一个成员发生严重故障(如整个硬盘故障)，系统还是能够正常运行的，仍然可以继续使用其余的联机磁盘访问该卷，只是不再具备容错功能。但是，如果再有其他成员磁盘出现故障，该卷及其数据将丢失，通过RAID-5卷的其他成员重新生成数据以修复RAID-5卷。具体地讲，当RAID-5卷状态显示为"失败的重复"时，应根据情况采取相应的措施。

本项目小结

本项目主要讲解了Windows Server 2016系统基本配置和管理、本地用户和组的概念、域账户和域组概念、隐藏账户含义、NTFS文件和文件夹权限、NTFS文件系统压缩、NTFS文件系统加密、Windows Server 2016系统中的基本磁盘和动态磁盘的管理和配置等内容。本项目涉及大量的实验操作，培养学生动手能力，培育工匠精神。

本项目练习

一、选择题

1. 下列(　　)账户名不是合法的账户名。

A. abc_234　　B. Linux book　　C. zhangsan*　　D. addeofHELP

2. 小李是公司的网络管理员，公司的计算机处于单域中，他使用的操作系统为Windows

Server 2016,由于计算机中有非常重要的资料,因此他想给操作系统设置一个安全的密码。下面(　　)是比较安全的密码。

A. 159131869046　　B. cb^9L2i　　C. dfjkdjflksjdf　　D. zhangsan123

3.下列对用户组的叙述正确的是(　　)。

A. 组是用户的最高管理单位,它可以限制用户的登录

B. 组是用来代表具有相同性质用户的集合

C. 组是用来逐一给每个用户授予使用权限的方法

D. 组是用户的集合,它不可以包含组

4.下面用户不是内置本地域组成员的是(　　)。

A. Account Operator　　B. Administrator

C. Domain Admins　　D. Backup Operators

5.某企业销售部有一台 Windows Server 2016 计算机,其中有一个存储客户信息的文件夹 CUSTOMER。用户 WANG 是 SALES 组和 USERS 组的成员,它们对 CUSTOMER 文件夹的权限如下表所示。

用户或组	NTFS权限	共享权限
WANG用户	完全控制	修改
SALES组	修改	读取
USERS组	读取	-

请问,用户 WANG 从本地访问 CUSTOMER 拥有什么样的权限?(　　)

A. 读取　　B. 修改　　C.完全控制　　D. 拒绝访问

6.公司来了新员工,管理员希望这些员工通过 VPN 接入总公司,管理员创建了新用户账户,并将总部的共享资源的"允许读取"和"允许执行"权限授予新员工,但新员工无法访问总部的共享资源,则管理员怎么做?(　　)

A. 授予新员工"允许完全控制"权限

B. 授予新员工"允许访问拨号"权限

C. 将新员工添加到 Remote Desktop Users 安全组

D. 将新员工添加到 Windows Authorization Access 安全组

7.公司有一个 Active Directory 域。有个用户试图从客户端计算机登录到域,但是收到以下消息:"此用户账户已过期。请管理员重新激活该账户"。你需要确保该用户能够登录到域。你该怎么做?(　　)

A.修改该用户账户的属性,将该账户设置为永不过期

B.修改该用户账户的属性,延长"登录时间"设置

C.修改该用户账户的属性,将密码设置为永不过期

D.修改默认域策略,缩短账户锁定持续时间

8.公司有一个总部和 10 个分部。每个分部有一个 Active Directory 站点,其中包含一个域控制器。只有总部的域控制器被配置为全局编录服务器。你需要在分部域控制器上停用"通用组成员身份缓存"(UGMC)选项。应在(　　)中停用 UGMC。

A.站点　　B.服务器　　C.域　　D.连接对象

9. 在设置域账户属性时，(　　)项目是不能被设置的。

A. 账户登录时间　　B. 账户的个人信息

C. 账户的权限　　D. 指定账户登录域的计算机

10. 在系统缺省情况下，下列哪个组的成员可以创建本地用户账号(　　)。

A. Power Users　　B. Users

C. Backup Operators　　D. Guests

11. 要设置隐藏共享，需要在共享名的后面加(　　)符号。

A. @　　B. #　　C. !　　D. $

12. 如果将文件夹"NCIE"从一个NTFS分区移动到另一个NTFS分区，该文件夹的NTFS权限会如何变化？(　　)

A. 保留原有NTFS权限　　B. 继承新位置的NTFS权限

C. Everyone组具有完全控制权限　　D. 失去所有NTFS权限

13. 当一个账户通过网络访问一个共享文件夹，而这个文件夹又在一个NTFS分区上，那么该用户最终得到的权限是(　　)。

A. 它对该文件夹的共享权限和NTFS权限中最严格的权限

B. 它对该文件夹的共享权限和NTFS权限的累加权限

C. 它对该文件夹的NTFS权限

D. 它对该文件夹的共享权限

14. 下列不属于共享权限的是(　　)。

A. 完全控制　　B. 加密　　C. 更改　　D. 读取

15. 如果希望Windows Server 2016的服务器提供资源共享，必须安装(　　)。

A. 服务器　　B. 网络服务　　C. 协议服务　　D. 协议组件

16. 要启用磁盘配额管理，Windows Server 2016磁盘必须(　　)。

A. 使用FAT16或FAT32文件系统

B. 只使用NTFS文件系统

C. 使用NTFS或FAT32文件系统

D. 只使用FAT32文件系统

17. 在Windows Server 2016中，组group1对文件file的NTFS权限为读取，组group2对文件file的NTFS权限为拒绝访问，此外没有进行其他设置。用户user2同时属于组group1和group2，那么他对file具有(　　)NTFS权限。

A. 只读　　B. 完全控制　　C. 拒绝访问　　D. 读取和写入

18. 如果用户希望对数据进行容错，并保证较高的磁盘利用率，他应将硬盘规划为(　　)。

A. 镜像卷　　B. 带区卷　　C. 跨区卷　　D. RAID-5卷

19. 磁盘配额可以在下列哪个文件系统中使用(　　)。

A. ext2　　B. FAT16　　C. NTFS　　D. FAT32

20. 一个MBR磁盘最多可以建立(　　)个主磁盘分区。

A. 2　　B. 3　　C. 4　　D. 5

21. 如果想要限制用户过多地占用磁盘空间，应当(　　)。

A. 设置文件加密　　B. 设置数据压缩

C.设置动态存储　　　　　　D.设置磁盘配额

22.Windows Server 2016系统有两个NTFS分区：C盘和D盘，在C盘上创建一个文件file.txt，对该文件进行压缩，然后将压缩后的文件移动到D盘fold文件夹下，该文件夹没有压缩，则移动后file.txt的压缩状态为(　　)。

A.不压缩　　B.压缩　　C.不确定　　D.以上都不对

23.使用(　　)命令可以将FAT分区转换为NTFS分区。

A. FORMAT　　B. LABEL

C. FDISK　　D. CONVERT

24.如果RAID-5卷集有五个10 GB盘，需要多大空间存放奇偶性信息?(　　)

A. 10 GB　　B. 8 GB　　C. 5 GB　　D. 20 GB

25.某公司有一台系统为Windows Server 2016的服务器，该服务器上有一个由八块500 GB硬盘所组成的RAID-5卷，某日由于突然断电导致其中的两块硬盘损坏，则下列说法正确的是(　　)。

A.可以更换两块硬盘，利用另外两块硬盘进行数据修复

B.可以更换两块新硬盘，再重新创建一个RAID-5卷，从另外两块硬盘中恢复损坏的数据

C.该RAID-5卷中的数据无法通过另外两块硬盘进行修复，只能更换硬盘并重新创建RAID-5卷，然后从备份中恢复

D.不用进行任何操作，由于RAID-5卷具有容错功能，它可以自行修复损坏的硬盘

26.在Windows Server系统中，磁盘空间的利用率为50%的动态卷是(　　)。

A.跨区卷　　B.镜像卷　　C.带区卷　　D. RAID-5卷

二、填空题

1.活动目录中，组按照能够授权的范围，分为______、______、______。

2.根据服务器的工作模式，组分为______、______。

3.账户的类型分为______、______和______。

4.工作组模式下，用户账户存储在______中；域模式下，用户账户存储在______中。

5.Windows Server 2016系统通过在NTFS文件系统下设置______，限制不同用户对文件的访问级别。

6.在网络中可共享的资源有______和______。

7.相对于以前的FAT、FAT32文件系统来说，NTFS文件系统的优点包括可以对文件设置______、______、______、______。

8.磁盘按分区表的格式可以分为______、______两种磁盘格式。其是磁盘所支持的硬盘最大容量为2.2 TB。

9.GPT磁盘是一种新的磁盘分区表格式，其磁盘分区表存储在内，位于磁盘的前端，而且它分为______、______，可提供容错功能。使用新式UEFI BIOS的计算机，其BIOS会先读取GPT，并将控制权交给GPT内的程序代码，然后由此程序代码来继续后续的启动工作。

10.______磁盘使用的是旧的传统磁盘分区表格式，其磁盘分区表存储在______。为了兼容起见，GPT磁盘内提供了______，让仅支持MBR的程序仍然可以正常运行。

11.Windows操作系统的一个GPT磁盘内最多可以建立______个磁盘分区，因此GPT磁盘不需要扩展磁盘分区。

12.Windows操作系统又将磁盘区分为______与______两种。

三、判断题

1.域中所有账户信息都存储于域控制器中。（ ）

2.在NTFS文件系统下，可以对文件设置权限，而FAT和FAT32文件系统只能对文件夹设置共享权限，不能对文件设置权限。（ ）

3.文件加密后，除加密者本人和管理员账号外，其他用户无法打开此文件。（ ）

4.对于加密的文件不可执行压缩操作。（ ）

5.NTFS文件压缩必须在NTFS文件系统下进行，离开NTFS文件系统时，文件将不再压缩。（ ）

6.共享权限分为完全控制、更改、读取3种。（ ）

7.将已经加密的文件复制到其他计算机后，以管理员账号登录就可以打开了。（ ）

8.一个MBR磁盘内最多可建立4个主分区，或最多4个主分区加上1个扩展磁盘分区。（ ）

9.从Windows 2000开始，Windows系统将磁盘分为基本磁盘和动态磁盘。（ ）

10.磁盘配额的设置不能限制管理员账号。（ ）

四、名词解析题

1.文件系统

2.动态磁盘

五、简答题

1.简述工作组和域的区别。

2.组和组织单位有何区别？

3.简述FAT、FAT32和NTFS文件系统的区别。

4.简述文件与文件夹的有效权限。

5.本地用户与域用户有何不同？

6.简述通用组、全局组和本地域组的区别。

7.磁盘分区有哪两种形式？

8.简述动态磁盘的特点。

9.简述基本磁盘与动态磁盘的区别。

10.Windows Server 2016中支持的动态卷类型有哪些？各有何特点？

11.基本磁盘转换为动态磁盘应注意什么问题？如何转换？

六、实训题

任务一、管理用户账户和组账户

1.实训目的

掌握创建本地用户和组。

掌握管理本地用户和组的相关属性。

掌握创建域账户、域组以及组织单位等。

掌握管理域账户和域组的相关属性。

2.实训要求

(1)创建本地用户和组

● 在虚拟机里安装一台独立的Windows Server 2016网络操作系统。

● 在此网络操作系统中创建本地组sales,并创建三个本地用户user1、user2、user3,并将这三个用户加入sales组中。

● 在磁盘驱动器里创建相应的文件夹和文件,并对上面创建的用户和组设置不同的访问权限,然后注销网络操作系统,测试不同用户访问的权限是否不同。

(2)创建域账户和组织单位

● 在VMware虚拟机中安装一台Windows Server 2016虚拟机,其计算机名为Server-1,在此服务器上安装AD域服务,并将该服务器升级为域控制器,创建的域名称为abc.com。

● 以管理员Administrator域账户登录域,在服务器管理器控制台中,创建一个组织单位"IT",然后在组织单位里创建两个域用户账户IT_user1和IT_user2。

● 登录一台域成员服务器,利用上面刚创建的域用户账户进行登录测试。

● 在磁盘驱动器里创建相应的文件夹和文件,并对上面创建的域用户账户设置不同的访问权限,然后登录域成员服务器,测试不同域用户账户访问的权限是否不同。

任务二、文件系统管理

1.实训目的

掌握利用权限控制访问资源的方法。

掌握文件系统中的压缩功能。

掌握文件系统中的加密文件功能。

2.实训要求

(1)在Windows Server 2016系统中的NTFS磁盘中创建一个以自己的名字命名的文件夹,然后在该文件夹中创建一个以自己的名字命名的文本文件,在系统创建三个带有自己的名字命名的普通用户。设置所创建的文件夹的权限,使得新创建的不同用户具有不同的权限,再设置所创建的文本文件的权限,使得新创建的用户对该文件也各不相同。设置完成后,在成员服务器上注销当前用户并用新创建的用户登录系统,验证自己所做的权限设置是否生效,并注意观察文件和文件夹的权限设置。

(2)在第一题的基础,当不同的账号登录,分别创建文件夹和文件,并对文件和文件夹进行加密、压缩的操作,然后切换用户,观察验证加密和压缩的效果,通过复制和剪切操作,观察压缩后的文件及文件夹的变化状况。

(3)把一个加密文件授予另外一个用户访问;导出或者备份自己的EFS证书,然后删除此用户,新建一个新的同名用户,通过导入删除前的用户证书访问加密过的文件,测试访问效果。

任务三、配置与管理基本磁盘和动态磁盘

1.实训目的

掌握基本磁盘的管理方法。

掌握动态磁盘的管理方法。

掌握RAID 0、RAID 1、RAID 5等磁盘阵列的知识。

2.实训要求

(1)在第一台服务器上新增2块硬盘,完成以下任务。

- 初始化磁盘,在两个磁盘上新建分区,磁盘分区大小自定义。
- 格式化磁盘分区,并标注磁盘分区为活动分区。
- 改变磁盘分区大小,将最后一个分区进行删除、创建新分区来改变该分区的空间大小。
- 更改其中一个分区的磁盘驱动器号。

(2)在第二台服务器上新增3块硬盘,完成以下任务。

- 添加磁盘,初始化磁盘,并将磁盘转换为动态磁盘。
- 创建RAID 0的磁盘组,大小为1 GB*3=3 GB。
- 创建RAID 1的磁盘组,大小为1 GB。
- 创建RAID 5的磁盘组,大小为2 GB。

项目 4
网络操作系统安全加固

主要内容

本项目主要介绍网络操作系统安全加固手段，其主要侧重点将定位于 Windows 网络操作系统本身如何进行加固抵御攻击，让读者了解和掌握 Windows 网络操作系统加固手段。其主要内容包括：账户管理与认证授权、审核与日志、协议安全配置、文件权限检查、服务检查、安全选项、其他安全检查等部分。

知识目标

- 掌握网络操作系统安全加固要求
- 掌握账户管理与认证的概念和要求
- 掌握网络策略审核和日志的作用
- 掌握网络操作系统中协议安全的功能
- 掌握网络操作系统的安全检查功能

技能目标

- 掌握系统账户检查过程
- 掌握相关账户口令检查过程
- 掌握系统授权检查过程
- 掌握审核策略和日志检查的过程
- 掌握协议安全配置过程
- 掌握系统安全检查过程

素质目标

- 培养自我学习的能力和习惯
- 培养团队互助、合作进取意识
- 培养刻苦钻研、精益求精、坚持不懈精神
- 提升网络安全意识，解决网络安全实际问题的能力

4.1 项目实施——账户管理与认证授权

任务4-1 系统账户检查加固

系统账户检查加固

本项目将介绍Windows网络操作系统加固中的账户检查部分。账户安全是系统加固的关键步骤，账户的破解或泄漏可以直接造成主机被其他人操控，而检查账户也包含很多分支，其主要包括检查可疑账户、更改默认账户和禁用Guest账户。

检查可疑账户的原因是当渗透测试人员通过漏洞拿到Windows的执行权限后，首先会考虑为系统创建后门从而方便再次连接该主机，而后门的其中一种方式就是创建具有管理权限的隐藏或非隐藏账户，因此及时检查并发现非法系统账户是很有必要的。对于检查账户而言其存在很多方法，分别是通过账户管理页面查看、通过DOS指令查看和通过注册表方式查看。

更改默认账户的目的主要是为了防止渗透测试人员通过爆破的方式，猜测出系统的常用账户及密码。当使用Hydra、Medusa等工具进行暴力破解测试时，在不知道主机账户的情况下，渗透测试人员首先会考虑使用Windows的管理员账户Administrator，尝试直接暴力破解出管理员账户密码，从而使后续内网渗透变得更加轻松。

Guest账户是指供客人访问计算机系统的账户。Guest账户的权限非常有限，其没有修改系统设置、安装程序、创建修改任何文档的权限，只能读取计算机系统信息和文件。但是该账户也为渗透测试人员提供了操控系统的机会。Guest账户默认是无密码即可登录，Windows系统一旦通过Guest账户入侵，渗透测试人员可以通过提升权限突破系统默认权限级别，从而成为管理员账户，那么对服务器系统而言后果可想而知。因此，一般情况下要禁用Guest账户。

账户检查的基本方法为：检查可疑账户、更改默认账户、禁用Guest账户、设置屏幕锁定等。

1. 检查可疑账户

黑客创建的某些隐藏账户通过DOS指令无法发现，但是当查看注册表时就可以发现。因此，为了检查账户足够准确，建议使用三种方式查看可疑账户：账户管理页面、DOS指令、注册表。通过上述方式检查是否存在账户名为XXX$或修改注册表创建的隐藏账户，再检查是否存在可疑账户，并进行禁用。

(1)账户管理页面查看账户：在Windows Server 2016操作系统中，单击“开始”选项，选择“Windows管理工具”，选择“计算机管理”，依次选择“本地用户和组”→“用户”，如图4-1所示。

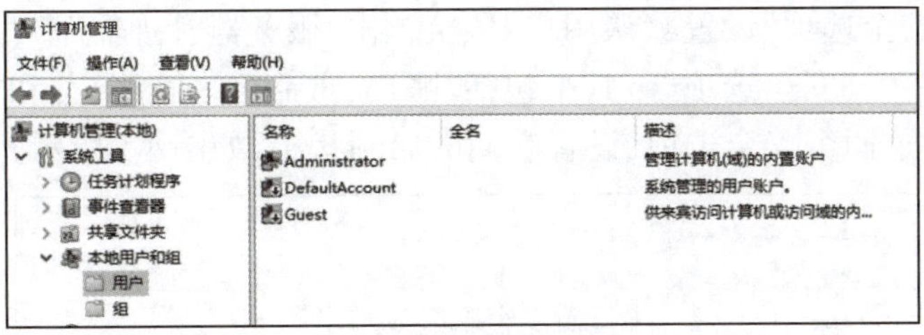

图4-1 账户管理页面查看账户

(2)DOS指令查看账户。在DOS命令下使用命令net user查看账户，可以看到系统现有的账户，如图4-2所示。

图4-2 DOS命令下查看账户

(3)注册表下查看账户。打开“运行”界面，然后输入“regedit”打开注册表编辑器，注册表位置是HKEY_LOCAL_MACHINE\SAM\SAM\Domains\Account\Users\Names\，查看该路径下的账户，如图4-3所示。

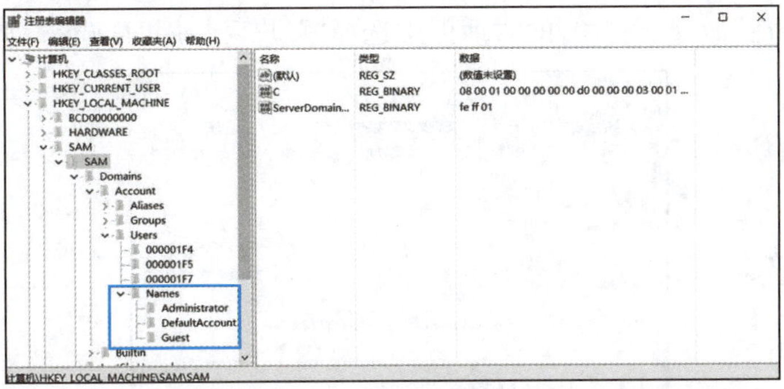

图4-3 注册表查看账户

2. 更改默认账户

对于管理员账号，要求更改默认Administrator账户名称，修改为难以猜测的名称。右击选择需要修改的账户，在弹出的快捷菜单中选择“重命名”命令，如图4-4所示。

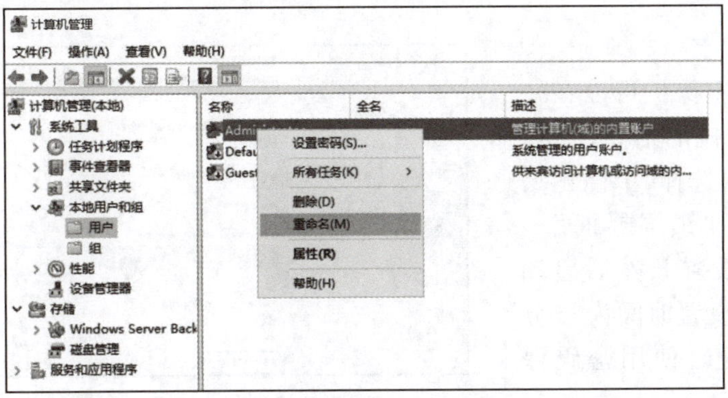

图4-4 修改默认账户名

也可以通过“安全选项”设置默认用户：依次单击“服务器管理器”→“工具”→“本地安全策略”→“本地策略”→“安全选项”。其中包括“账户：重命名来宾账户”和“账户：重命名管理员账户”两项，修改这两个安全选项，设置它们的启用状态，如图4-5所示。

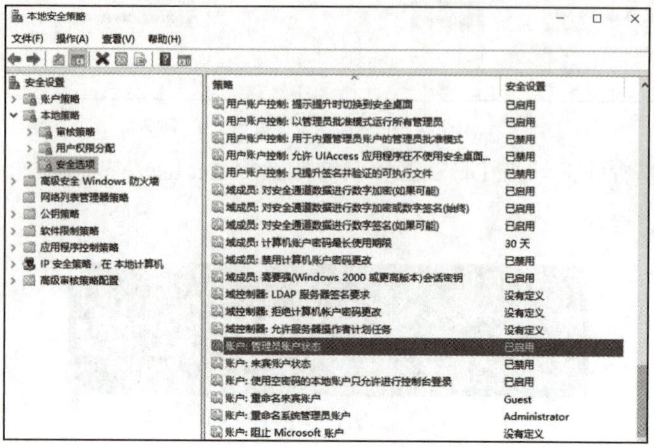

图4-5 修改账户状态

3. 禁用Guest账户

防止黑客通过Guest账户访问主机，并获得管理员权限。右击Guest账户，在弹出的快捷菜单中选择“属性”命令，在打开的对话框中选择“账户已禁用”复选框，如图4-6所示。

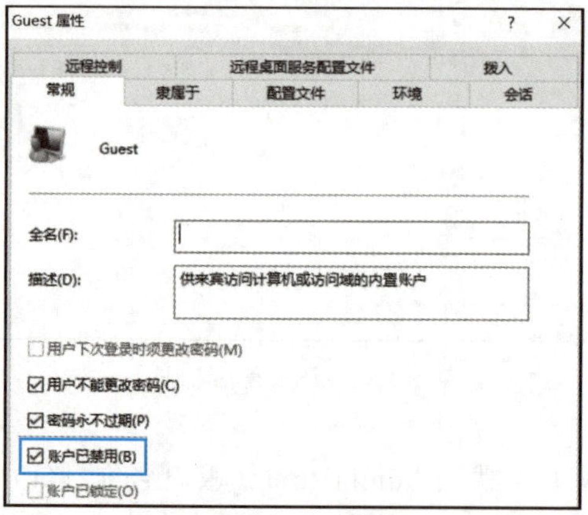

图4-6 禁用Guest账户

4. 设置屏幕锁定

设置屏幕锁定保护可以在一定程度上防止主机的信息泄露，在桌面右击鼠标，选择“个性化”，在个性化中选择“锁屏界面”→“屏幕保护程序设置”，然后启动屏幕保护程序并设置时间为“5分钟”，启动在恢复时使用密码保护，如图4-7所示。

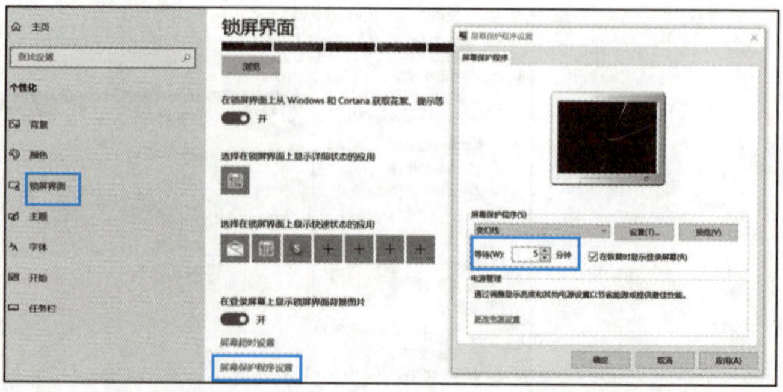

图4-7 设置屏幕保护

5.配置不显示最后的用户名

配置不显示最后的用户名可以配置退出登录后不显示账户名称，从而可以预防账户名泄漏的风险。依次单击“服务器管理器”→“工具”→“本地安全策略”→“本地策略”→“安全选项”，双击“交互式登录：不显示最后的用户名”，在弹出的“交互式登录；不显示最后的用户名 属性”对话框中选择“已启用”，如图4-8所示。

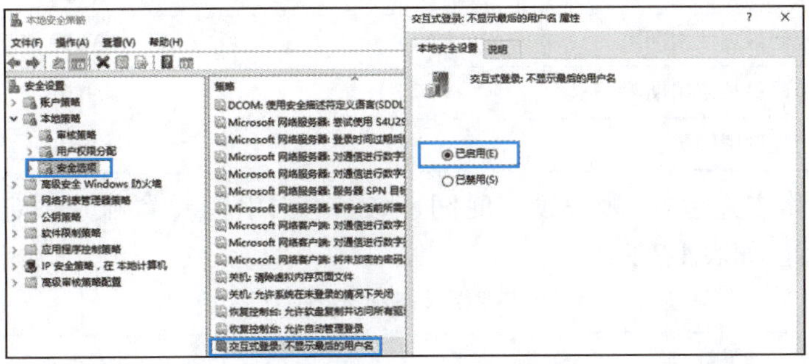

图4-8　限制交互式用户登录

配置之前，当用户注销后再进行登录时无需输入用户名直接使用密码进行登录，如图4-9所示；配置之后，用户需要同时输入用户名和密码才可以成功登录，如图4-10所示。

图4-9　直接输入密码登录

图4-10　需要输入用户名和密码登录

除了以上账户检查的安全配置方法之外，管理人员还需对安全的账户定期检查并删除无关账户。根据具体用户功能需求为用户分配固定权限的账户，例如：管理员账户及组、数据库维护人员账户、审计人员账户等。

任务4-2　相关账户口令检查加固

口令安全检查主要内容包括密码策略配置与账户锁定策略两部分。合理配置密码与账户策略是非常重要的。不合理的密码策略与账户锁定策略将导致安全问题，主要包括：

(1)密码强度过低会导致猜测或暴力破解风险提升。

(2)常用账户被锁定无法正常使用。

相关账户口令检查加固

针对密码策略配置操作系统给出比较合理的密码策略推荐配置，如表4-1所示。

表4-1　密码策略推荐配置

策略	推荐配置
密码符合复杂性要求	开启
密码长度最小值	≥8个字符
密码最短使用期限	≥30天
密码最长使用期限	≤60天
强制密码历史	≥5次

账户锁定策略主要包括：账户锁定时间、账户锁定阈值、重置账户锁定计时器。推荐的账户锁定策略配置，如表4-2所示。

表4-2　账户锁定策略推荐配置

策略	推荐配置
账户锁定时间	30分钟
账户锁定阈值	50次
重置账户锁定计时器	20分钟

需要注意的是，“账户锁定阈值”选项用来设置用户账户锁定的登录尝试失败次数。该选项的配置在安全领域是一个“矛盾体”。如果配置的锁定阈值过大，将无法防御自动化密码爆破攻击。如果配置的锁定阈值过小，当尝试密码次数大于账户锁定阈值时，将导致无法防御特定账户的DOS攻击或故意锁定全部账户。因此，本节将其配置为50次，既可以一定程度上防御暴力破解，也可以防止因密码输入错误而导致的账户锁定。

防止账户永不锁定的一种方式是配置“账户锁定阈值”为0。但这种方式它不能阻止暴力破解，因此要满足如下两个条件：

(1)密码安全性强：由8位或以上字符组成的复杂密码。

(2)审核机制配置合理，当发生大量登录失败时可以提醒管理员。

1. 打开本地策略页面

打开本地策略分为两种方法：页面单击打开和命令打开，打开“服务器管理器”→“工具”→“本地安全策略”窗口，如图4-11所示。如果用命令打开，在“运行”窗口中输入secpol.msc命令，同样也可以打开“本地安全策略”窗口。

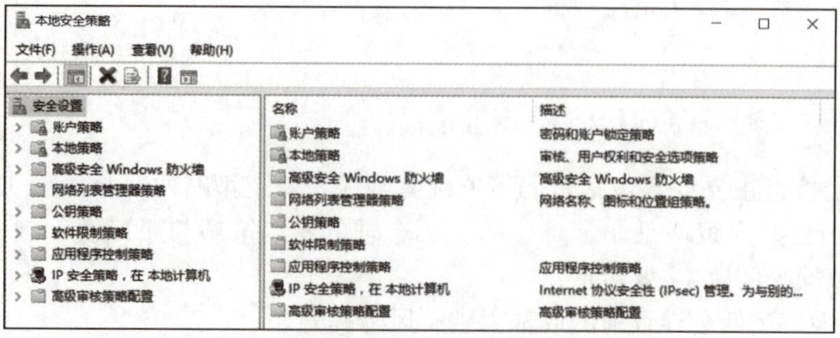

图4-11　“本地安全策略”窗口

2. 密码策略配置

在“本地安全策略”窗口中打开密码策略：在“本地安全策略”窗口中依次单击“账户策略”→“密码策略”，如图4-12所示。

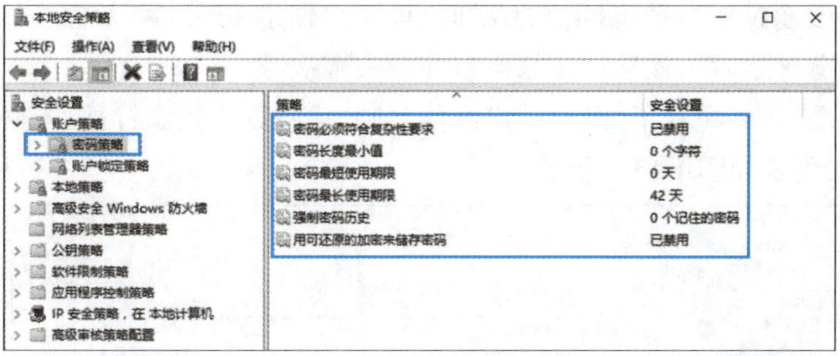

图4-12 “密码策略”窗口

设置“密码必须符合复杂性要求”为“已启用”状态，如图4-13所示。该功能的启用将增强密码设置的安全程度，其要求密码长度最少为6位，密码包含大写英文、小写英文、数字、特殊符号中的三类。

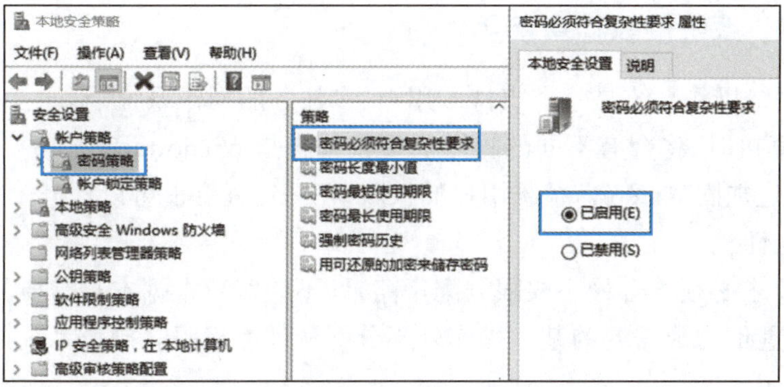

图4-13 启用密码必须符合复杂性要求

为增强密码安全性强度，设置密码长度最小值为8个字符。很多用户都希望在很长时间使用或重用相同的账户密码，账户密码使用时间越长，黑客通过暴力攻击确定密码的概率越大。为了防御这种情况，建议设置“密码最短使用期限”为30天以上，“密码最长使用期限”为60天以内，且“强制密码历史”为5次以上，如图4-14所示。

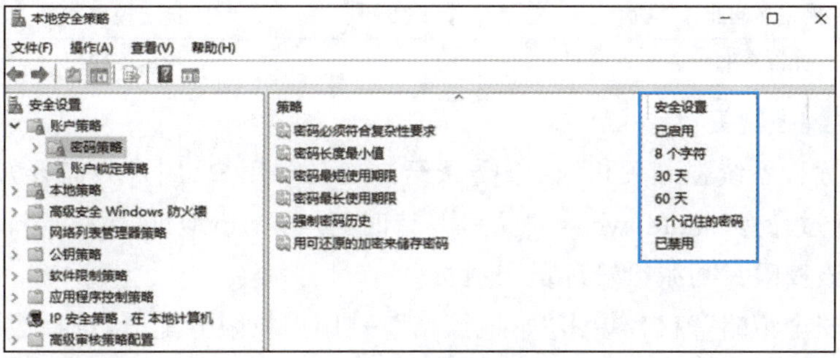

图4-14 密码策略配置

3. 账户锁定策略配置

账户锁定策略要求既能防止暴力破解又能防止因密码输入错误导致的账户锁定，因此配置“账户锁定阈值”不宜过高或过低，此次设置为50，配置“账户锁定时间”为30分钟。当账户密码登录失败超过账户锁定阈值50次时，该账户锁定30分钟。配置“重置账户锁定计时器”时间为“30分钟之后”，该选项用来重置账户失败次数。

需要注意的是，如果配置了“账户锁定阈值”，则“重置账户锁定计数器”必须小于或等于“账户锁定时间”，配置如图4-15所示。

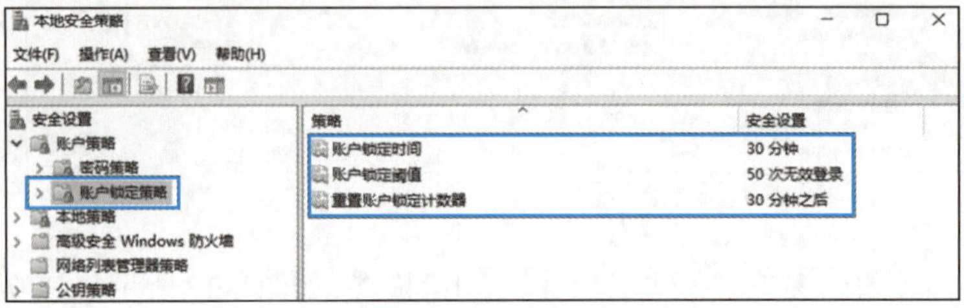

图4-15 账户锁定策略配置

任务4-3 系统授权检查加固

Windows网络操作系统是一个支持多用户、多任务的操作系统，不同用户在访问计算机时，将会有不同的权限。授权检查是Windows系统加固的一部分，通过加固Windows系统用户的权限，在一定程度上可以提升操作系统的安全性。

系统授权检查加固

授权检查要求必须符合最小权限分配策略，即不同账户根据本身需要的功能分配不同权限，保证除了能够完成需要的基本操作外不分配额外的权限。操作系统授权检查包括的内容如表4-3所示。

表4-3 授权策略推荐配置

策略	推荐配置
从远程系统强制关机	只派给Administrators组
本地关闭系统	需要的组
取得文件或其他对象所有权	只派给Administrators组
从网络访问此计算机	指定授权用户
允许本地登录	指定授权用户

1. 从远程系统强制关机

如果将“从远程系统强制关机”权限委派给Everyone用户，用户只需要知道对端主机的IP地址就可以通过命令“shutdown -s-t{关机等待时间}-m\\{ip地址}-c{注释}-f ”远程关闭主机，因此一般将该权限只委派给管理员组成员。

打开“本地安全策略”窗口，单击“本地策略”→“用户权限分配”。选择“从远程系统强制关机”权限只委派给Administrators组，当黑客尝试进行远程关机时将提示“不支持远程关闭”，如图4-16所示。

图4-16 远程系统强制关机命令

2. 从网络访问此计算机

在本地安全设置中，只允许授权账号从网络访问（包括网络共享等，但不包括远程桌面服务）此计算机。默认情况下其包括Administrators、Users、Everyone、Backup Operators。该选项中默认Everyone用户都可以通过网络访问该计算机，因此尽量指定授权用户可进行网络访问。需要注意的是，修改此设置可能影响与客户端、服务和应用程序的兼容性。

3. 本地关闭系统

将本地安全设置中的“关闭系统”权限只委派给Administrators组，防止管理员以外的用户非法关闭主机，从而提升系统安全性。

4. 取得文件或其他对象所有权

将本地安全设置中的“取得文件或其他对象的所有权”仅委派给Administrators组，防止用户非法获取文件，提高系统的安全性。授权配置结果如图4-17所示。

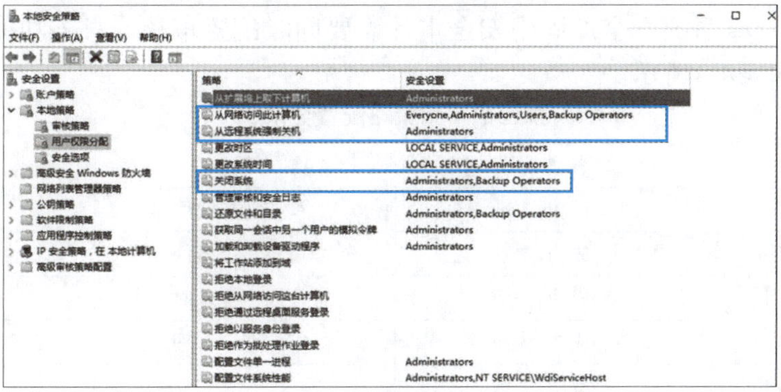

图4-17 设置用户授权

4.2 项目实施——审核策略和日志检查

任务4-4 审核策略检查加固

审核策略检查加固

审核策略可以记录系统中什么时间、哪位用户进行了什么操作。无论操作是成功还是失败，以及失败的原因等信息都会被审核策略记录下来。因此，在配置好其他安全策略后还需要对审核策略进行配置，同时还要定期查看审核日志，这样就可以将危险扼杀在摇篮里。

审核的操作比较复杂，特别是要理解不同审核策略可以审核的内容，以及不同审核事件的实际含义。例如：审核对象访问可以用来记录共享文件夹的访问账户以及缺少权限的主机访问情况；审核登录事件可以用来记录主机登录成功与失败的情况等。

在默认状态下，Windows Server 2016操作系统的审核机制全部没有启动，如图4-18所示。

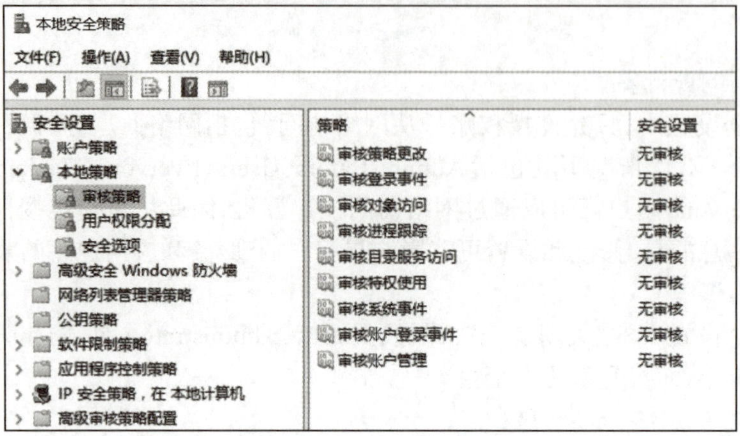

图4-18 审核策略默认配置

需要网络管理员手动或者使用“安全分析和配置”管理控制台加载安全模板的方式启动审核策略，Windows系统安全加固中安全审计需要同时配置审核与日志功能。加固的审核策略配置要求如表4-4所示。

表4-4 加固的审核策略配置要求

策略	推荐配置	策略	推荐配置
审核策略更改	成功，失败	审核特权使用	成功，失败
审核登录事件	成功，失败	审核系统事件	成功，失败
审核对象访问	成功，失败	审核账户登录时间	成功，失败
审核进程跟踪	成功，失败	审核账户管理	成功，失败
审核目录服务访问	成功，失败		

审核配置的基本流程为：打开审核策略页面→修改审核策略。

1. 打开审核策略页面

打开审核策略的方法：在“服务器管理器”中依次单击“工具”→“本地策略”→“审核策略”。

2. 修改审核策略

在“审核策略”窗口中，设置所有审核策略的安全设置为“成功，失败”，如图4-19所示。

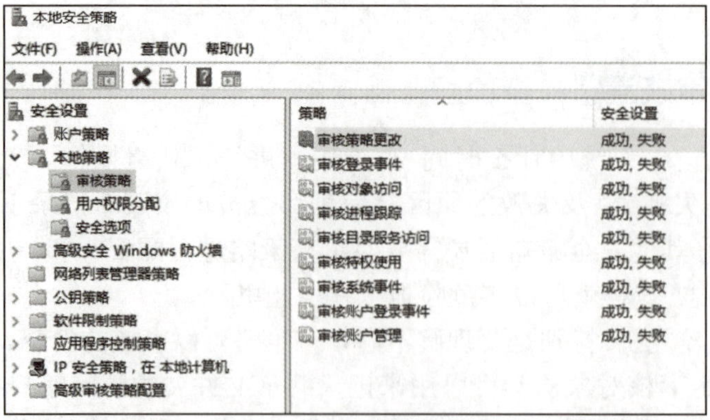

图4-19 修改审核策略配置

3. 不允许匿名枚举SAM账户和共享

打开安全选项的方法：在“服务器管理理器”中依次单击“工具”→“本地策略”→“安全选项”。然后设置“网络访问：不允许SAM账户和共享的匿名枚举”和“网络访问：不允许SAM账户的匿名枚举”为启动状态，如图4-20所示。

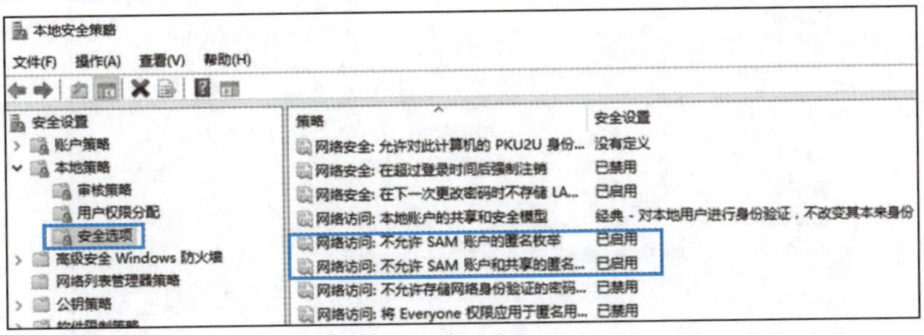

图4-20 不允许匿名枚举SAM账户和共享

4. 清空远程访问的注册表路径和子路径

该选项可设置哪些注册表可以被远程访问，需对远程访问注册表进行清空从而增加安全性。打开安全选项的方法：在“服务器管理器”中依次单击“工具”→“本地策略”→“安全选项”。然后找到“网络访问：可远程访问的注册表路径”和“网络访问：可远程访问的注册表路径和子路径”进行清空，如图4-21所示。

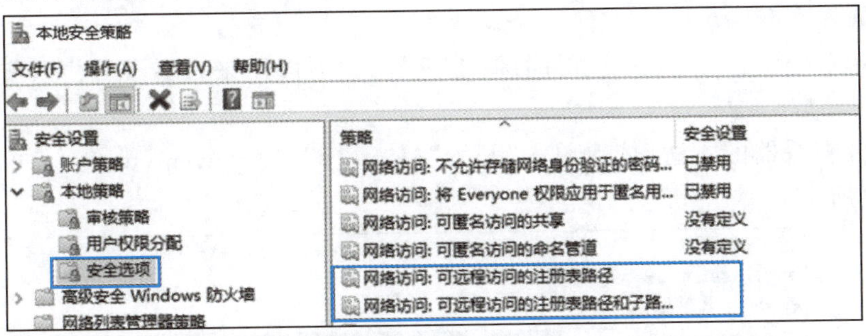

图4-21 注册表路径与子路径设置

任务4-5 日志检查加固

日志检查加固

Windows日志功能主要用于记录系统运行过程中产生的大量信息，包括Windows事件日志、应用程序和服务日志等。在应急响应过程中，Windows系统日志往往扮演着重要的角色，因为大多数发生的事件都能够通过日志功能进行取证和溯源。可以根据日志进行取证并了解计算机上发生的具体事件。

Windows日志文件实际上是以特定数据结构的方式存储内容的，其中包括有关系统、安全、应用程序的记录。每条记录都包含日志名称、来源、记录时间、事件ID、任务类别、级别、关键字、用户、计算机等信息，如图4-22所示。

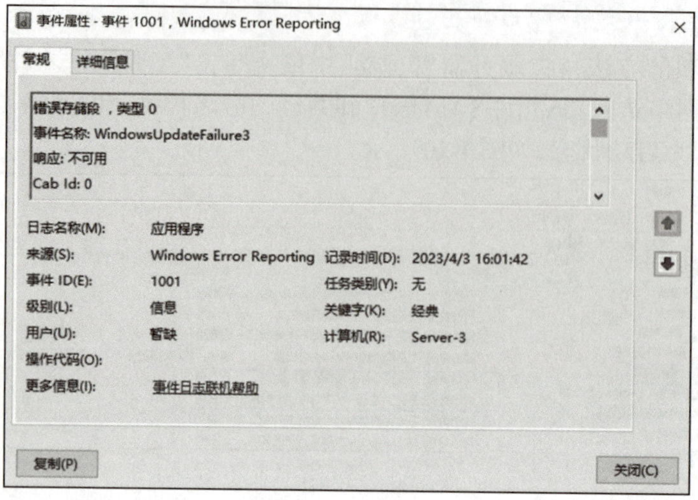

图 4-22　日志详情

在Windows系统加固中要求通过优化系统的日志记录，防止日志溢出。设置应用日志文件大小至少为8 291 KB。可以根据磁盘空间配置日志文件的大小，但要求记录的元素越多越好，并设置当达到最大的日志大小时，按需要轮询记录日志。

日志配置的基本流程为：打开事件查看器→修改日志设置。

1. 打开事件查看器

Windows系统中自带了一个事件查看器工具，它可以用来查看及分析所有的Windows系统日志。

打开事件查看器的方法：依次单击“开始”→“运行”，输入eventvwr命令，单击“确定”按钮，如图4-23所示。

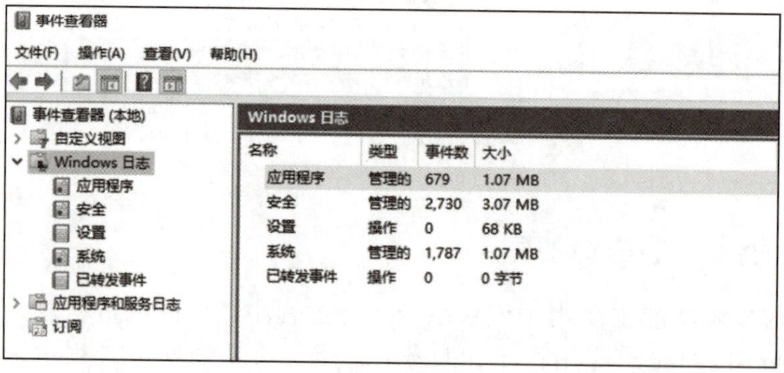

图 4-23　事件查看器

2. 修改日志设置

选中需要修改的日志，右击在弹出的快捷菜单中选择“属性”命令，配置应用日志、系统日志、安全日志属性中的日志大小，尽量保存足够多的日志内容从而有利于应急响应时查看日志。设置当达到最大的日志大小时的相应策略，根据磁盘空间决定是否选择“日志满时将其存档，不覆盖事件”，如图4-24所示。

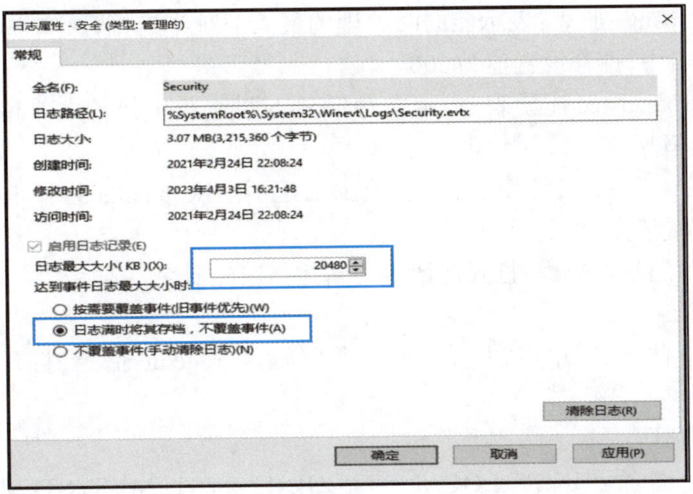

图4-24　日志属性

4.3　项目实施——协议安全配置

在Windows系统加固过程中协议安全配置属于其中一项，其主要目的是通过对Windows系统配置来防御DOS攻击。DOS攻击又称拒绝服务攻击，该攻击方式可以简单理解为：攻击者发送大量无用的数据报文或连接报文，发起带宽攻击或连通性攻击，从而占用网络资源或计算机资源。其目的是让目标计算机或网络无法提供正常的服务。常见的DOS攻击包括SYN洪水攻击、ACK洪水攻击、ICMP洪水攻击、UDP洪水攻击等。

由于DOS攻击种类的多样性，防御其攻击的方法也多种多样。常见抵御DOS攻击的方法包括：在主干节点配置硬件防火墙、系统软件防火墙，以及系统主机端口的防御等。

任务4-6　SYN Flood攻击防御

SYN Flood攻击防御

在Windows系统安全加固中要求能够抵御DOS攻击。以SYN攻击为例，为防御SYN攻击，Windows系统的TCP/IP协议栈内嵌了SynAttackProtect机制。SynAttackProtect机制是通过关闭某些socket选项，增加额外的连接指示和减少超时时间，使系统能处理更多的SYN连接，以达到防范SYN攻击的目的。其可以通过新建注册表的方式配置TCP SYN洪水攻击的触发阈值，在一定程度上抵御SYN洪水攻击。

注册表说明：

SynAttackProtect注册表：当值为0(十六进制)或不设置时，系统不受SynAttackProtect保护。当值为2时，系统通过减少重传次数和延迟未连接时路由缓冲项防范SYN攻击。

TcpMaxHalfOpen注册表：表示能同时处理的最大TCP半连接数，如果超过此值，系统认为正处于SYN攻击中，推荐设置值为500。

TcpMaxPortsExhausted注册表：表示在触发SYN洪水攻击保护之前超过的TCP连接请求阈值，推荐设置值为5。

TcpMaxHalfOpenRetried注册表：表示至少发送了一次重传的SYN_RCVD状态的TCP连接阈值，推荐设置值为400。

协议安全配置的基本流程：打开注册表→新建指定注册表。

1. 打开注册表

打开注册表方法：依次单击“开始”→“运行”，输入“regedit”命令，打开“注册表编辑器”窗口。

2. 新建指定注册表

找到注册表位置：HKEY_LOCAL_MACHINE\SYSTEM\SYSTEM\CurrentControlSet\Services\Tcpip\Parameters，新建SynAttackProtect、TcpMaxHalfOpen、TcpMaxPortsExhausted、TcpMaxHalfOpenRetried注册表值分别是2、500、5和400，如图4-25所示。

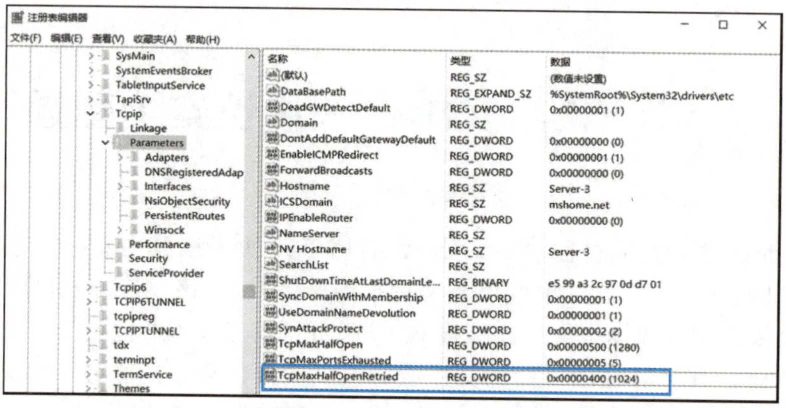

图4-25 SYN注册表防御

任务4-7 其他协议攻击防御

上节配置只能用来防御SYN洪水攻击，并不能完全抵御DOS攻击，需要配置的还包括ICMP攻击保护、SNMP攻击保护、禁用IP源路由、启用碎片攻击保护等。下面给出几种常见的攻击防御注册表说明。

其他协议攻击防御

1. 防御ICMP Flood攻击

攻击说明：攻击者向一个子网的广播地址发送多个ICMP Echo请求数据包，并将源地址伪装成想要攻击的目标主机的地址。这样，该子网上的所有主机均对此ICMP Echo请求包作出答复，向被攻击的目标主机发送数据包，使该主机受到攻击，导致网络阻塞。

注册表说明：通过将EnableICMPRedirect注册表值修改为0，能够在收到ICMP重定向数据包时禁止创建高成本的主机路由。

HKEY_LOCAL_MACHINE\System\CurrentControlSet\Services\Tcpip\Parameters\EnableICMPRedirect(REG_DWORD)0

2. 包碎片攻击

攻击说明：攻击者将数据包强制分段，使主机系统堆栈溢出。

注册表说明：对于不是来自本地子网的主机的连接，将该值指定为0，可将最大传输单元强制设为576字节。

HKEY_LOCAL_MACHINE\System\Currentcontro1Set\Services\Tcpip\Parameters\EnablePM-TUDiscovery(REG_DWORD)0

3.IP原路由防御

攻击说明：网络地址转换(NAT)用于将网络与传入连接屏蔽开来。攻击者可能规避此屏蔽，以便使用IP源路由来确定网络拓扑。

注册表说明：将注册表值设置为2(丢弃所有传入的源路由数据包)，从而防御该攻击方式。0表示转发所有数据包，1表示不转发源路由数据包。

HKEY_LOCAL_MACHINE \ System \ CurrentControlSet \ Services \ Tcpip \ Parameters\ DisableIPSourceRouting(REG_DWORD)2

4. 默认网管保护

攻击说明：禁止攻击者强制切换到备用网关。

注册表说明：将注册表值设置为0，从而防御默认网关切换到备用网关。0表示禁用，1表示启用。

HKEY_LOCAL_MACHINE\System\CurrentControlSet\Servers\Tcpip\Parameters\ EnableDeadGWDetect(REG_DWORD)0

5. 限制IPC$缺省共享

HKEY_LOCAL_MACHINE\SYSTEM\CurrentControlSet\Control\Lsarestrictanonymous (REG_DWORD) 0

值为1：匿名用户无法列举本机用户列表。

值为2：匿名用户无法连接本机IPC$共享。

说明：不建议使用2，否则可能会造成你的一些服务无法启动，如SQL Server等。

除此之外，还有很多种通过注册表修改攻击的防御方法，这里不再一一列举。

4.4 项目实施——系统安全检查

任务4-8 文件权限检查加固

文件权限检查加固

本小节将介绍Windows Server系统加固中的文件权限检查部分。

1. 检查各磁盘中是否存在Everyone权限

右击系统驱动器，选择“属性”→“安全”命令。查看每个系统驱动器根路径是否设置为Everyone所有权限。若存在，则删除Everyone的权限或根据具体情况取消Everyone的写权限，如图4-26所示。

2.NTFS权限设置

C盘只设置Administrators和SYSTEM组权限，不设置其他的权限。其他系统盘也可以这样设置（如果存在Web目录权限依具体情况而定）。值得注意的是，SYSTEM权限也不一定需要设置，当某些第三方应用程序是以服务形式启动时，需要设置该用户权限，否则将导致服务无法启动。

磁盘中的Windows目录要设置Users的默认权限，否则将导致ASP和ASPX等应用程序无法运行（如果服务器搭建IIS时，要引用Windows下的DLL文件）。选择C盘，Windows目录选择“属性”→“安全”命令，可以设置Users的权限，如图4-27所示。这部分内容在项目3里已经详细介绍过，这里不再描述。

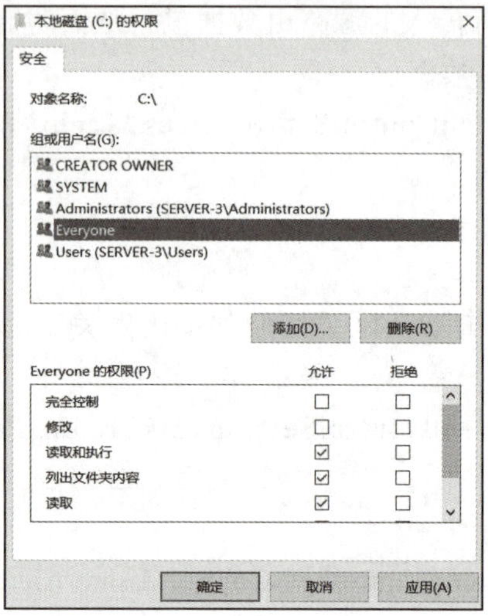

图4-26 设置Everyone权限

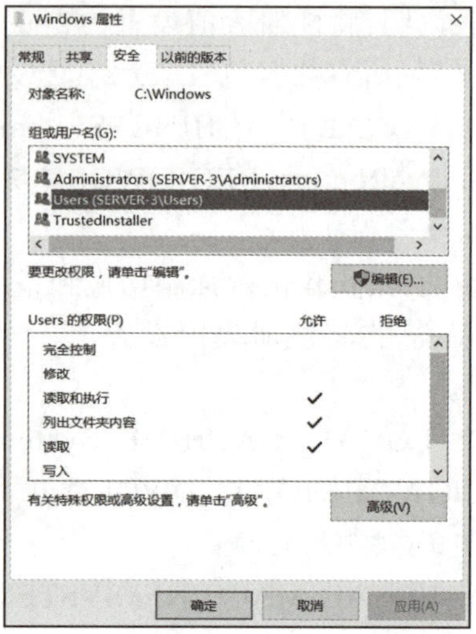

图4-27 设置Windows目录权限

3.共享文件夹检查

共享文件夹检查主要包括共享文件查看、关闭默认共享、关闭IPC$和admin$三部分。关闭共享可以有效地防御黑客通过Windows的共享服务连接到主机。

关于共享的安全问题主要包括：

（1）通过默认共享连接主机系统盘上传文件或木马。

（2）IPC$的空连接与非空连接获取信息。

默认共享安全问题指的是Windows系统安装后默认将各个系统盘开启共享功能，其主要目的是管理服务器的管理员可以方便访问对端主机分区进行操作。可以通过net share命令查看主机的默认共享情况，如图4-28所示。

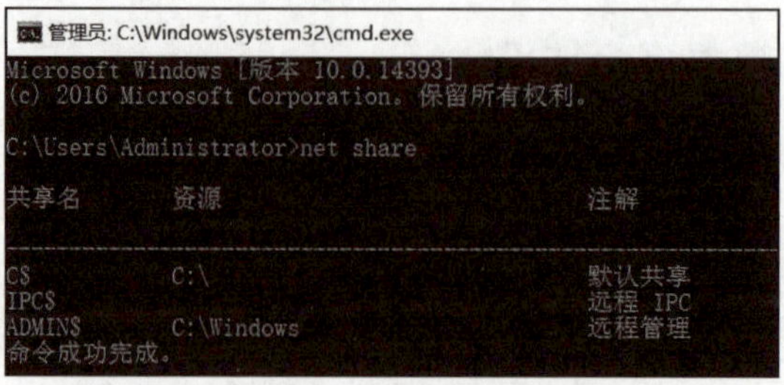

图4-28 查看默认共享

假如黑客知道了对端服务器的Administrator账户及密码，就可以访问其默认共享文件夹，从而上传恶意脚本或文件。

在早期Windows系统中还存在IPC$的空连接与非空连接问题。早期Windows Server 2003中黑客利用IPC$可以与目标主机建立一个空连接，而无需用户名与密码（对方机器必须开了IPC$共享）。并且利用这个空的连接，连接者还可以得到目标主机上的用户列表（一般管理员会禁止导出用户列表）。因此，建立一个空的连接后，黑客可以获得很多有用信息甚至访问部分共享。但在Windows Server 2003以后IPC$的空连接就不能被利用了。

IPC$的非空连接目前依旧存在很多安全问题，通过账户和密码进行的IPC$连接会根据用户有所区别，使用管理员建立的连接可以查看文件、查看进程甚至反弹shell。

共享文件夹检查的基本流程：管理共享文件夹→关闭默认共享→关闭IPC$与admin$→其他。

（1）管理共享文件夹

查看Windows系统中已经处于共享状态的文件夹，判断共享文件中是否存在可以共享的文件，对于可以的共享文件进行取消。检查会话与打开的文件中是否存在用户的连接会话或打开的文件，将会话与打开的文件及时删除。

管理共享文件夹的打开方法：在“服务器管理器”中依次单击“工具”→“计算机管理”→“共享文件夹”，如图4-29所示。

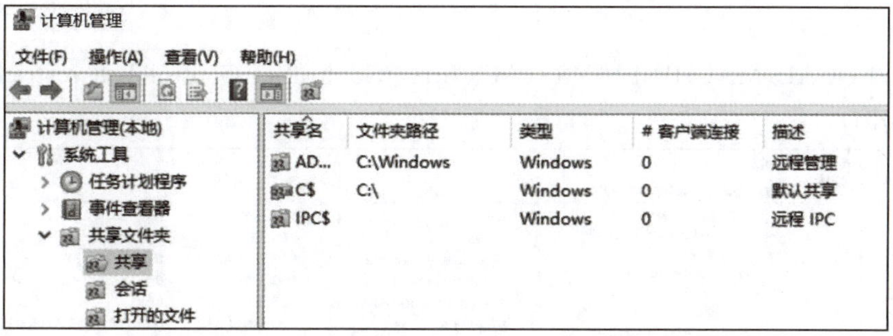

图4-29 共享管理

（2）关闭默认共享

注册表说明：通过将AutoShareServer注册表值修改为0，如图4-30所示，从而关闭默认共享，如果无该注册表则新建。

HKEY_LOCAL_MACHINE\SYSTEM\CurrentControlSet\Services\Lanmanserver\Parameters\AutoShareServer (REG DWORD)0

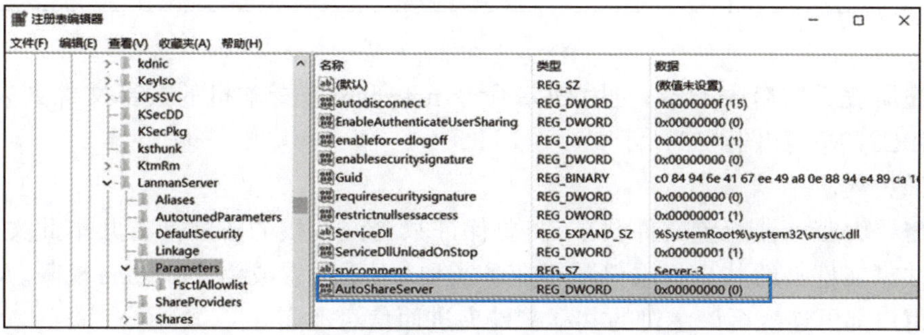

图4-30 关闭默认共享

(3)关闭IPC$与admin$

注册表说明:通过将Autosharewks注册表值修改为0,如图4-31所示,从而关闭admin$共享,如果无该注册表则新建。

HKEY_LOCAL_MACHINE\SYSTEM\CurrentControlSet\Services\Lanmanserver\Parameters\Autosharewks (REG DWORD)0

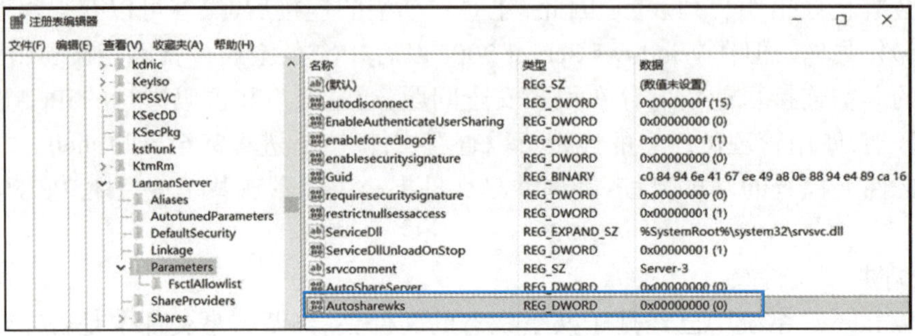

图4-31 关闭admin$共享

注册表说明:通过将restrictanonymous注册表值修改为1,从而修改IPC$共享,如果无该注册表则新建。该注册表值为:0为默认、1为匿名用户无法列举本机用户列表,2为匿名用户无法连接本机IPC$共享。需要注意的是,不建议使用2,否则可能会影响服务启动。如图4-32所示。

HKEY_LOCAL_MACHINE\SYSTEM\CurrentControlSet\Control\Lsa\restrictanonymous (REG DWORD)1

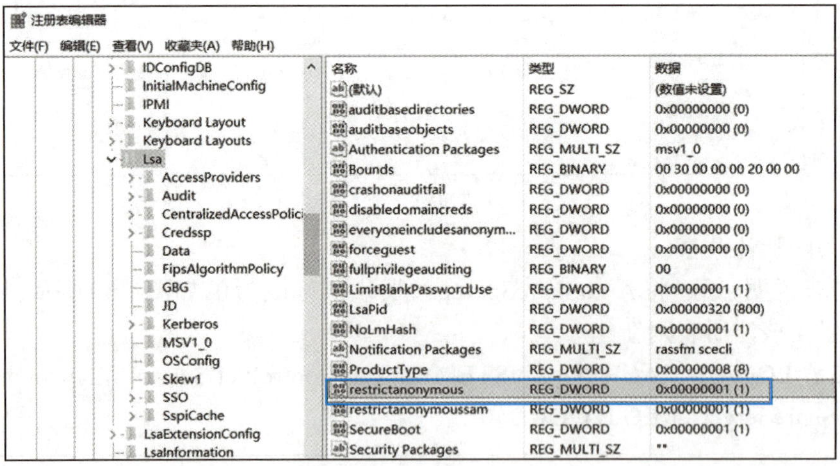

图4-32 关闭IPC$共享

修改注册表后重启服务器、使用DOS命令 net share查看本机的共享文件列表,可以看出只存在IPC$共享,如图4-33所示。

(4)其他

如果需要为服务器配置文件共享,需要保证只允许授权的账户拥有共享此文件夹的权限。每个共享文件夹的共享权限仅限于业务需要,不要设置成为Everyone权限。该权限将导致任意用户都可连接至该主机的共享文件夹进而信息泄露。

检查文件共享权限的方法：在“服务器管理器”依次单击“工具”→“计算机管理”→“共享”，查看每个共享文件夹的共享权限，如果是Everyone权限的文件夹进行检查与权限修改，如图4-34所示。同时，查看共享文件的共享权限，将其权限授权于指定账户。

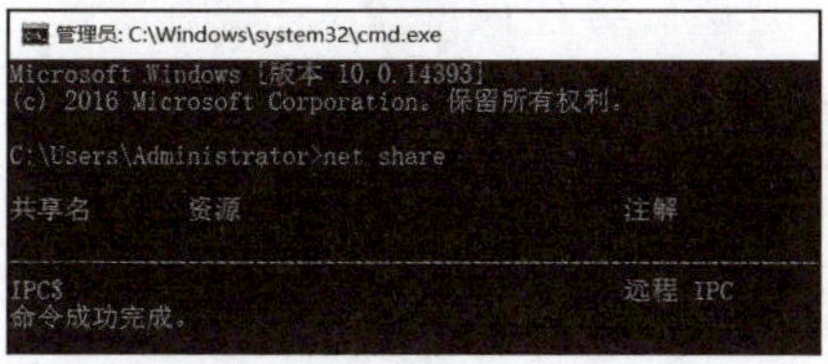

图4-33 默认共享查看

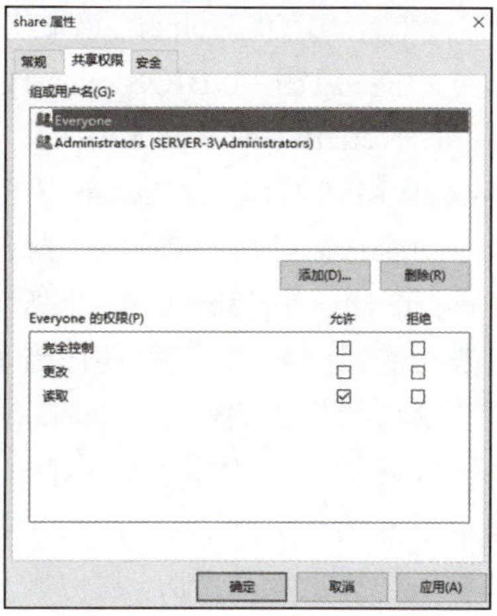

图4-34 共享文件夹权限查看

任务4-9 系统服务检查加固

在Windows系统安全加固中，禁用不必要的服务进程是非常重要的，因为可疑服务意味着系统正在运行可疑程序，服务检查可以大大降低被入侵的风险。Windows服务器常用的服务包括Windows Firewall、DNS client、Network Connections、Workstation、DHCP Client等，不常使用的服务包括Distribution Link Tracking Client、Clipbook等。

系统服务检查加固

1.建议修改的服务列表

（1）Background Intelligent Transfer Service：该服务建议配置为“手动”。

该服务功能：使用闲置的网络频宽来传输数据，可在后台传输客户端与服务端之间的数据。如果禁用该服务，计算机部分功能将无法正常运行，例如Windows Update等。

（2）Computer Browser：该服务建议配置为“禁用”。

该服务功能：维护网络上更新的计算机清单，并将这个清单提供给作为浏览器的计算机。无论该主机个人使用还是在局域网中，该功能都很少使用。

（3）Remote Registry：该服务建议配置为“禁用”。

该服务功能：启用远程服务来对远程计算机进行操作。如果这个服务被停止，登录只能由这个计算机上的使用者修改。任何明确依存于它的服务将无法启动。为提升安全性，如果没有特别的需求，建议关闭该服务，除非需要远程协助修改登录设置。

（4）Server：该服务建议配置为“禁用”。

该服务功能：通过网络为这台计算机提供档案、打印及命名路径的共享。如果停止这个服务，将无法使用这些功能。本机的档案和打印的共享服务，如果不需要开启共享功能可以关闭该服务。

(5)Print Spooler:该服务建议配置为“禁用”。

该服务功能:将档案加载内存中以待稍后打印。可以优化打印,对于打印功能有一定的帮助,如果没有打印机,可以关闭。

(6)TCP/IP NetBIOS Helper :该服务建议配置为“禁用”。

该服务功能:启用NetBIOS over TCP/IP(NetBT)服务及NetBIOS名称解析的支持。如果网络不使用NetBIOS或WINS可关闭。

(7)Simple Mail Transfer Protocol(SMTP):该服务建议配置为“禁用”。

该服务功能:建立跨网传输电子邮件服务,如不需要可关闭。

(8)Remote Desktop Services :该服务建议配置为“禁用”。

该服务功能:让经过授权的使用者通过内部网络远程访问计算机。如果这项服务停止,远程桌面共享功能将无法使用。如果重视安全性问题可以关闭该服务。

在Windows加固过程中需要检查的服务多种多样,在实际的应用过程中往往根据具体需求来确定服务的开关状态,从而让主机相对安全。对于Windows的服务检查项还有很多,本节主要给出相对重要的部分,其他服务将不一一列举。

2.服务检查的基本流程

基本流程:打开服务页面→检查并修改服务。

(1)打开服务页面

本节以Remote Desktop Service服务为例进行操作,在“服务器管理器”中依次单击“工具”→“计算机管理”→“服务”,如图4-35所示。

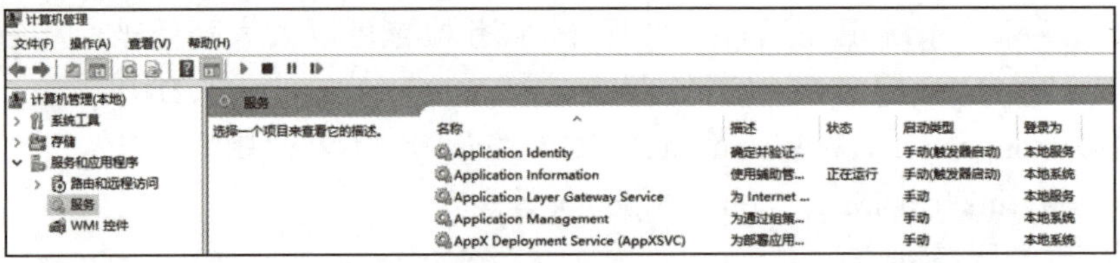

图4-35 系统服务查看

通过DOS命令查看服务列表,输入命令“net start”查看已经开启的服务列表,如图4-36所示。

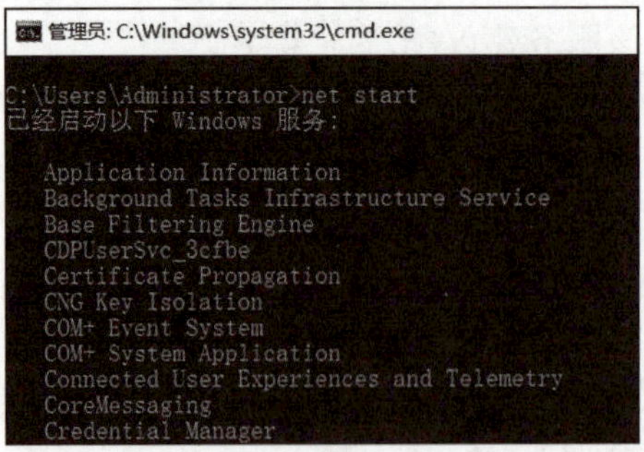

图4-36 通过DOS命令查看服务

(2)检查并修改服务

关闭Remote Desktop Services服务。选择该服务并右击,在弹出的快捷菜单中选择“属性”命令,在打开的对话框中的“启动类型”下拉列表框中选择“手动”选项,然后单击“停止”

按钮，则该服务关闭，如图4-37所示。

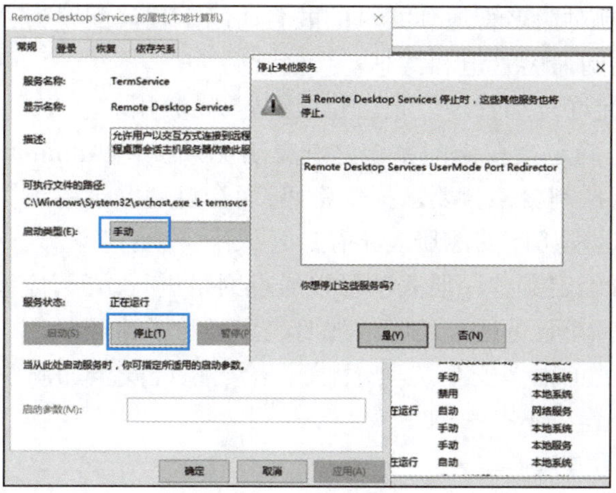

图4-37 关闭远程桌面服务

任务4-10 安全选项检查加固

安全选项检查加固

安全选项可以针对系统的全局安全设置进行调整。在Windows系统安全加固中，合理的安全选项设置能够极大地提升系统的安全性，但如果安全选项设置错误，也会影响系统安全，甚至影响系统的正常使用。本节将围绕Windows系统安全加固相关的安全选项设置进行介绍。

1. 加固中建议检查的安全选项列表

(1)交互式登录：试图登录的用户消息标题。

建议配置为“注意”或“该系统只能被授权的用户使用”。

功能：通过配置该策略，可以让用户在登录系统之前看到提示信息。可以在提示信息中声明安全使用的注意事项。

(2)交互式登录：不显示最后的用户名。建议配置为：启用。

(3)交互式登录：无须按【Ctrl+Alt+Del】组合键。建议配置为：禁用。

功能：不必按【Ctrl+Alt+Del】组合键会使用户易于受到企图截获用户密码的攻击。用户登录之前需按【Ctr1+Alt+Del】组合键可确保用户输入其密码时通过信任的路径进行通信。

(4)关机：允许系统在未登录的情况下关闭。建议配置为：禁用。

(5)网络安全：在超过登录时间后强制注销。建议配置为：启用。

(6)Microsoft网络服务器：对通信进行数字签名(如果客户端允许)。建议配置为：启用。

功能：该策略可以根据客户端的配置决定是否对服务端的SMB组件进行数字签名。启动该策略后，在进行过网络验证后，如果经过协商，服务器发现客户端可以接受数字签名，就会自动将SMB数据包进行数字签名。数字签名不仅可以防止数据在传输过程中被篡改，还可以保证数据的准确性。

需要启动的数字签名安全选项还包括：Microsoft网络服务器，对通信进行数字签名(始终)；Microsoft网络客户端，对通信进行数字签名(如果服务器允许)；Microsoft网络客户端，对通信进行数字签名(始终)。

(7)网络访问:限制对命名管道和共享的匿名访问。建议配置为:启用。

功能:防止匿名访问命名管道和共享。

(8)恢复控制台:允许自动管理登录。建议配置为:禁用。

功能:此安全设置确定授权访问系统之前是否必须提供Administrator账户的密码。如果启用了此选项,恢复控制台不会要求提供密码,而会自动登录系统。

(9)网络访问:可远程访问的注册表路径。建议配置为:清空。

功能:此安全设置确定哪些注册表项可以通过网络进行访问,应该将其清空。同样需要被清空的还包括"网络访问:可远程访问的注册表路径和子路径"。

Windows系统提供了很多安全选项,上文只给出系统安全加固中一些必要的安全选项配置,其他安全选项配置将不一一列举。

2.打开安全选项的方法

在"服务器管理器"中依次单击"工具"→"本地安全策略"→"本地策略"→"安全选项",在打开的页面中进行配置,如图4-38所示。

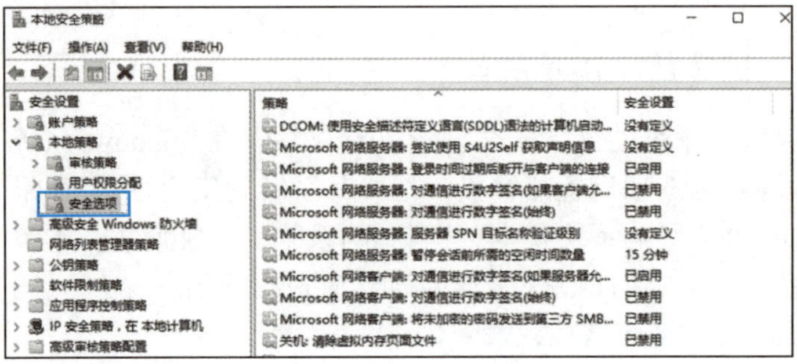

图4-38 安全选项界面

任务4-11 其他安全检查加固

其他安全检查加固

除上述已经介绍的安全加固检查内容外,Windows系统安全加固还包括防火墙设置、操作系统补丁管理、防病毒软件等部分。本节将对Windows安全加固中要注意的其他事项进行介绍。

1.防火墙设置

对于Windows防火墙配置而言,其要求该Windows首先开启防火墙功能,然后使用高级安全防火墙设置。Windows高级安全防火墙主要包括"入站规则"(所有控制传入连接的规则)和"出站规则"(所有控制传出连接的规则)。入站规则配置可以有效地对Windows系统端口输入规则进行过滤,常见端口都可以通过配置入站规则的方式阻止其他主机进行连接,例如:远程桌面3389端口,SMB服务的445与139端口,Telnet的23端口,FTP的21端口等。出站规则可以有效地防止计算机病毒触发的反弹shell连接等。

除了高级防火墙配置外,基于端口的防护还可以使用Windows安全设置中的"IP安全策略"对特定端口设置黑、白名单进行防护。

打开防火墙的方法:依次选择"控制面板"→"系统和安全"→"Windows防火墙"→"自定

义设置”，启用或关闭Windows防火墙，如图4-39所示。

高级安全Windows防火墙入站规则配置方法：依次单击“高级设置”→“入站规则”→右击“新建规则”→“选择端口”，默认选择TCP协议，然后选择特定本地端口，阻止连接，默认选项（域、专用，公用），填写名称，单击“完成”按钮。

根据“端口”创建入站规则的方式，通过单击“新建规则”则会打开“新建入站规则向导”对话框，如图4-40所示。

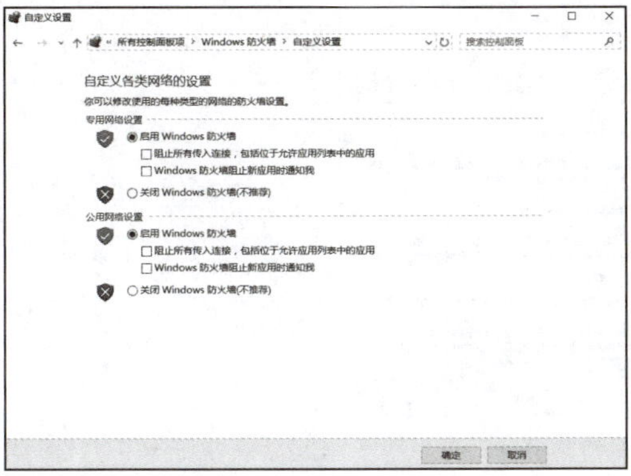

图4-39 防火墙设置窗口

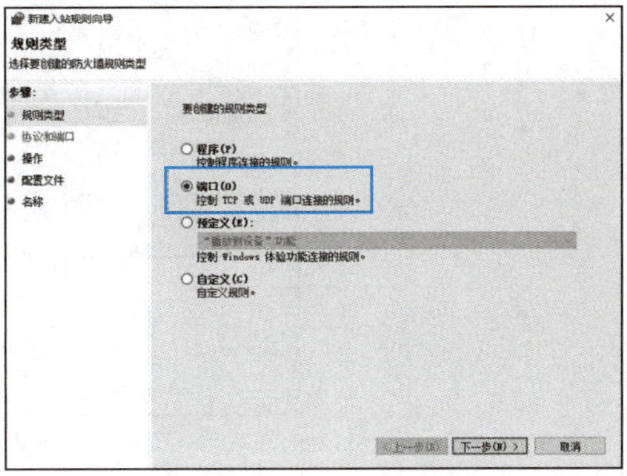

图4-40 新建入站规则对话框

2.操作系统补丁管理

为操作系统安装补丁和应用程序安装补丁是系统安全加固最重要的一环。因为随着时间的延长，厂商可能会发现一些在测试阶段没有发现的漏洞，这时就会发布补丁程序，对自己的程序进行修补。

加固过程中，对操作系统补丁要求：

（1）开启自动更新功能及时更新补丁

（2）确保近一周之前的重要补丁均已安装

打开自动更新功能方法：打开“运行”对话框，输入“gpedit.msc”，单击“确定”按钮；依次单击“计算机配置”→“管理模板”→“Windows组件”→“Windows更新”→“配置自动更新”，定制Windows自动更新计划，如图4-41所示。

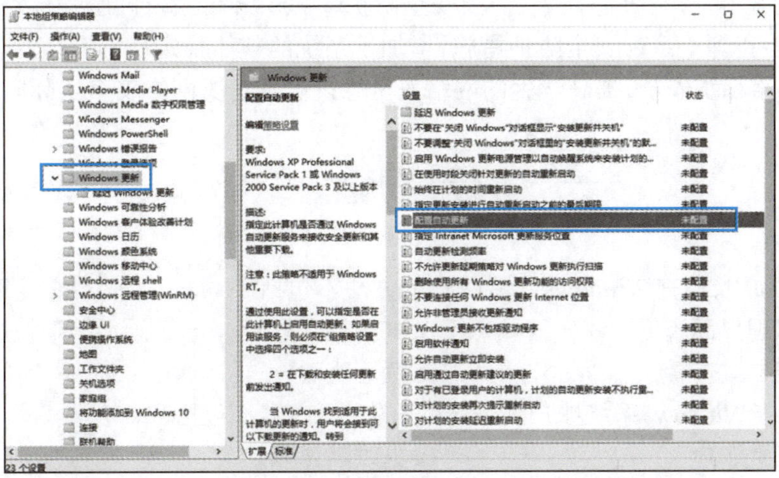

图4-41 Windows系统更新界面

配置自动更新方法：选择“配置自动更新”，启动该策略，配置自动更新时间与安装微软产品的更新，如图4-42所示。为防止自动更新安装后重启，建议配置“对于已登录的用户，计划的自动更新安装不执行重新启动”为启用策略。

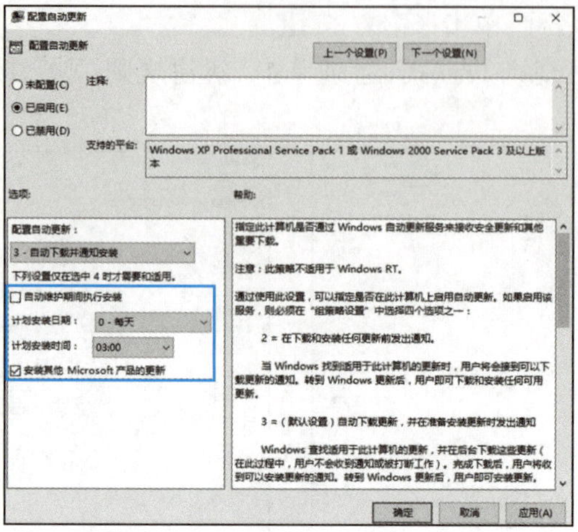

图4-42 设置自动更新窗口

3. 防病毒软件

如果病毒、蠕虫、特洛伊木马程序感染计算机会给系统带来很多麻烦，一些病毒的泛滥也会造成重大损失。因此，Windows主机加固过程中防病毒软件的安装必不可少。常见的杀毒软件有360安全卫士、火绒安全、金山毒霸、卡巴斯基、迈克菲等。杀毒软件的安装与使用部分本节将不再详述。

本项目小结

本项目主要讲解了如何对网络操作系统的安全进行加固，通过网络操作系统中的账户管理与授权检查、审核与日志检查、协议安全防护、共享文件夹检查、服务检查、安全选项检查、其他安全检查等一系列安全防护措施，增加了系统的整体稳定性和安全性。本项目的实操都是涉及网络系统安全，提高学生的网络安全意识以及解决网络安全实际问题的能力。

本项目练习

一、选择题

1. 下列选项中，检查Windows隐藏账户的方法不包括（　　）。

A. 账户管理界面查看　　B.DOS指令查看

C. 注册表方式查看　　D. 远程查看

2. 对于检查Windows系统账户而言，检查的主要内容不包括（　　）。

A. 检查正常账户　　B. 更改默认账户

C. 禁用Guest账户　　D. 检查可疑账户

3.对于Windows系统中的审核策略,需要将其设置的状态为(　　)。

A.成功　　B.失败　　C.成功,失败　　D.上述均不是

4.在Windows授权检查过程中,从远程系统强制关机应授权的用户组为(　　)。

A.Administrators组　　B.Users组　　C.Guests组　　D.Network组

5.下列选项中,不属于Windows系统基线加固中文件权限检查的内容是(　　)。

A.Everyone权限检查　　B.NTFS权限设置

C.共享文件设置　　D.远程桌面设置

二、填空题

1.Windows系统加固中口令检查包括的两部分为______、______。

2.账户锁定策略需配置的三部分为______、______、______。

3.Windows系统加固中修改日志设置包括的三部分为______、______、______。

4.Windows系统加固主要包括______、______、______、______、______、______。

三、实操题

任务　网络操作系统安全加固

1.实训目的

掌握系统账户检查过程

掌握相关账户口令检查过程

掌握审核策略和日志检查的过程

掌握协议安全配置过程

掌握系统安全检查过程

2.实训要求

账户口令设置:

(1)在虚拟机里安装一台独立的Windows Server 2016网络操作系统。

(2)打开本地策略页面,在密码策略里设置相应的策略:开启密码必须符合复杂性要求、密码长度最小值为8位、密码最短和最长使用期限分别为1天和100天、启用还原的加密来存储密码等操作。

(3)账户锁定策略配置,在“账户策略”→“账户锁定策略”下设置账户锁定时间、账户锁定阈值、重置账户锁定计数器等。

项目5

DNS服务器配置与管理

模块描述

本项目详细介绍DNS的基本原理和部署方案，让读者了解DNS结构和域名空间、掌握DNS名称的解析方式、掌握DNS名称解析查询模式、掌握DNS服务器的安装与管理、掌握设置DNS区域选项、掌握增加DNS资源记录过程、掌握DNS客户端配置管理等。

知识目标

- 掌握DNS域名空间结构及层次功能
- 掌握DNS域名解析的方法
- 掌握DNS域名解析查询模式分类
- 掌握DNS域名服务器工作原理

技能目标

- 掌握DNS域名服务器规划过程
- 掌握添加DNS服务器角色过程
- 掌握添加DNS区域和资源记录过程
- 掌握配置DNS客户端方法
- 掌握部署唯缓存DNS服务器过程
- 掌握部署辅助DNS服务器过程

素质目标

- 培养动手操作能力
- 增强团队合作意识
- 培养工匠精神，提高职业道德意识
- 提升科学道德素养和爱国意识

5.1 项目知识准备——DNS域名解析基础

在网络中，每个设备必须分配一个唯一的地址。计算机在网络上通信时只能识别如166.111.4.100之类的数字地址，而人们在使用网络资源的时候，为了便于记忆和理解，更倾向于使用有代表意义的名称，如域名www.tsinghua.edu.cn（清华大学）。

DNS服务器就承担了将域名转换成IP地址的功能。这就是在浏览器地址栏中输入如www.tsinghua.edu.cn的域名后，便能看到清华大学页面的原因。输入域名后，有一台称为DNS服务器的计算机自动把域名"翻译"成相应的IP地址。DNS实际上是域名系统的缩写，它的目的是为客户机对域名的查询提供该域名的IP地址，以便用户用易记的名字搜索和访问必须通过IP地址才能定位的本地网络或Internet上的资源。

DNS服务使得网络服务的访问更加简单，对于一个网站的推广、发布起到极其重要的作用。而且许多重要网络服务的实现，也需要借助于DNS服务。因此，DNS服务可视为网络服务的基础。另外，在稍具规模的局域网中，DNS服务也被大量采用，因为DNS服务不仅可以使网络服务的访问更加简单，而且可以完美地实现网络服务与Internet的融合。

5.1.1 DNS结构与域名空间

域名系统DNS的核心思想是分级，是一种分布式的、分层次型的、客户机服务器模式的数据库管理系统。它主要用于将主机名或电子邮件地址映射成IP地址。一般来说，每个组织都有自己的DNS服务器并维护域名称映射数据库记录或资源记录。每个登记的域都将自己的数据库列表提供给整个网络复制。

目前负责管理全世界的IP地址的组织是国际互联网络信息中心（Internet Network Information Center, InterNIC），在InterNIC之下的DNS结构共分为若干个域（Domain）。图5-1所示的阶层式树状结构称为域名空间（Domain Name Space，DNS）结构。DNS结构如一棵倒过来的树，层次结构非常清楚，根域位于最顶部，紧接着在根的下面是几个顶级域，每个顶级域又进一步划分为不同的二级域，二级域下面再划分子域，子域下面可以有主机，也可以再分子域，直到最后是主机。

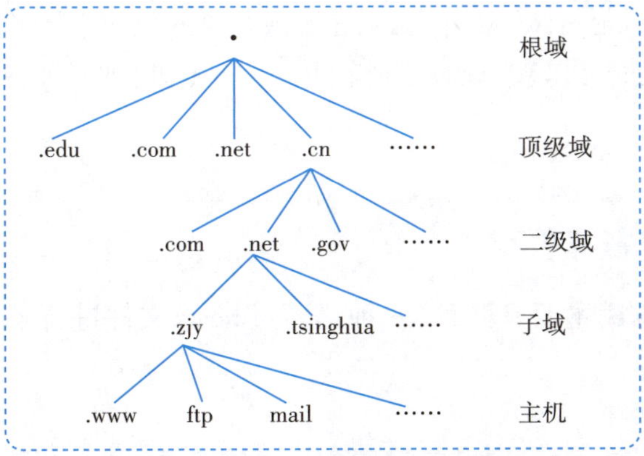

图5-1 域名空间结构

将这个树状结构称为域名空间(Domain Name Space),DNS树中每个节点代表一个域,通过这些节点对整个域名空间进行划分,形成一个层次结构,最大深度不得超过127层,域名空间的每个域的名字通过域名进行表示。与文件系统的结构类似,每个域都可以用相对或绝对的名称来标识。相对于父域(上一级域)来表示一个域,可以用相对域名;绝对域名指完整的域名,称为FQDN(可译为“全称域名”或“完全规范域名”),采用从节点到DNS树根的完整标识方式,并将每个节点用符号“.”分隔。要在整个Internet范围内来识别特定的主机,必须用FQDN,例如google.com。

FQDN有严格的命名限制,长度不能超过256字节,只允许使用字符a~z、0~9、A~Z和减号“-”。点号“.”只允许在域名标识符之间或者FQDN的结尾使用。域名不区分大小。Internet上每个网络都必须向InterNIC(国际互联网络信息中心)注册自己的域名,这个域名对应于自己的网络,是网络域名。拥有注册域名后,即可在网络内为特定主机或主机的特定应用程序或服务自行指定主机名或别名,如www、ftp。对于内网环境,可不必申请域名,完全按自己的需要建立自己的域名体系。

1. 根域

在图5-1中,位于层次结构最高端的是域名树的根,提供根域名服务,用“.”表示。在Internet中,根域是默认的,一般都不需要表示出来。全世界共有13台根域服务器,它们分布于世界各大洲,并由InterNIC管理。根域名服务器中并没有保存任何网址,只具有初始指针指向第一层域,也就是顶级域,如com、edu、net等。

2. 顶级域

顶级域位于根域之下,数目有限,且不能轻易变动。顶级域也是由InterNIC统一管理的。在Internet中,顶级域大致分为两类:各种组织的顶级域(机构域)和各个国家或地区的顶级域(地理域)。

3. 子域

在DNS域名空间中,除了根域和顶级域之外,其他域都称为子域。子域是有上级域的域,一个域可以有许多个子域。子域是相对而言的,如www.zjy.edu.cn中,zjy.edu是cn的子域,zjy是edu.cn的子域。

4. 主机

在域名层次结构中,主机可以存在于根以下的各层上。由于域名树是层次型的而不是平面型的,因此只要求主机名在每一连续的域名空间中是唯一的,而在相同层中可以有相同的名字。如www.sina.com.cn、www.zjy.edu.cn都是有效的主机名。也就是说,即使这些主机有相同的名字www,但都可以被正确地解析到唯一的主机,即只要主机是在不同的子域的,就可以重名。

5.1.2 DNS域名解析方式

DNS名称的解析方法主要有两种,一种是通过hosts文件进行解析,另一种是通过DNS服务器进行解析。

1. 利用hosts文件解析

hosts文件解析只是Internet中最初使用的一种查询方式。采用hosts文件进行解析时,必须由人工输入、删除、修改所有DNS名称与IP地址的对应数据，即把全世界所有的DNS名称写在一个文件中，并将该文件存储到解析服务器上。客户端如果需要解析名称，就到解析服务器上查询hosts文件。全世界所有的解析服务器上的hosts文件都需保持一致。当网络规模较小时，hosts文件解析还是可以采用的。然而，当网络规模越来越大时，为保持网络里所有服务器中的hosts文件的一致性，就需要进行大量的管理和维护工作。在大型网络中，这将是项沉重的负担，此种方法显然是不适用的。在Windows Server 2016中，hosts文件位于C:windows\system32\drivers\etc目录中，hosts是一个纯文本文件，如图5-2所示。

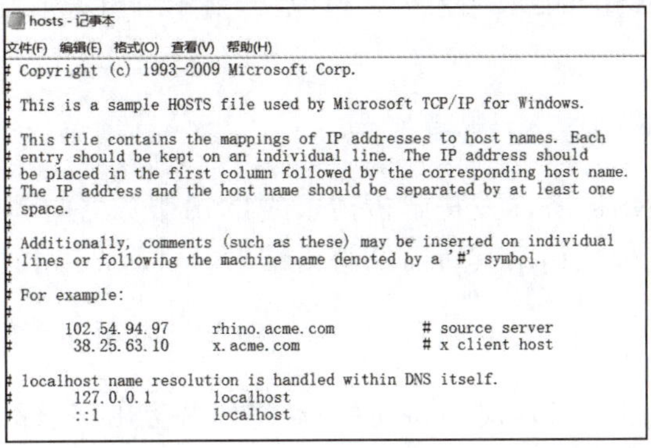
hosts - 记事本
文件(F) 编辑(E) 格式(O) 查看(V) 帮助(H)

```
# Copyright (c) 1993-2009 Microsoft Corp.
#
# This is a sample HOSTS file used by Microsoft TCP/IP for Windows.
#
# This file contains the mappings of IP addresses to host names. Each
# entry should be kept on an individual line. The IP address should
# be placed in the first column followed by the corresponding host name.
# The IP address and the host name should be separated by at least one
# space.
#
# Additionally, comments (such as these) may be inserted on individual
# lines or following the machine name denoted by a '#' symbol.
#
# For example:
#
#      102.54.94.97     rhino.acme.com          # source server
#       38.25.63.10     x.acme.com              # x client host
#
# localhost name resolution is handled within DNS itself.
#	127.0.0.1       localhost
#	::1             localhost
```

图5-2 hosts文件

2. 利用DNS服务器解析

DNS服务器是目前Internet上最常用也是最便捷的名称解析方法。全世界由众多DNS服务器构成了一个分布式的DNS名称解析网络。例如，tsinghua.edu.cn的DNS服务器只负责本域内数据的更新，而其他DNS服务器并不知道也无须知道tsinghua.edu.cn域中有哪些主机，但它们知道tsinghua.edu.cn的DNS服务器的位置；当需要解析www.tsinghua.edu.cn时，它们就会向tsinghua.edu.cn的DNS服务器请求帮助。采用这种分布式解析结构时，一台DNS服务器出现问题并不会影响整个体系，而数据的更新操作也只在其中的一台或几台DNS服务器上进行，使整体的解析效率大大提高。

3. 域名解析过程

DNS域名解析过程如图5-3所示，具体步骤如下。

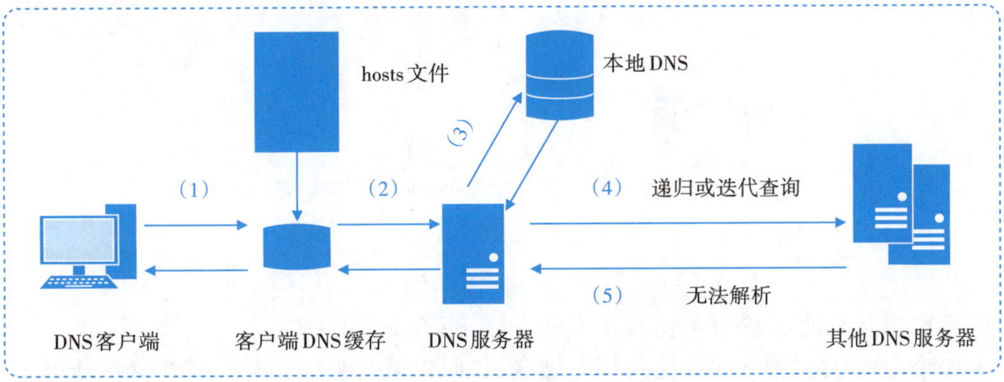

图5-3 DNS域名解析过程

(1)使用客户端本地DNS解析程序缓存进行解析，如果解析成功，返回相应的IP地址，查询完成。

(2)如果hosts文件无法解析，客户端将名称查询提交给所设定的首选(主)DNS服务器。

(3)DNS服务器接到查询请求，搜索本地DNS区域数据文件(存储域名解析数据库)，如果查到匹配信息，则作出权威性应答，返回相应的IP地址，查询完成。否则继续解析过程。

(4)如果本地DNS服务器无法解析，则使用递归查询或者迭代查询来完全解析名称，这需要其他DNS服务器的支持。

(5)如果还不能解析该名称，则客户端按照所配置的DNS服务器列表，依次查询其中所列的备用DNS服务器，也有可能最终无法解析成功，显示解析失败。

5.1.3 DNS域名解析查询模式

当DNS客户端向DNS服务器发送解析请求或DNS服务器向其他DNS服务器转发解析请求时，均需要使用查询模式请求其所需的解析结果。目前，使用的查询模式主要有递归查询、迭代查询和反向查询。

1. 递归查询

递归查询是最常见的查询方式，域名服务器将代替提出请求的客户端(下级DNS服务器)进行域名查询。若域名服务器不能直接回答，则域名服务器会在域各树中的各分支的上下进行递归查询，最终将查询结果返回给客户端。在域名服务器查询期间，客户机完全处于等待状态，查询过程如图5-4所示。

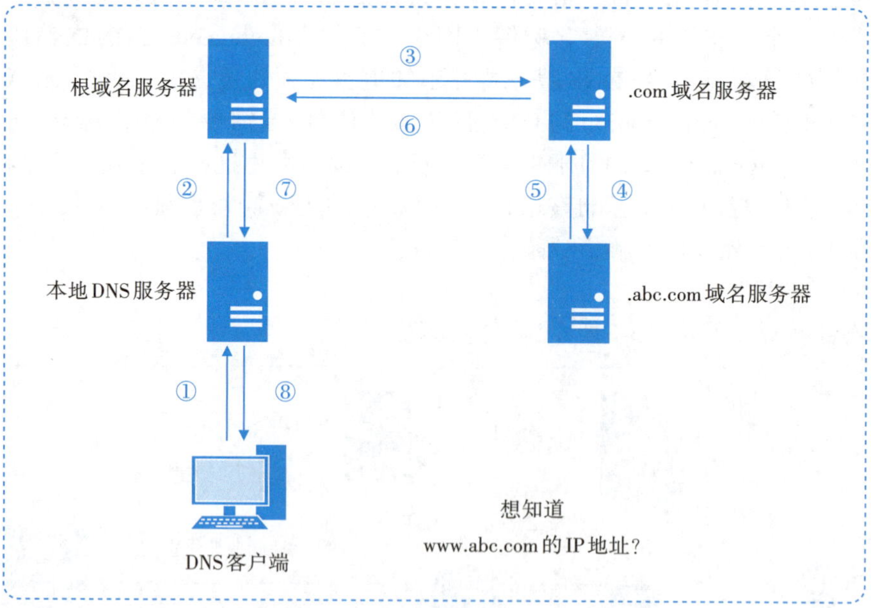

图5-4 递归查询过程

- 客户端向本地DNS服务器直接查询www.abc.com的域名。
- 如果本地DNS服务器无法解析此域名，先向根域名服务器发出请求，查询域名。
- 如果根域名DNS服务器无法解析此域名，然后向.com域名服务器查询域名。
- 如果.com域名服务器无法解析此域名，再向.abc.com域名服务器查询。
- 这时.abc.com域名服务器解析完成后，它把这个结果返回给DNS客户端，从而使客户端能够和远程主机通信。

2.迭代查询

当服务器收到DNS工作站的查询请求后，如果在DNS服务器中没有查到所需数据，该DNS服务器便会告诉DNS工作站另外一台DNS服务器的IP地址，然后由DNS工作站自行向此DNS服务器查询，以此类推，直到查到所需数据为止。如果到最后一台DNS服务器都没有查到所需数据，则通知DNS工作站查询失败。一般，在DNS服务器之间的查询请求属于迭代查询（DNS服务器也可以充当DNS工作站的角色），在DNS客户端与本地DNS服务器之间的查询属于递归查询，查询过程如图5-5所示。

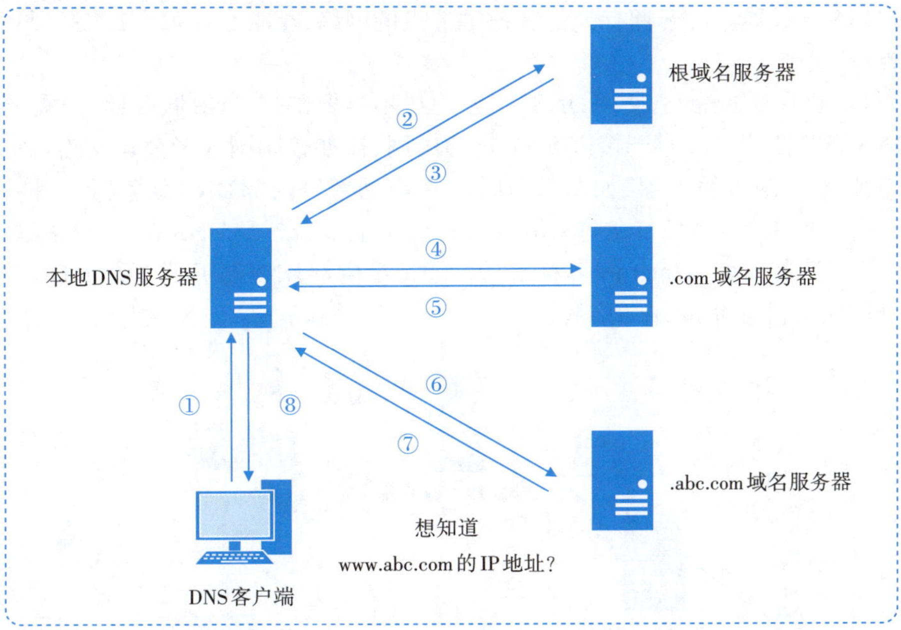

图5-5 迭代查询过程

- 客户端向本地DNS服务器直接查询www.abc.com的域名。
- 本地DNS服务器无法解析此域名，先向根域名服务器发出请求，查询.com的DNS地址。
- 根域名服务器收到请求后，把解析结果返回给本地DNS服务器。
- 本地DNS服务器得到查询结果后，接着向管理.com域的DNS服务器发出进一步的查询请求，要求得到abc.com的DNS地址。
- .com域名服务器把解析结果返回给本地DNS服务器。
- 本地DNS服务器得到查询结果后，接着向管理.abc.com域服务器发出查询具体的主机IP地址的请求（www），要求得到满足要求的主机IP地址。
- .abc.com域名服务器把解析结果返回给本地DNS服务器。
- 本地DNS服务器得到了最终的查询结果。它把这个结果返回给客户端，从而使客户端能够和远程主机通信。

3.反向查询

反向查询是通过DNS客户端提供的IP地址来查询主机完整域名，但是域名与IP地址之间无法建立直接对应关系，所以要在DNS服务器内创建一个反向型查询的区域。

5.1.4 DNS服务器网络规划

DNS服务器规划决定网络中需要的DNS服务器的数量及其角色，DNS服务器角色主要指是首选服务器（或主服务器），还是备份（或辅助）服务器？

如果仅在内网中提供DNS服务器，需要部署内部DNS服务器，该服务器为根域和顶级域主持区域，可以选择任何DNS命名标准配置DNS服务器，作为网络DNS分布式设计的有效根服务器。内网多为高速局域网，可减少DNS服务器部署的数量，即使对于较大的、有多重子网的网络区域，往往也只需部署一台DNS服务器。为提供备份和故障转移，可再配置一台备份DNS服务器。对于拥有大量客户端节点的网络，至少要在每个DNS区域上使用两台服务器计算机。

如果只需要在Internet上使用DNS，一般用户不需要部署DNS服务器，只需要使用ISP提供的DNS服务器即可。对于接入Internet的内网，比如校园网或者公司网络，其方案是在内、外网分别部署DNS服务器，如图5-6所示，在内网部署内部DNS服务器，主持内部DNS名称空间，负责内部域名解析；在防火墙外面的公网上部署外部DNS服务器（多数直接使用公共的DNS服务器），负责Internet名称解析。通常在内部DNS服务器上设置DNS向外转发功能，便于内网主机查询Internet名称。

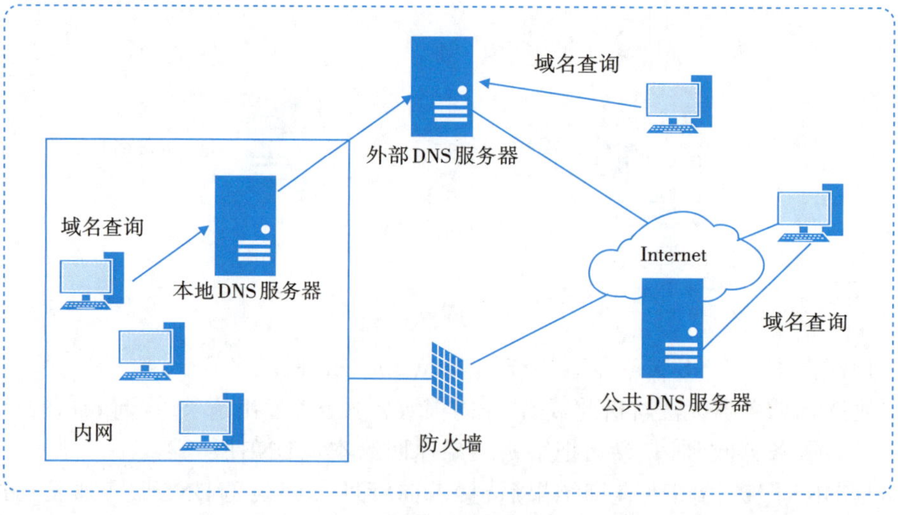

图5-6 内外网分别部署DNS服务器

本案例以某企业内网部署DNS服务器为例，两台服务器和一台客户端。一台服务器Server-1为主DNS服务器，其IP地址为192.168.1.1/24；另一台服务器Server-2为唯缓存DNS服务器和辅助DNS服务器，客户端作为DNS测试用，整个网络部署如图5-7所示。

图5-7中三台设备的主DNS服务器和备用DNS服务器地址随着实验的要求会有所不同，请读者在案例实施时特别注意。

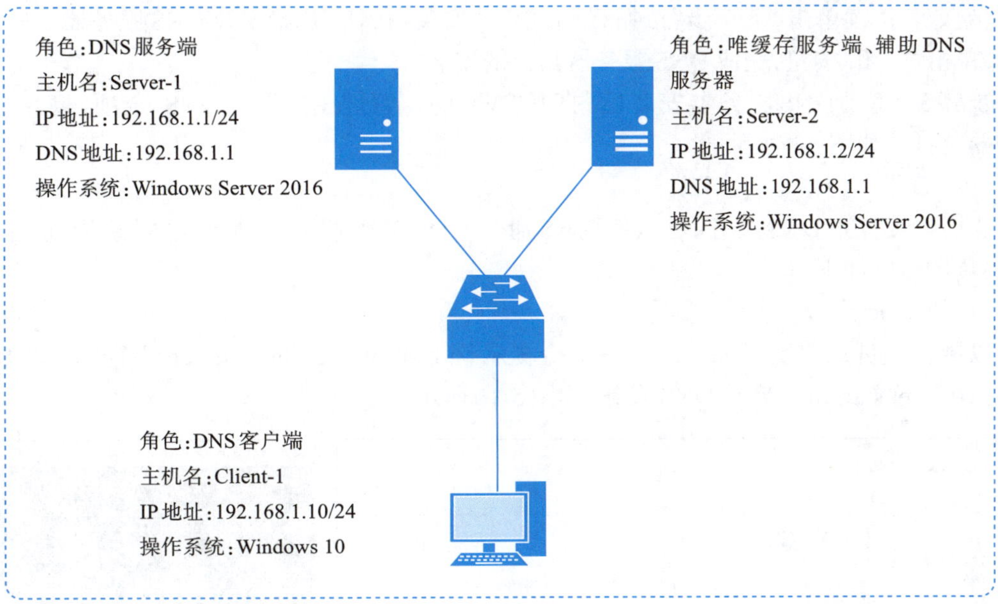

图5-7　DNS服务器部署网络拓扑图

5.2　项目实施——部署并配置DNS服务器

任务5-1　添加DNS服务器角色

添加DNS服务器角色

设置DNS服务器的首要任务就是建立DNS区域和域的树状结构。DNS服务器以区域为单位来管理服务。DNS区域分为两类:一类是正向搜索区域,即域名到IP地址的数据库,用于提供将域名转换为IP地址的服务;另一类是反向搜索区域,即IP地址到域名的数据库,用于提供将IP地址转换为域名的服务。

1. 安装DNS服务器角色

在安装Active Directory域服务角色时,可以选择一起安装DNS服务器角色,如果没有安装,那么可以在计算机“Server-1”上通过“服务器管理器”安装DNS服务器角色。具体步骤如下。

步骤1　选择“服务器管理器”→“仪表板”→“添加角色和功能”命令,持续单击“下一步”按钮,直到出现图5-8所示的“选择服务器角色”窗口时勾选“DNS服务器”复选框,单击“添加功能”按钮。

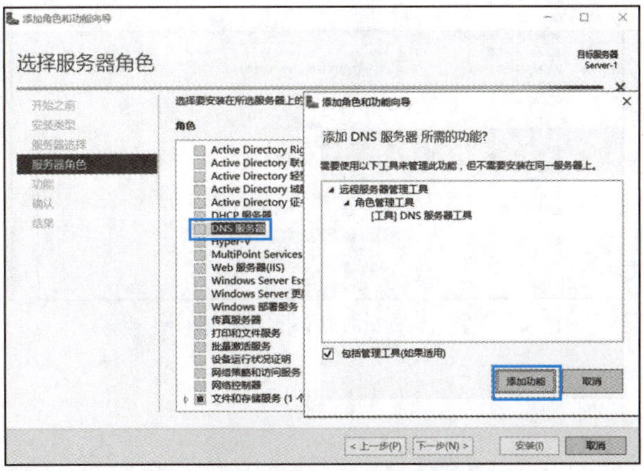

图5-8　选择“DNS服务器”

步骤2　持续单击“下一步”按钮，最后单击“安装”按钮，开始安装DNS服务器。安装完毕后，单击“关闭”按钮，完成DNS服务器角色的安装。

步骤3　完成DNS服务器安装后，打开“Windows管理工具”→“DNS”选项，打开“DNS管理器”窗口，如图5-9所示。

2.DNS服务的停止和启动

要启动或停止DNS服务，可以使用net命令、“DNS管理器”控制台或“服务”控制台三种方式，具体步骤如下。

（1）使用net命令

以域管理员账户登录Server-1，在命令提示符下输入命令“net stop dns”停止DNS服务，输入命令“net start dns”启动DNS服务，如图5-10所示。

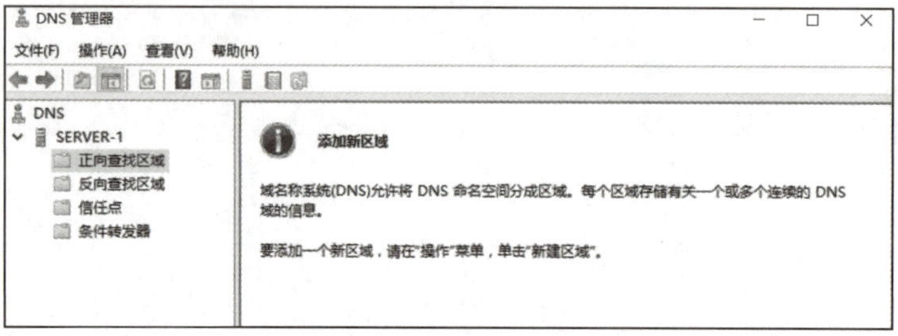

图5-9　“DNS管理器”窗口

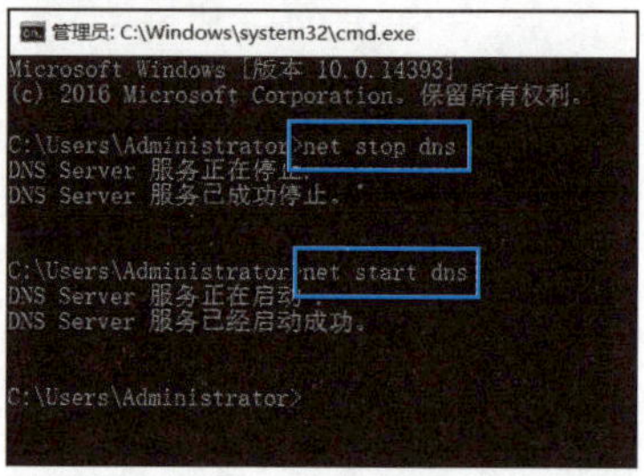

图5-10　命令行停止和启动DNS服务

（2）使用“DNS管理器”控制台

选择“服务器管理器”→“工具”→“DNS”命令，打开“DNS管理器”控制台，在左侧控制台树中用鼠标右键单击服务器“Server-1”选项，在弹出的快捷菜单中选择“所有任务”→“停止”“启动”“暂停”或“重新启动”命令，即可停止或启动DNS服务，如图5-11所示。

（3）使用“服务”控制台

选择“服务器管理器”→“工具”→“服务”命令，打开“服务”控制台，找到“DNS Server”服务，选择“启动”或“停止”命令即可启动或停止DNS服务，如图5-12所示。

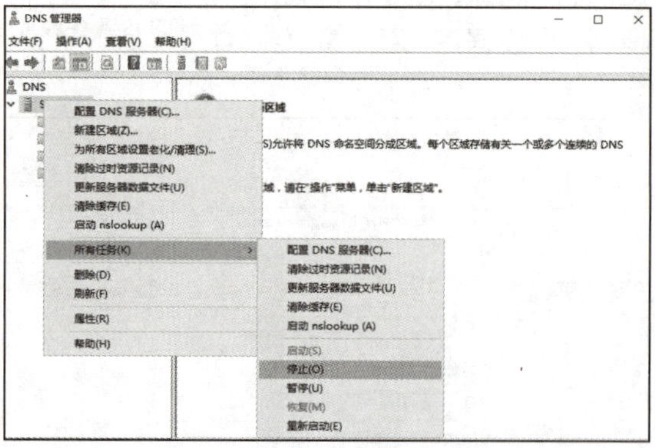

图5-11　DNS管理器窗口停止和启动DNS服务

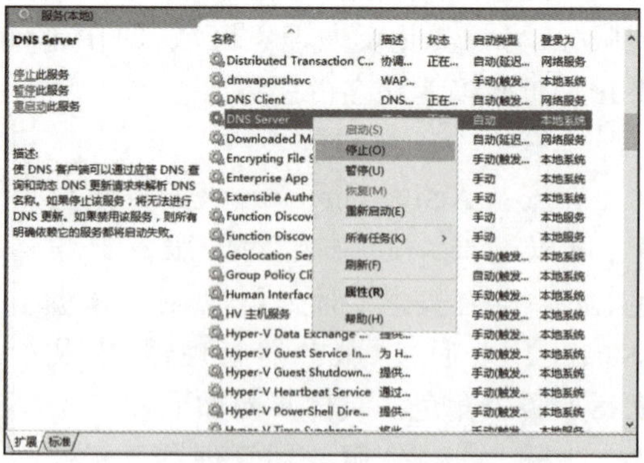

图5-12　“服务”窗口停止和启动DNS服务

任务5-2 添加DNS区域和资源记录

添加DNS区域和资源记录

前面小节中已经在Server-1服务器上安装了“DNS服务器”角色和功能。下面对DNS区域进行配置。

1. 创建正向查询区域

在DNS服务器上创建正向主要区域“abc.com”，具体步骤如下。

步骤1 在Server-1上，选择“服务器管理器”→“工具”→“DNS”命令，打开“DNS管理器”控制台，展开DNS服务器目录树，如图5-13所示，用鼠标右键单击“正向查找区域”选项，在弹出的快捷菜单中选择“新建区域”命令，弹出“新建区域向导”对话框。

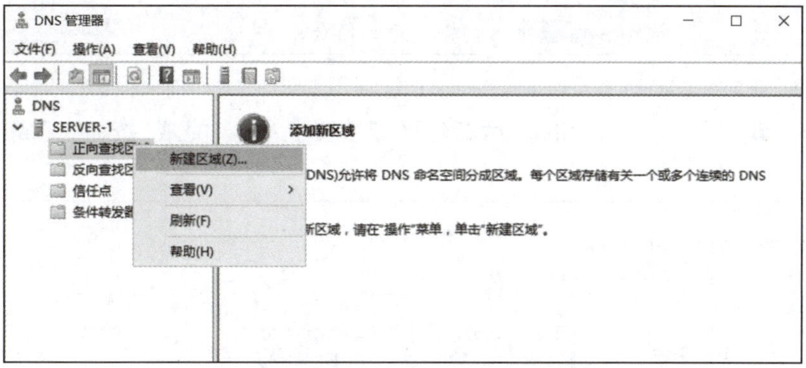

图5-13 选择“新建区域”命令

步骤2 单击“下一步”按钮，出现图5-14所示的“区域类型”对话框，用来选择要创建的区域的类型，有“主要区域”、“辅助区域”和“存根区域”3种。这里新建第一个区域，选中“主要区域”单选按钮。

步骤3 单击“下一步”按钮，在“区域名称”文本框中设置要创建的区域名称，如abc.com，如图5-15所示。区域名称用于指定DNS名称空间的部分，由此实现DNS服务器管理。

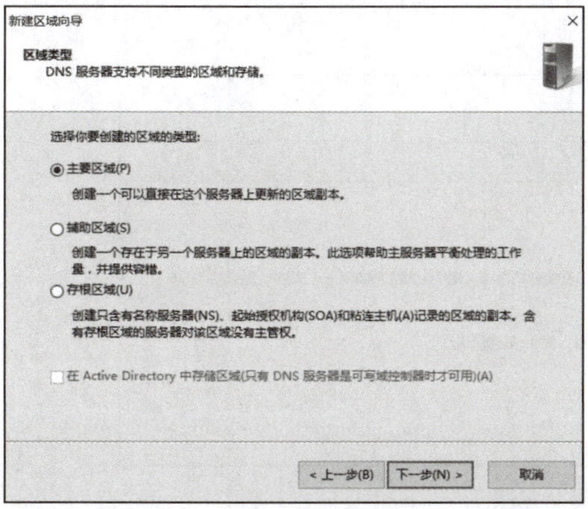

图5-14 “区域类型”对话框1

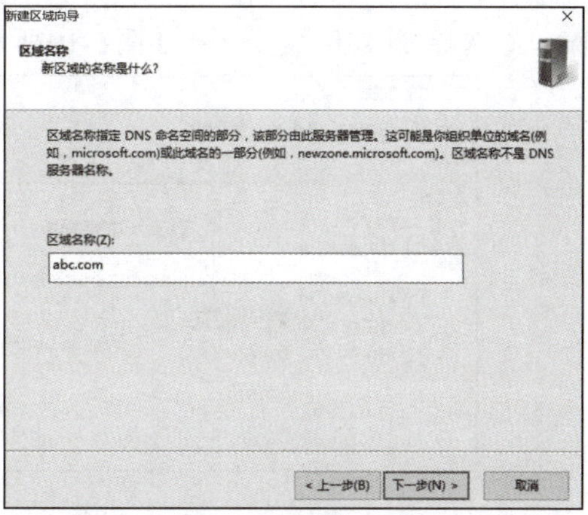

图5-15 “区域名称”对话框

步骤4 单击“下一步”按钮，创建区域文件：abc.com.dns，如图5-16所示。

步骤5 单击“下一步”按钮，选中“允许非安全和安全动态更新”单选按钮，如图5-17所示。

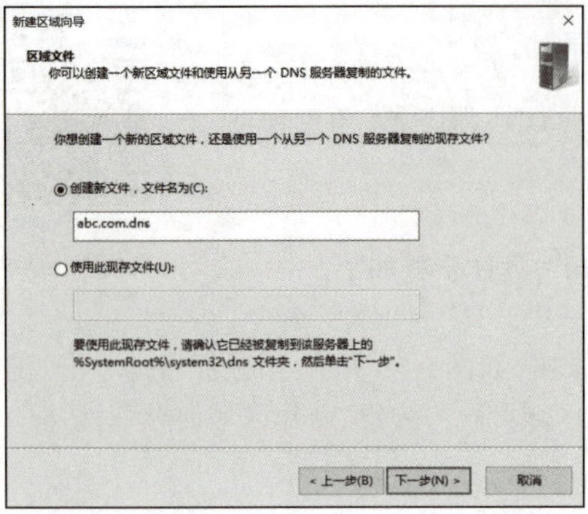

图 5-16 “区域文件”对话框

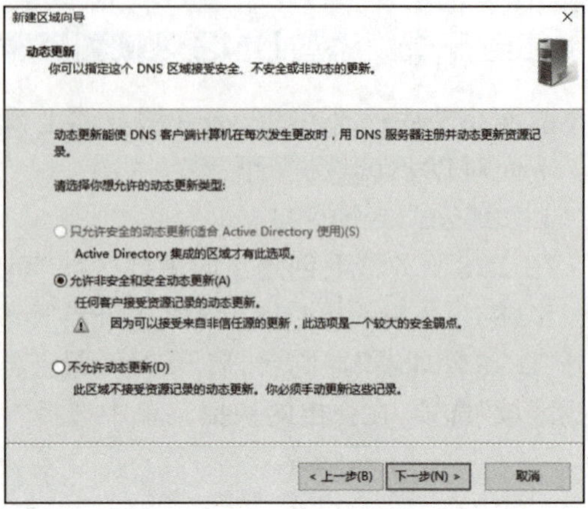

图 5-17 “动态更新”对话框

步骤 6 单击“下一步”按钮，显示新建区域摘要。单击“完成”按钮，完成区域的创建，如图 5-18 所示。

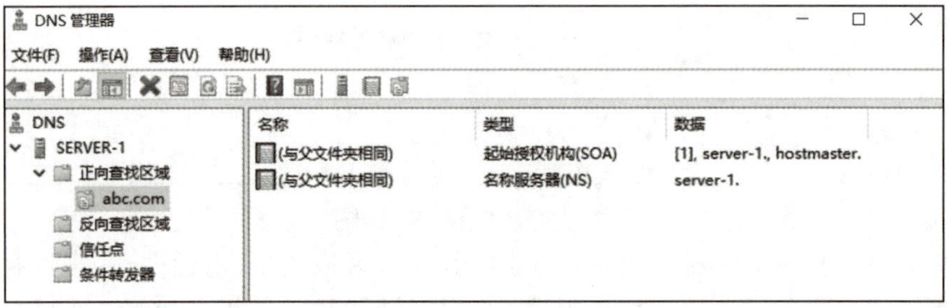

图 5-18 正向查找区域新建成功

2. 创建反向查询区域

反向查找区域用于通过 IP 地址来查询 DNS 名称。创建的具体过程如下。

步骤 1 在“DNS 管理器”控制台中，用鼠标右键单击“反向查找区域”选项，在弹出的快捷菜单中选择“新建区域”命令，如图 5-19 所示。

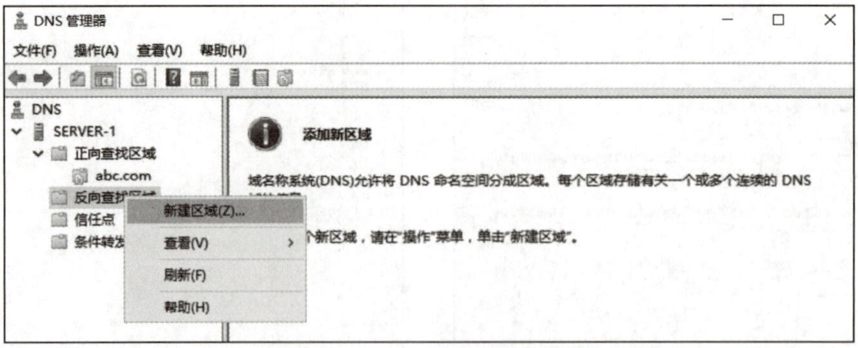

图 5-19 新建反向区域

步骤 2 进入新建区域向导，单击“下一步”，在区域类型中选中“主要区域”单选按钮，如图 5-20 所示。

步骤 3 在“反向查找区域名称”对话框中，选中“IPv4 反向查找区域”单选按钮，如图 5-21 所示。

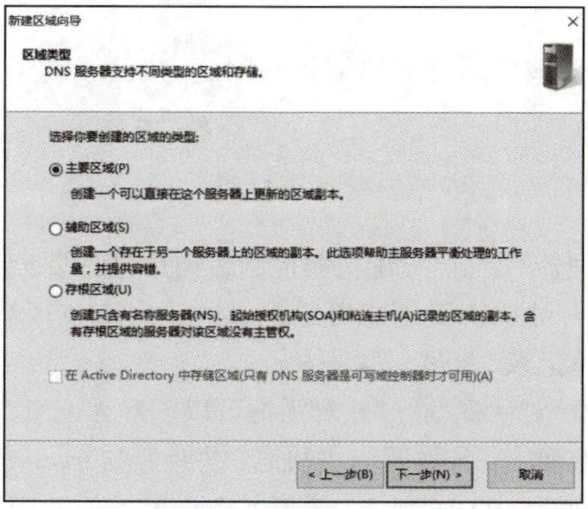

图5-20 “区域类型”对话框2

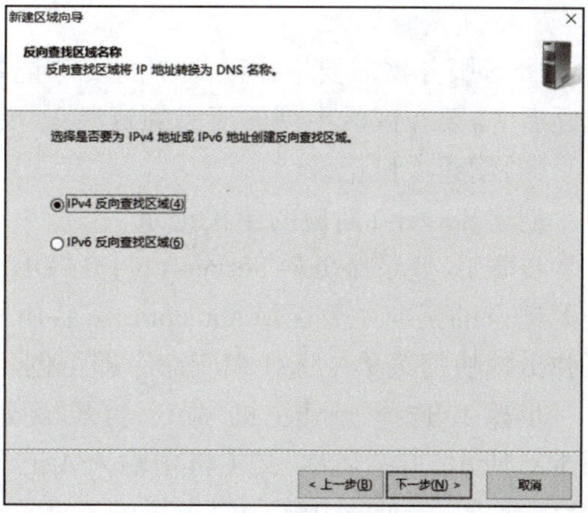

图5-21 IPv4反向查找区域

步骤4 单击“下一步”，在图5-22所示的对话框中输入网络ID或者反向查找区域名称，本例中输入的是网络ID，区域名称根据网络ID自动生成。例如，当输入网络ID为192.168.1时，反向查找区域的名称自动为1.168.192.in-addr.arpa。

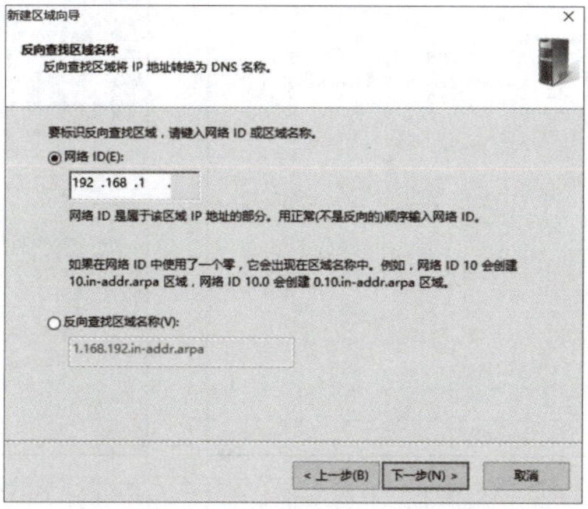

图5-22 反向查找区域名称网络ID设置

步骤5 单击“下一步”按钮，区域文件默认名称为：1.168.192.in-addr.arpa.dns。

步骤6 单击“下一步”按钮，选中“允许非安全和安全动态更新”单选按钮。

步骤7 单击“下一步”按钮，显示新建区域摘要。单击“完成”按钮，完成区域的创建。图5-23所示为创建后的效果。

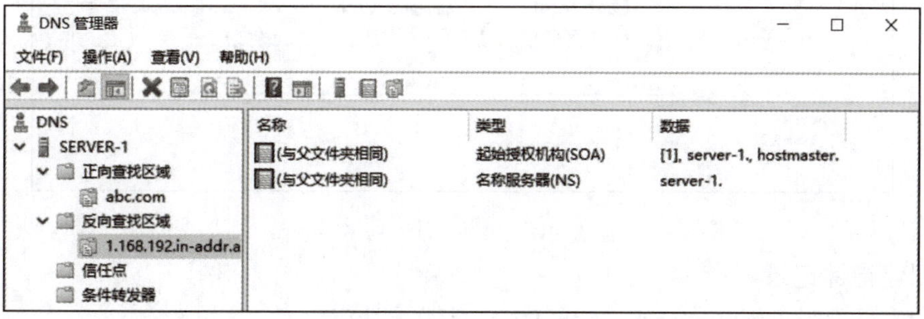

图5-23 反向查找区域新建成功

3. 创建资源记录

DNS服务器需要根据区域中的资源记录提供该区域的名称解析。因此，在区域创建完成之后，需要在区域中创建所需的资源记录。

(1)创建主机记录

创建Server-1对应的主机记录。

步骤1　登录服务器Server-1，打开“DNS管理器”控制台，在左侧控制台树中选择要创建资源记录的正向主要区域abc.com，然后用鼠标右键单击要创建资源记录的正向查找区域，在弹出的快捷菜单中选择相应命令即可创建资源记录，如图5-24所示。

步骤2　选择“新建主机”命令，打开“新建主机”对话框，通过此对话框可以创建A记录，如图5-25所示。在“名称”文本框中输入A记录的名称，该名称即为主机名，本例为“Server-1”。在“IP地址”文本框中输入该主机的IP地址，本例为192.168.1.1。若选中“创建相关的指针(PTR)记录”复选框，则在创建A记录的同时，可在已经存在的相对应的反向查找区域中创建PTR记录。若之前没有创建对应的反向查找区域，则不能成功创建PTR记录。如果这里不选中，后面可单独建立PTR记录。

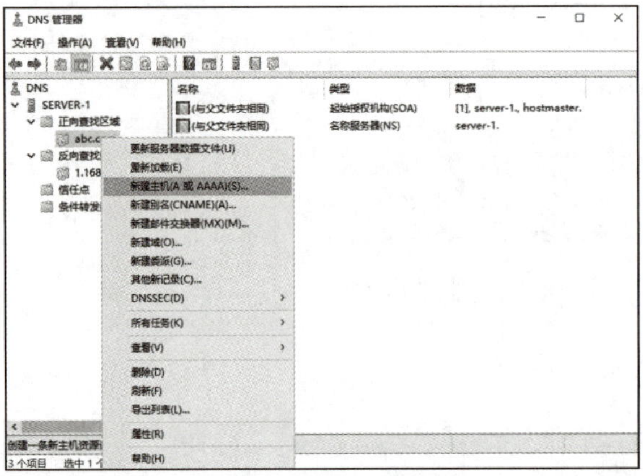

图5-24　创建资源记录

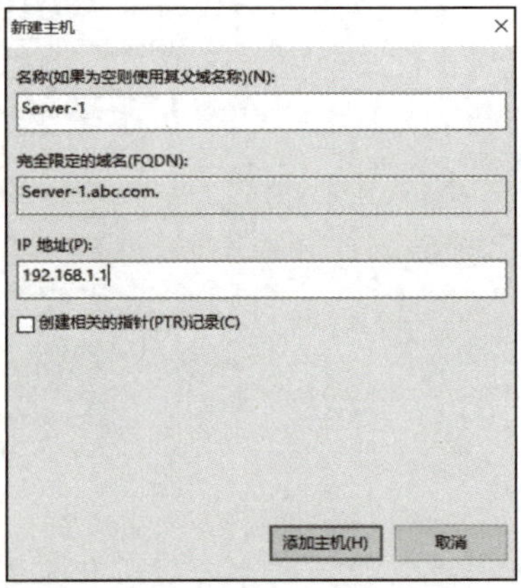

图5-25　创建A记录

步骤3　用同样的方法新建Server-2主机(A)记录，IP地址是192.168.1.2。创建完成后如图5-26所示。

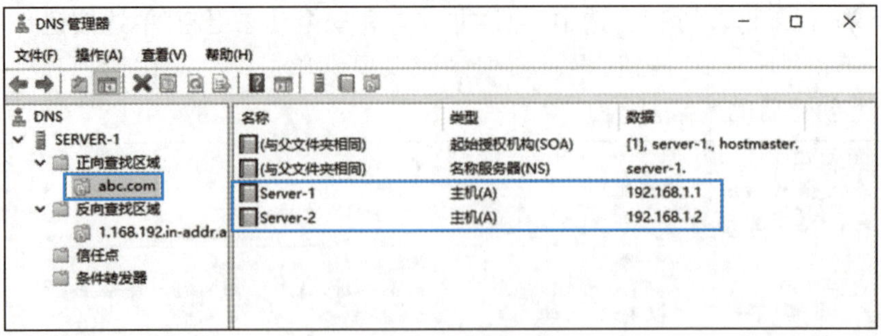

图5-26　成功创建A记录

(2)创建指针记录

步骤1　登录服务器Server-1，打开“DNS管理器”控制台。

步骤2　选择要创建资源记录的反向查找区域1.168.192.in-addr.arpa，然后右键单击要创建资源记录的反向查找区域，在弹出的快捷菜单中选择“新建指针(PTR)”命令，如图5-27所示，在打开的“新建资源记录”对话框的“指针(PTR)”选项卡中即可创建PTR记录，主机IP地址：192.168.1.1，设置主机名时，单击“浏览”按钮，选择“Server-1.abc.com”，如图5-28所示。同理创建192.168.1.2的指针记录，主机名为“Server-2.abc.com”。

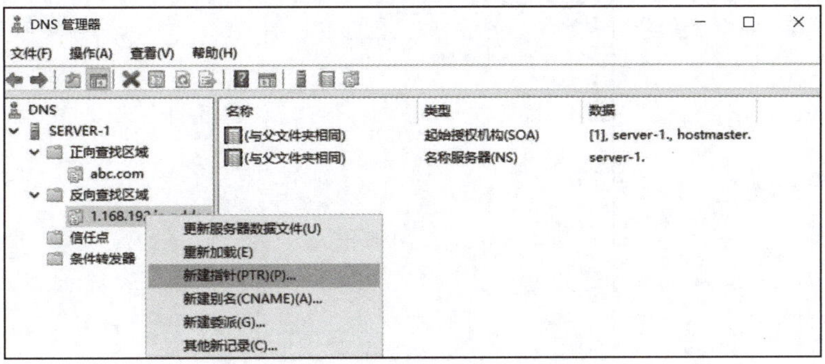

图5-27 选择“新建指针”命令

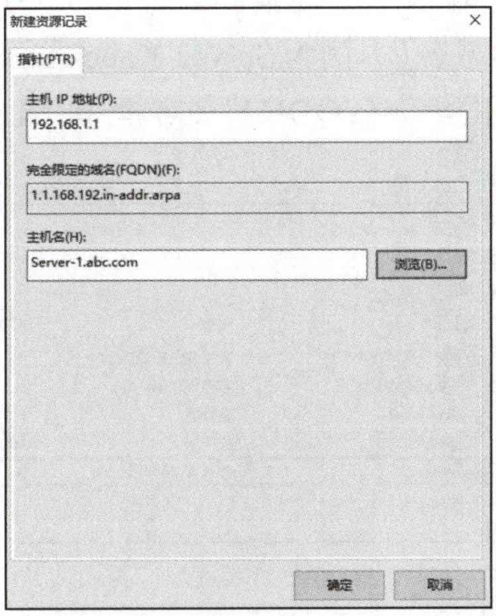

图5-28 “新建资源记录”对话框

步骤3 资源记录创建完成之后，在“DNS管理器”控制台和区域数据库文件中都可以查到这些资源记录，如图5-29所示。

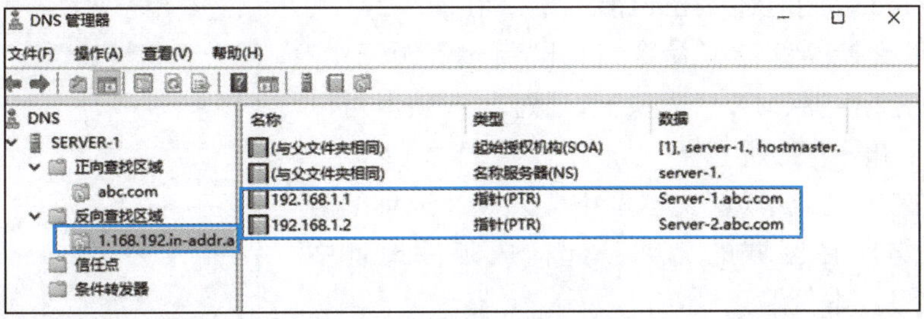

图5-29 反向查找区域资源记录

(3)创建别名记录

服务器Server-1同时还是Web服务器，为其设置别名www。步骤如下：

步骤1 在图5-24所示的窗口中，选择“新建别名(CNAME)”命令，打开“新建资源记录”

对话框的“别名(CNAMEY)”选项卡，通过此选项卡可以创建CNAME记录，如图5-30所示。

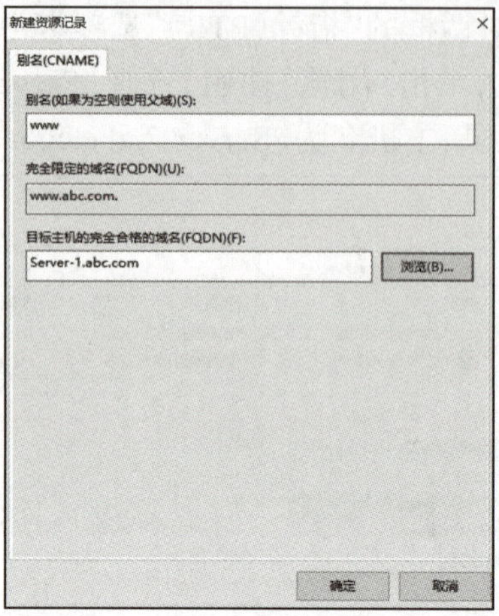

图5-30 创建CNAME记录

步骤2 在“别名”文本框中输入一个规范的名称(本例为www)，单击“浏览”按钮，选中需要定义别名的目的服务器的域名(本例为Server-1.abc.com)，或者直接输入目的服务器的名字，在“目标主机的完全合格的域名(FQDN)”文本框中，输入需要定义别名的完整DNS域名。创建完成后如图5-31所示。

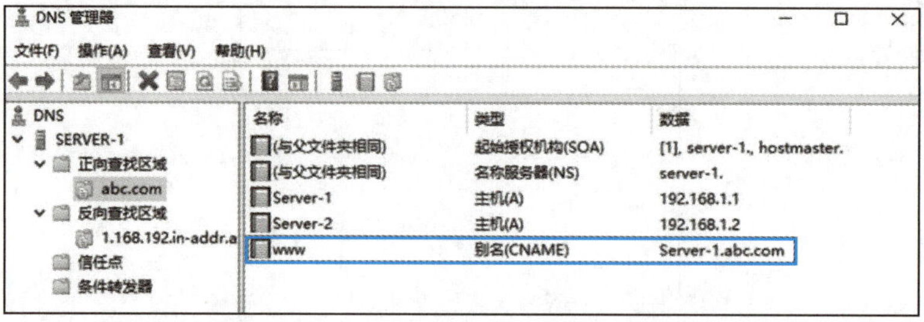

图5-31 别名创建成功

(4)创建邮件交换器记录

当将邮件发送到邮件服务器(SMTP服务器)后，此邮件服务器必须将邮件转发到目的地的邮件服务器。

服务器Server-2同时还是mail服务器。在图5-24中，选择“新建邮件交换器(MX)”命令，打开“新建资源记录”对话框的“邮件交换器(MX)”选项卡，通过此选项卡可以创建MX记录，如图5-32所示。

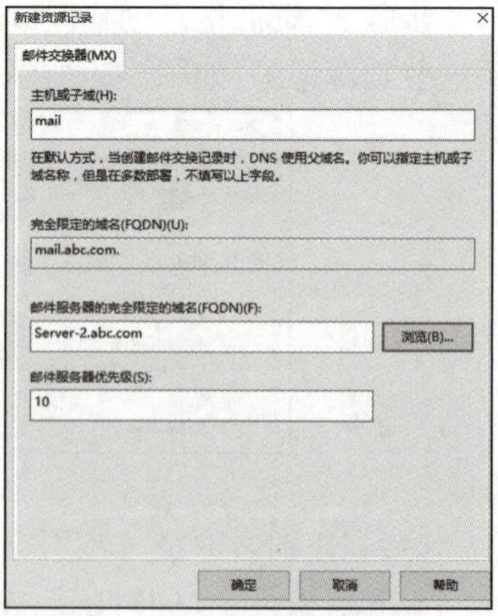

图5-32 创建MX记录

步骤1 在“主机或子域”文本框中输入MX记录的名称，该名称将与所在区域的名称一起构成邮件地址中“@”后面的后缀。本例输入“mail”。

步骤2 在“邮件服务器的完全限定的域名(FQDN)”文本框中，输入该邮件服务器的名称(此名称必须是已经创建的对应于邮件服务器的A记录)或者单击“浏览”按键，选择主机“Server-2”，本例为“Server-2.abc.com”。

步骤3 在“邮件服务器优先级”文本框中设置当前MX记录的优先级；如果存在两个或更多的MX记录，则在解析时将首选优先级高的MX记录。设置完成后单击“确定”按钮，MX记录创建成功，如图5-33所示。

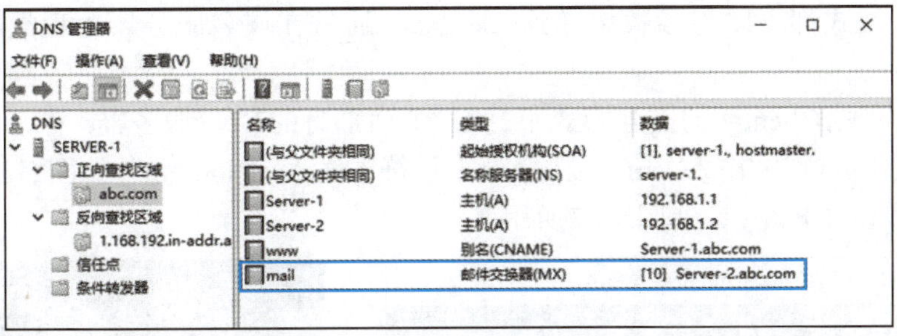

图5-33 MX记录创建成功

任务5-3 配置DNS客户端并测试主DNS服务器

配置DNS客户端并测试主DNS服务器

1. 配置DNS客户端

登录DNS客户端计算机Client-1，打开“Internet协议版本4(TCP/IPv4)属性”对话框，IP地址：192.168.1.10。在“首选DNS服务器”文本框中设置所部署的主DNS服务器Server-1的IP地址为“192.168.1.1”，单击“确定”按钮，如图5-34所示。

2. 测试主DNS服务器

步骤1 部署完主DNS服务器并启动DNS服务后，应该对DNS服务器进行测试，最常用的测试工具是nslookup和ping命令。

nslookup是用来进行手动DNS查询的最常用的工具，可以判断DNS服务器是否正常工作。如果有故障的话，可以判断可能的故障原因。

这个工具可以用于两种模式：非交互模式和交互模式。

(1)非交互模式

非交互模式要在命令行中输入完整的命令：nslookup www.abc.com即可，如图5-35所示。

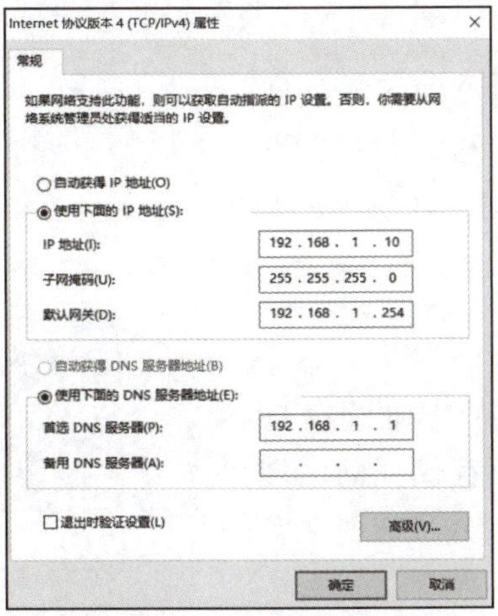

图5-34 TCP/IP属性设置

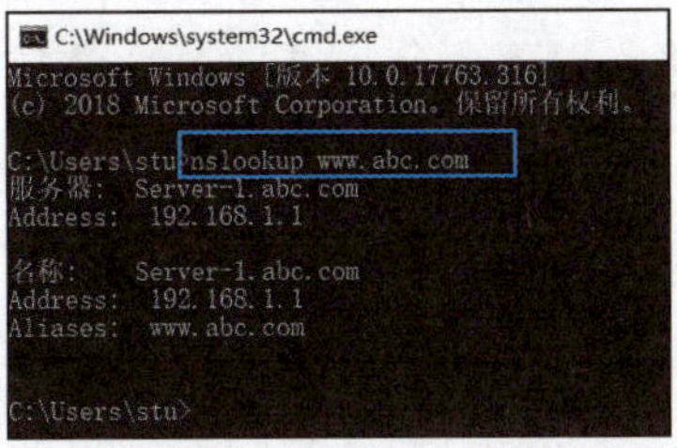

图5-35 非交互模式测试DNS服务器配置

(2)交互模式

在命令提示符下输入“nslookup”并按回车键,不需要参数,就可以进入交互模式。在交互模式下,直接输入FQDN进行查询。

任何一种模式都可以将参数传递给nslookup,通常在域名服务器出现故障时更多地使用交互模式。

下面在客户端Client-1的交互模式下,测试上面部署的DNS服务器。

步骤1 在“运行”中输入“cmd”,在命令提示符下输入“nslookup”,如图5-36所示。

步骤2 测试主机记录,如图5-37所示。

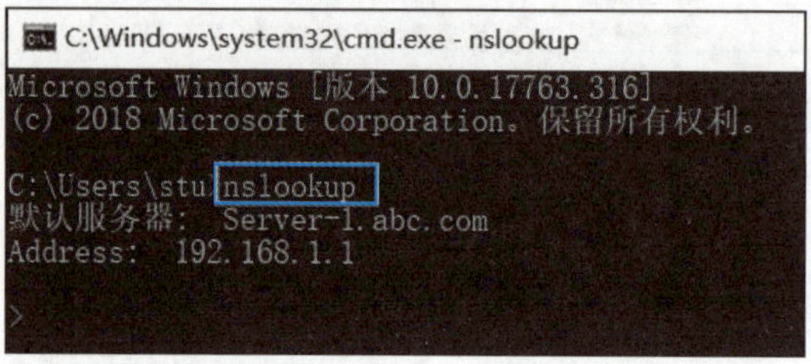

图5-36 进入nslookup交互模式

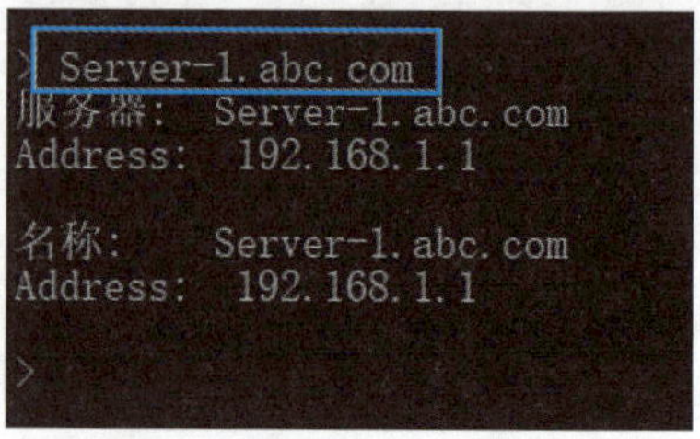

图5-37 测试主机记录

步骤3 测试别名,如图5-38所示。

步骤4 测试邮件服务器记录,如图5-39所示。

步骤5 测试指针记录,如图5-40所示。

图5-38 测试别名

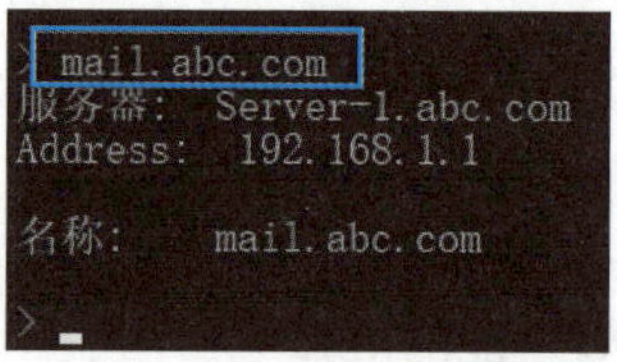

图5-39 测试邮件服务器

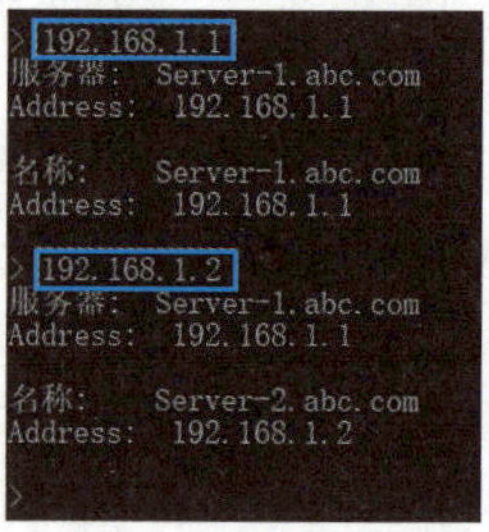

图5-40 测试指针记录

步骤6 查找区域信息,利用exit命令结束,退出nslookup环境。

3. 管理DNS客户端缓存

(1)进入PowerShell或者在“运行”中输入“cmd”,进入命令提示符。

(2)输入以下命令,查看DNS客户端缓存:C:\>ipconfig /displaydns。

(3)输入以下命令,清空DNS客户端缓存:C:\>ipconfig /flushdns。

任务5-4 部署唯缓存DNS服务器

尽管所有的DNS服务器都会缓存其已解析的结果,但唯缓存DNS服务器是仅执行查询、缓存解析结果的DNS服务器,不存储任何区域数据库。唯缓存DNS服务器对任何域来说都不是权威的,并且它所包含的信息仅限于解析查询时已缓存的内容。

部署唯缓存DNS服务器

1. 部署唯缓存DNS服务器的需求和环境

按图5-7所示的DNS部署网络环境。Server-2为DNS转发器，仅安装DNS服务器角色和功能，不创建任何区域。Server-2的IP地址为192.168.1.2，首选DNS服务器的地址是192.168.1.1，网络配置如图5-41所示，该计算机是Windows Server 2016的独立服务器。

2. 配置DNS转发器

（1）更改客户端DNS服务器IP地址指向

步骤1　登录DNS客户端计算机Client-1，将其首选DNS服务器指向192.168.1.2，备用DNS服务器设置为空，如图5-42所示。

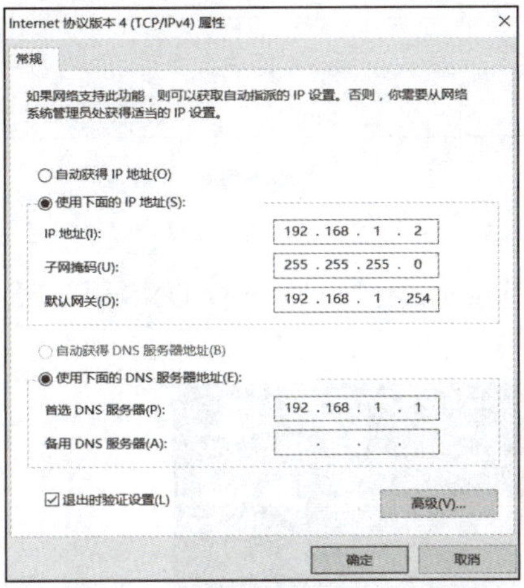

图5-41　唯缓存DNS服务器网络地址配置

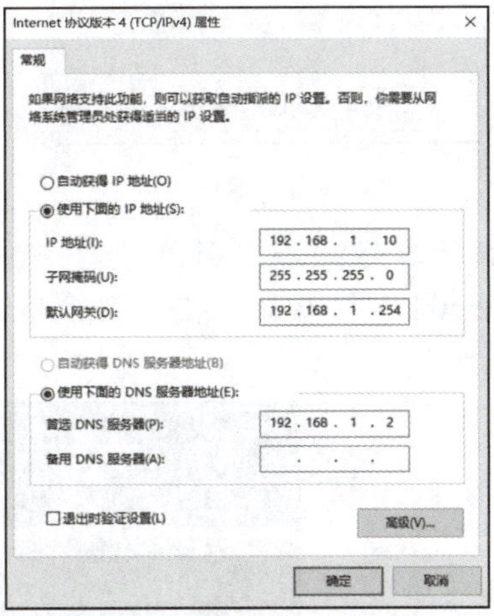

图5-42　Client-1网络地址配置

步骤2　打开命令提示符，输入“ipconfig/flushdns”命令清空客户端计算机Client-1上的缓存。输入“ping www.abc.com”命令发现不能解析，如图5-43所示，因为该记录存在于服务器Server-1上，不存在于服务器Server-2上。

图5-43　Client-1不能解析域名

（2）在唯缓存DNS服务器上安装DNS服务并配置DNS转发器

步骤1　登录将要部署唯缓存DNS服务器的计算机Server-2。

步骤2　参考前面知识点安装“DNS服务器”角色和功能。

步骤3　打开“DNS管理器”控制台，在左侧的控制台树中用鼠标右键单击“DNS服务器Server-2”选项，在弹出的快捷菜单中选择“属性”命令。

步骤4　在打开的“SERVER-2属性”对话框中单击“转发器”选项卡，如图5-44所示。

步骤5　单击“编辑”按钮，打开“编辑转发器”对话框。在“转发服务器的IP地址”选项区域中，添加需要转发到的DNS服务器的IP地址为“192.168.1.1”，该计算机能解析到相应服务器的完全合格域名（FQDN），如图5-45所示。最后单击“确定”按钮即可。

步骤6　采用同样的方法，根据需要配置其他区域的DNS转发器。

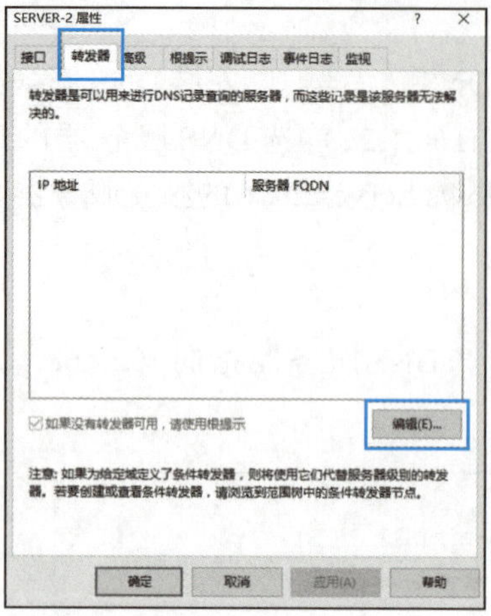

图 5-44 “SERVER-2属性”对话框

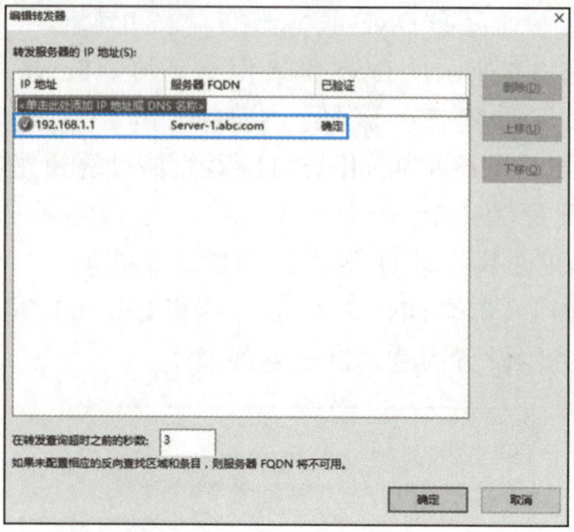

图 5-45 转发服务器的IP地址

3. 测试唯缓存DNS服务器

在Client-1上打开命令提示符窗口，使用Ping命令测试唯缓存DNS服务器，如图5-46所示。

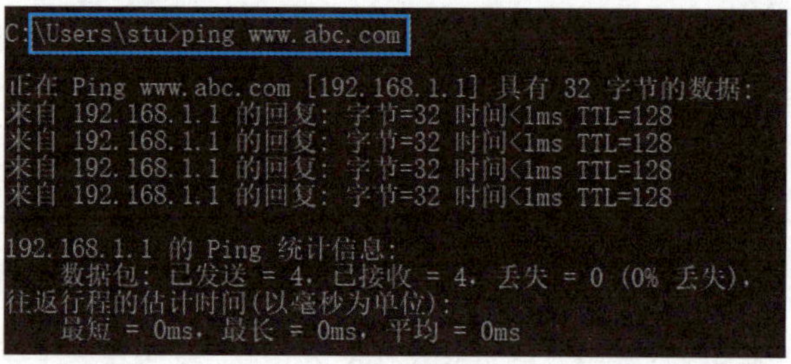

图 5-46 客户端Client-1上测试唯缓存Server-2服务器

任务5-5 部署辅助DNS服务器

部署辅助DNS服务器

辅助区域用来存储此区域内的副本记录，这些记录是只读的，不能修改。下面将在Server-2上建立一个辅助区域abc.com，此区域内的记录是从主DNS服务器Server-1上通过区域传送复制过来的。

服务器Server-1仍沿用前一小节的DNS服务器，确保已经建立了A资源记录（FQDN为Server-2.abc.com，IP地址为192.168.1.2）。首选DNS是本身地址：192.168.1.1，备用DNS的IP地址是192.168.1.2。

服务器Server-2仍沿用前一小节的DNS服务器，但是将转发器删除。首选DNS的IP地址是本身地址：192.168.10.2，备用DNS的IP地址是：192. 168.10.1。

1. 创建辅助区域

将在Server-2上新建辅助区域，并设置让此区域从Server-1复制区域记录。

步骤1 在Server-2上选择“服务器管理器”→“添加角色和功能”命令，选中“DNS服务器”复选框，按向导在Server-2上完成DNS服务器的安装（如此前已安装可以略过）。

步骤2 在Server-2上选择“服务器管理器”→“工具”→“DNS”命令，用鼠标右键单击“正向查找区域”选项，在弹出的快捷菜单中选择“新建区域”命令，在弹出的对话框中单击“下一步”按钮。

步骤3 在图5-47所示的对话框中选中“辅助区域”单选按钮，单击“下一步”按钮。

步骤4 在图5-48所示的对话框中输入区域名称“abc.com”，单击“下一步”按钮。

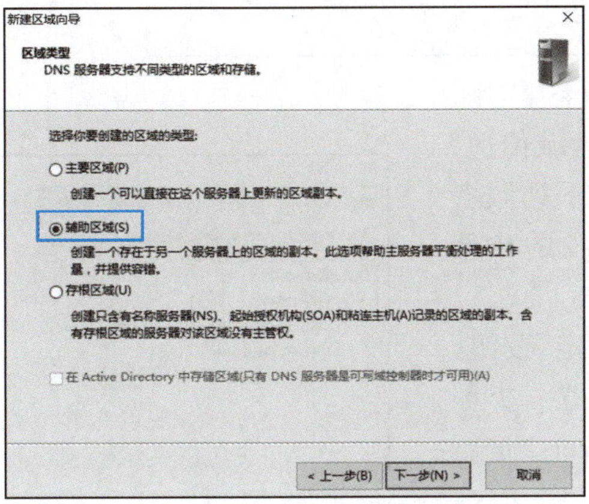

图5-47 辅助区域

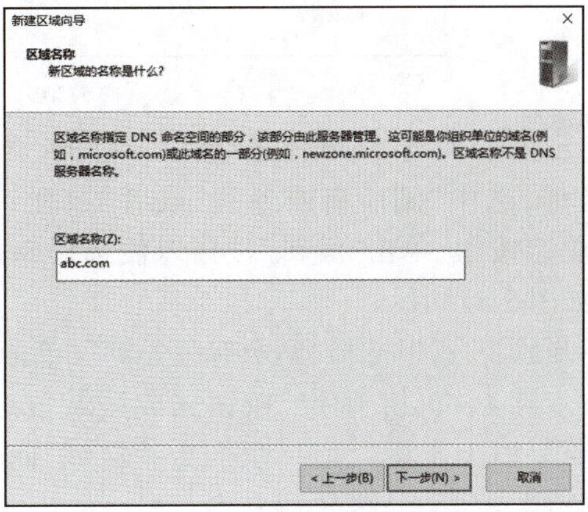

图5-48 辅助区域名称

步骤5 在图5-49所示的对话框中输入主服务器(Server-1)的IP地址后按回车键，单击“下一步”按钮，在弹出的对话框中单击“完成”按钮。

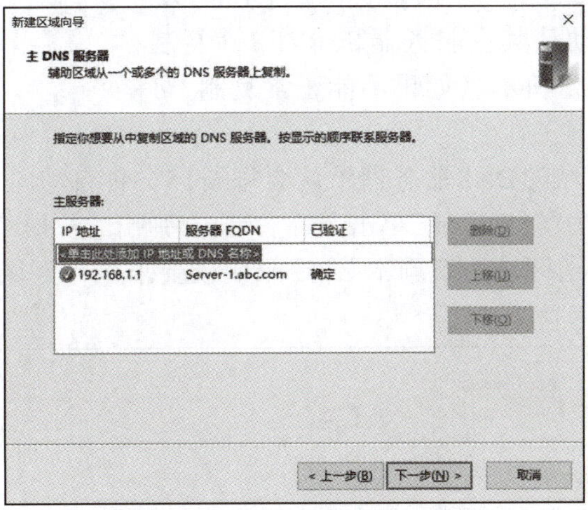

图5-49 主DNS服务器设置

步骤6 同样的操作，新建“反向查找区域”的辅助区域。操作类似，不再赘述。

2. 设置是否允许区域传送

如果Server-1不允许将区域记录传送给Server-2，那么Server-2向Server-1提出区域传送请求时会被拒绝。下面先设置让Server-1允许区域传送给Server-2。

步骤1 在Server-1上单击“开始”菜单，在弹出的快捷菜单中选择“Windows管理工具”→“DNS”→“abc.com”→“属性”命令，如图5-50所示。

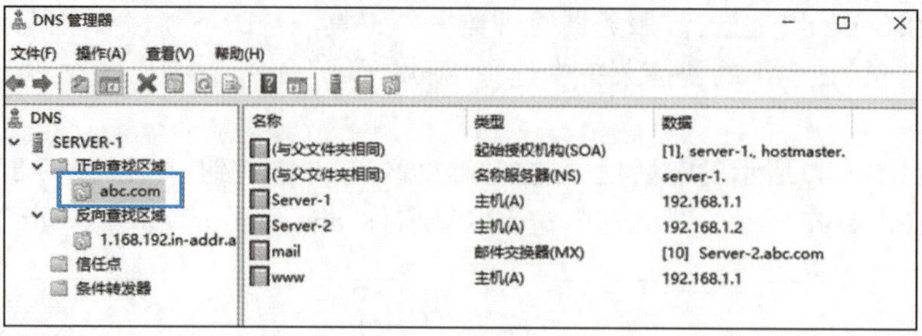

图 5-50 abc.com 区域界面

步骤 2 勾选“区域传送”选项卡下的“允许区域传送”复选框，选中“到所有服务器”或者“只允许到下列服务器”单选按钮，单击“编辑”按钮以便选择 Server-2 的 IP 地址，如图 5-51 所示。

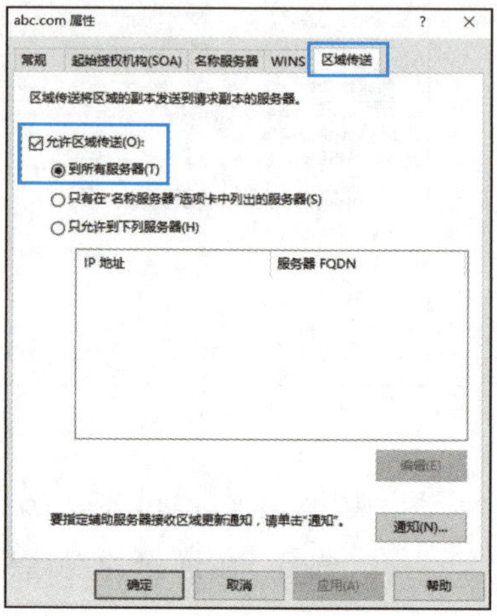

图 5-51 允许传送服务器

步骤 3 这里选择“到所有服务器”，单击“确定”按钮。

步骤 4 单击“确定”按钮完成区域传送设置。类似地，重复以上步骤，允许“反向查找区域”向 Server-2 进行区域传送。

3. 测试辅助 DNS 服务器

回到 SERVER-2 服务器。

步骤 1 在 SERVER-2 上打开“DNS 管理器”控制台。界面中正向查找区域 abc.com 和反向查找区域 1.168.192.inaddr arpa 的记录是自动从其主服务器 SERVER-1 复制过来的，如图 5-52、图 5-53 所示。（如果不能正常复制，可以重启 SERVER-2）

步骤 2 存储辅助区域的 DNS 服务器默认会每隔 15 分钟自动向主服务器请求执行区域传送的操作。也可以选中“辅助区域”单击鼠标右键，在弹出的快捷菜单中选择“从主服务器传输”或“从主服务器传送区域的新副本”命令来手动要求执行区域传送的操作，如图 5-54 所示。

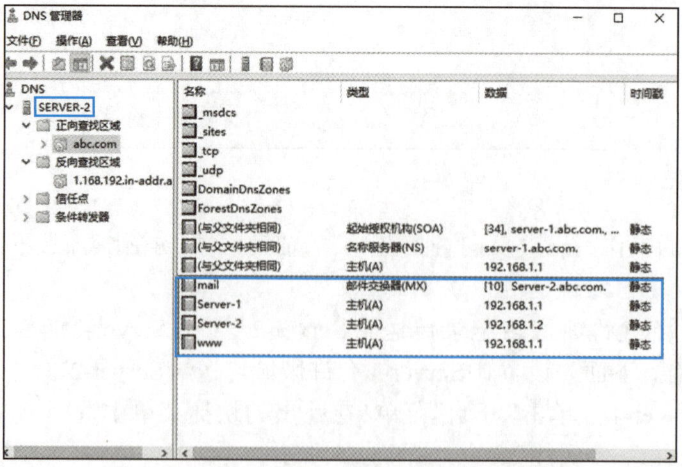

图 5-52 正向查询区域界面

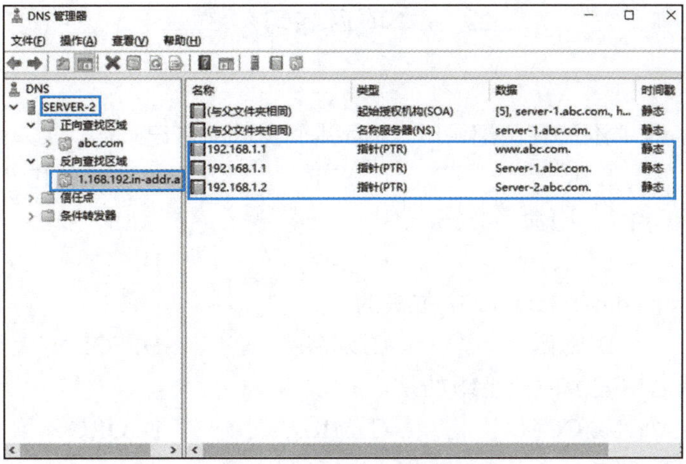

图5-53 反向查询区域界面

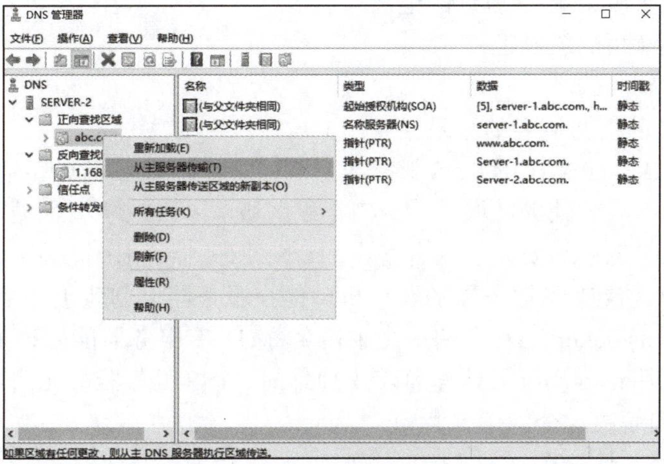

图5-54 手动执行区域传送

从主服务器传输：它会执行常规的区域传送操作，也就是依据SOA记录内的序号判断在主服务器内有新版本记录的话，就会执行区域传送操作。

从主服务器传送区域的新副本：不理会SOA记录的序号，重新从主服务器复制完整的区域记录。

本项目小结

本项目主要讲解了DNS的基本原理和部署方案、DNS结构和域名空间、DNS名称的解析方式、DNS名称解析查询模式，详细描述了DNS服务器的安装与管理、设置DNS区域选项、增加DNS资源记录、DNS客户端配置管理等内容。本项目实践操作主要内容是DNS服务器的架设，通过操作能够提升学生动手操作能力、提升科学道德素养和爱国意识。

本项目练习

一、选择题

1. 在DNS服务器中添加资源记录时，下面哪个表示别名记录（　　）。

A. MX　　B.SOA　　C. PTR　　D. CNAME

2.DNS提供了一个（　　）命名方案。

A. 分级　　B. 分层　　C. 多级　　D. 多层

3.www.nice.mop.com是Internet中主机的（　　）。

A. 用户名　　B. 密码　　C. 别名　　D. FQDN（完全限定域名）

4.DNS顶级域名中表示商业组织的是（　　）。

A. GOV　　B. COM　　C. MIL　　D. ORG

5. 在DNS中"A"记录是做什么（　　）。

A. 是提供把域名映射为IP地址的记录

B. 是反向地址解析的关键记录

C. 是为了创建别名的

D. 是把IP地址映射为域名的记录

6. 在Windows Server 2016的DNS服务器上不可以新建的区域类型有（　　）。

A. 转发区域　　B. 辅助区域　　C. 存根区域　　D. 主要区域

7. 某企业的网络工程师安装了一台基本的DNS服务器，用来提供域名解析。网络中的其他计算机都作为这台DNS服务器的客户机。他在服务器上创建了一个标准主要区域，在一台客户机上使用nslookup工具查询一个主机名称，DNS服务器能够正确地将其IP地址解析出来。可是当使用nslookup工具查询该IP地址时，DNS服务器却无法将其主机名称解析出来。请问，应如何解决这个问题？（　　）

A. 重新启动DNS服务器

B. 在DNS服务器区域属性上设置允许动态更新

C. 在要查询的这台客户机上运行命令Ipconfig /registerdns

D. 在DNS服务器反向解析区域中为这条主机记录创建相应的PTR指针记录

8. 因特网中域名解析依赖于一棵由域名服务器组成的逻辑树。请问在域名解析过程中，请求域名解析的客户不需要知道以下哪些信息？I.本地域名服务器的名字 II.本地域名服务器父节点的名字 III.域名服务器树根节点的名字（　　）。

A. I和II　　B. I和III　　C. II和III　　D. I、II和III

9. 在Windows Server 2016中，hosts文件存放在（　　）。

A. \program files\etc

B. \windows\system32

C. \program files\system32\etc

D. \windows\system32\etc

二、填空题

1. 可以用来检测DNS资源创建是否正确的两个工具是______、______。

2.DNS服务器的查询模式有______、______和反向查询。

3. 在清空DNS客户端缓存时，可以采用______命令。

4. 将DNS客户端请求的IP地址解析为对应的完全合格域名的过程被称为______向查询。

三、判断题

1. 客户端在加入域时，需要正确设置首选DNS服务器地址，否则无法加入。（ ）

2.DNS服务器的查询模式有递归查询、迭代查询和反向查询。（ ）

3. 辅助DNS服务器中的数据和主DNS中的数据一样，既可以进行域名解析，也可以对其进行添加和删除操作。（ ）

4. 当DNS服务器收到DNS客户端查询IP地址的请求后，如果自己无法解析，那么会把这个请求送给根域名DNS服务器，继续进行查询。（ ）

5.DNS服务器主要的作用是将IP地址映射为友好的域名。（ ）

6. 在一台DNS服务器上，只能建立一个DNS区域。（ ）

四、简答题

1. 简述DNS的几种查询模式。

2.DNS的常见资源记录有哪些？分别代表什么含义？

3.DNS服务器属性中的“转发器”的作用是什么？

4. 简述DNS域名解析过程。

5. 什么是DNS 服务器的动态更新？

五、实训题

任务 配置与管理DNS服务器

1. 实训目的

掌握DNS的安装与配置方法。

掌握DNS正向查询和反向查询的功能及配置方法。

掌握DNS资源记录的规划和创建方法。

2. 实训要求

架设DNS服务器

（1）在虚拟机里安装一台网络操作系统，添加DNS服务器，创建正向查询区域和反向查询区域，在区域中创建资源记录，在客户端上测试域名解析效果。

（2）部署唯缓存DNS服务器，配置相应的转发器，测试唯缓存DNS服务器效果。

（3）部署辅助DNS服务器，测试区域文件是否正常传输。

项目6 DHCP服务器配置与管理

模块描述

本项目详细介绍DHCP服务的基本原理和部署方案，让读者了解DHCP服务器的概念、了解DHCP服务系统的组成、掌握DHCP服务器的工作原理、掌握DHCP服务器的配置与管理、掌握DHCP客户端的配置等。

知识目标

- 掌握DHCP的概念和作用
- 掌握DHCP服务器的工作原理
- 掌握DHCP服务系统的组成
- 掌握DHCP服务地址的分配方式

技能目标

- 掌握DHCP服务器的规划方法
- 掌握DHCP客户端的配置方法
- 掌握DHCP服务器的安装和配置过程
- 掌握DHCP类别选项的配置过程
- 掌握DHCP中继代理的配置过程

素质目标

- 培养动手操作能力、提升解决实际问题的能力
- 培养坚定信念、树立信心
- 培养工匠精神，提高职业道德意识
- 培养重视合作、发挥合力、增强集体荣誉感

6.1 项目知识准备——DHCP服务器基础

6.1.1 DHCP的概念和作用

1.DHCP的概念

动态主机分配协议(DHCP)是一个简化主机IP地址分配管理的TCP/IP标准协议,也是一个局域网的网络协议,使用UDP协议工作,用户可以利用DHCP服务器管理动态的IP地址分配及其他相关的环境配置工作(如:子网掩码、默认网关、DNS服务器地址等设置)。

2.DCHP的作用

在网络中,每台计算机都必须拥有唯一的IP地址。设置IP地址可以采用两种方式,一种是手动设置,即静态分配IP地址,这种方式费时费力,也容易出错,适用于比较小的网络;另一种是自动分配IP地址,适用于规模较大的网络或者动态网络,这就是动态主机配置协议(Dynamic Host Configuration Protocol, DHCP)。DHCP可以自动为局域网中的每一台计算机分配IP地址,并完成每台计算机的TCP/IP配置。使用DHCP具有以下好处。

(1)实现安全、可靠的IP地址分配,避免因手动分配而引起的配置错误,还能防止IP地址冲突。

(2)减轻配置管理负担,使用DHCP选项在指派地址租约时提供其他TCP/IP配置,大大降低配置和重新配置计算机的时间。

(3)便于对经常变动的网络计算机进行TCP/IP配置,如移动设备、便携式计算机。

(4)有助于解决IP地址不够用的问题。

6.1.2 DHCP服务系统的组成

DHCP服务器是安装DHCP服务器软件的计算机,为DHCP客户端提供自动分配IP地址的服务。DHCP客户端就是启用DHCP功能的计算机,启动时自动与DHCP服务器通信,并从服务器那里获得自己的IP地址。通过在网络上安装和配置DHCP服务器,DHCP客户端可在每次启动并加入网络时,动态地获得其IP地址和相关配置参数。DHCP可为同一网段的客户端分配地址,也可为其他网段的客户端分配地址(应使用DHCP中继代理服务)。只有启用DHCP功能的客户端才能享用DHCP服务。DHCP服务系统的组成如图6-1所示。

DHCP服务器要用到DHCP数据库,该库主要包含以下DHCP配置信息。

(1)DHCP服务网络上所有客户端的有效的网络配置参数。

(2)为客户端定义的地址池中维护的有效IP地址,以及用于手动分配的保留地址。

(3)服务器提供的租约持续时间。

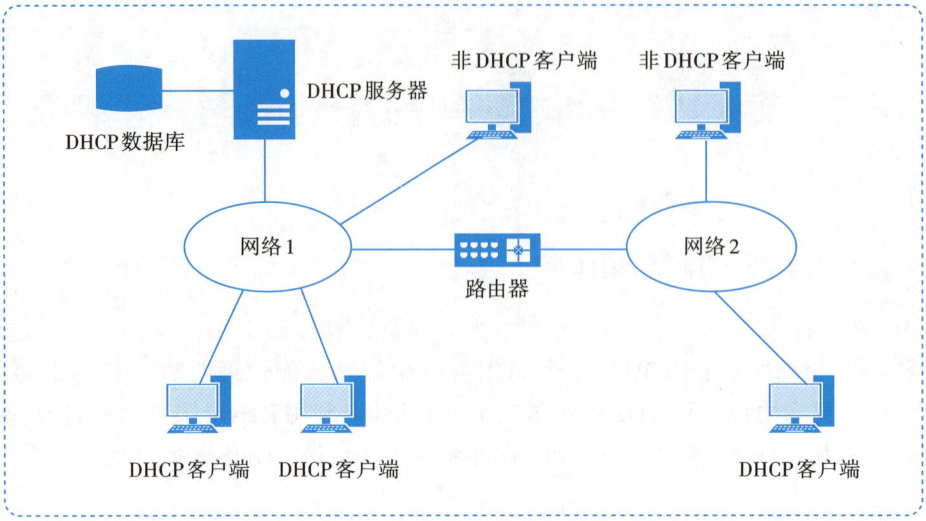

图6-1 DHCP服务系统的组成

6.1.3 DHCP地址的分配方式

DHCP分配IP地址有以下3种方式。

(1)自动分配。DHCP客户端从DHCP服务器租用到IP地址后,这个地址就永久地给该客户端使用。这种方式也称为永久租用,适用于IP地址较为充足的网络。

(2)动态分配。DHCP客户端第一次从DHCP服务器租用到IP地址后,这个地址归该客户端暂时使用,一旦租约到期,IP地址归还给DHCP服务器,可提供给其他客户端使用。这种方式也称限定租期,适用于IP地址比较紧张的网络。

(3)手动分配。在DHCP服务器根据客户端物理地址预先配置对应的IP地址和其他设置,应DHCP客户端的请求分配给相匹配的客户端主机。这种方式分配的地址称为保留地址。

6.1.4 DHCP服务器的工作原理

DHCP基于客户/服务器模式,服务器端使用UDP 67端口,客户端使用UDP 68端口,DHCP客户端每次启动时,都要与DHCP服务器通信,以获取IP地址及有关的TCP/IP配置信息。有两种情况,一种是DHCP客户端向DHCP服务器申请新的IP地址,另一种是已经获得IP地址的DHCP客户端,要求更新租约,继续租用该地址。

1. 申请租用IP地址

只要符合下列情形之一,DHCP客户端就要向DHCP服务器申请新的IP地址。

- 首次以DHCP客户端身份启动。从静态IP地址配置转向使用DHCP时。
- DHCP客户端租用的IP地址已被DHCP服务器收回,并提供给其他客户端使用。
- DHCP客户端自行释放已租用的IP地址,要求使用一个新地址。

DHCP客户端向服务器端申请IP地址的过程如图6-2所示,具体过程如下。

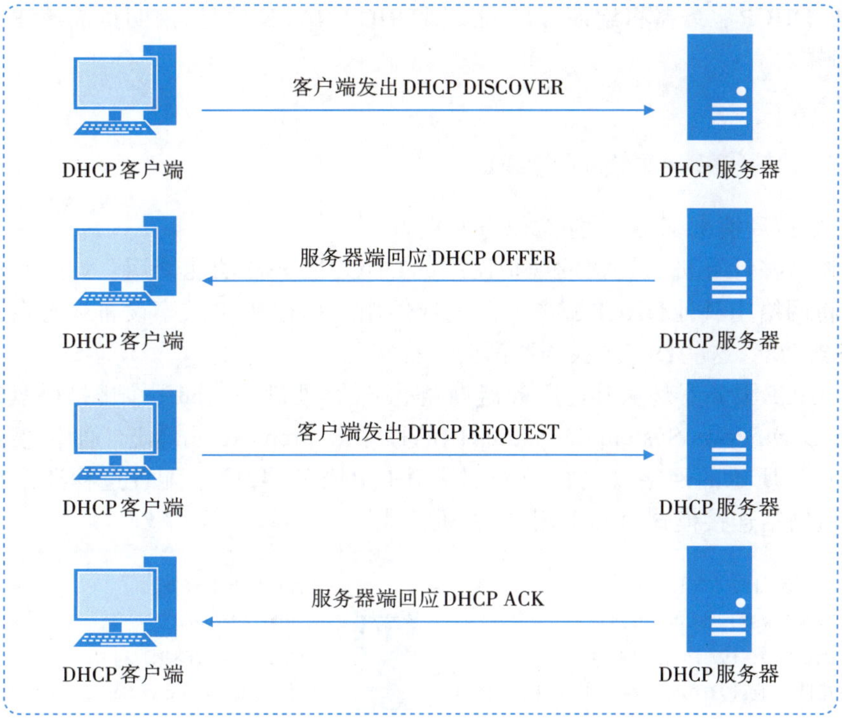

图6-2 DHCP服务器分配IP地址过程

(1)DHCP客户端以广播方式发出DHCP DISCOVER(探测)信息,查找网络中的DHCP服务器。

(2)网络中的DHCP服务器收到来自客户端的DHCP DISCOVER信息之后,从IP地址池中选取一个未租出的IP地址作为DHCP OFFER(提供)信息,以广播方式发送给网络中的客户端。

(3)DHCP客户端收到DHCP OFFER信息之后,再以广播方式向网络中的DHCP服务器发送DHCP REQUEST(请求)信息,申请分配IP地址。

(4)DHCP服务器收到DHCP客户端的DHCP REQUEST信息之后,以广播方式向客户端发送DHCP ACK(确认)信息。除IP地址外,DHCP ACK信息还包括TCP/IP配置数据,如默认网关、DNS服务器等。

(5)DHCP客户端收到DHCP ACK信息之后,随即获得了所需的IP地址及相关的配置信息。

2. 续租IP地址

如果DHCP客户端要延长现有IP地址的使用期限,则必须更新租约。当遇到以下两种情况时,需要续租IP地址。

- 不管租约是否到期,已经获取IP地址的DHCP客户端每次启动时都将以广播方式向DHCP服务器发送DHCP REQUEST信息,请求继续租用原来的IP地址。即使DHCP服务器没有发送确认信息,只要租期未满,DHCP客户端仍然能使用原来的IP地址。
- 租约期限超过一半时DHCP客户端自动以非广播方式向DHCP服务器发出续租IP请求。如果续租成功,DHCP服务器将给该客户端发回DHCP ACK信息,予以确认。如果续租不成功，DHCP服务器将给该客户端发回DHCP NACK信息，说明目前该IP地址不能分配给该客户端。

6.1.5 DHCP服务器配置环境

若利用虚拟环境来练习，请注意以下两点。

(1)请将这些计算机所连接的虚拟网络的DHCP服务器功能禁用。如果利用物理计算机练习，请将网络中其他DHCP服务器关闭或停用。如存在IP共享设备或宽带路由器内的DHCP服务器功能，这些DHCP服务器都会干扰实验。

(2)若DHCP服务器是从其他服务器克隆过来的(硬盘是从同一个虚拟硬盘复制来的)，则需要执行C:windows\System32\Sysprep内的程序sysprep.exe，并勾选“通用”复选框。

根据图6-3所示的网络规划拓扑来部署DHCP服务器，整个配置过程还是在虚拟机里完成，虚拟机网络连接模式全部采用“仅主机模式”。

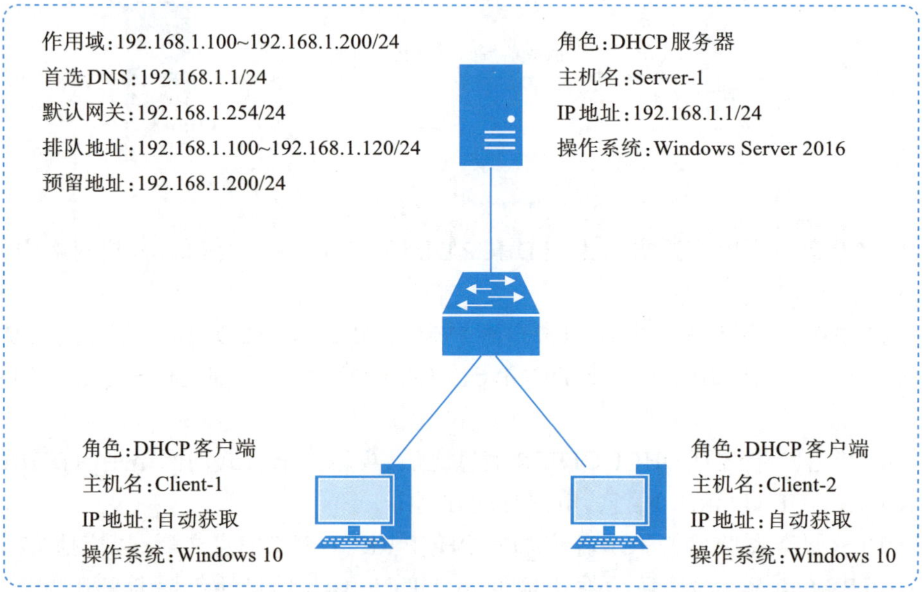

图6-3 部署DHCP服务器网络拓扑图

6.2 项目实施——部署并配置DHCP服务器

任务6-1 部署DHCP服务器

1.安装DHCP服务器角色并授权

服务器Server-1已经安装了活动目录集成的DNS服务器。下面在其上安装DHCP服务器。

部署DHCP服务器

步骤1 选择“开始”→“Windows管理工具”→“服务器管理器”→“仪表板”→“添加角色和功能”命令，在弹出的窗口中持续单击“下一步”按钮，直到出现图6-4所示的“选择服务器角色”窗口时勾选“DHCP服务器”复选框，在弹出的“添加角色和功能向导”对话框中单击“添加功能”按钮。

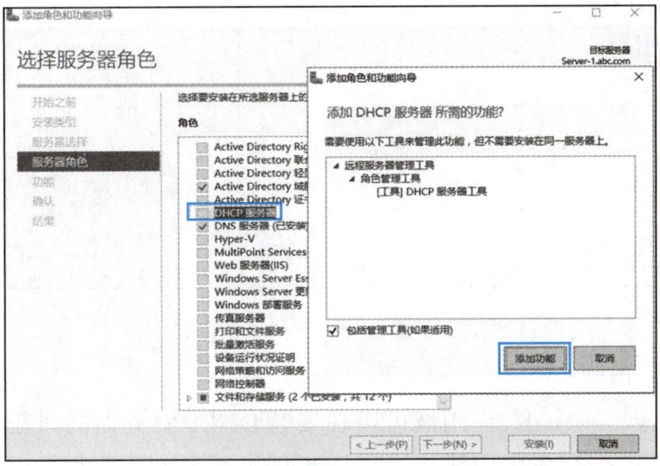

图6-4 选择“DHCP服务器”

步骤2 持续单击“下一步”按钮，最后单击“安装”按钮，开始安装DHCP服务器。安装完毕后，单击“关闭”按钮，完成DHCP服务器角色的安装。

步骤3 DHCP服务器安装完成后。选择“开始”→“Windows管理工具”→“DHCP”命令，打开“DHCP”控制台，如图6-5所示，可以在此配置和管理DHCP服务器。

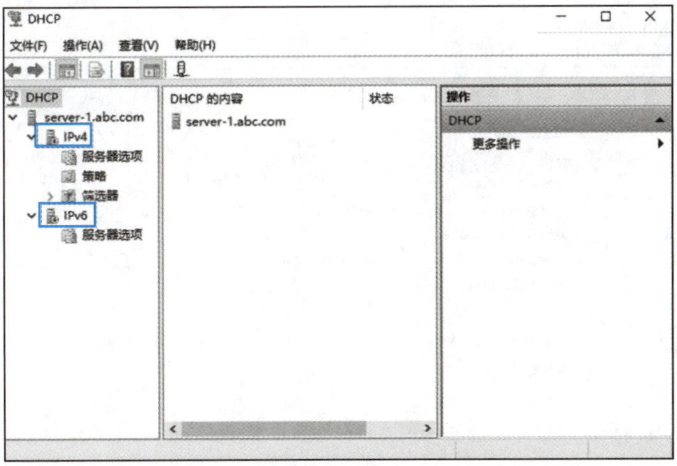

图6-5 “DHCP”控制台界面

步骤4 对DHCP服务器进行授权。图6-5中IPv4和IPv6两个选项图标下方有红色箭头，表明此服务器还未授权。用鼠标右键单击DHCP服务器server-1.abc.com，选择快捷菜单中的“授权”命令，即可为DHCP服务器授权，重新打开“DHCP”控制台，如图6-6所示，显示DHCP服务器已授权：IPv4和IPv6前面由红色向下箭头变为了绿色对勾。

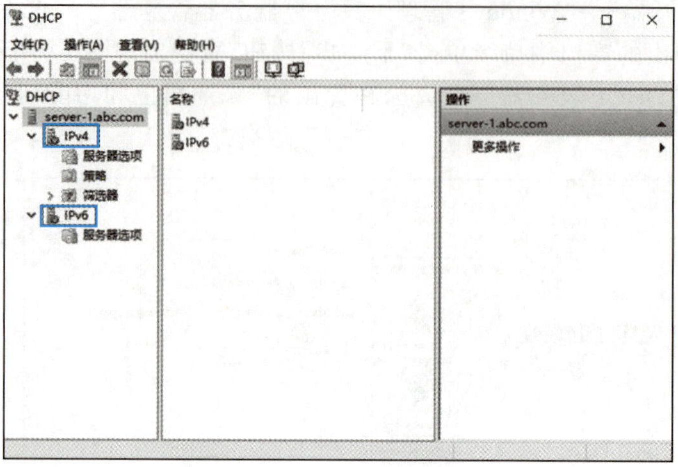

图6-6 DHCP服务器授权成功

2. 创建DHCP作用域

在Windows Server 2016中，作用域可以在安装DHCP服务器的过程中创建，也可以在安装完成后在“DHCP”控制台中创建。一台DHCP服务器可以创建多个不同的作用域。如果在安装时没有建立作用域，也可以单独建立DHCP作用域。具体步骤如下：

步骤1 在服务器server-1上打开“DHCP”控制台，展开服务器名，用鼠标右键单击“IPv4”选项，在弹出的快捷菜单中选择“新建作用域”命令，如图6-7所示，运行新建作用域向导。

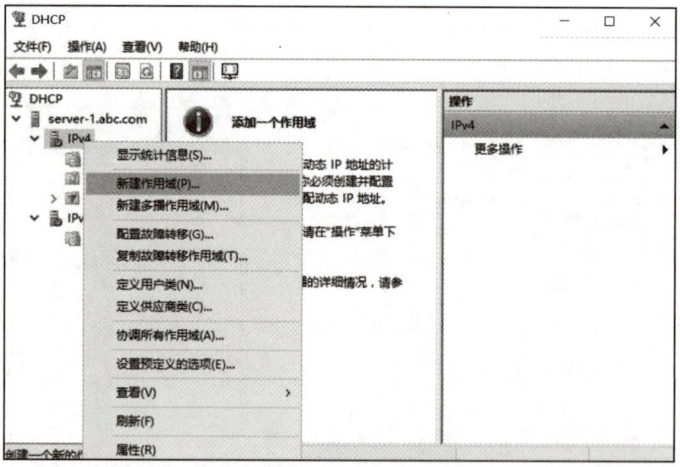

图6-7 选择“新建作用域”命令

步骤2 单击“下一步”按钮，显示“作用域名称”对话框，在“名称”文本框中输入新作用域的名称，用来与其他作用域相区分。本例为“作用域1”，如图6-8所示。

步骤3 单击“下一步”按钮，显示图6-9所示的“IP地址范围”对话框。在“起始IP地址”和“结束IP地址”文本框中输入预分配的IP地址范围。

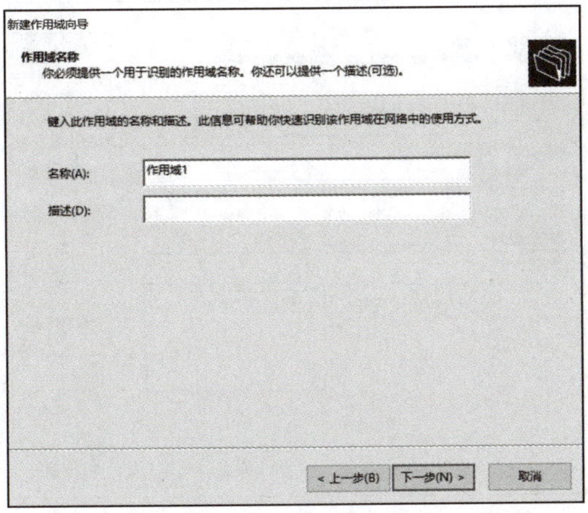

图6-8 设置作用域名称

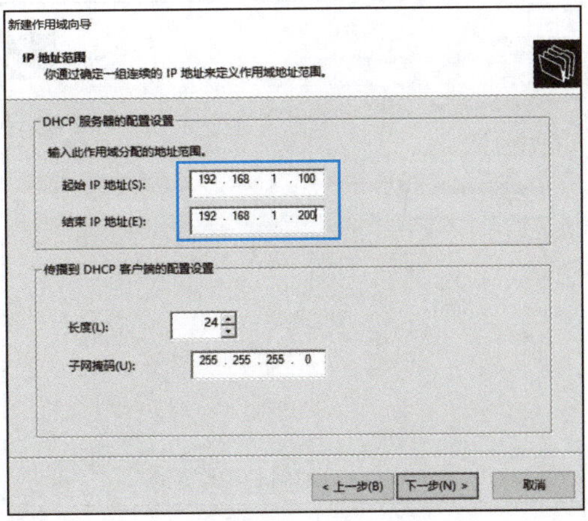

图6-9 设置IP地址范围

步骤4 单击“下一步”按钮，显示图6-10所示的“添加排除和延迟”对话框，设置客户端的排除地址。在“起始IP地址”和“结束IP地址”文本框中输入欲排除的IP地址或IP地址段，单击“添加”按钮，添加到“排除的地址范围”列表框中。

步骤5 单击“下一步”按钮，显示“租用期限”对话框，设置客户端租用IP地址的时间，这里时间默认是8天，可以根据实际情况进行更改，如图6-11所示。

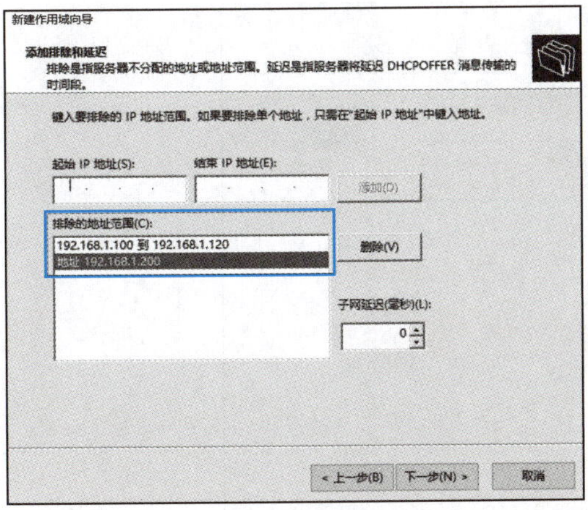

图6-10 “添加排除和延迟”对话框

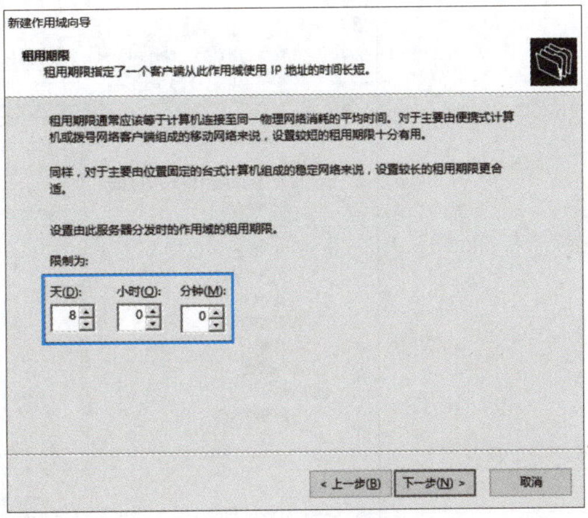

图6-11 设置租用期限

步骤6 单击“下一步”按钮，显示“配置DHCP选项”对话框，提示是否配置DHCP选项，选中默认的“是，我想现在配置这些选项”单选按钮。

步骤7 单击“下一步”按钮，显示图6-12所示的“路由器(默认网关)”对话框，在“IP地址”文本框中输入要分配的网关，单击“添加”按钮添加到列表框中。本例为192.168.1.254。

步骤8 单击“下一步”按钮，显示“域名称和DNS服务器”对话框。在“父域”文本框中输入进行DNS解析时所使用的父域，在“IP地址”文本框中输入DNS服务器的IP地址，单击“添加”按钮添加到列表框中，如图6-13所示，本例为192.168.1.1。

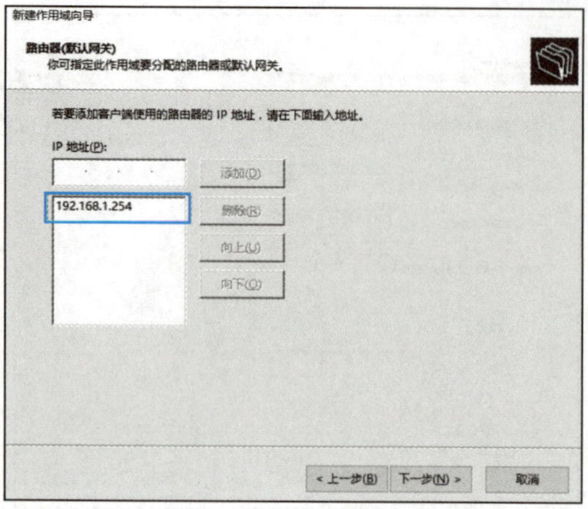

图6-12 “设置路由器(默认网关)”界面

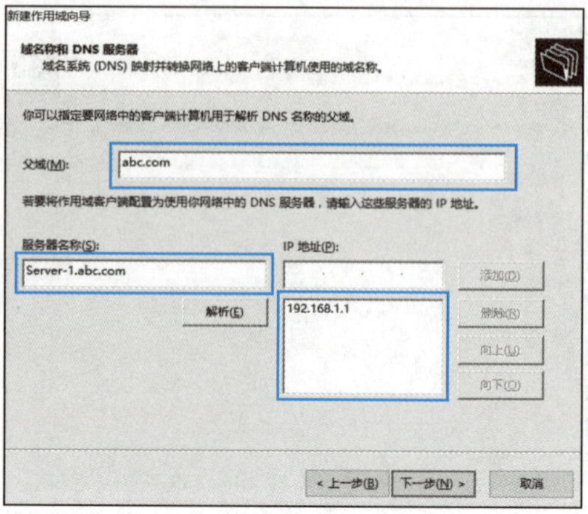

图6-13 设置域名称和DNS服务器

步骤9 单击“下一步”按钮，显示“WINS服务器”对话框，设置WINS服务器。如果网络中没有配置WINS服务器，则不必设置。

步骤10 单击“下一步”按钮，显示“激活作用域”对话框，询问是否要激活作用域。建议选中默认的“是，我想现在激活此作用域”单选按钮。

步骤11 单击“下一步”按钮，显示“正在完成新建作用域向导”对话框。

步骤12 单击“完成”按钮，完成后DHCP服务器的配置界面如图6-14所示。

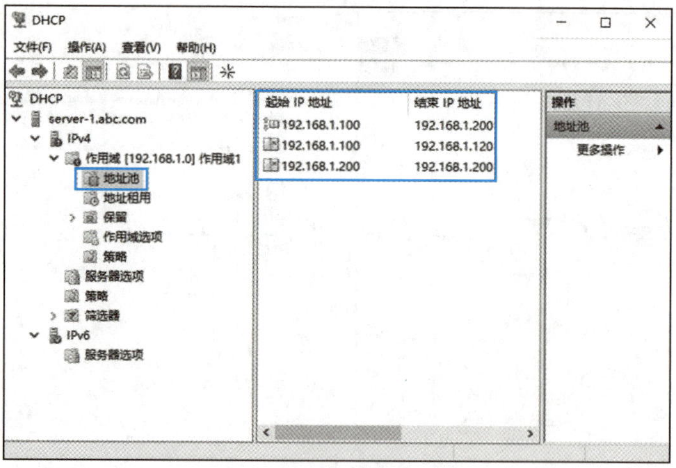

图6-14 作用域配置完成

3. 配置并测试DHCP客户端

目前常用的操作系统均可作为DHCP客户端，这里以Windows 10平台的Client-1为客户端。

步骤1 配置DHCP客户端：在Windows平台中配置DHCP客户端非常简单。客户端Client-1上，打开“Internet协议版本4（TCP/IPv4）属性”对话框。选中“自动获得IP地址”和“自动获得DNS服务器地址”两个单选按钮。

步骤2 测试DHCP客户端：在DHCP客户端上打开命令提示符界面，使用ipconfig /all和ping命令对DHCP客户端进行测试，如图6-15和图6-16所示。

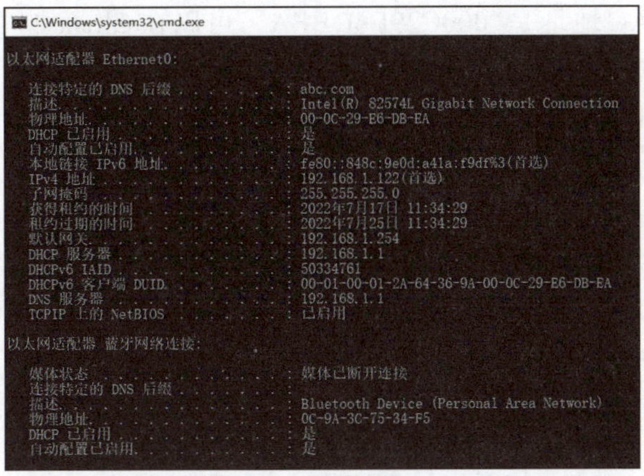

图6-15 使用ipconfig /all命令测试

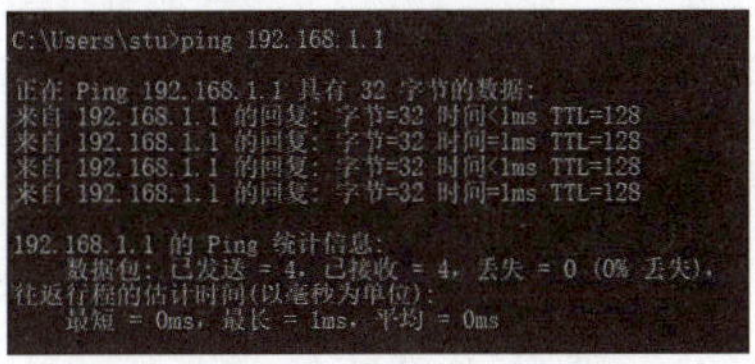

图6-16 使用ping命令测试

步骤3 手动释放DHCP客户端IP地址租约。

在DHCP客户端上打开命令提示符窗口，使用ipconfig /release命令手动释放DHCP客户端IP地址租约，释放后再用ipconfig /all查看，网络配置已经释放，如图6-17所示。

步骤4 手动更新DHCP客户端IP地址租约。

在DHCP客户端上打开命令提示符窗口，使用ipconfig /renew命令手动更新DHCP客户端IP地址租约，如图6-18所示。

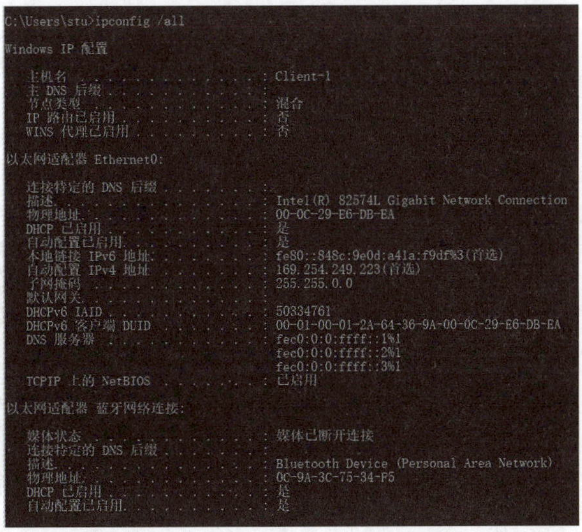

图6-17 使用ipconfig /release释放IP地址

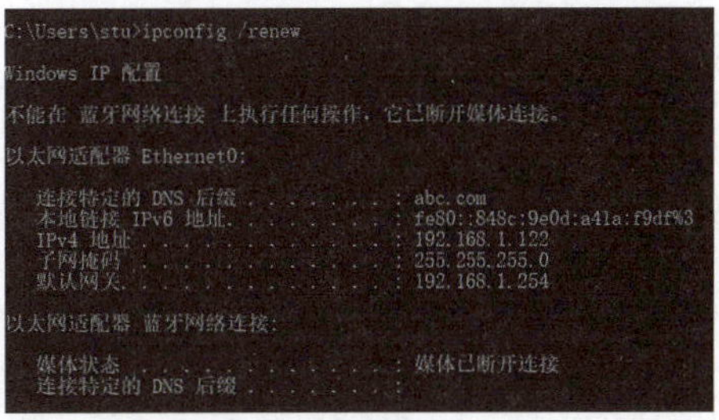

图6-18 使用ipconfig /renew更新IP地址

4.保留特定的IP地址

如果用户想保留特定的IP地址给指定的客户端，以便DHCP客户端在每次启动时都获得相同的IP地址，就需要将该IP地址与客户端的MAC地址绑定，本例将192.168.1.200这个保留地址绑定给客户端Client-1。设置步骤如下。

步骤1 打开“DHCP”控制台，在左窗格中右击作用域中的“保留”选项，在快捷键菜单中选择“新建保留”，如图6-19所示。

步骤2 打开“新建保留”对话框，如图6-20所示。在“保留名称”文本框中输入客户名称。在“IP地址”文本框中输入要保留的IP地址。在“MAC地址”文本框中输入IP地址要保留给哪一个网卡。本例中Client-1的MAC地址是“000C29E6DBEA”，可以在Client-1客户端的命令提示符下执行“ipconfig/all”命令查询MAC（物理）地址。如果有需要，可以在“描述”文本框内输入一些描述该客户的说明性文字。

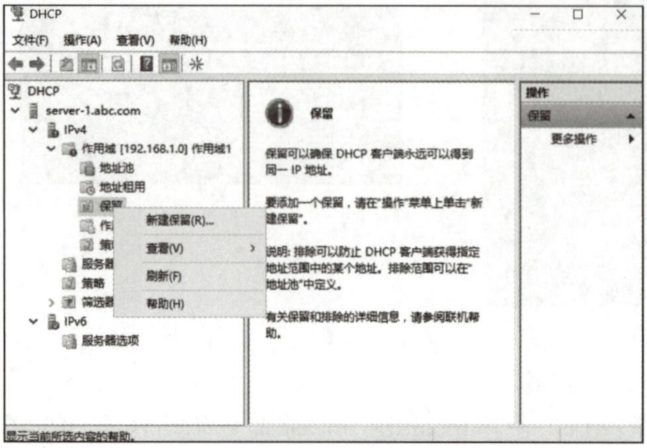

图6-19 选择“新建保留”选项

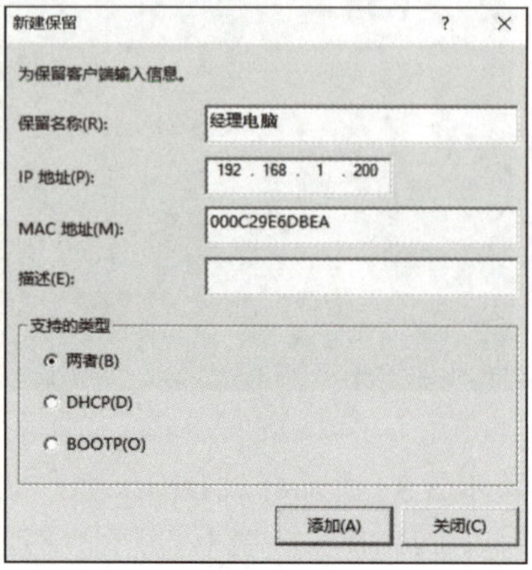

图6-20 “新建保留”对话框

步骤3 单击“添加”按钮后，完成保留地址的配置，如图6-21所示

步骤4 添加完成后，用户可单击作用域中的“地址租用”选项进行查看。大部分情况下，客户端使用的仍然是以前的IP地址。也可用以下命令进行更新：ipconfig /release和ipconfig /renew进行释放和更新。

步骤5 在MAC地址为000C29E6DBEA的计算机Client-1上进行测试，该计算机的IP地址获取方式为自动获取。测试结果如图6-22所示。

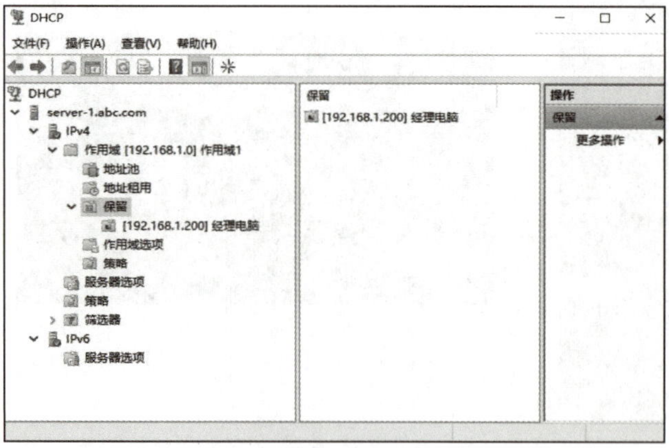

图6-21 完成保留地址配置

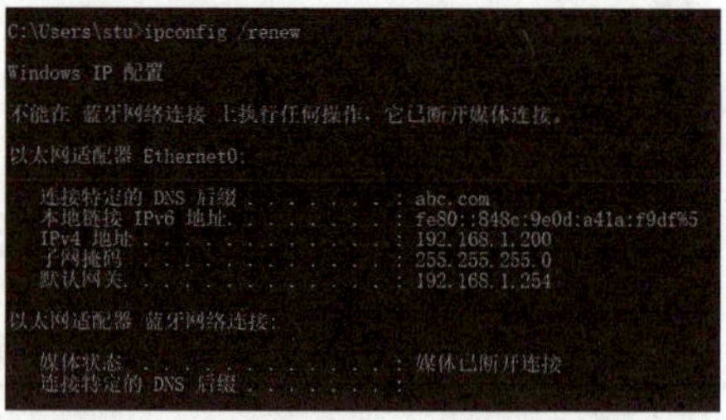

图6-22 客户端获得DHCP保留的地址

任务6-2 配置DHCP类别选项

1. 类别选项概述

通过策略为特定的客户端计算机分配不同的IP地址与选项时，可以通过DHCP客户端所发送的供应商类别、用户类来区分客户端计算机。这里介绍下用户类并做相应的配置。

配置DHCP类别选项

用户类可以为某些DHCP客户端计算机设置用户类标识符，例如，标识符为“sales”，此标识为销售部门的主机。当这些客户端向DHCP服务器租用IP地址时，会将这个类标识符一起发送给服务器，而服务器会依据此类别标识符来为这些客户端分配专用的网络配置。

2. 用户类分析

下面通过用户类标识符来识别客户端计算机，且仍采用图6-3所示的网络环境。假设客户端Client-2的用户类标识符为“sales”，当客户端Client-2向DHCP服务器租用IP地址时，会将此标识符“sales”传递给服务器，希望服务器根据此标识符来分配客户端的IP地址，IP地址的范围为192 168.1.150/24~192.168.1.160/24，并且将客户端的DNS服务器的IP地址设置为192 168.1.1。

3. 在DHCP服务器Server-1上新建用户类标识符

步骤1　打开“DHCP”控制台，选中“IPv4”选项后，单击鼠标右键，在弹出的快捷菜单中选择“定义用户类”命令，如图6-23所示。

步骤2　弹出“DHCP用户类”对话框，单击“添加”按钮，打开“新建类”对话框。假设在“显示名称”处将其设置为“销售部”，直接在ASCII处输入用户类标识符“sales”后，单击“确定”按钮，注意此处区分大小写，如图6-24所示。

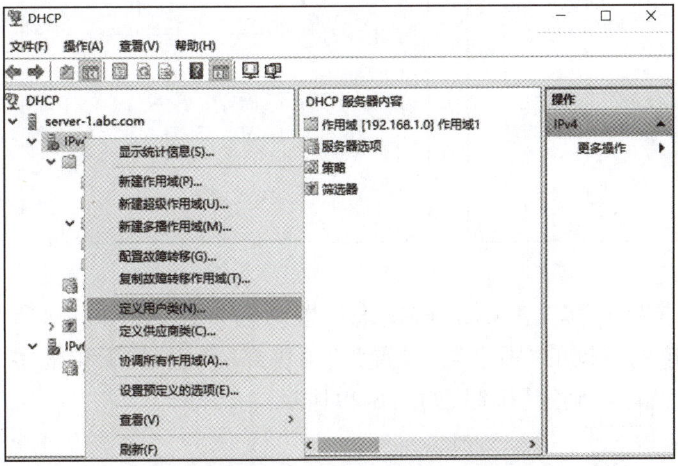

图6-23　定义用户类

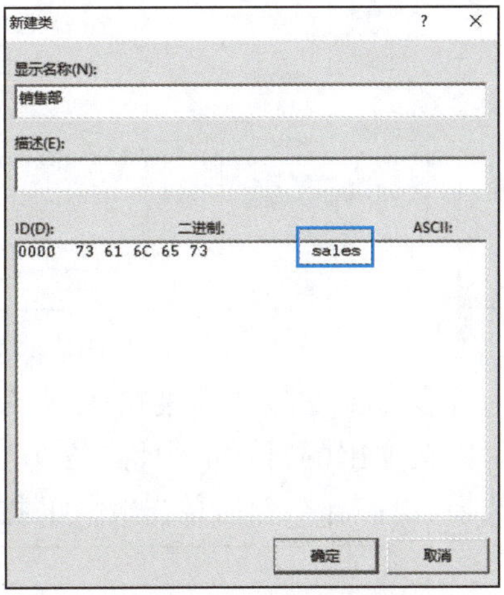

图6-24　新建用户类“sales”

步骤3　此时在“DHCP用户类”对话框中新添了一个“销售部”类别，如图6-25所示。

4. 在DHCP服务器内针对标识符“sales”设置类别选项

假设客户端计算机是通过前面所建立的作用域“作用域1”来租用IP地址的，因此要通过此作用域的策略来将DNS服务器的IP地址192.168.1.1分配给用户类标识符为“sales”的客户端。

步骤1　选中“作用域1”内的“策略”选项后，单击鼠标右键，在弹出的快捷菜单中选择“新建策略”命令，如图6-26所示。

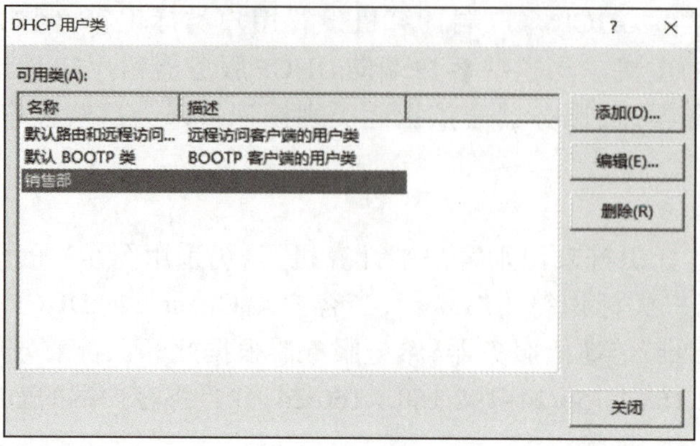

图 6-25 “销售部”类添加成功

步骤 2 设置此策略的名称为 Test，如图 6-27 所示，单击“下一步”按钮。

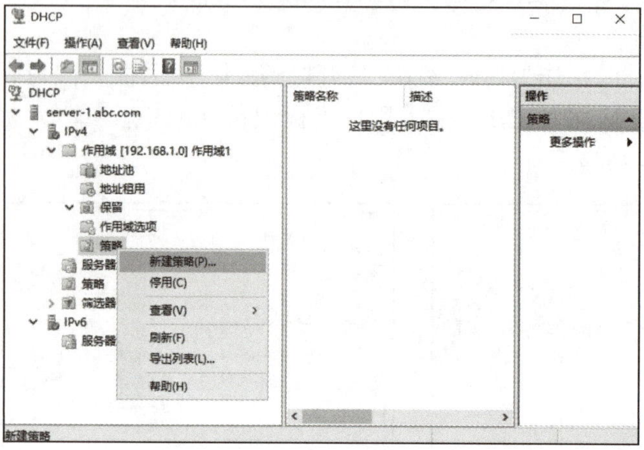

图 6-26 新建策略

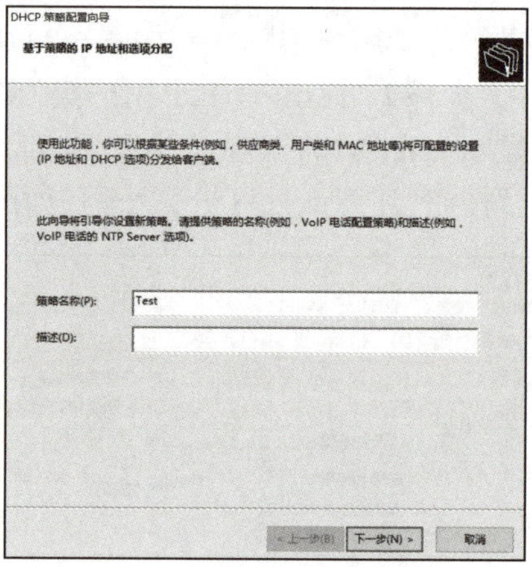

图 6-27 设置策略名称

步骤 3 进入“为策略配置条件”界面，单击“添加”按钮来设置筛选条件，如图 6-28 所示。在弹出的对话框中将“条件”下拉列表框的“用户类”设置为“销售部”，“值”的下拉框中选择“销售部”，然后单击“添加”按钮，单击“确定”按钮，如图 6-29 所示。

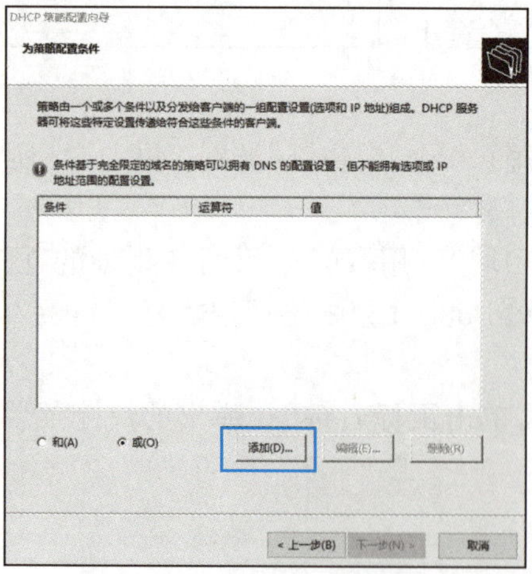

图 6-28 “为策略配置条件”界面

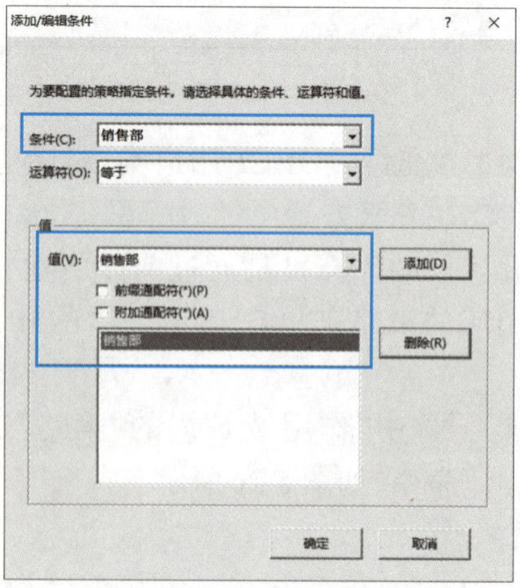

图 6-29 设置用户类为销售部

步骤4　进入为此策略内分配IP地址的界面，如图6-30所示，本例中设置IP地址的范围为192.168.1.150/24～192.168.1.160/24。

步骤5　将DNS服务器的IP地址设置为192.168.1.1，单击“下一步”按钮，如图6-31所示。出现摘要界面时单击“完成”按钮。

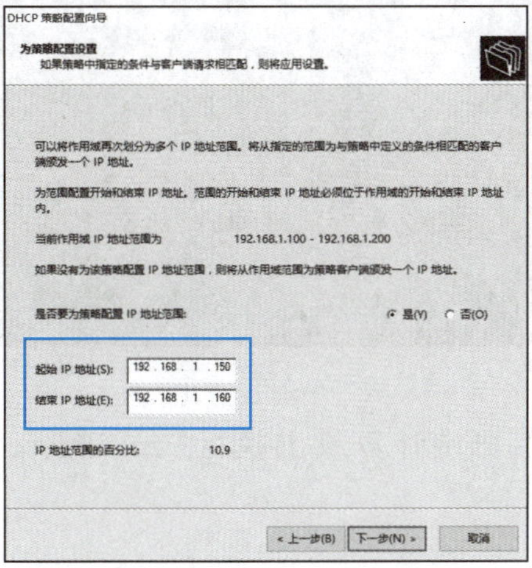

图6-30　设置IP地址的范围

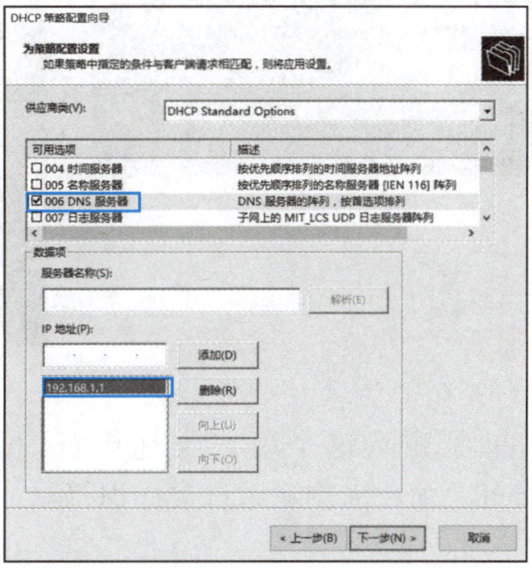

图6-31　设置DNS服务器

步骤6　查看策略，图6-32所示的Test为刚才所建立的策略，DHCP服务器会将这个策略内的设置分配给客户端计算机。

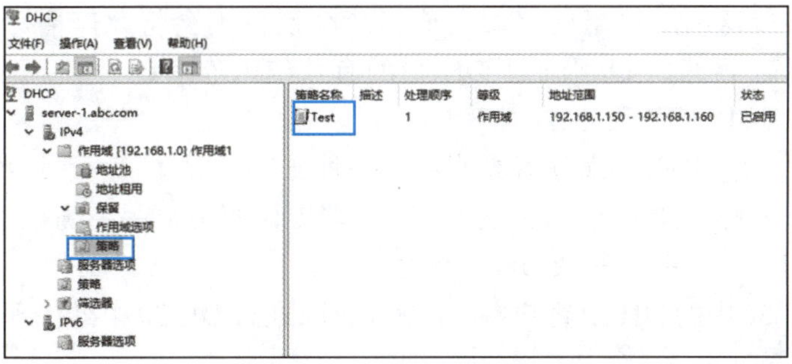

图6-32　Test策略配置成功

5. DHCP客户端的设置

步骤1　需要先将DHCP客户端的用户类标识符设置为“sales”，客户端为Client-2，选择“开始”→“Windows系统”命令，打开“Windows系统”对话框，用鼠标右键单击“命令提示符”选项，在弹出的快捷菜单中选择“更多”→“以管理员身份运行”命令，如图6-33所示。

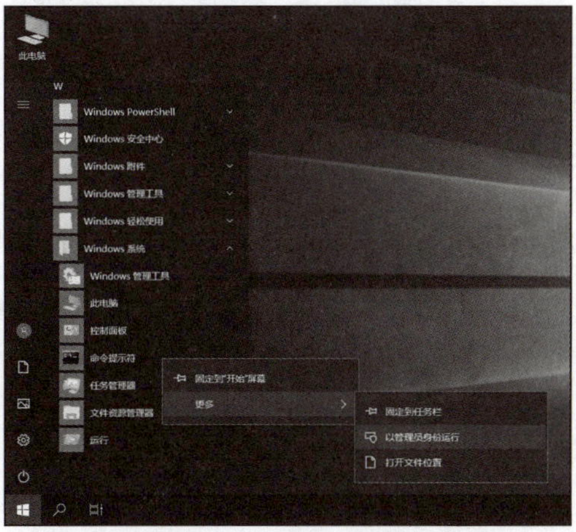

图6-33　选择“以管理员身份运行”命令

步骤2　利用“ipconfig/setclassid"Ethernet0" sales”命令来设置用户类标识符(用户类标识符区分大小写)，如图6-34所示。

步骤3　客户端设置完成后，可以利用“ipconfig/all ”命令来检查，如图6-35所示。

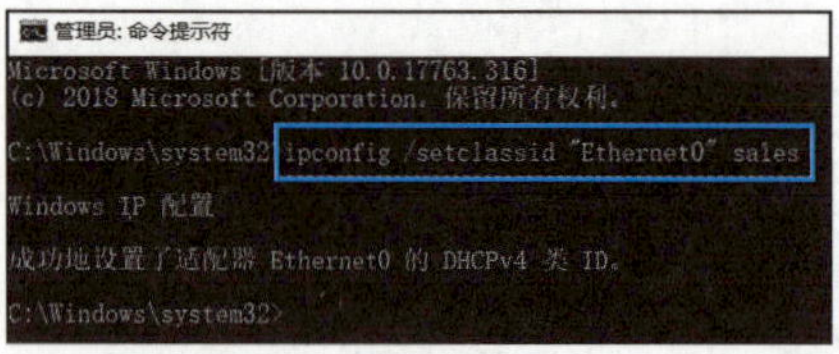

图6-34　在客户端设置用户类标识符

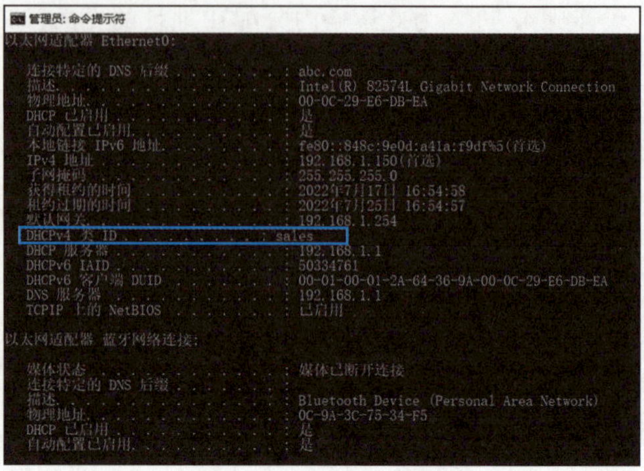

图6-35　客户端成功获得IP地址

如果要删除这个用户类标识符，可以在客户端计算机上执行"ipconfig /setclassid "Ethernet0""命令来删除用户类标识符。

任务6-3　配置DHCP中继代理

配置DHCP中继代理

如果DHCP服务器与客户端分别位于不同的网络，由于DHCP消息以广播为主，而连接这两个网络的路由器或三层交换机不会将此广播消息转发到另外一个网络，因此限制了DHCP的有效使用范围。

1. 不同网络之间DHCP服务器的使用

如果要实现跨网络DHCP服务器的使用。一种方法可以在每一个网络内都安装一台独立DHCP服务器，它们各自对所属网络内的客户端提供服务。另一方法可以利用DHCP中继代理（DHCP Relay Agent）来解决DHCP使用问题。

下面说明图6-36中的DHCP客户端1和客户端2通过DHCP中继代理的工作步骤。

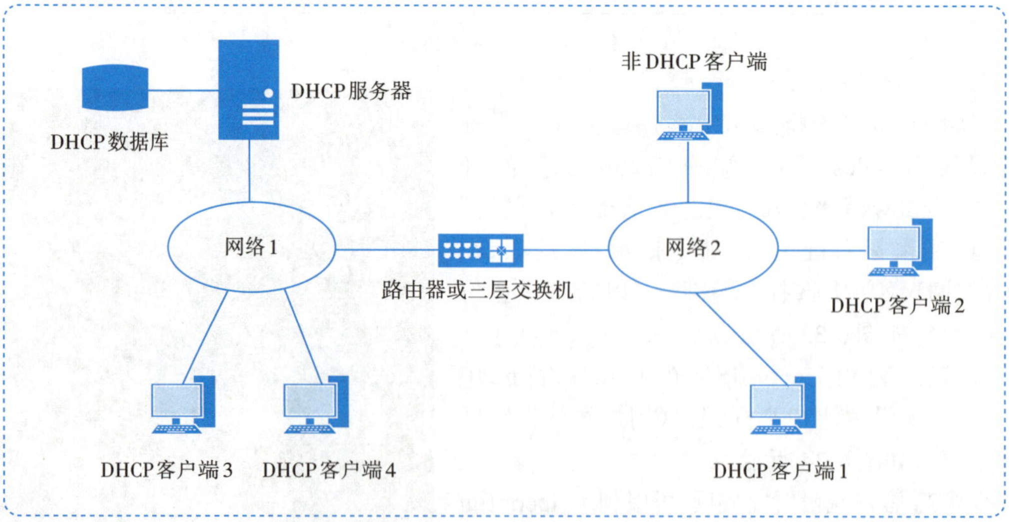

图6-36　DHCP中继代理工作原理

● DHCP客户端1和客户端2利用广播消息(DHCP DISCOVER)查找DHCP服务器。

● DHCP中继代理收到此消息后，通过路由器或三层交换机将其直接发送给另一个网络内的DHCP服务器。

● DHCP服务器通过路由器或三层交换机直接响应消息(DHCP OFFER)给DHCP中继代理。

● DHCP中继代理将此消息广播(DHCP OFFER)给DHCP客户端1和客户端2。

之后由客户端所发出的DHCP REQUEST消息以及由路由器或三层交换机发出的DHCP ACK消息也都是通过DHCP中继代理来转发的。

2. 中继代理网络规划

下面以图6-37为例来分析如何在网络中配置DHCP中继代理。图中当DHCP中继代理Server-2收到DHCP客户端Client-2的DHCP消息时会将其转发到“网络1”的DHCP服务器，DHCP服务器将作用域2地址池里的地址通过路由器转发给DHCP中继代理，最后DHCP中继代理将IP地址分配给DHCP客户端2。

主机Server-2担任DHCP中继代理，同时代替路由器实现网络间的路由功能。DHCP服务器、DHCP客户端1和DHCP中继代理的网卡1(对应的IP地址为192.168.1.254/24)的虚拟机网络连接模式使用自定义网络的“VMnet1”，DHCP客户端2和DHCP中继代理的网卡2(对应的IP地址为192.168.2.254/24)的虚拟机网络连接模式使用自定义网络的“VMnet2”。

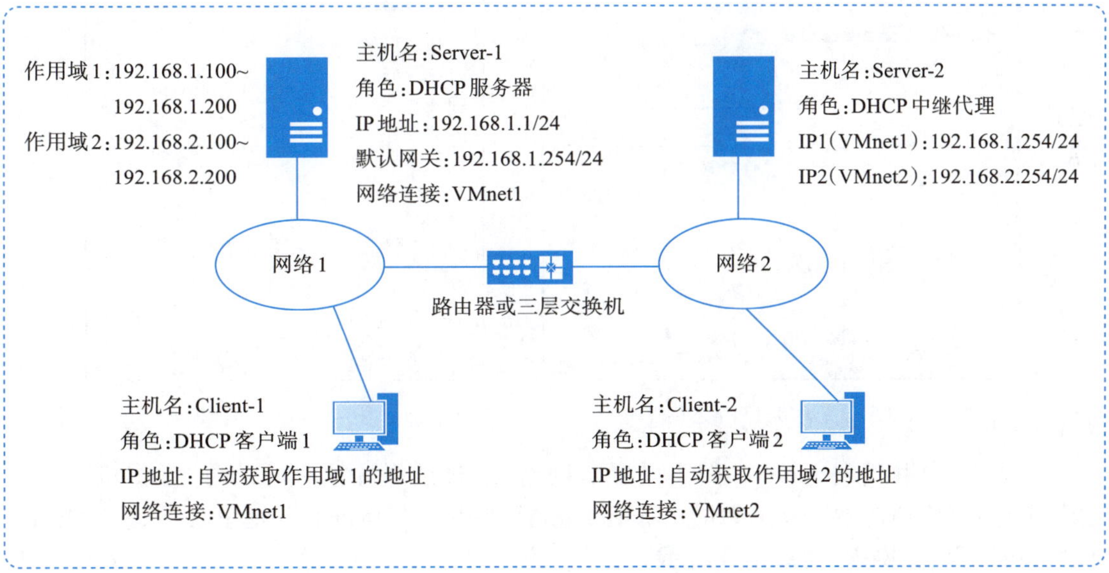

图6-37 DHCP中继代理网络规划拓扑图

3. 在DHCP服务器上新建两个作用域

以管理员身份登录计算机DHCP服务器，打开“DHCP”控制台，新建作用域1和作用域2。作用域1要求：IP地址范围是192.168.1.100~192.168.1.200，默认网关是192.168.1.254。作用域2要求：IP地址范围是192.168.2.100~192.168.2.200，默认网关是192.168.2.254。新建作用域过程前面小节已介绍过，这里不再重述。设置完成后，如图6-38所示。

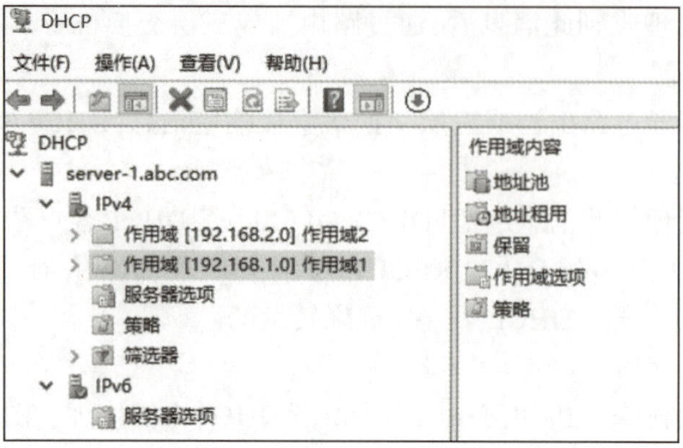

图6-38 创建两个作用域

4. 网络环境配置

在设置此角色之前，先设置Server-1、Server-2、Client-1和Client-2四台设备的网络环境。

步骤1 设置Server-1网络环境，进入Server-1网络系统，单击“虚拟机”→“设置”，打开图6-39所示的对话框，设置“网络适配器”为“VMnet1(仅主机模式)”。然后再配置网络适配器地址，如图6-40所示。

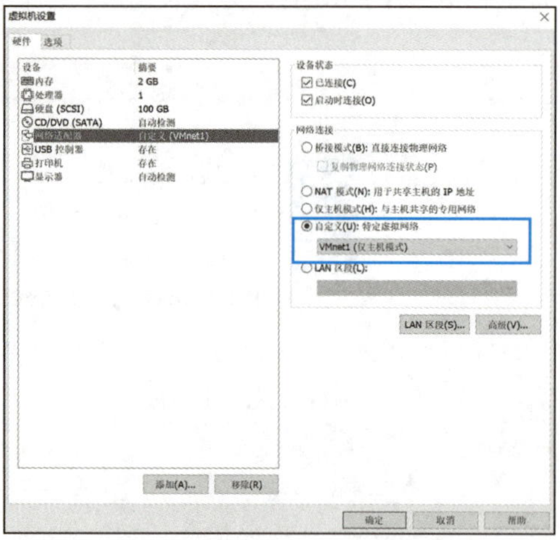

图6-39 设置虚拟机网络连接模式

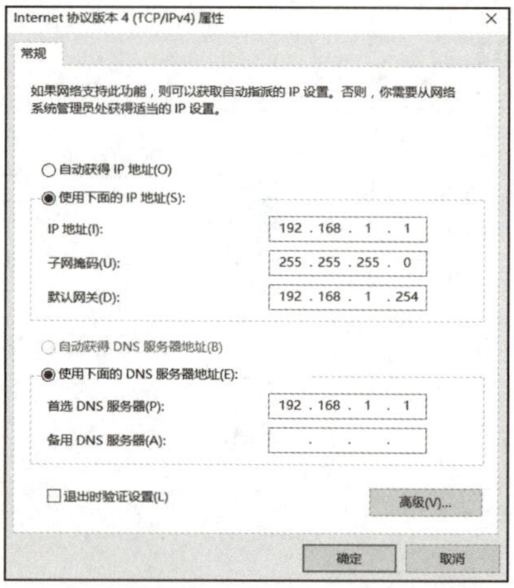

图6-40 IP网络配置

步骤2 中继代理Server-2需要设置双网卡，通过选择虚拟机的菜单“虚拟机”→“设置”，选择“网络适配器”，单击“添加”按钮，进行添加网卡“VMnet2”，这里必须有“VMnet1”和“VMnet2”两张网卡，如图6-41所示。

步骤3 设置Server-2网络环境，进入Server-2网络系统，打开如图6-42所示，设置两个网络适配器分别为“VMnet1(仅主机模式)”和“VMnet2(仅主机模式)”。再分别配置网络适配器“Ethernet0”和“Ethernet1”的IP地址，如图6-43和6-44所示。

步骤4 同样的操作，设置客户端Client-1的网络适配器为“VMnet1(仅主机模式)”，客户端Client-2的网络适配器为“VMnet2(仅主机模式)”，两台客户端的IP地址都为自动获取。

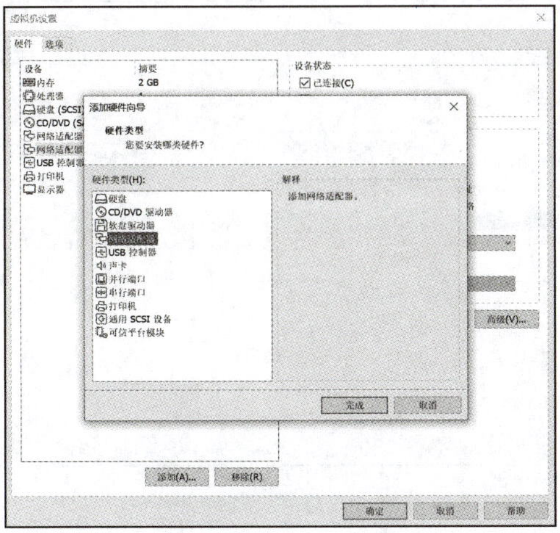

图6-41　添加虚拟网卡

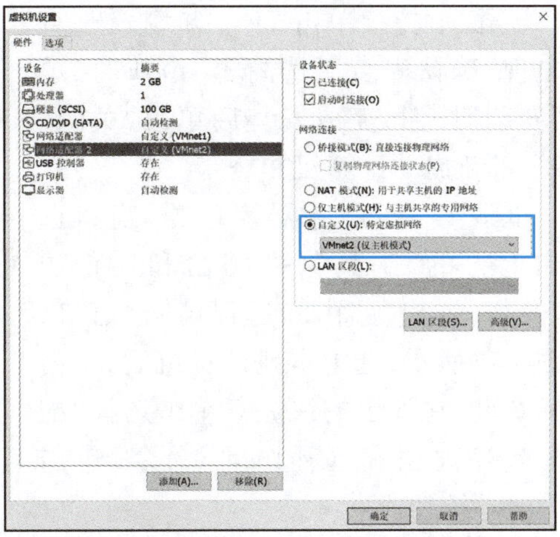

图6-42　Server-2网络连接模式设置

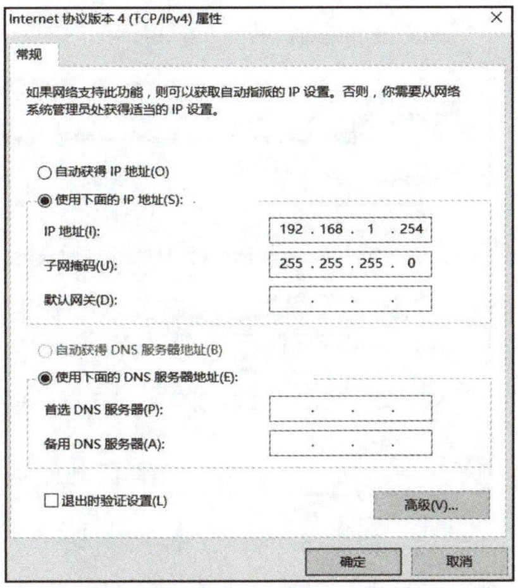

图6-43　“Ethernet0”配置

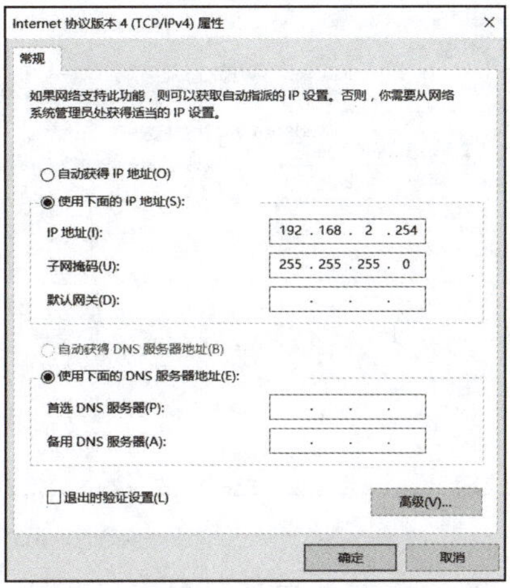

图6-44　“Ethernet1”配置

5. 在Server-2上安装路由和远程访问

需要在Server-2上安装远程访问角色，然后通过其所提供的路由和远程访问服务来设置DHCP中继代理。

步骤1　打开“服务器管理器”窗口，单击“仪表板”处的“添加角色和功能”按钮，持续单击“下一步”按钮，直到出现图6-45所示的“选择服务器角色”窗口时，勾选“远程访问”复选框。

步骤2　持续单击“下一步”按钮，直到出现图6-46所示的“选取角色服务”窗口时，勾选“DirectAccess和VPN (RAS)”复选框，单击“下一步”按钮，在新弹出的“添加角色和功能向导”对话框中单击“添加功能”→“确定” 按钮。

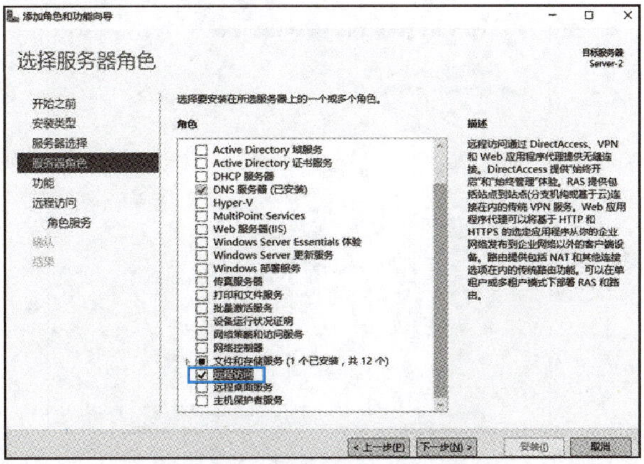

图6-45　添加“远程访问”角色

步骤3 持续单击“下一步”按钮，直到出现“确认安装所选内容”窗口时，单击“安装”按钮，完成安装后单击“关闭”按钮，重新启动计算机并登录。

步骤4 在“服务器管理器”窗口选择右上方的“工具”→“路由和远程访问”命令，弹出“路由和远程访问”窗口，如图6-47所示，选中本地计算机后，单击鼠标右键，在弹出的快捷菜单中选择“配置并启用路由和远程访问”命令，单击“下一步”按钮。

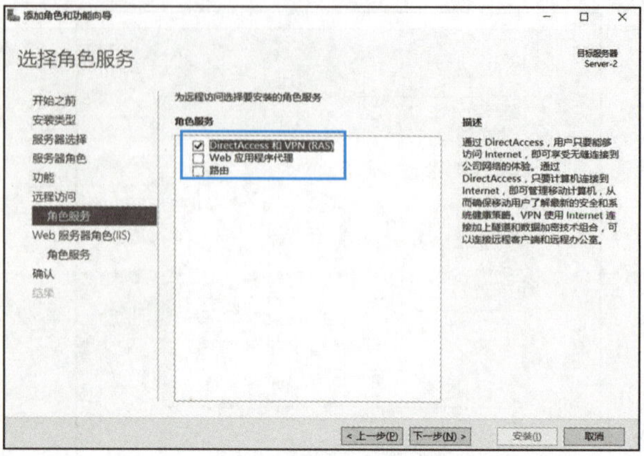

图6-46 “选择角色服务”窗口

步骤5 在图6-48所示的对话框中选中“自定义配置”单选按钮，单击“下一步”按钮。

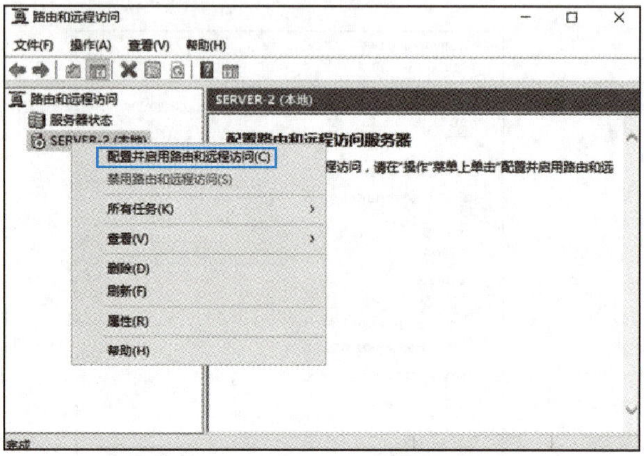

图6-47 配置并启用路由和远程访问

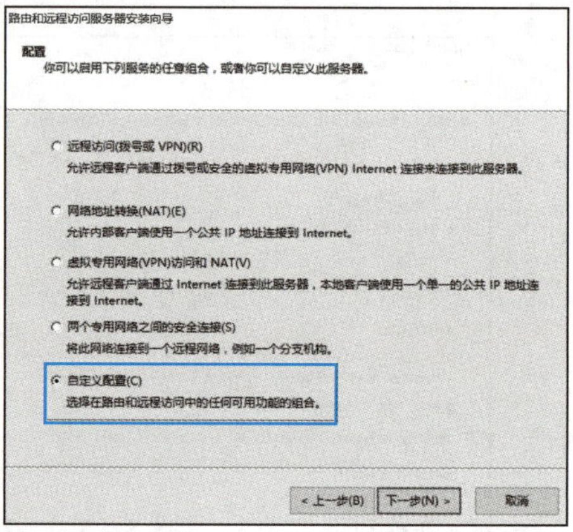

图6-48 “自定义配置”对话框

步骤6 在图6-49所示的对话框中勾选“LAN路由”复选框后单击“下一步”→“完成”按钮（此时若出现“无法启动路由和远程访问”警告界面，不必理会，直接单击“确定”按钮即可）。

步骤7 在图6-50所示的对话框中单击“启动服务”按钮。

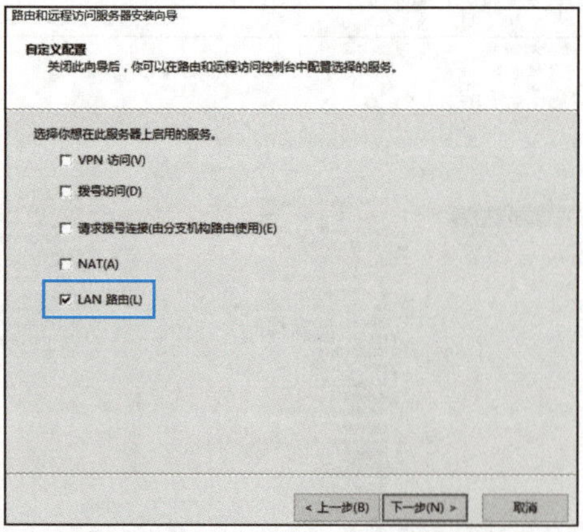

图6-49 选择“LAN”路由

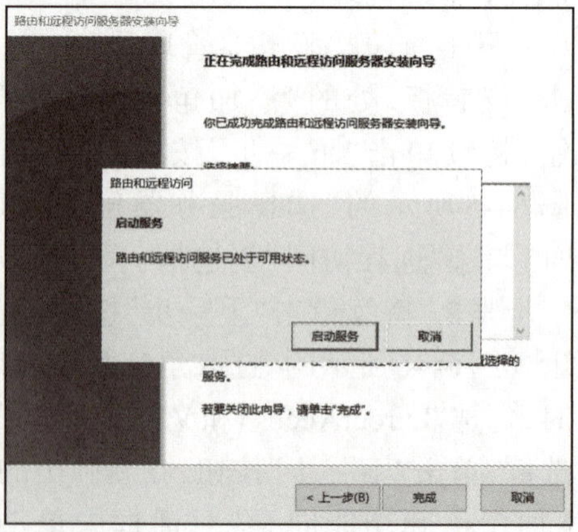

图6-50 启动服务

6. 在Server-2上设置中继代理

步骤1　选中IPv4下的“常规”选项后，单击鼠标右键，在弹出的快捷菜单中选择“新增路由协议”命令，如图6-51所示，在弹出的“新路由协议”对话框中选择“DHCP Relay Agent”选项后，单击“确定”按钮，如图6-52所示。

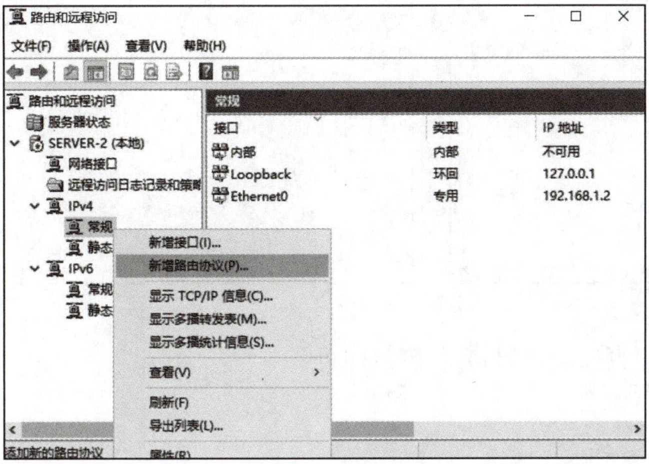

图6-51　选择“新增路由协议”命令

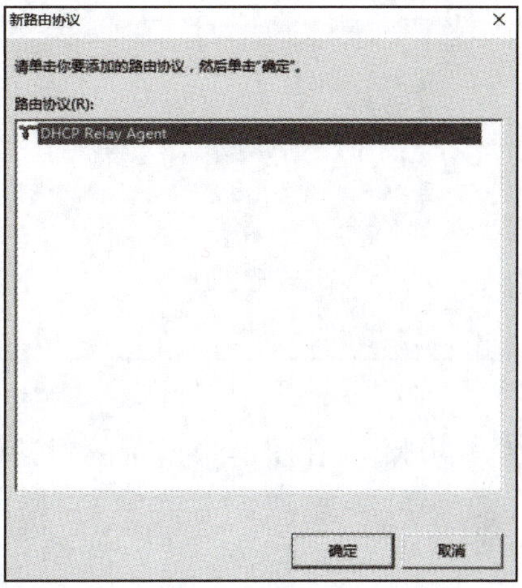

图6-52　路由协议添加成功

步骤2　选中“DHCP中继代理”选项后单击鼠标右键，在弹出的快捷菜单中选择“属性”选项，如图6-53所示。在“服务器地址”文本框中输入DHCP服务器的IP地址(192.168.1.1)后单击“确定”按钮，如图6-54所示。

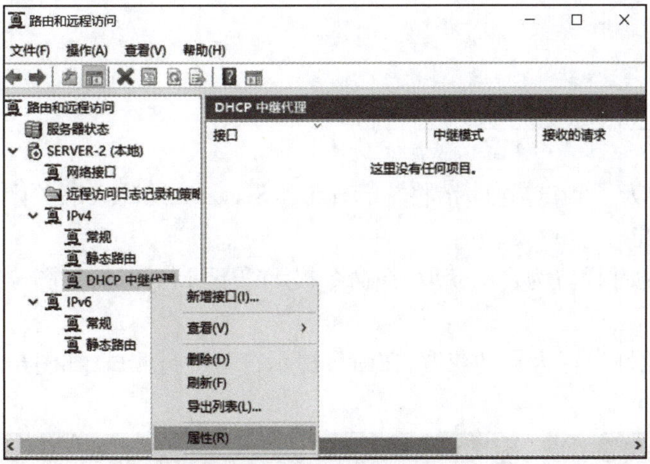

图6-53　DHCP中继代理属性

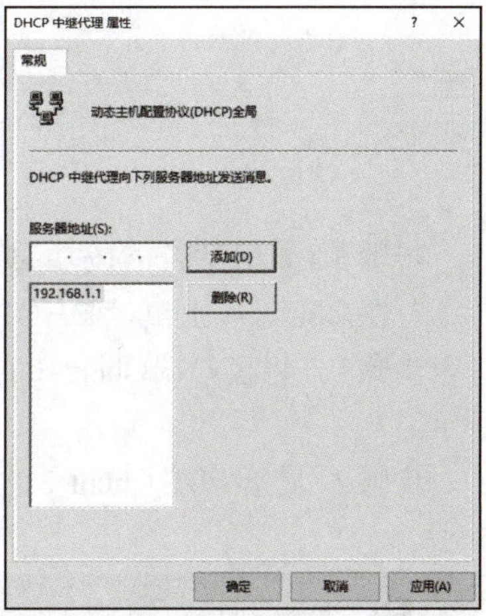

图6-54　设置DHCP服务器地址

步骤3　选中“DHCP中继代理”选项后单击鼠标右键，在弹出的快捷菜单中选择“新增接口”命令，如图6-55所示。

在弹出的“DHCP Relay Agent的新接口”对话框中选择“Ethernet1”选项，单击“确定”按钮，如图6-56所示。当DHCP中继代理收到通过“Ethernet1”(Ethernet1的地址是192.168.2.254)传输的DHCP数据包时，就会将它转发给DHCP服务器(192.168.1.1)。

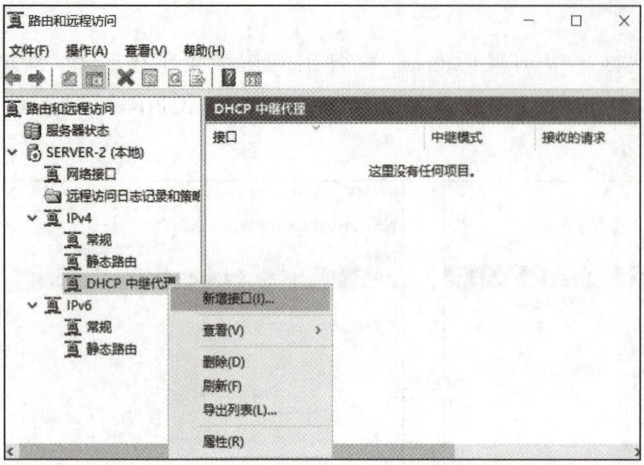

图 6-55 新增接口

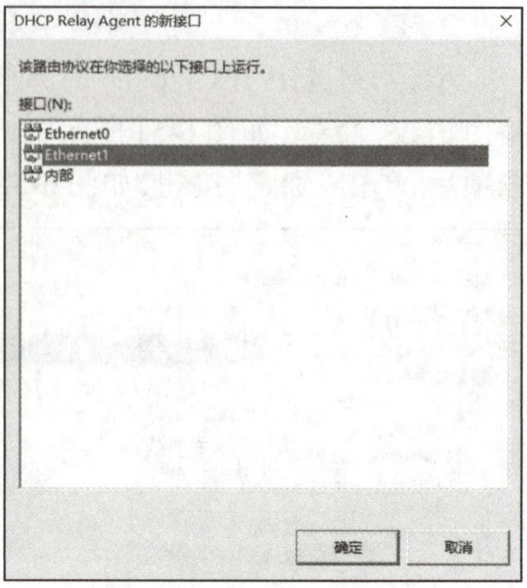

图 6-56 选择接口

步骤 4 在图 6-57 所示的对话框中直接单击“确定”按钮即可。

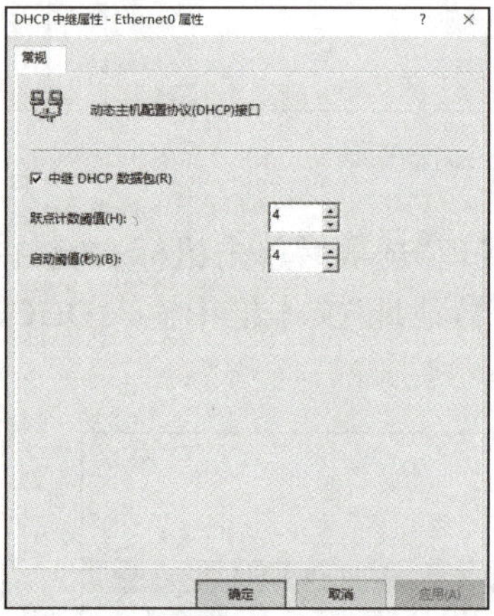

图 6-57 设置中继 DHCP 数据包

步骤 5 测试是否能成功路由。为了测试方便，请将 Server-1 和 Server-2 的防火墙关闭。

7. 在 Client-1 上测试 DHCP 中继

步骤 1 将客户端 Client-1 的 IP 地址设置为自动获取，在命令提示符下进行测试，如图 6-58 所示。

步骤 2 将客户端 Client-2 的 IP 地址设置为自动获取，在命令提示符下进行测试，如图 6-59 所示。

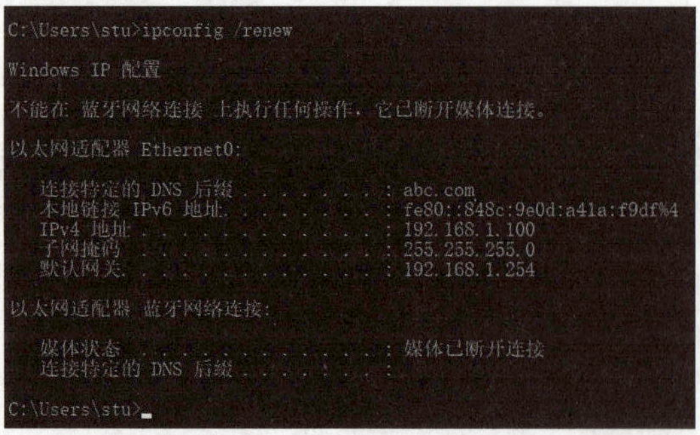

图 6-58 客户端 Client-1 测试成功

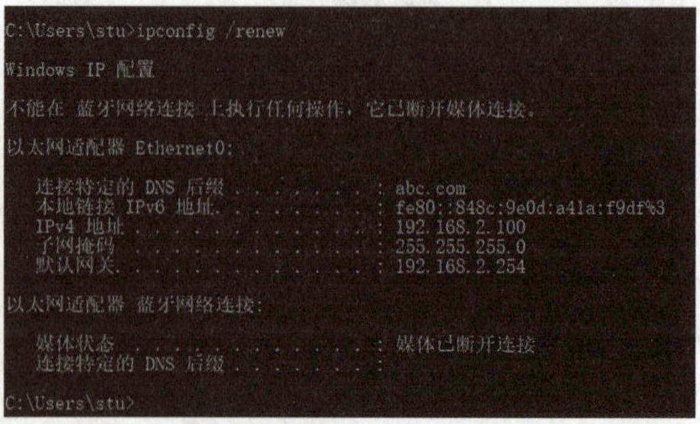

图 6-59 客户端 Client-2 测试成功

本项目小结

本项目主要讲解了DHCP服务器的基本原理和部署方案、DHCP服务器的概念、、DHCP服务系统的组成、DHCP服务器的工作原理，详细描述了DHCP服务器的配置与管理、DHCP客户端的配置等内容。本项目主要的实操是架设DHCP服务器，培养学生动手操作能力、提升解决实际问题的能力。

本项目练习

一、选择题

1. 下列哪个命令是用来显示网络适配器的DHCP类别信息的(　　)。

A. ipconfig　/all　　B. ipconfig /release

C. ipconfig /renew　　D. ipconfig /showclassid

2. 使用Windows Server 2016的DHCP服务时，当客户端租约使用时间超过租约的50%时，客户端会向服务器发送(　　)数据包，以更新现有的地址租约。

A. DHCP DISCOVER　　B. DHCP OFFER

C. DHCP REQUEST　　D. DHCP ACK

3. 在Windows Server 2016中，关于DHCP中继代理叙述正确的是(　　)。

A. 配置DHCP中继代理使用“DHCP”管理工具

B. 配置DHCP中继代理使用“路由和远程访问”管理工具

C. DHCP中继代理有其他网段的作用域

D. DHCP中继代理有本网段的作用域

4. 在一个局域网中利用DHCP服务器为网络中的所有主机提供动态IP地址分配，DHCP服务器的IP地址为192.168.2.1/24，在服务器上创建一个作用域192.168.2.11 ~ 200/24并激活。在DHCP服务器选项中设置003为192.168.2.254，在作用域选项中设置003为192.168.2.253，则网络中租用到IP地址192.168.2.20的DHCP客户端所获得的默认网关地址应为(　　)。

A. 192.168.2.1　　B. 192.168.2.254

C. 192.168.2.253　　D. 192.168.2.20

5. DHCP选项的设置中，不可以设置的是(　　)。

A. DNS服务器　　B. DNS域名

C. WINS服务器　　D. 计算机名

二、填空题

1. 在Windows Server 2016环境下，IP地址设置为自动获取时，可以用____命令释放IP地址，可以用____命令重新获得IP地址。

2. 当DHCP服务器上有多个作用域时，就可组成____，作为单个实体来管理。

3. 为了平衡DHCP服务器的使用，在做辅助DHCP时，可以将主DHCP服务器和辅助DHCP服务器采用____规则来进行划分。

4. 在跨路由的网络中实现DHCP服务的方法是____。

5. 被授权的DHCP服务器的IP地址会被注册到域控制器的____中。

三、简答题

1. 简述DHCP的作用。

2. 动态IP地址方案有什么优点和缺点？简述DHCP服务器的工作过程。

3. 何时需要续租IP地址？

4. 保留地址与排除地址有什么区别？

5.DHCP选项有什么作用？DHCP选项级别之间有什么关系？

6. 简述DHCP与DNS的集成。

7. 如何备份与还原DHCP数据库？

四、实训题

任务 配置与管理DHCP服务器

1. 实训目的

掌握DHCP服务器的安装与配置方法。

掌握DHCP用户类别的配置方法。

掌握DHCP中继代理的配置方法。

2. 实训要求

架设DHCP服务器：

(1)在虚拟机里安装一台网络操作系统，添加DHCP服务器，在此服务器上设置IP地址池范围、默认网关、DNS服务器地址以及IP保留地址。

(2)创建“IT”用户类别，要求只有相应组或者组织单位下的用户才能访问相应目录的文件。

(3)再安装一台网络操作系统作为DHCP中继代理服务器，实现跨网段自动分配IP地址，IP地址范围自定义。

项目7

Web服务器配置与管理

模块描述

本项目详细介绍Web服务的基本原理和部署方案，让读者掌握Web服务的工作原理；了解Web服务器的解决方案；掌握安装Web服务器角色；掌握如何在Web服务器上创建Web站点；掌握虚拟目录和别名的创建；掌握基于不同主机、IP地址、域名创建和部署Web站点；掌握Web服务器安全性的原理和配置等内容。

任务描述

- 掌握Web服务的工作原理
- 掌握Web服务器解决方案
- 掌握Web服务器网络环境
- 掌握Web服务器安全性的常用方法

任务描述

- 掌握Web服务器规划方法
- 掌握Web客户端的配置方法
- 掌握Web服务器的安装和配置过程
- 掌握Web服务器中基本虚拟主机部署多个网站过程
- 掌握Web服务器中安全性配置过程

素质目标

- 树立实现创新的信心，培养创新能力
- 挖掘自身潜力，培养刻苦钻研精神
- 培养良好的思想道德和正确的行为意义
- 树立远大理想、积极探索的科学精神

7.1 项目知识准备——Web服务器基础

WWW服务也称Web服务或HTTP服务，是由Web服务器来实现的。随着Internet技术的发展，B/S（浏览器/服务器）结构日益受到用户青睐，其他形式的Internet服务，如电子邮件远程管理等都广泛采用Web技术。

7.1.1 Web概述

Web是最重要的Internet服务，Web服务器是实现信息发布的基本平台，更是网络服务与应用的基石，Web服务运行机制如下：

Web服务基于客户端/服务器模型。客户端运行Web浏览器程序，提供统一、友好的用户界面，解释并显示Web页面，将请求发送到Web服务器。服务器端运行Web服务程序，侦听并响应客户端请求，将请求处理结果（页面或文档）传送给Web浏览器，浏览器获得Web页面。Web浏览器与Web服务器交互的过程如图7-1所示。可以说Web浏览就是一个从服务器下载页面的过程。

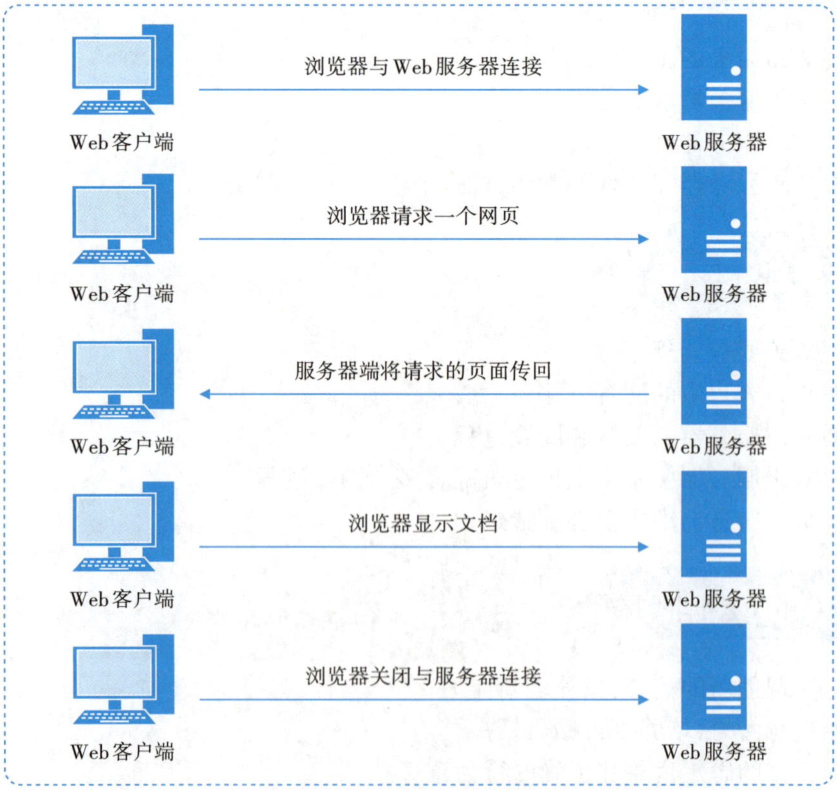

图7-1 Web服务运行过程

Web浏览器和服务器通过HTTP协议来建立连接、传输信息和终止连接，Web服务器也称为HTTP服务器。HTTP即超文本传输协议，是一种通用的、无状态的、与传输数据无关的应用层协议。

Web服务器以网站的形式提供服务，网站是一组网页或应用的有机集合。在Web服务器上建立网站，集中存储和管理要发布的信息，Web浏览器通过HTTP协议以URL地址（格式为http://主机名:端口号/文件路径，当采用默认端口80时可省略）向服务器发出请求，来获取相应的信息。

传统的网站主要提供静态内容，目前主流的网站都是动态网站，服务器和浏览器之间能够进行数据交互，这需要部署用于数据处理的Web应用程序。

7.1.2 Web应用程序

Web应用程序就是基于Web开发的程序，一般采用浏览器/服务器结构，要借助Web浏览器来运行。Web应用程序具有数据交互处理功能，如聊天室、留言板、论坛、电子商务等软件。

Web应用程序是一组静态网页和动态网页的集合。静态网页是指当Web服务器接到用户请求时内容不会发生更改的网页，Web服务器直接将该页发送到Web浏览器，而不对其做任何处理。当Web服务器接收到对动态网页的请求时，将该网页传递给一个负责处理网页的特殊软件（应用程序服务器），由应用程序服务器读取网页上的代码，并解释执行这些代码，将处理结果重新生成一个静态网页，再传回Web服务器，最后Web服务器将该网页发送到请求浏览器。Web应用程序大多涉及数据库访问，动态网页可以指示应用程序服务器从数据库中提取数据并将其插入网页中。

一个Web应用程序是由完成特定任务的各种Web组件构成的并通过Web将服务展示给外界。在实际应用中，Web应用程序是由多个Servlet、JSP页面、HTML文件以及图像文件等组成。所有这些组件相互协调为用户提供一组完整的服务。

7.1.3 Web服务器解决方案

Web服务是最主要的网络应用，除了考虑服务器硬件和网络环境外，重点是选择合适的Web服务器软件。Web服务器软件选择应遵循下述原则：

（1）考虑网站规模和用途

大型公共网站访问量大，需要强大的多线程支持；企业网站对安全功能要求高；小型网站则要求资源开销少，用轻量级的Web服务器软件即可。

（2）是否选择商业软件

商业的Web服务器软件的安装和管理比较方便，能提供比较可靠、增强的安全机制，有良好的用户支持，可节省维护成本。有的免费软件功能很强大，某些方面甚至优于商业软件，但是用户友好性要差一些。

（3）考虑操作系统平台

Linux家族相互之间兼容性差，需要考虑Web服务器是否支持所使用的版本。Windows

平台主要选择内置的IIS软件。原来运行于Linux系统的Web服务器移植到Windows平台后,性能可能会受影响。

(4)考虑对Web应用程序的支持

许多Web服务器都提供对Web应用程序的支持。选择Web服务器时,要考虑其对所需应用程序的支持能力,如ASP应用程序应当选择IIS服务器。

微软IIS与Windows操作系统集成得最密切,最能体现Windows平台的优秀性能,具有低风险、低成本,易于安装、配置和维护的特点,是超值的Web服务器软件。IIS服务器是一个综合性的Internet信息服务器,除了可用来建立Web网站之外,还可用来建立FTP网站。

7.1.4 Web服务器网络环境

部署Web服务器网络规划如图7-2所示,需要一台Web服务器(建议安装DNS服务),在Server-1这台服务器上架构Web服务,其IP地址为192.168.1.1/24。Web客户端采用Windows 10操作系统,主机名分别为Client-1和Client-2,IP地址分别为192.168.1.10/24和192.168.1.20/24。两台客户端的DNS地址都为192.168.1.1/24。

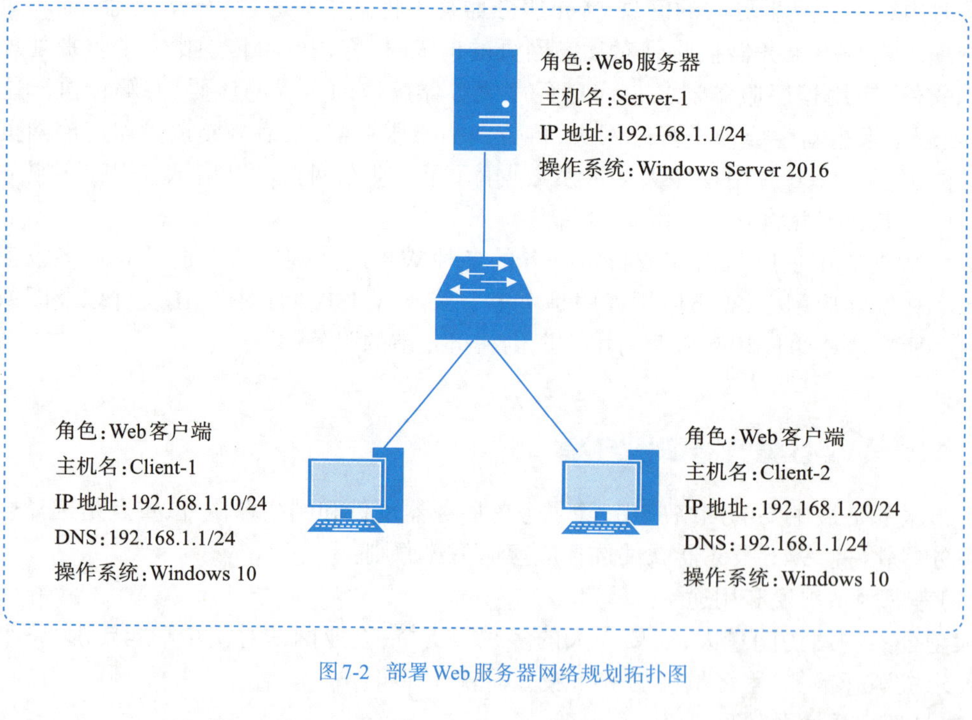

图7-2 部署Web服务器网络规划拓扑图

7.2 项目实施——部署并配置Web服务器

任务7-1 安装IIS服务

安装IIS服务

1. 安装Web服务器(IIS)角色

在服务器Server-1上的“服务器管理器”窗口中安装Web服务器(IIS)角色,具体步骤如下。

步骤1 选择“开始”→“服务器管理器”→“仪表板”→“添加角色和功能”命令,在弹出的窗口中持续单击“下一步” 按钮,直到出现图7-3所示的“选择服务器角色”窗口,勾选“Web服务器(IIS)”复选框。

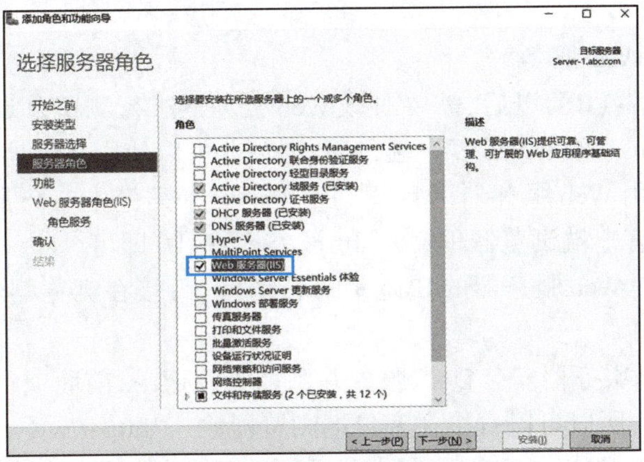

图7-3 选择“Web服务器(IIS)”角色

步骤2 持续单击“下一步” 按钮,直到出现图7-4所示窗口,可以根据需要选择安装角色服务,全部选中“安全性”复选框,全部选中“常见HTTP功能”复选框,同时勾选“FTP服务器”复选框。

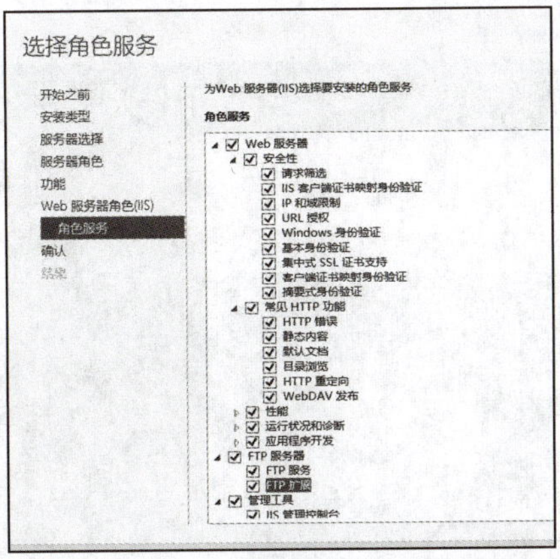

图7-4 “选择角色服务”窗口

步骤3　持续单击“下一步”按钮，直到出现“安装”按钮，单击“安装”按钮开始安装Web服务器。安装完成后，选择“服务器管理器”→“工具”菜单下的“Internet Information Services (IIS)管理器”，打开图7-5所示的窗口。

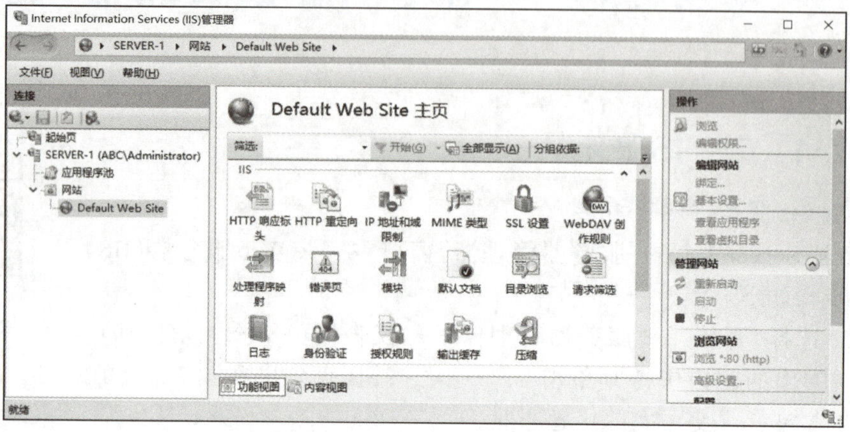

图7-5　IIS安装成功

2. 在客户端测试Web服务

安装完Web服务器(IIS)以后，需要对该Web服务器进行测试，以检测网站是否正确安装并运行。选择Client-1这台Web客户端，打开浏览器可以使用多种地址格式进行测试。

第一种：直接使用Web服务器的计算机名访问，本案例中Web服务器的计算机名为Server-1，所以可以在客户端浏览器里输入“http://Server-1/”即可。

第二种：直接使用Web服务器的IP地址进行访问，直接在浏览器地址栏中输入“http://192.168.1.1/”即可。

第三种：需要Web服务器安装DNS服务并添加资源记录，前面项目已经在Server-1服务器上安装了DNS服务，所以可以直接在客户端浏览器输入“http://www.abc.com”即可。

如果IIS安装成功，则会在IE浏览器中显示图7-6所示的网页。这个网页存放在服务器的C:\inetpub\wwwroot目录下，C:\inetpub这个目录是IIS服务安装好后自动生成的。如果没有显示出该网页，则检查IIS是否出现问题或重新启动IIS服务，也可以删除IIS服务重新安装。

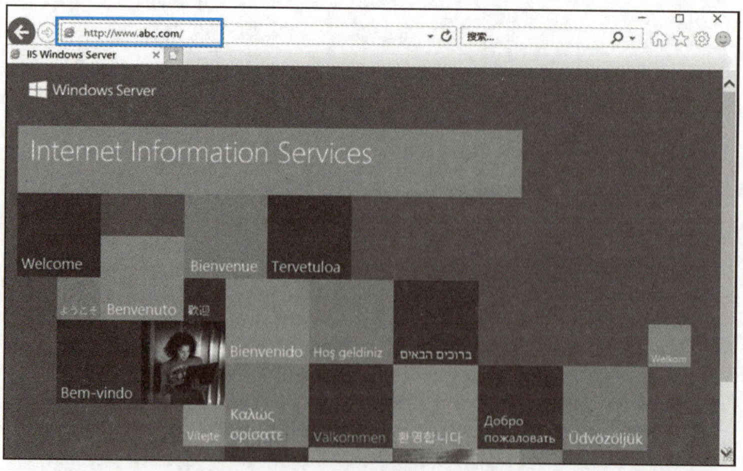

图7-6　正常访问默认网站

任务7-2 在Web服务器上创建Web站点

在Web服务器上创建一个新网站Web，使局域网上的用户在客户端计算机上能通过IP地址和域名进行访问。

在Web服务器上创建Web站点

1. 创建使用IP地址访问的Web站点

创建使用IP地址访问的Web站点的具体步骤如下。

（1）制作Web站点页面

在Web服务器C盘上创建文件夹“C:\myweb”作为网站的主目录，新建一个记事本，在里面输入如图7-7所示代码。然后将记事本文件名和扩展名改为：index.htm。

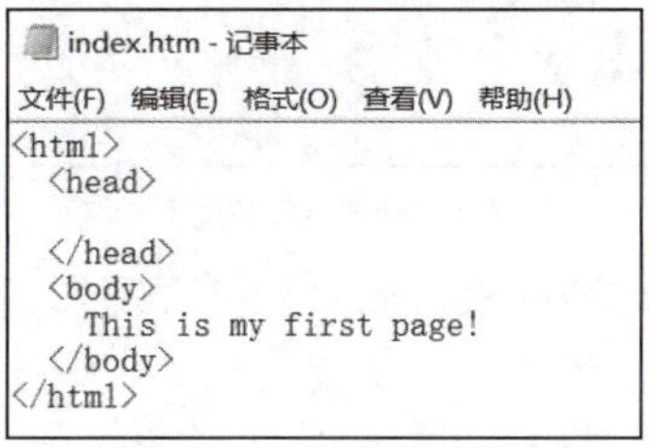

图7-7 制作简单网页代码

（2）停止默认网站（Default Web Site）

登录Web服务器，选择“开始”→“Windows管理工具”→ “Internet Information Services（IIS）管理器”命令，打开“Internet Information Services（IIS）管理器”控制台。在控制台树中依次展开服务器和“网站”节点。用鼠标右键单击“Default Web Site”选项，在弹出的快捷菜单中选择“管理网站”→“停止”命令，即可停止正在运行的默认网站，如图7-8所示。

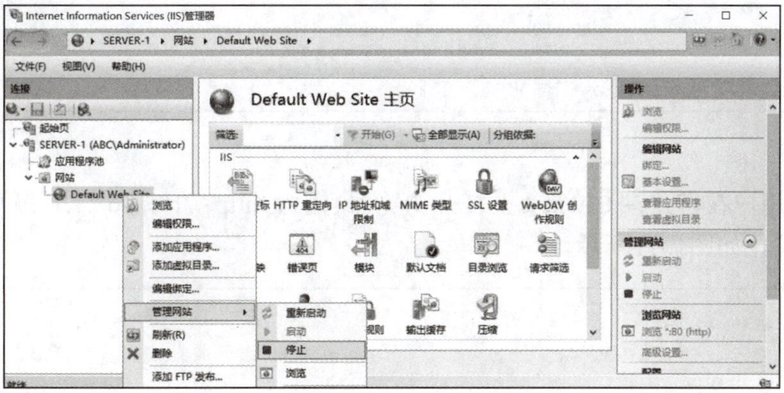

图7-8 停止默认网站

（3）创建Web站点

步骤1 在“Internet Information Services（IIS）管理器”控制台树中，展开服务器节点，用鼠标右键单击“网站”选项，在弹出的菜单中选择“添加网站”命令，打开“添加网站”对话框。在该对话框中可以指定网站名称、网站内容目录、传递身份验证、网站类型、IP地址、端口号、主机名以及是否启动网站。在此设置网站名称为“MyWeb”，物理路径为“C:\myweb”，类型为

“http”,IP地址为“192.168.1.1”,默认端口号为“80”,如图7-9所示。单击“确定”按钮,完成Web站点的创建。

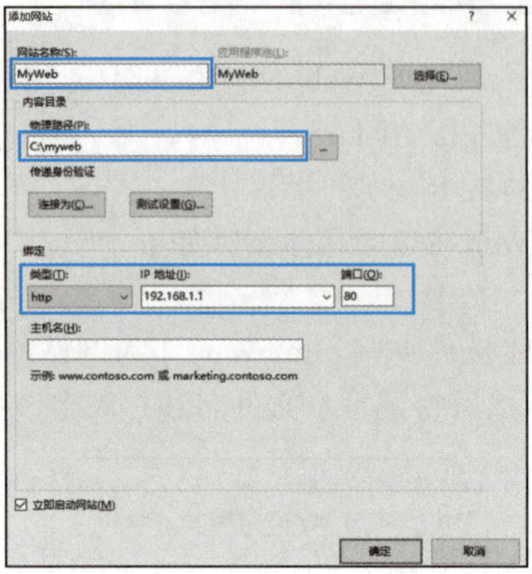

图7-9 “添加网站”对话框

步骤2 返回“Internet Information Services(IIS)管理器”控制台,可以看到刚才创建的网站已经启动,如图7-10所示。

图7-10 站点创建成功

步骤3 用户在客户端Client-1上打开浏览器,输入“http://192.168.1.1”就可以访问刚才建立的网站了。如图7-11所示。

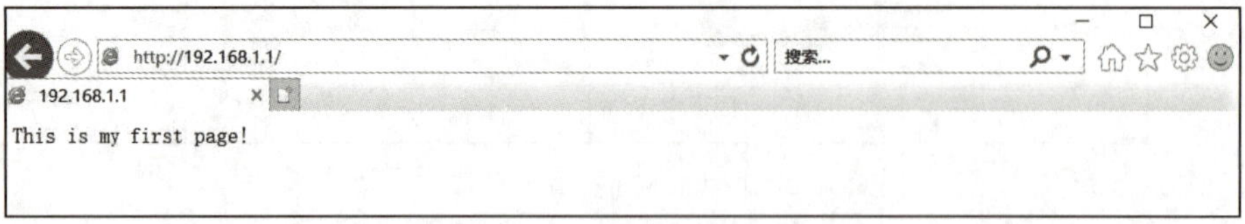

图7-11 利用IP地址访问网站页面

本例中使用的网站主页名称是index.htm,为什么要使用这个名称呢?因为IIS安装好后就会生成默认文档。默认文档是指在Web浏览器中输入Web站点的IP地址或域名即显示出来的Web页面,也就是通常所说的主页。IIS默认文档的文件名有5种,分别为Default.htm、Default.asp、index.htm、index.html和iisstart.htm,这也是一般网站中最常用的主页名。如果

Web站点无法找到这5个文件中的任何一个，那么将在Web浏览器上显示“该页无法显示”的提示。默认文档既可以是一个，也可以是多个。当设置多个默认文档时，IIS将按照排列的前后顺序依次调用这些文档。当第一个文档存在时，将直接把它显示在用户的浏览器上，而不再调用后面的文档；如果第一个文档不存在时，将第二个文件显示给用户，以此类推。

如何更改默认文档，可以打开“Internet Information Services(IIS)管理器”控制台，单击“网站”→“MyWeb”，在中间的“功能视图”选项框中双击“默认文档”选项，打开如图7-12所示的窗口。这里可以添加、删除、移动和禁用主页等操作。

图7-12 “默认文档”窗口

2. 创建使用域名访问的Web站点

在DNS服务器项目里已经创建了abc.com域名，这里创建用域名www.abc.com访问的Web站点，具体步骤如下。

步骤1 在服务器Server-1上打开“服务器管理器”→“仪表板”→“工具”→“DNS管理器”控制台，依次展开服务器，单击“正向查找区域”→区域“abc.com”，如图7-13所示。

步骤2 新建主机记录。用鼠标右键单击区域“abc.com”，在弹出的快捷菜单中选择“新建主机”命令，弹出“新建主机”对话框。在“名称”文本框中输入“www”，在“IP地址”文本框中输入“192.168.1.1”，如图7-14所示。

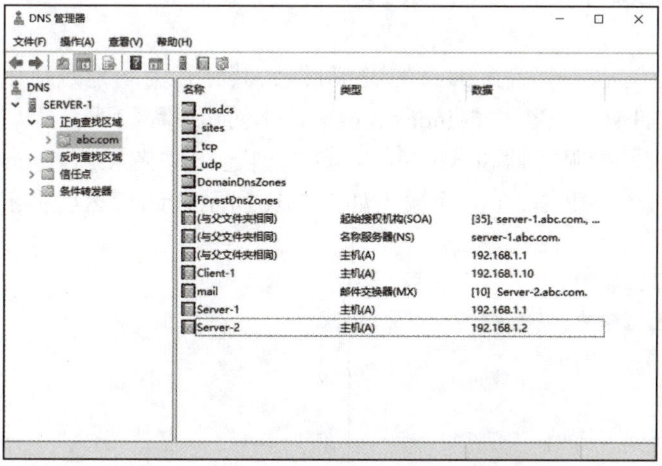

图7-13 “DNS管理器”窗口

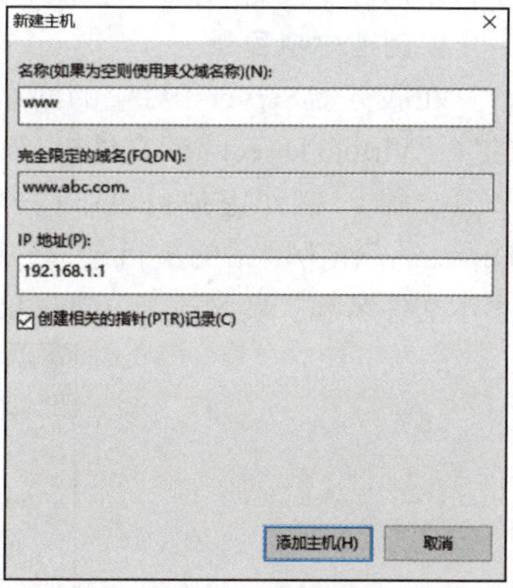

图7-14 添加主机信息

步骤3 单击“添加主机”按钮，主机创建完成。用户在客户端Client-1上打开浏览器，输入“http://www.abc.com”就可以访问刚才建立的网站了。如图7-15所示。

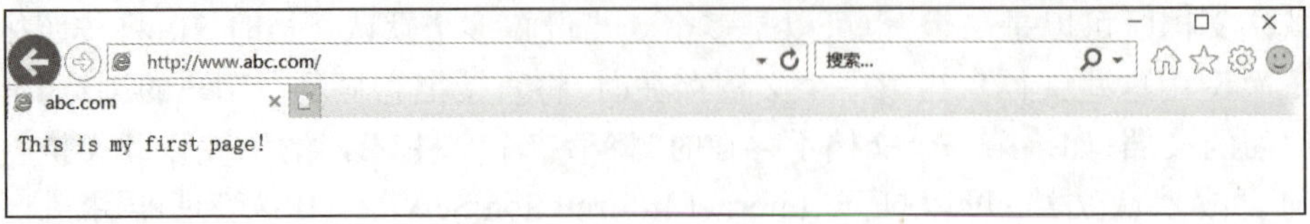

图7-15 网页访问成功

任务7-3 管理Web站点的目录

管理Web站点的目录

在Web站点中，Web内容文件都会保存在一个或多个目录下，包括HTML内容文件、Web应用程序和数据库等，甚至有的会保存在多个计算机上的多个目录中。因此，为了使其他目录中的内容和信息也能够通过Web站点发布，可通过创建虚拟目录来实现。当然，也可以在物理目录下直接创建目录来管理内容。

1. 主目录和虚拟目录

每个网站必须有一个主目录，主目录下包含主页、索引文件及网站其他网页的链接等。主目录是网站的“根”目录，映射为网站的域名或服务器名。客户端浏览器使用不带文件名的URL访问网站时，请求将指向主目录。其实当IIS安装后，它的主目录默认是C:\inetpub\wwwroot，这个主目录是可以更改的。例如，前面小节创建的网站index.htm，它的主目录变成了C:\MyWeb，使用http://www.abc.com就可以访问相应的主页面。

在Internet上浏览网页时，经常会看到一个网站下面有许多子目录，这就是虚拟目录。虚拟目录只是一个文件夹，并不一定位于主目录内，但在浏览Web站点的用户看来就像位于主目录中一样。

在Web站点中，默认发布主目录中的内容。但如果要发布其他物理目录中的内容，就需要创建虚拟目录。虚拟目录也就是网站的子目录，每个网站都可能会有多个子目录，不同的子目录内容不同，在磁盘中会用不同的文件夹来存放不同的文件。

2. 创建虚拟目录

在服务器Server-1对应的网站上创建一个名为page的虚拟目录，其路径为本地磁盘中的“C:\Virtual Directory”文件夹，该文件夹下有个文档index.htm。具体创建过程如下。

步骤1 制作虚拟目录下的网页。在服务器Server-1的C盘上创建文件夹“C:\Virtual Directory”作为网站的主目录，新建一个记事本，在里面输入如图7-16所示代码。然后将记事本文件名和扩展名改为：index.htm。

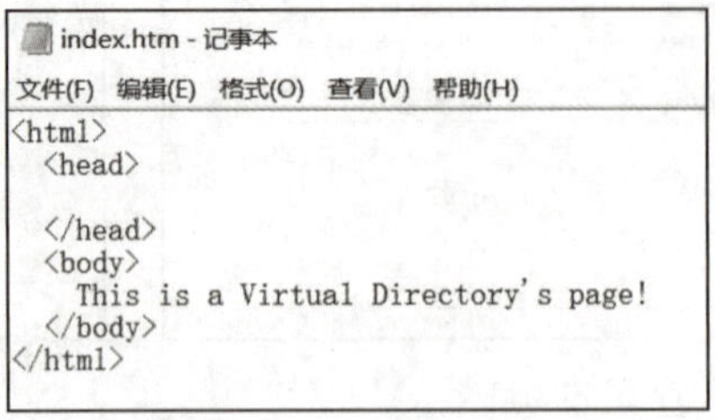

图7-16 制作虚拟目录页面代码

步骤2　在“IIS管理器”中，展开左侧的“网站”目录树，选择“MyWeb”，单击鼠标右键，在弹出的快捷菜单中选择“添加虚拟目录”命令，如图7-17所示，显示虚拟目录创建向导。利用该向导便可为该虚拟网站创建不同的虚拟目录。

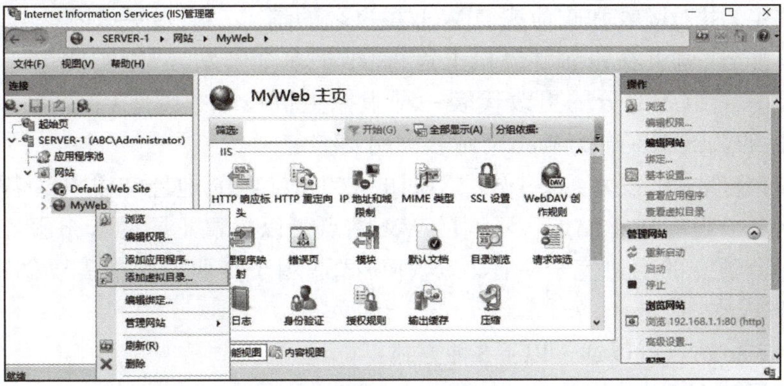

图7-17　添加虚拟目录

步骤3　在“别名”文本框中设置该虚拟目录的别名，本例为“page”，用户用该别名来链接虚拟目录。该别名必须唯一，不能与其他网站或虚拟目录重名。在“物理路径”文本框中输入该虚拟目录的文件夹路径，本例为“C:\Virtual Directory”。设置完成后的界面如图7-18所示。

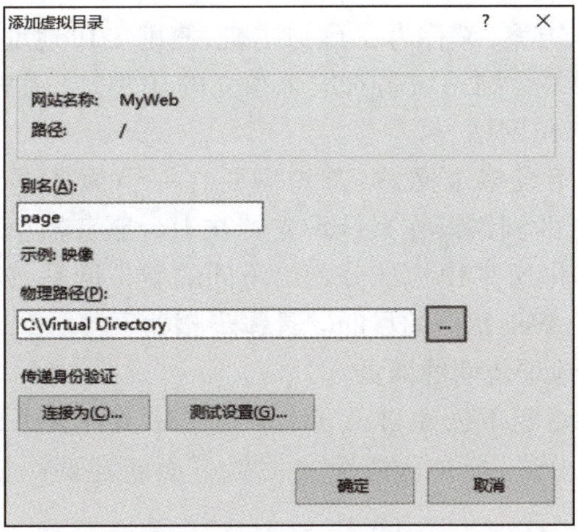

图7-18　添加虚拟目录信息

步骤4　用户在客户端Client-1上打开浏览器，输入“http://www.abc.com/page”就可以访问C:\Virtual Directory中的默认网站，如图7-19所示。

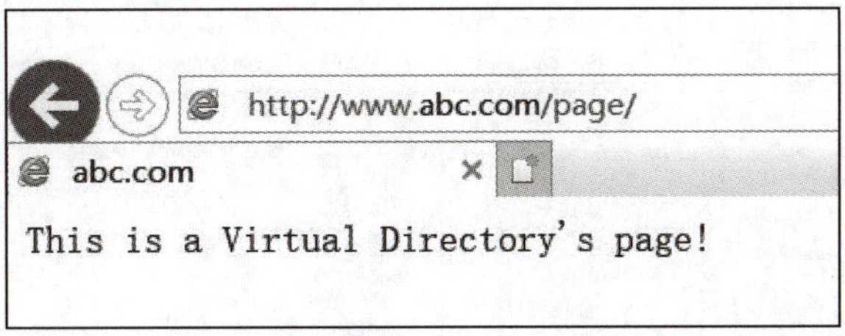

图7-19　虚拟目录下的网页访问成功

任务7-4 基于虚拟主机部署多个网站

基于虚拟主机部署多个网站

每个Web网站都具有唯一性，由IP地址、TCP端口和主机名3个部分组成的网站绑定，用来接收和响应来自Web客户端的请求。通过更改其中的任何一个部分，就可在一台计算机上运行、维护多个网站，从而实现虚拟主机。每一个组成部分的更改代表一种虚拟主机技术，共有3种。可见，虚拟主机的关键就在于为Web网站分配网站绑定。

使用IIS的虚拟主机技术，通过分配不同的TCP端口、IP地址和主机头名，可以在一台服务器上建立多个虚拟Web站点。不同的Web站点可以提供不同的Web服务，而且每一个虚拟主机和一台独立的主机完全一样。这种方式适用于企业或组织需要创建多个网站的情况，可以节省成本。

架设多个Web站点可以通过以下3种方式：

- 基于不同IP地址架设多个Web站点。
- 基于不同端口号架设多个Web站点。
- 基于不同主机名架设多个Web站点。

在创建一个Web站点时，要根据现有的条件，如投资的多少、IP地址的多少、网站性能的要求等，选择不同的虚拟主机技术。

1.基于不同的IP地址架设多个Web站点

这是传统的虚拟主机方案，又称为IP虚拟主机，使用多IP地址来实现，将每个网站绑定到不同的IP地址，以确保每个网站域名对应于独立的IP地址，用户只需在浏览器地址栏中输入相应的IP即可访问Web网站。

要使用多个IP地址架设多个网站，首先需要在一台服务器上绑定多个IP地址。而Windows Server 2008以后的网络操作系统均支持在一台服务器上安装多块网卡，一张网卡可以绑定多个IP地址，再将这些IP地址分配给不同的虚拟网站，就可以达到一台服务器利用多个IP地址来架设多个Web站点的目的。具体步骤如下：

(1)创建两个通过IP地址访问的网页

在Server-1服务器的C盘下创建目录“C:\IP”，在IP文件夹下创建两个子目录，分别为“192.168.1.1”和“192.168.1.5”，再在这两个文件夹下面新建两个网页，网页内容如图7-20所示。

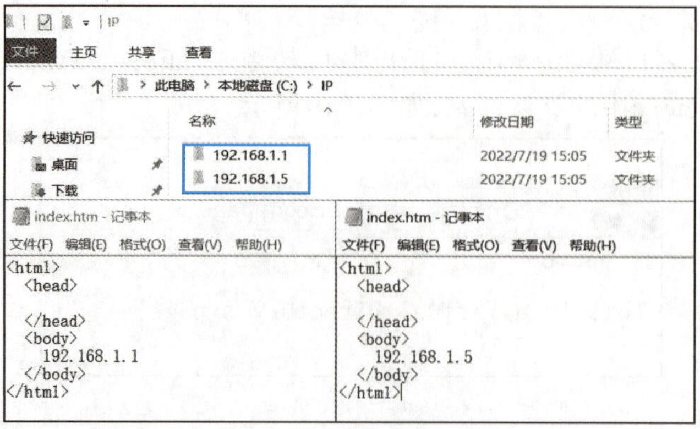

图7-20 创建两个不同的网页

(2)在服务器Server-1上再添加第2个IP地址

登录Web服务器，用鼠标右键单击桌面右下角任务托盘区域的“网络连接”图标，选择快捷菜单中的“打开网络和共享中心”命令，打开“网络和共享中心”窗口。单击“本地连接”，打开“本地连接状态”对话框。单击“属性”按钮，显示“本地连接属性”对话框。选项框中选择“Internet 协议版本4(TCP/IPv4)”，单击“属性”按钮，显示“Internet协议版本4(TCP/IPv4)属性”对话框。单击“高级”按钮，打开“高级TCP/IP设置”对话框，这里已经有IP地址和网关的相关信息。单击“添加”按钮，在“TCP/IP”对话框中输入IP地址“192.168.1.5”，子网掩码为“255.255.255.0”。单击“确定”按钮，完成设置，如图7-21所示。

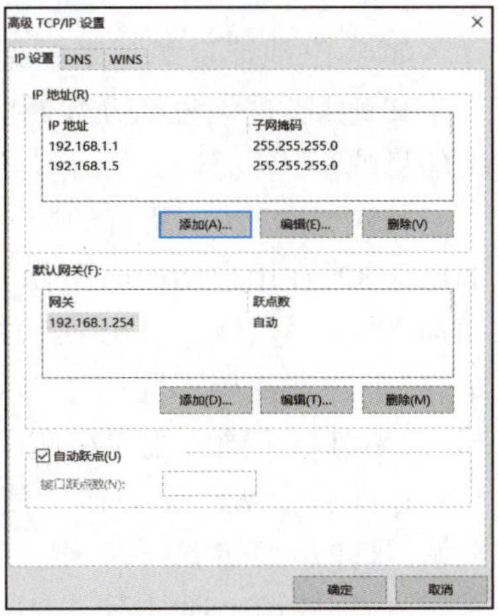

图7-21 添加IP地址

(3)在服务器Server-1上添加两个网站

步骤1 在服务器Server-1上，打开“Internet Information Services(IIS)管理器”窗口，先把“网站”下方的网站停止或者删除，右击“网站”→“添加网站”，设置网站名称、物理路径、IP地址等相关信息，如图7-22所示。

步骤2 以同样的方法设置第2个网站信息，如图7-23所示。

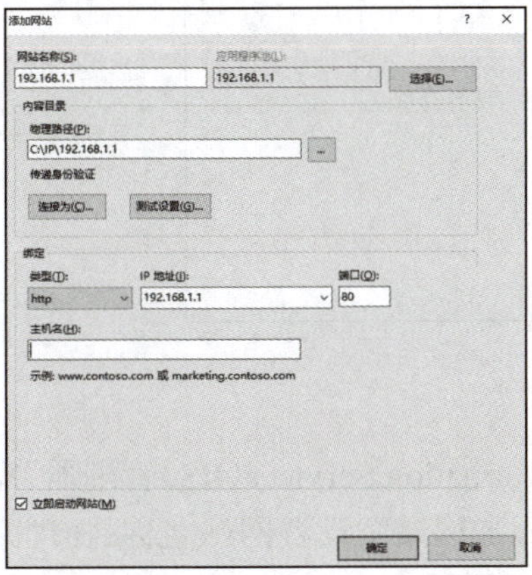

图7-22 添加第一个网站

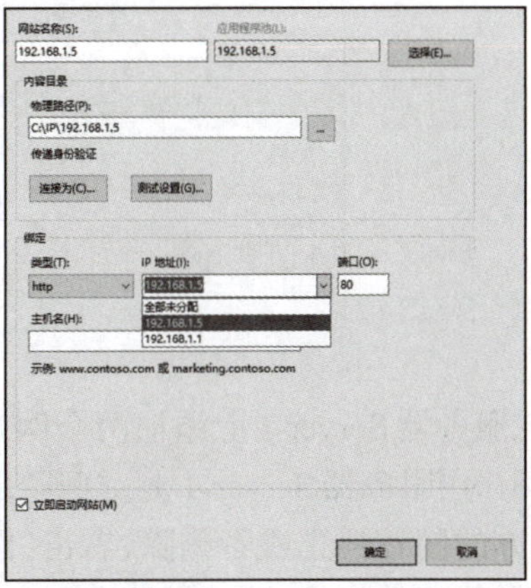

图7-23 添加第二个网站

(4)在客户端上进行测试

在客户端Client-1上，打开IE浏览器，分别输入“http://192.168.1.1”和“http://192.168.1.5”，这时会发现打开了两个不同的网站内容“192.168.1.1”和“192.168.1.5”，如图7-24和图7-25所示。

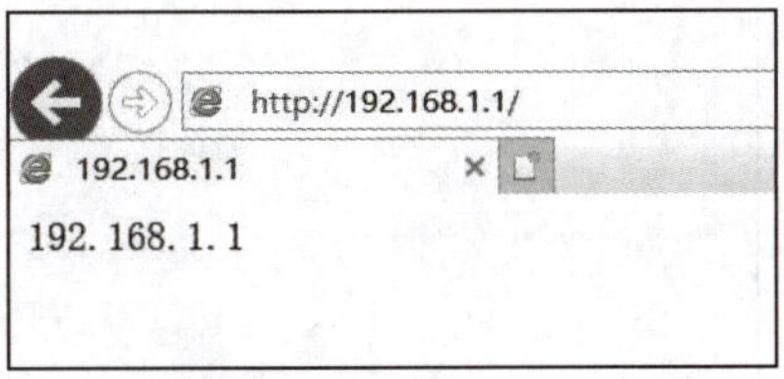

图7-24 访问第一个网页

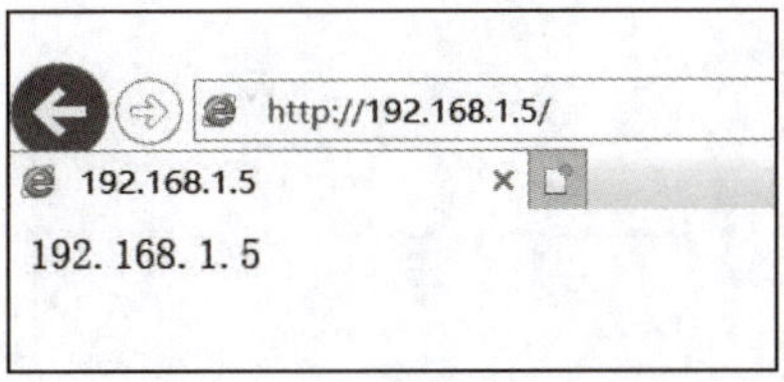

图7-25 访问第二个网页

2. 基于不同端口号架设多个Web站点

如今IP地址资源越来越紧张，有时需要在Web服务器上架设多个网站，但计算机只有一个IP地址，这该怎么办呢？利用这一个IP地址，使用不同的端口号也可以达到架设多个网站的目的。

其实，用户访问所有的网站都需要使用相应的TCP端口。不过，Web服务器默认的TCP端口为80，在用户访问时不需要输入；但如果网站的TCP端口不为80，在输入网址时就必须添加上端口号，例如：http://192.168.1.1:8080。利用Web服务的这个特点，可以架设多个网站，每个网站使用不同的端口号。使用这种方式创建的网站，其域名或IP地址部分完全相同，仅端口号不同。用户在使用网址访问时，必须添加相应的端口号。

在同一台Web服务器上使用同一个IP地址、两个不同的端口号（8080、8081）创建两个网站，具体步骤如下：

（1）创建两个通过不同端口访问的网页

在服务器Server-1的C盘下创建目录“C:\port”，在port文件夹下创建两个子目录，分别为“8080”和“8081”，再在这两个文件夹下面新建两个网页，网页内容如图7-26所示。

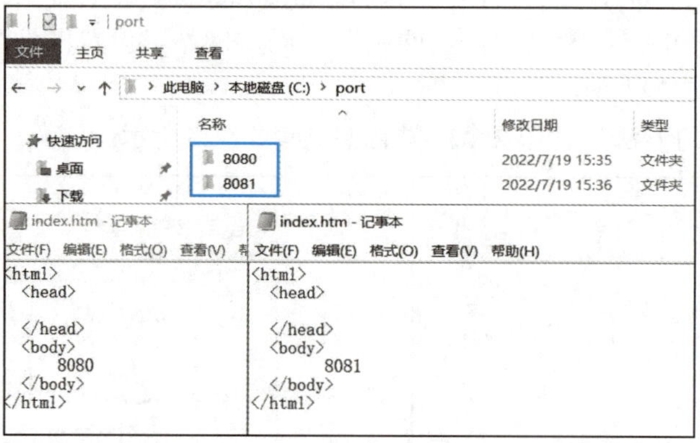

图7-26 创建两个不同的网页

（2）在服务器Server-1上添加两个网站

步骤1 在服务器Server-1上，打开“Internet Information Services（IIS）管理器”窗口，先把“网站”下方的网站停止或者删除，右击“网站”→“添加网站”，设置网站名称、物理路径、IP地址和端口号等相关信息，端口号填写8080。如图7-27所示。

步骤2 以同样的方法设置第2个网站信息，如图7-28所示。

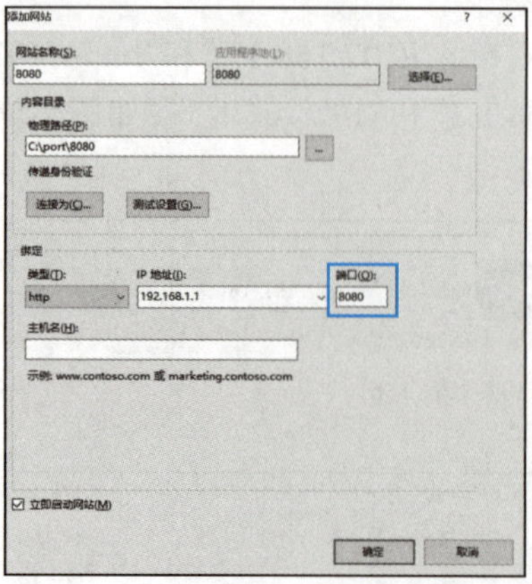

图7-27 添加第一个网站界面

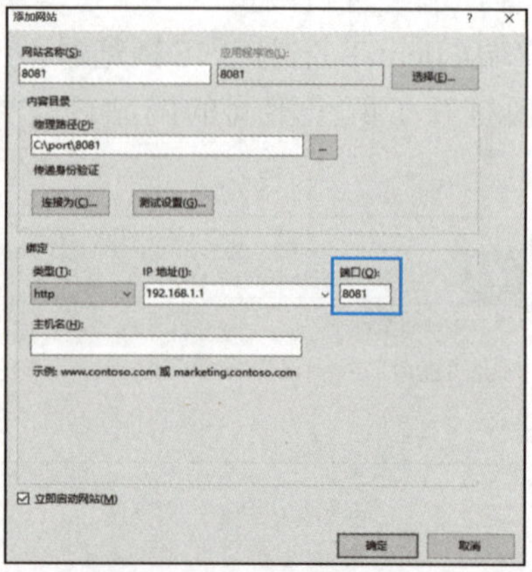

图7-28 添加第二个网站界面

(3)在客户端上访问两个网站

在客户端Client-1上打开IE浏览器，分别输入“http://192.168.1.1:8080”和“http://192.168.1.1:8081”，这时会发现打开了两个不同的网站8080和8081，如图7-29和图7-30所示（如果打不开，检查服务器Server-1上防火墙是否都关闭，包括域网络防火墙）。

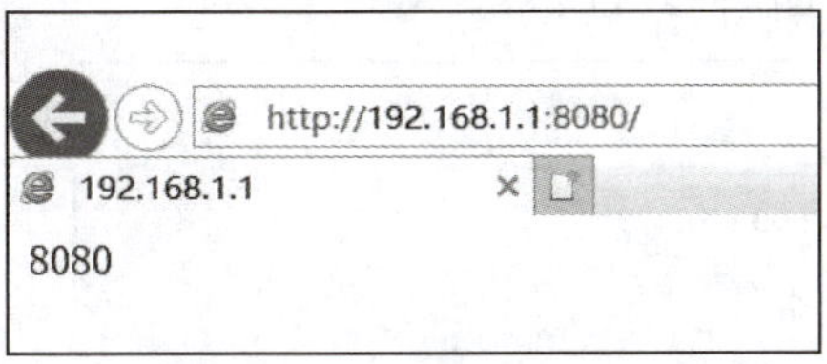

图7-29 访问第一个网页

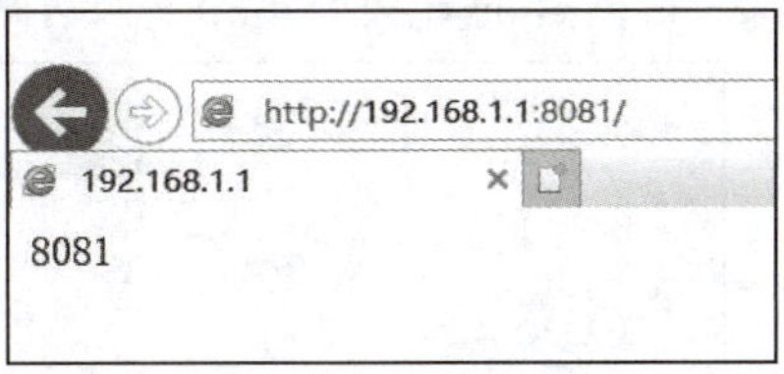

图7-30 访问第二个网页

3. 基于不同的主机名架设多个Web站点

由于传统的IP虚拟主机浪费IP地址，实际应用中更倾向于采用非虚拟主机技术，即多个域名绑定到同一IP地址，单个IP地址的主机名建立多个网站来实现。使用www.abc.com访问第1个Web站点www_page，使用www1.abc.com访问第2个Web站点www1_page。具体步骤如下。

(1)创建两个通过不同域名访问的网页

在服务器Server-1的C盘下创建目录“C:\domain”，在domain文件夹下创建两个子目录，分别为“www”和“www1”，再在这两个文件夹下面新建两个网页，网页内容如图7-31所示。

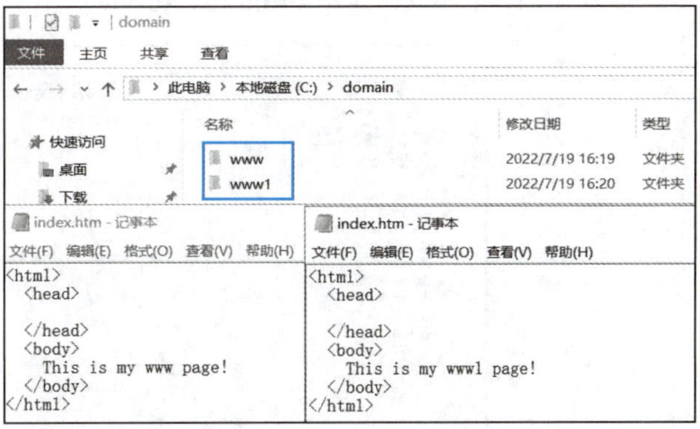

图7-31 创建两个不同的网页

(2)在服务器Server-1的区域abc.com上创建别名记录

进入Web服务器Server-1。打开“DNS管理器”控制台，依次展开“SERVER-1”和“正向查找区域”节点，单击区域“abc.com”，新建别名记录。用鼠标右键单击区域“abc.com”，在弹出的快捷菜单中选择“新建别名”命令，出现“新建资源记录”对话框。在“别名”文本框中输入“www1”，在“目标主机的完全合格的域名(FQDN)”文本框中输入“Server-1.abc.com”。单击“确定”按钮，别名创建完成，如图7-32所示。

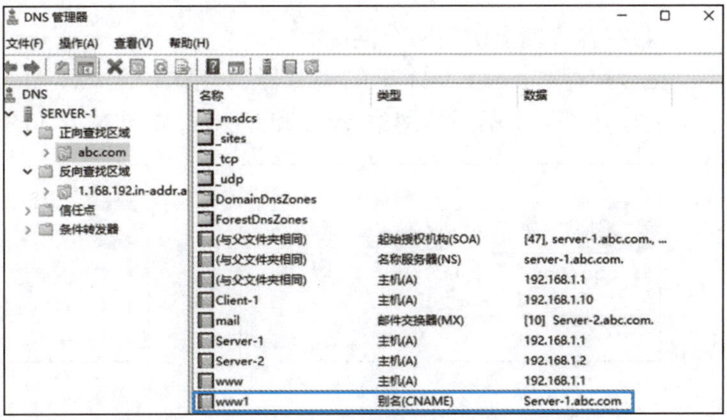

图7-32 别名创建成功

(3)在服务器Server-1上添加两个网站

步骤1　在服务器Server-1上，打开“Internet Information Services(IIS)管理器”窗口，先把“网站”下方的网站停止或者删除，右击“网站”→“添加网站”，设置网站名称、物理路径、IP地址、端口号和主机名等相关信息，主机名填写“www.abc.com”。如图7-33所示。

步骤2　以同样的方法设置第2个网站信息，如图7-34所示。

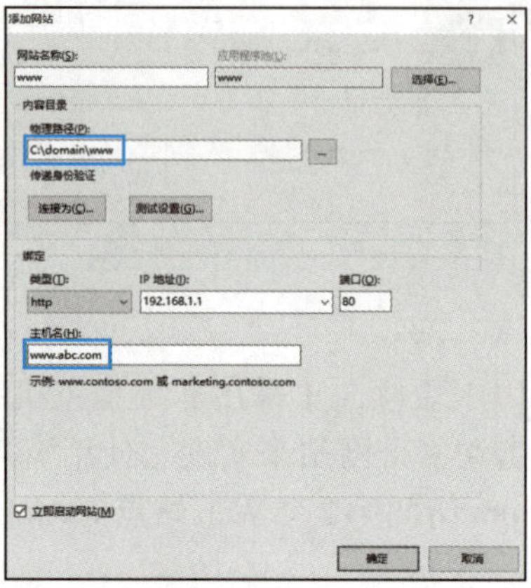

图7-33　添加第一个网站界面

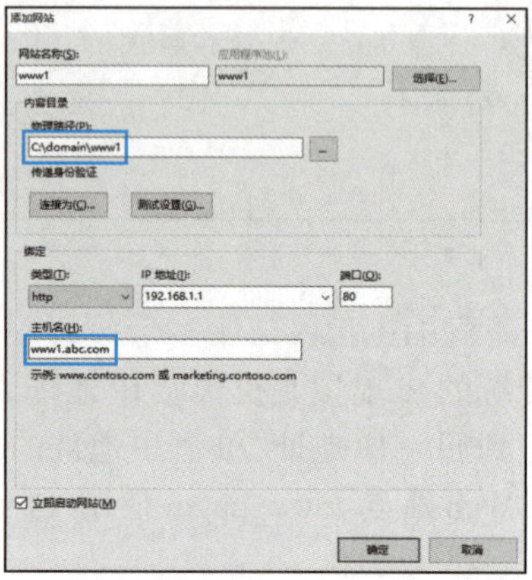

图7-34　添加第二个网站界面

步骤3　查看“Internet Information Services(IIS)管理器”窗口信息，如图7-35所示。

图7-35　“Internet Information Services(IIS)管理器”窗口

(4)在客户端上访问两个网站

在客户端Client-1上打开IE浏览器，分别输入“www.abc.com”和“www1.abc.com”，这时会发现打开了两个不同的网站www和www1，如图7-36和图7-37所示。

图7-36　访问第一个网页

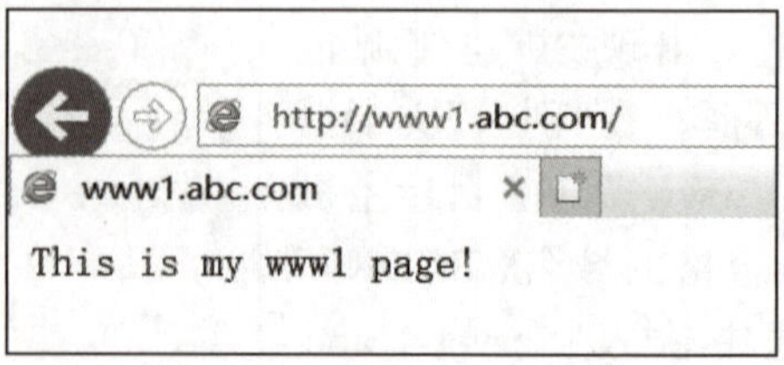

图7-37　访问第二个网页

7.3 项目实施——Web服务器安全性配置

Web服务器本身和Web应用程序已成为攻击者的重要目标。Web服务所使用的HTTP协议本身是一种小型简单且又安全可靠的通信协议，它本身遭受非法入侵的可能性不大。Web安全问题往往与Web服务器的整体环境有关，如系统配置不当、应用程序出现漏洞等。Web服务器的功能越多，采用的技术越复杂，其潜在的危险性就越大。Web安全涉及的因素多，必须从整体安全的角度来解决Web安全问题，实现物理级、系统级、网络级和应用级的安全。这里主要从Web服务器软件本身角度来讨论安全问题，解决访问控制问题，即哪些用户能够访问哪些资源管理。

Windows Server 2016上默认安装的IIS版本是10.0，在IIS 10.0中可以配置的安全功能包括请求筛选、IIS客户端证书映射身份验证、IP和域限制、URL授权、集中式SSL证书支持等。默认安装IIS 10.0时提供的安全功能有限，为便于实验，这里要求安装与安全性相关的所有角色服务，如图7-38所示。

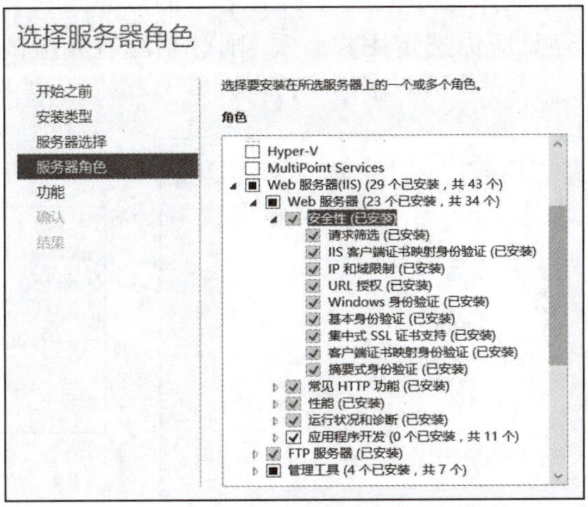

图7-38 安全性相关角色服务

任务7-5 配置身份验证

身份验证用于控制特定用户访问网站或应用程序。IIS 10.0支持4种身份验证方法。默认情况下，IIS 10.0仅启用匿名身份验证。一般在禁止匿名访问时，才使用其他验证方法。如果服务器端启用多种身份验证，客户端则按照一定顺序来选用，常用的4种验证方法的优先顺序为匿名身份验证>Windows 验证>摘要式身份验证>基本身份验证。

配置身份验证

如果同时开启匿名身份验证和基本身份验证，客户端就会优先进行匿名身份验证，此时基本身份验证将无效。所以，如果要使用户必须验证身份后才能访问网站，首先必须要禁用匿名身份访问功能，然后再设置身份验证方式。如果不禁用匿名访问功能，即使设置了身份验证方式也不会生效。

1. 匿名身份验证

如果启用了匿名访问，访问站点时，不要求提供经过身份认证的用户凭据。当需要让大家公开访问那些没有安全要求的信息时，使用此选项最合适。IIS 创建了IUSR账户，用来在匿名用户请求 Web 内容时对他们进行身份认证。此账户授予用户本地登录权限。用户可以将匿名用户访问重置为使用任何有效的 Windows 账户。用户可以为不同的网站、虚拟目录、物理目录和文件建立不同的匿名账户。

打开 IIS 管理器，找到要管理的网站，在“功能视图”中双击“身份验证”按钮打开图 7-39 所示的界面，显示当前的身份验证方法列表，可以查看一些重要的信息；选中某身份验证方法，右侧“操作”窗格中给出相应的操作命令，可以启用、禁用或编辑该方法。“匿名身份验证”允许任何用户访问任何公共内容，而不要求向客户端浏览器提供用户名和密码质询。默认情况下，“匿名身份验证”处于启用状态。

启用“匿名身份验证”后，可以更改 IIS 用于访问网站和应用程序的账户。选中“匿名身份验证”，单击“编辑”链接打开图 7-40 所示的对话框，默认情况下使用“IUSR”作为匿名访问的用户名，该用户名是在安装 IIS 时自动创建的，可根据需要改为其他指定用户。如果要让 IIS 进程使用当前在应用程序池属性页上指定的账户运行，选择“应用程序池标识”单选按钮。如果某些内容只应由选定用户查看，则必须配置相应的 NTFS 权限以防止匿名用户访问这些内容。

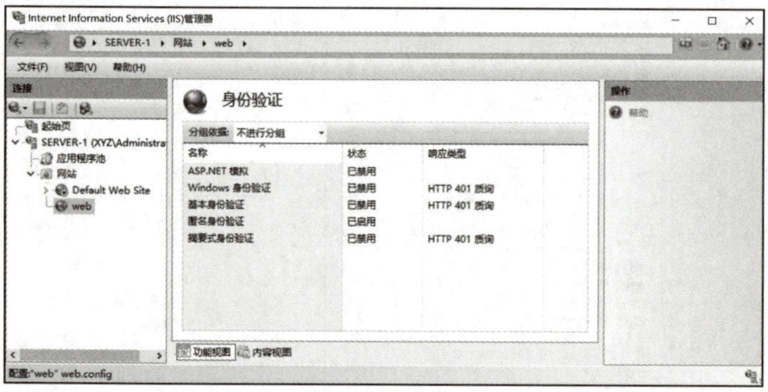

图 7-39 “身份验证”界面

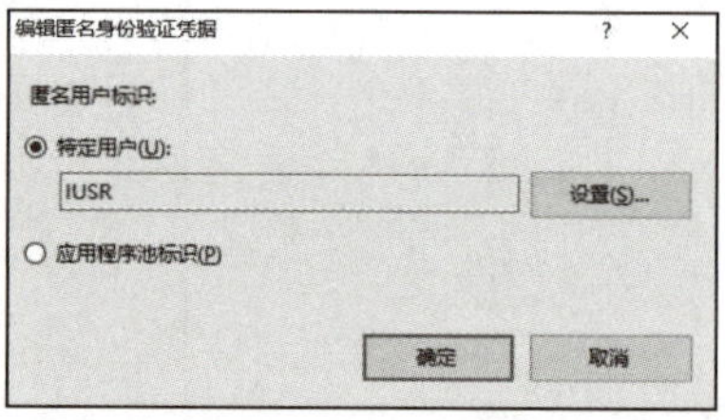

图 7-40 “编辑匿名身份验证凭据”对话框

2. 基本身份验证

使用“基本身份验证”可限制对NTFS格式的 Web 服务器上文件的访问。使用“基本身份验证”，用户必须输入凭据，而且访问是基于用户 ID 的，用户 ID 和密码都以明文形式在网络间进行发送。要使用“基本身份验证”，请授予每个用户进行本地登录的权限，为了使管理更加容易，请将每个用户都添加到可以访问所需文件的组中。因为用户凭据是使用Base64编码技术编码的，但它们在通过网络传输时不经过加密，所以“基本身份验证”被认为是一种不安全的身份认证方式。

步骤 1 在服务器 Server-1 上创建相应的网站，相应操作在前面小节已经描述过(如果已经完成安装此处略过)。在“服务器管理器”→“仪表板”→“工具”→“Active Directory 用户和计算机”上再创建一个用户 user1，如图 7-41 所示。

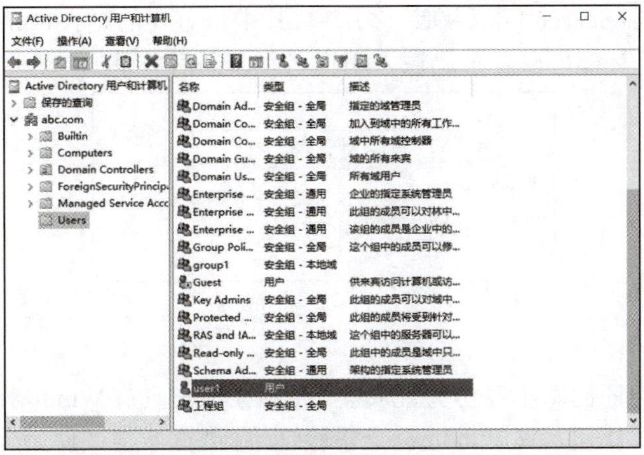

图7-41 创建用户user1

步骤2 在“Internet Information Services(IIS)管理器”中选择需要验证的网站，双击“身份验证”，将“匿名身份验证”禁用，启动“基本身份验证”，如图7-42所示。

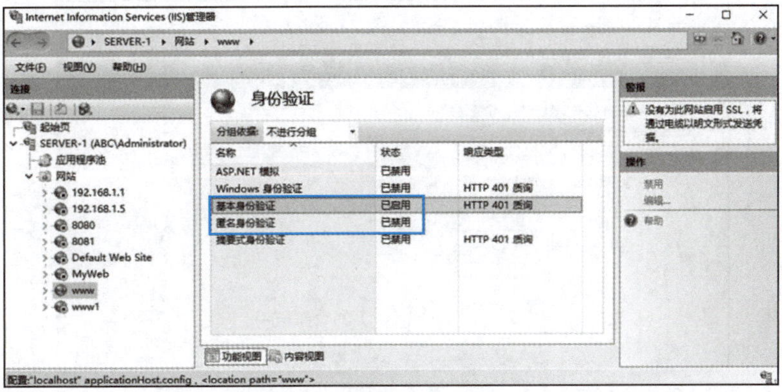

图7-42 启用基本身份验证

步骤3 利用客户端Client-1进行测试(保证客户端Client-1和服务器Server-1能够互动，并且Client-1的DNS指向Server-1)，在客户端Client-1上打开IE浏览器，输入网站域名“www.abc.com”，会弹出如图7-43所示的登录对话框。这时需要输入用户名和密码才能访问。

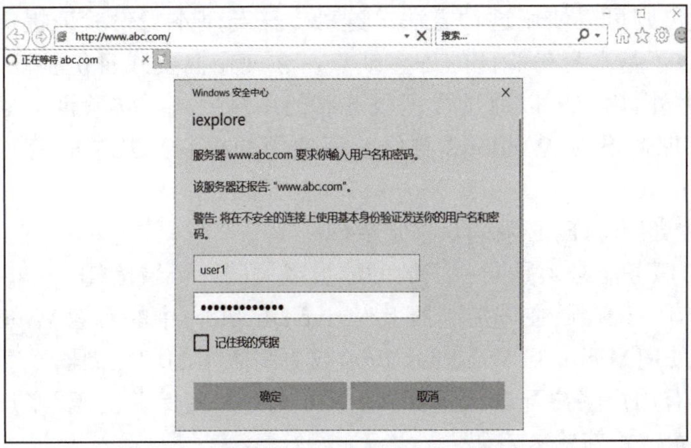

图7-43 身份验证登录对话框

步骤4 在服务器Server-1上存在许多用户，其中最重要的是Administrator管理员，还有刚刚创建的user1用户，都可以登录。输入用户名和密码后登录成功，如图7-44所示。

图7-44 网站访问成功

3.Windows 身份验证

Windows 身份验证比基本身份验证安全，而且在用户具有Windows域账户的内部网络环境中能很好地发挥作用。在Windows身份验证中，浏览器尝试使用当前用户在域登录过程中使用的凭据，如果此尝试失败，就会提示该用户输入用户名和密码。如果用户使用Windows身份验证，则用户的密码将不传送到服务器。如果用户作为域用户登录到本地计算机，则此用户在访问该域中的网络计算机时不必再次进行身份验证。如图7-45所示。

图7-45 利用域账户登录

4.摘要式身份验证

摘要式身份验证需要用户ID和密码，可提供中等的安全级别，如果用户要允许从公共网络访问安全信息，则可以使用这种方法。这种方法与基本身份验证提供的功能相同。摘要式身份验证克服了基本身份验证的许多缺点。在使用摘要式身份验证时，密码不是以明文形式发送的。另外，用户可以通过代理服务器使用摘要式身份验证。摘要式身份验证使用一种质询/响应机制（集成Windows身份验证使用的机制），其中的密码是以加密形式发送的。

要使用摘要式身份验证，必须满足下述要求：

（1）用户和IIS服务器必须是同一个域的成员或被同一个域信任。

（2）用户必须有一个存储在域控制器上Active Directory中的有效Windows用户账户。

（3）该域必须使用Microsoft Windows 2000或更高版本的域控制器。

（4）必须将所有用户账户配置为选择“使用可逆的加密保存密码”账户选项。要选择此账户选项，必须重置或重新输入密码。

任务7-6 IP地址和域限制

IP地址和域限制

当用户首次尝试访问Web网站的内容时，IIS将检查每个来自客户端的接收报文的源IP地址，并将其与网站设置的IP地址比较，以决定是否允许该用户访问。配置IP地址和域限制则可以有效保护Web服务器上的内容，防止未授权用户进行查看或更改。

本例要求服务器Server-1、客户端Client-1（IP地址：192.168.1.10）和客户端Client-2（IP地址：192.168.1.20）。实验要求客户端Client-1的IP地址允许访问网站，而客户端Client-2不允许访问相应网站，网络拓扑如图7-2所示。

步骤1 打开“Internet Information Services（IIS）管理器”，选择需要编辑的网站，在“功能视图”中双击“IP地址和域限制”按钮打开相应的界面，显示当前的IP地址和域名限制规则列表，选中右侧“操作”窗格中给出相应的操作命令，可以编辑或修改该规则。如图7-46所示。

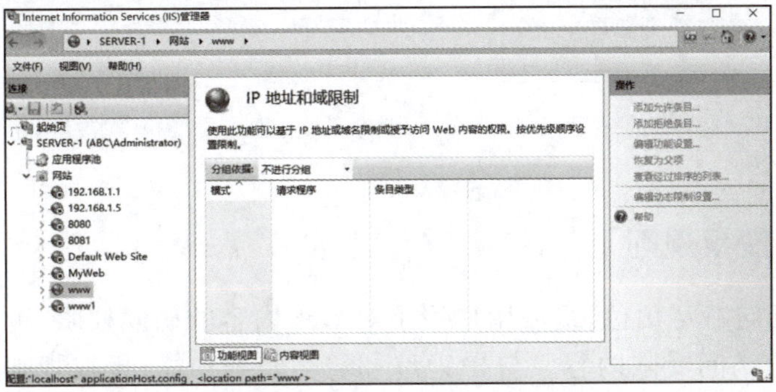

图7-46 “IP地址和域限制”界面

步骤2 默认情况下所有用户IP地址都可以访问网站，这里设置不允许客户端Client-2的IP地址访问网站。单击“添加拒绝条目”选项，在“特定IP地址”文本框中输入“192.168.1.20”即可，如图7-47所示，单击“确定”按钮。

步骤3 分别在客户端Client-1和Client-2测试访问服务器的网站，结果客户端Client-1可以正常访问，而客户端Client-2无法访问网页。如图7-48所示。

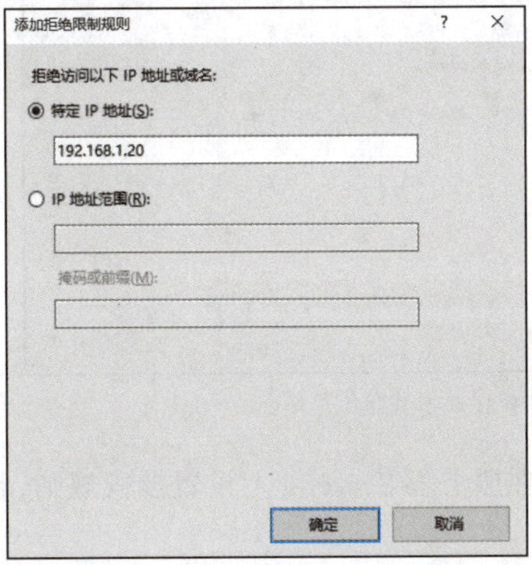

图7-47 “添加拒绝限制规则”对话框

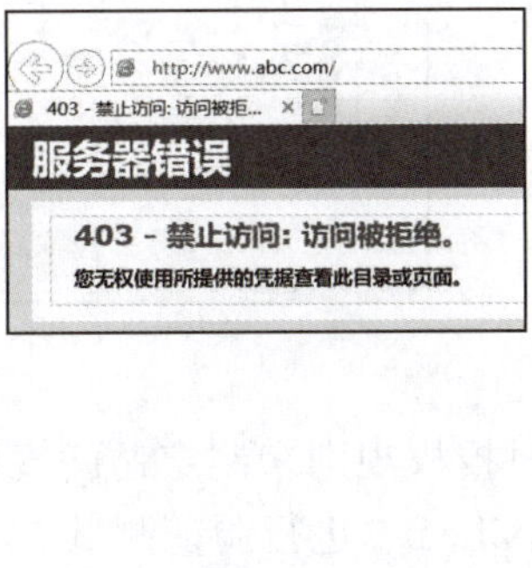

图7-48 禁止客户端Client-2访问网站

如果要允许或禁止一段IP地址访问，可以选中“IP地址范围”选项，接着添加IP地址范围、子网掩码，然后单击“确定”按钮即可。除了IP地址限制，也可以使用域名限制，单击“操作”→“编辑功能设置”，弹出图7-49所示的对话框。

基于域名来确定客户端IP范围，需要DNS反向查找IP地址，会增加系统开销。单击“确定”按钮后，会弹出相应的提示，如图7-50所示。

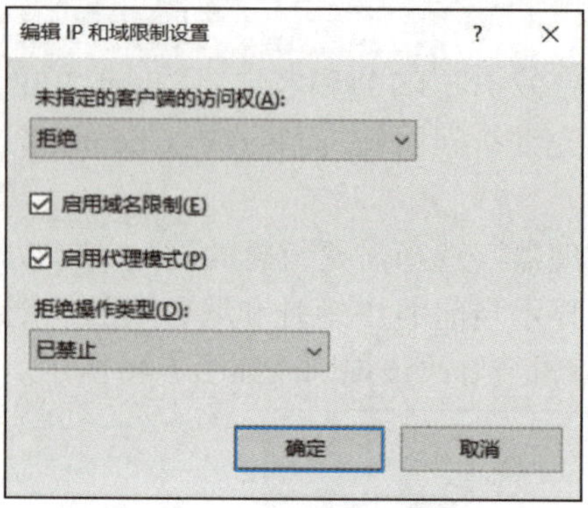

图7-49 “编辑IP和域限制设置”对话框

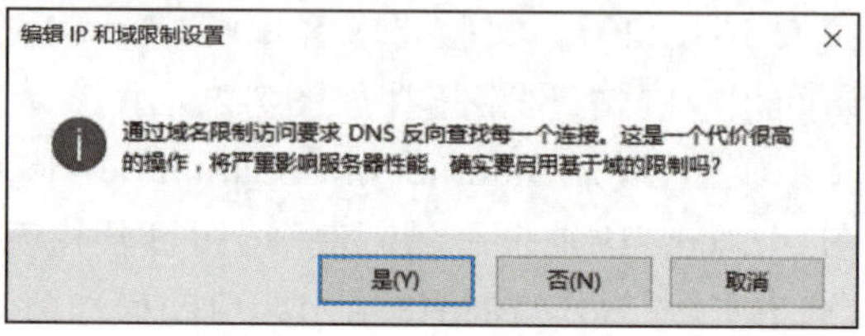

图7-50 需要DNS反向查找IP地址

任务7-7 授权规则

授权规则用于向特定角色、组或用户授予对Web内容的访问权限，可以防止非指定用户访问受限内容。与IP地址和域名规则一样，授权规则也包括允许规则和拒绝规则。打开“Internet Information Services（IIS）管理器”，选择需要编辑的网站，在“功能视图”中双击“授权规则”按钮打开相应的界面，显示当前的授权规则列表，选中某一规则，右侧“操作”窗格中给出相应的操作命令，可以编辑或删除该规则，如图7-51所示。

授权规则

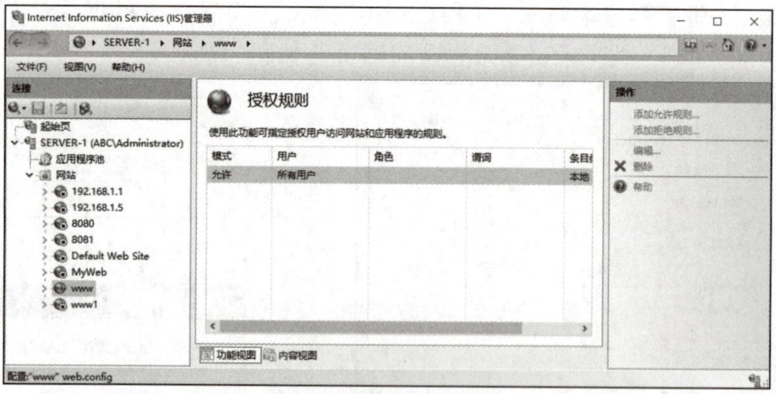

图7-51 “授权规则”界面

下面通过授权规则来制定访问规则，要求在服务器Server-1上设置授权规则，利用客户端Client-1和Client-2进行验证测试。

步骤1 默认情况下是允许所有用户访问的，如图7-51所示默认规则，如果拒绝可以将这条默认的规则删除，删除后所有用户无法访问，这里可以在客户端上进行测试，如图 7-52 所示。

图 7-52　客户端无法访问网站

步骤 2　创建规则，选择需要编辑的网站，在“功能视图”中双击“身份验证”按钮打开相应的界面，禁用“匿名身份验证”，启用“基本身份验证”，如图 7-53 所示。

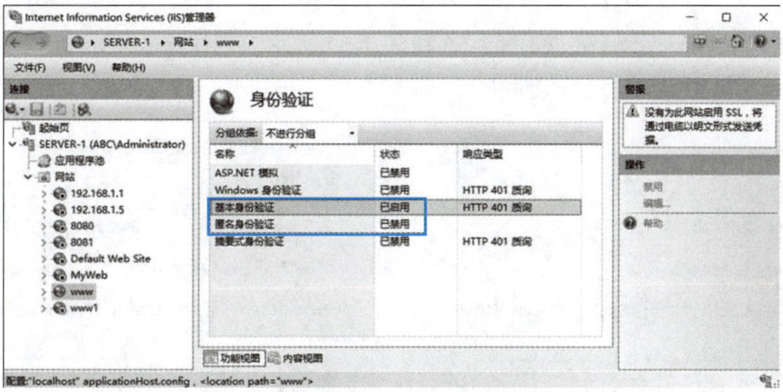

图 7-53　启用“基本身份验证”

步骤 3　在服务器 Server-1 上创建用户 user1，并设置相应密码，如果前面小节已经添加过，这里可以忽略，如图 7-54 所示。

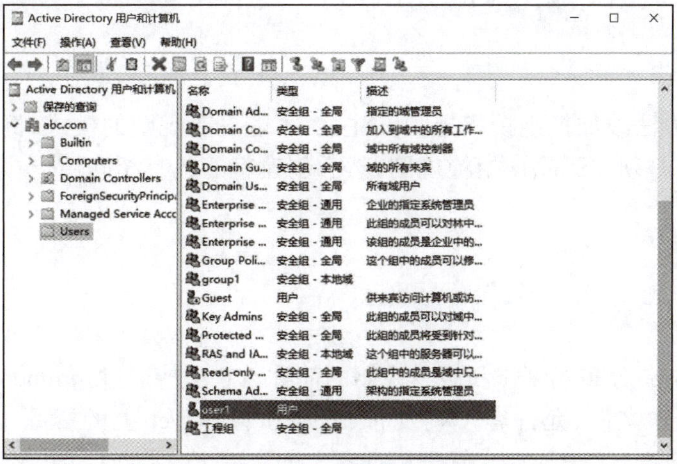

图 7-54　添加用户 user1

步骤 4　在“授权规则”下制定两条规则，单击“操作”下面的“添加允许规则”，在指定用户对话框中输入“user1”，再单击添加一条拒绝规则，在指定对话框中输入“administrator”，添加后如图7-55所示。

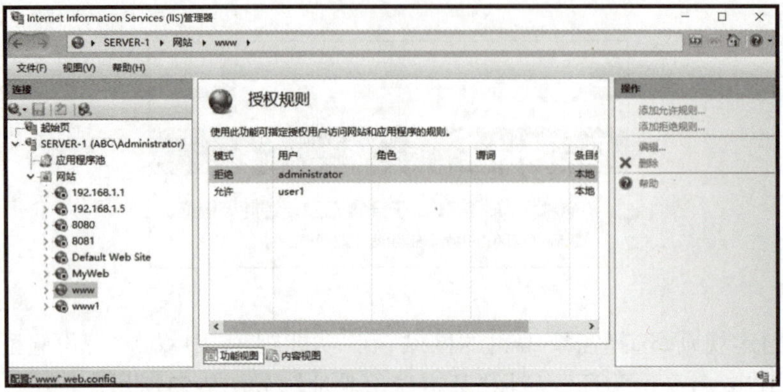

图7-55　添加授权规则

步骤5　在客户端进行测试，如图7-56和图7-57所示，使用administrator用户登录无法访问，而使用user1用户登录是允许访问的。

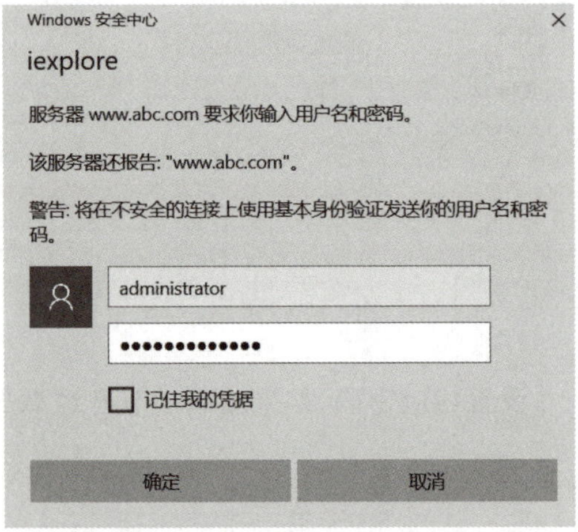

图7-56　使用administrator用户访问

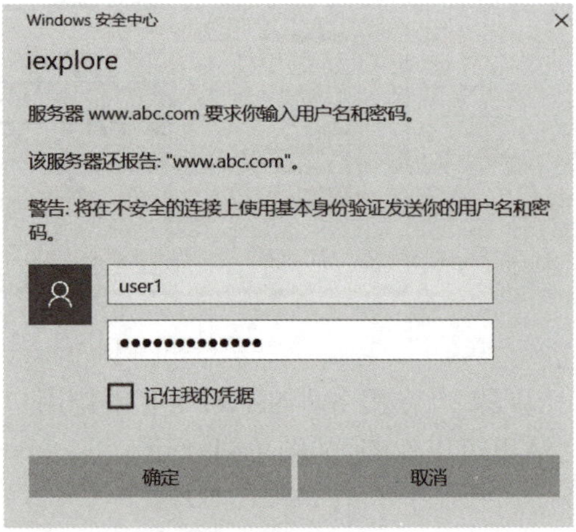

图7-57　使用user1用户访问

可参照上述方法添加拒绝授权规则。注意：不能更改规则的模式，例如，要将拒绝规则更改为允许规则，必须先删除该拒绝规则，然后创建新的具有相同用户、角色和位置的允许规则。

任务7-8　设置WebDAV发布

WebDAV是Web分布式创作和版本控制的简称。它支持通过Intranet和Internet安全传输文件，允许客户端发布、锁定和管理Web上的资源。WebDAV让用户通过HTTP连接来管理服务器上的文件，包括对文件和目录的建立、删改、属性设置等操作，就像在本地资源管理器中一样简单，可完全取代传统的FTP服务。WebDAV可使用SSL安全连接，安全性高。基于SSL远程管理Web服务器时，WebDAV将保护密码和所加密的数据。

设置WebDAV发布

WebDAV采用客户/服务器模式。目前IIS都集成了WebDAV服务，支持工业标准WebDAV协议的客户端软件都可访问WebDAV发布目录。Windows网上邻居、IE浏览器都支持WebDAV协议，可作为WebDAV客户端。下面通过操作展示WebDAV创作规则过程，设备需要一台Web服务器Server-1和一台客户端Client-1。

步骤1　在服务器的C盘下创建一个目录，如C:\WebDAV。打开“Internet Information Services(IIS)管理器”，创建一个网站，具体配置信息如图7-58所示。

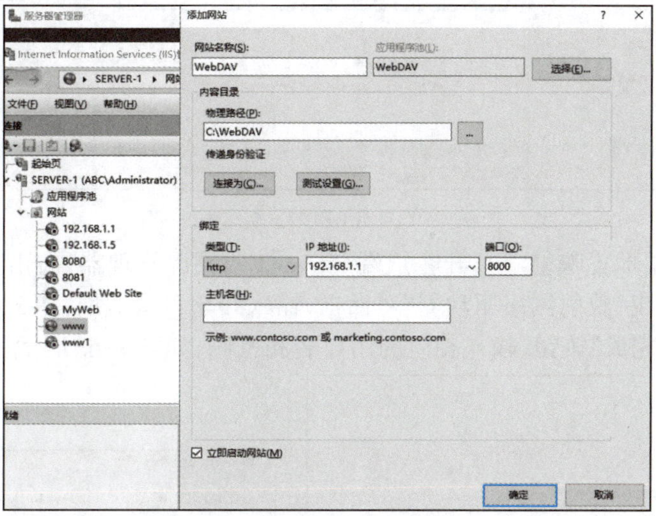

图7-58　添加网站信息

步骤2　单击“确定”后，添加网站成功，选择“WebDAV”网站，双击“身份验证”，禁用“匿名身份验证”，启用“Windows身份验证”，如图7-59所示。

步骤3　添加创作规则。选择“WebDAV”网站，双击“WebDAV创作规则”，单击右侧“操作”列表下的“添加创作规则”，设置相关信息，如图7-60所示。

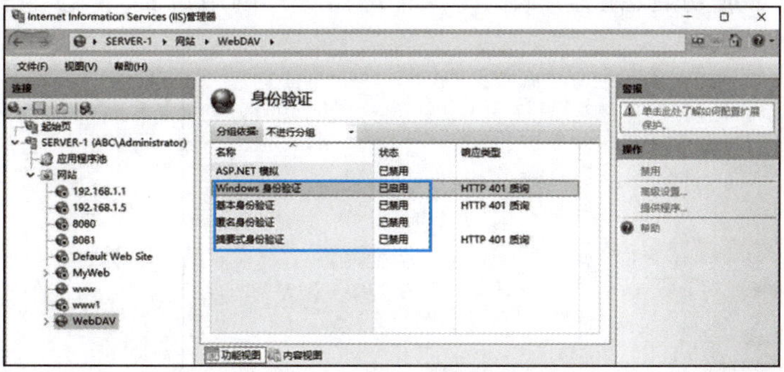

图7-59　配置身份验证

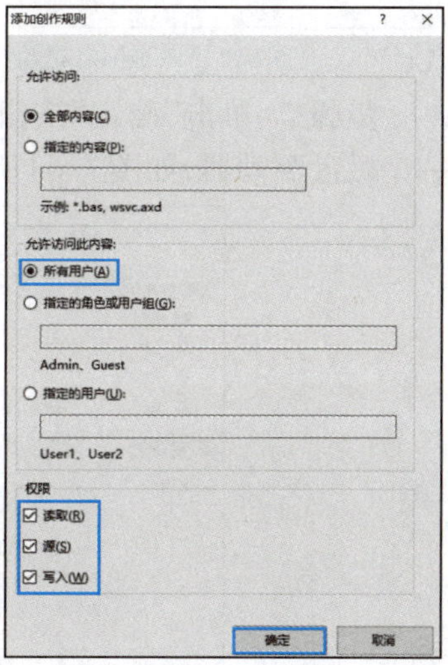

图7-60　“添加创作规则”对话框

步骤4 单击“确定”按钮，再单击“操作”列表下的“启用WebDAV”，如图7-61所示。至此服务器配置完成。

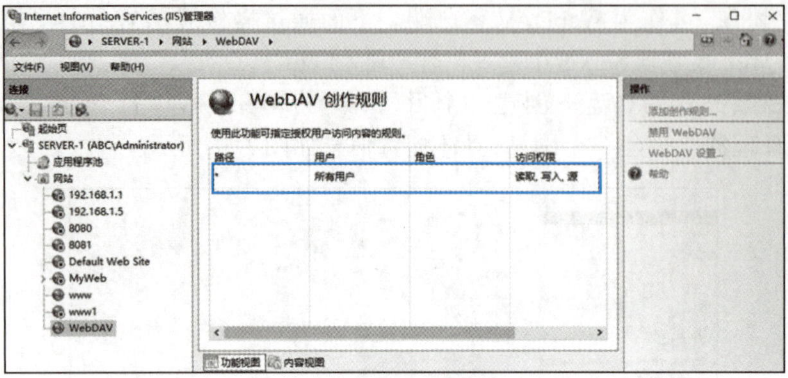

图7-61 启用WebDAV创作规则

步骤5 客户端配置映射。打开客户端Client-1的资源管理器，右击“计算机”，选择“映射网络驱动器”，弹出“映射网络驱动器”对话框，输入共享目录地址，如图7-62所示。

步骤6 单击“完成”按钮，输入相应的用户名和密码，如图7-63所示。

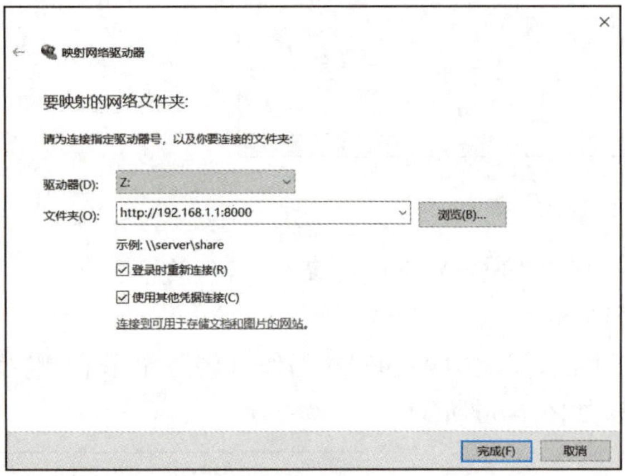

图7-62 “映射网络驱动器”对话框

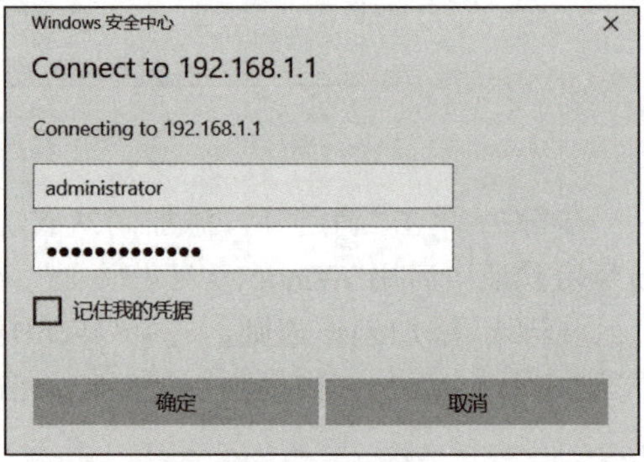

图7-63 登录界面

步骤7 单击“确定”按钮，登录成功后，在客户端“资源管理器”→“网络位置”下会生成一个磁盘驱动器，如图7-64所示。

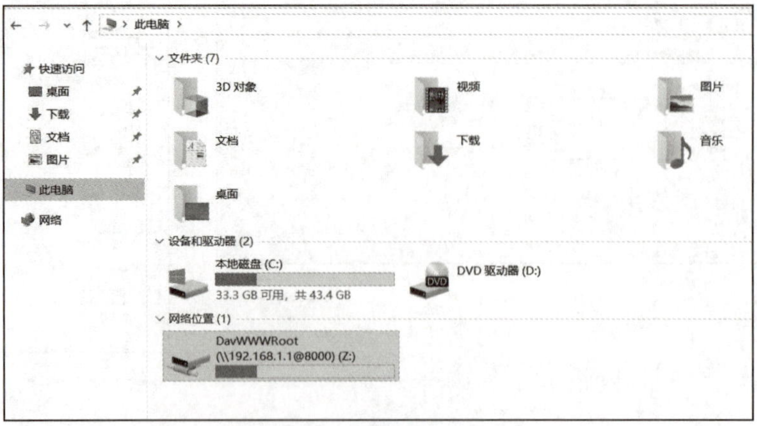

图7-64 完成驱动器映射

本项目小结

本项目主要讲解了Web服务的基本原理和部署方案、Web服务的工作原理、Web服务器的解决方案等。详细描述了如何安装Web服务器角色；如何在Web服务器上创建Web站点；创建虚拟目录和别名；创建基于不同主机、不同IP地址、不同域名的Web站点；分析了Web服务器安全性的原理和配置等内容。通过实操培养学生刻苦钻研的精神、树立远大理想、积极探索的科学精神。

本项目练习

一、选择题

1. TCP和UDP的一些端口保留给一些特定的应用使用。为HTTP协议保留的端口号为(　　)。

A. TCP的80端口　　B. UDP的80端口
C. TCP的25端口　　D. UDP的25端口

2. 利用IIS进行配置时，不能创建(　　)。

A. WWW服务器　　B. DNS服务器
C. FTP服务器　　D. SMTP服务器

3.Web使用(　　)协议进行信息传送。

A. HTML　　B. HTTP　　C. FTP　　D. TELNET

4. 统一资源定位器URL由三部分组成，分别是协议、文件名和(　　)。

A. 匿名　　B. 文件属性　　C. 域名　　D. 设备名

5. 在C盘上安装Windows Server 2016的IIS后，默认网站缺省主目录文件夹的位置为(　　)。

A. C:\Inetpub\ftproot　　B. C:\Winnt\Inetpub\wwwroot
C. C:\Winnt\Inetpub\wwwroot　　D. C:\Inetpub\wwwroot

6. 关于搭建Web站点，下列描述错误的是(　　)。

A. 可以利用单网卡、双IP搭建Web站点
B. 可以在任意的操作系统中建立Web站点
C. 大多数Internet上的站点访问采用的是匿名
D. Web服务的默认端口是80

二、填空题

1.Web中的目录分为两种类型：______和______。

2.Web网站的默认TCP端口号为：______。

3.Web服务基于______模型。

4.Web浏览器和服务器通过______协议来建立连接、传输信息和终止连接。

5.Web应用程序是一组______和______的集合。

6. 服务器和浏览器之间能够进行数据交互，这种网站为______。

三、判断题

1.IIS提供了基本服务，包括发布信息、传输文件、支持用户通信和更新这些服务所依赖的数据存储。 （ ）

2.在同一台计算机上，两个Web网站不能使用相同的TCP端口号。 （ ）

3.Web网站中的所有资源都必须存储在主目录中，用户无法访问位于主目录之外的网页资源。 （ ）

4.若Web网站中的信息非常敏感，为防中途被人截获，可采用SSL加密方式。 （ ）

四、简答题

1.简述架设多个Web网站的方法。

2.什么是虚拟目录？它有什么优点？

五、实训题

任务 配置与管理Web服务器

1.实训目的

掌握Web服务器的安装与配置方法。

掌握基于不同虚拟主机部署多个网站。

掌握IIS安全相关配置。

2.实训要求

架设Web服务器：

(1)安装Web服务器。

(2)创建Web站点。

(3)管理Web站点。

(4)创建基于不同虚拟主机的多个网站。

(5)管理Web站点的安全。

项目8

FTP服务器配置与管理

主要内容

本项目详细介绍FTP服务的基本原理和部署方案，让读者掌握FTP服务的工作过程，了解FTP服务器的工作模式、掌握安装FTP服务器角色、掌握如何在FTP服务器上创建FTP站点、掌握基于不同IP地址或域名创建和部署FTP站点、掌握FTP服务器安全性的原理和配置等内容。

知识目标

- 掌握FTP服务的工作原理
- 掌握FTP服务器解决方案
- 掌握FTP服务器网络环境
- 掌握FTP服务器安全的常用方法

技能目标

- 掌握创建FTP站点的配置方法
- 掌握FTP服务器的安装和配置过程
- 掌握创建FTP虚拟目录和虚拟主机的方法
- 掌握FTP服务器中安全配置过程

素质目标

- 培养主动思考的意识
- 树立团队互助、进取合作意识
- 树立远大理想、积极探索的科学精神
- 提升网络安全意识

8.1 项目知识准备——FTP服务器基础

FTP是文件传输协议,其突出的优点是可在不同类型的计算机之间传输和交换文件。Internet最重要的功能之一就是能让用户共享资源,包括各种软件和文档资料,这方面FTP最为擅长。FTP服务器以站点(Site)的形式提供服务,一台FTP服务器可支持多个站点。FTP管理简单,且具备双向传输功能,在服务器端许可的前提下可非常方便地将文件从本地传送到远程系统。

8.1.1 FTP工作过程

FTP采用客户端/服务器模式运行。FTP工作的过程就是一个建立FTP会话并传输文件的过程。与一般的网络应用不同,一个FTP会话中需要两个独立的网络连接,FTP服务器需要监听两个端口。一个端口作为控制端口(默认TCP 21),用来发送和接收FTP的控制信息,一旦建立FTP会话,该端口在整个会话期间始终保持打开状态。另一个端口作为数据端口(默认TCP 20),用来发送和接收FTP数据,只有在传输数据时才打开,一旦传输结束就断开。FTP客户端动态分配自己的端口。

FTP控制连接建立之后,再通过数据连接传输文件。FTP服务器所使用的数据端口取决于FTP连接模式。FTP数据连接可分为主动模式(Active Mode)和被动模式(Passive Mode)。FTP服务器端或FTP客户端都可设置这两种模式,究竟采用何种模式,最终取决于客户端的设置。

8.1.2 FTP工作模式

主动模式又称标准模式,一般情况下FTP都使用这种模式,工作过程如图8-1所示。

(1)客户端向服务器端发出连接请求,客户端会动态地打开一个大于1024的端口(如1035端口)向FTP服务器的控制端口(默认21端口)发起连接,建立控制连接。

(2)客户端接着在控制连接上发出PORT指令向服务器通知自己所用的临时数据端口。

(3)服务器接到该指令后,需要传输数据时,客户端再动态地打开一个大于1024的端口(如1036端口)与服务器端的数据端口(默认20端口)建立数据连接,当数据传输结束,客户端1036端口和服务器端20端口会自动关闭。

(4)当客户端请求与服务器端断开时,客户端的1035端口和服务器端的21端口也将自动释放。

在这个过程中,由FTP服务器发起到FTP客户端的数据连接,所以称其为主动模式。由于客户端使用PORT指令联系服务器,又称为PORT模式。

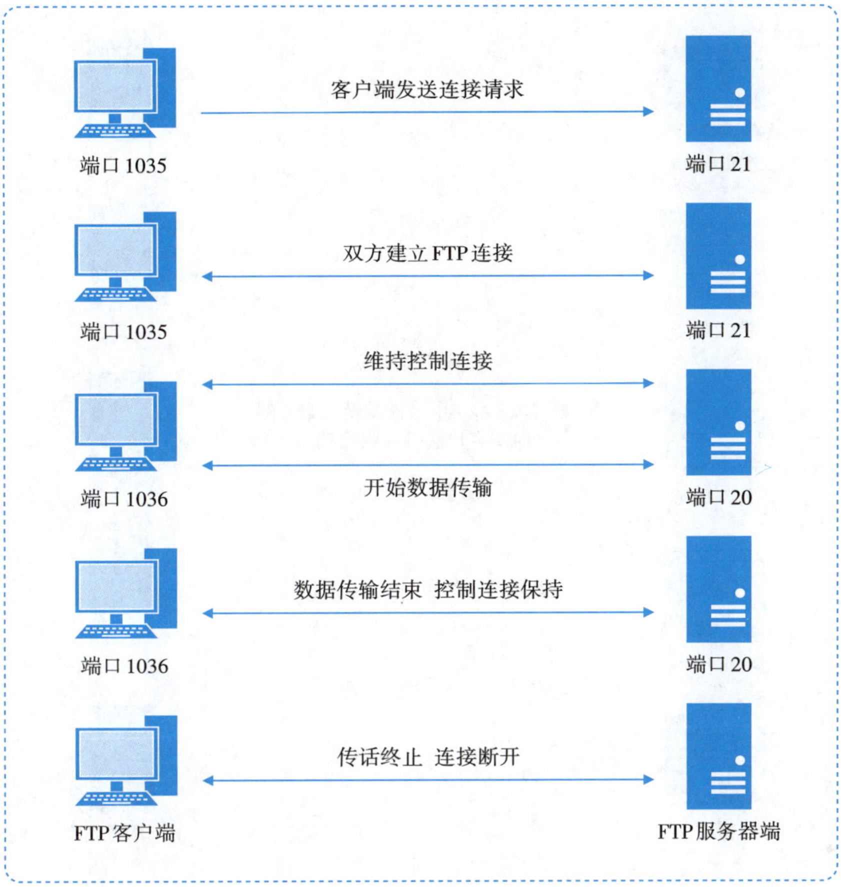

图8-1 FTP主动模式工作过程

被动模式的工作过程如图8-2所示。

(1)客户端向服务器端发出连接请求,客户端会动态地打开一个大于1024的端口(如1035端口)向FTP服务器的控制端口(默认21端口)发起连接,建立控制连接。

(2)FTP客户端在控制连接上向FTP服务器发出PASV指令请求进入被动模式。

(3)服务器接到该指令后,打开一个空闲的大于1024的端口(如5036)监听数据连接,并进行应答,将该端口通知给客户端。

(4)客户端动态地打开一个大于1024的端口(如1036)与服务器端口(5036)建立数据连接。

在这个过程中,由FTP客户端发起到FTP服务器的数据连接,所以称其为被动模式。由于客户端使用PASV指令联系服务器,又称为PASV模式。

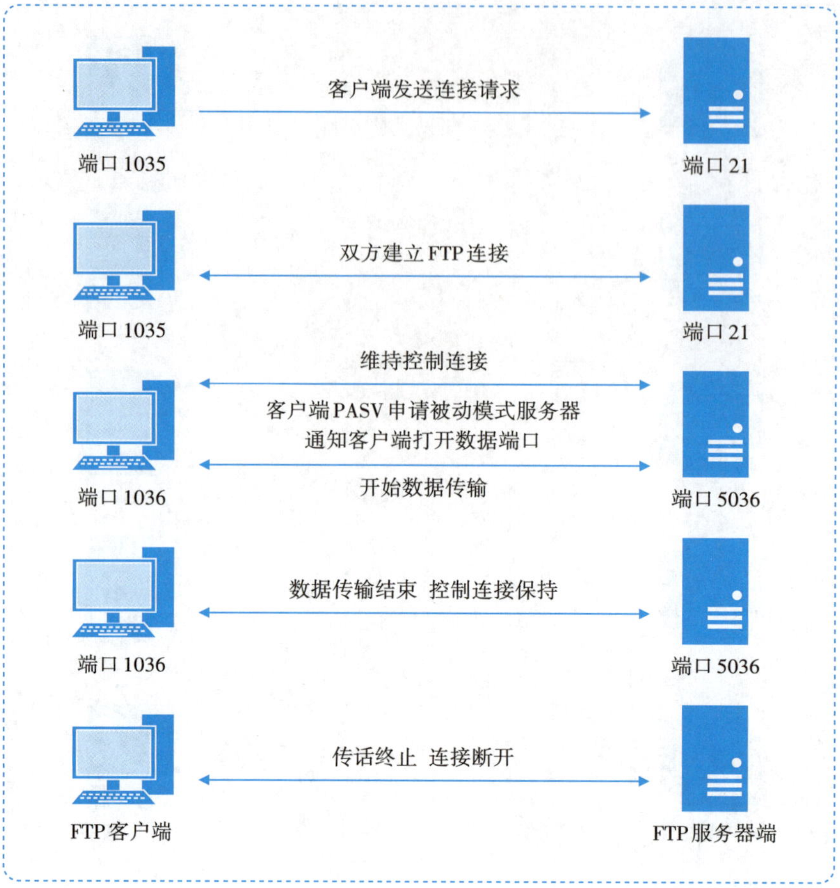

图8-2 FTP被动模式工作过程

8.1.3 匿名FTP和用户FTP

用户对FTP服务的访问有两种形式：匿名FTP和用户FTP。

匿名FTP允许任何用户访问FTP服务器。匿名FTP登录的用户账户通常是anonymous或ftp，一般不需要密码，有的则是以电子邮件地址作为密码。在许多FTP站点上，都可以自动匿名登录，从而查看或下载文件。匿名用户的权限很小，这种FTP服务比较安全。Internet上的一些FTP站点，通常只允许匿名访问。

用户FTP为已在FTP服务器上建立了特定账号的用户使用，必须以用户名和密码来登录。这种FTP应用存在一定的安全风险。当用户与FTP服务连接时，如果所用的密码以明文形式传输，接触系统的任何人都可以使用相应的程序获取该用户的账户和口令。通常使用SSL等安全连接来解决这个安全问题。客户端要上传或删除文件，应使用用户FTP。

8.1.4 FTP服务器网络环境

部署FTP服务器网络规划如图8-3所示,需要一台FTP服务器(建议安装DNS服务),在Server-1这台服务器上架构FTP服务,其IP地址为192.168.1.1/24。FTP客户端采用Windows 10操作系统,主机名分别为Client-1和Client-2,IP地址分别为192.168.1.10和192.168.1.20。两台客户端的DNS地址都为192.168.1.1。

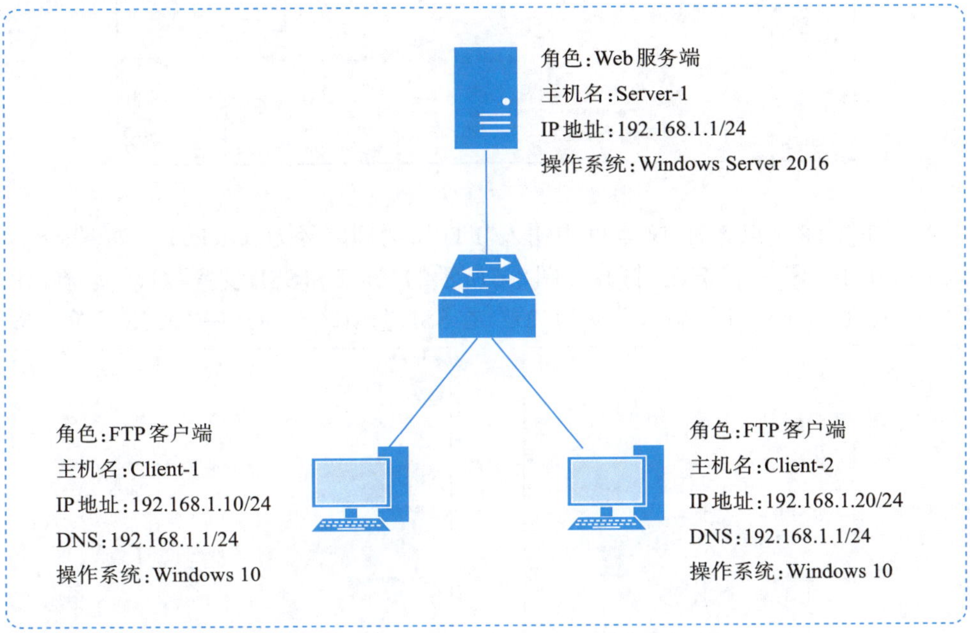

图8-3 部署FTP服务器网络规划拓扑图

8.2 项目实施——部署并配置FTP服务器

任务8-1 创建和访问FTP站点

需要在服务器Server-1的"服务器管理器"窗口中安装Web服务器角色和FTP服务器角色。在FTP服务器上创建一个新网站FTP,使用户在客户端Client-1和Client-2上能通过IP地址和域名两种方式进行访问。在服务器Server-1的C盘下创建主目录文件夹C:\FTP,并在该文件夹下创建一个记事本文件file.txt,供用户在客户端计算机上进行下载和上传测试。

创建和访问FTP站点

1. 通过IP地址访问FTP站点

步骤1 打开"IIS管理器"控制台,用鼠标右键单击服务器"SERVER-1",在弹出的快捷菜单中选择"添加FTP站点"命令,如图8-4所示,打开"添加FTP站点"对话框。

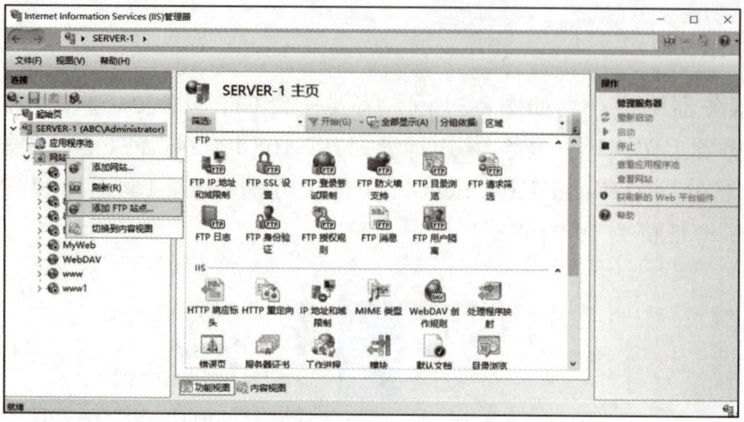

图 8-4 选择"添加 FTP 站点"命令

步骤 2 在"FTP 站点名称"文本框中输入"FTP",物理路径为"C:\FTP",如图 8-5 所示。

步骤 3 单击"下一步"按钮,打开如图 8-6 所示的"绑定和 SSL 设置"对话框,在"IP 地址"文本框中输入"192.168.1.1",端口默认为"21",在 SSL 选项区下面选中"无 SSL"单选按钮。

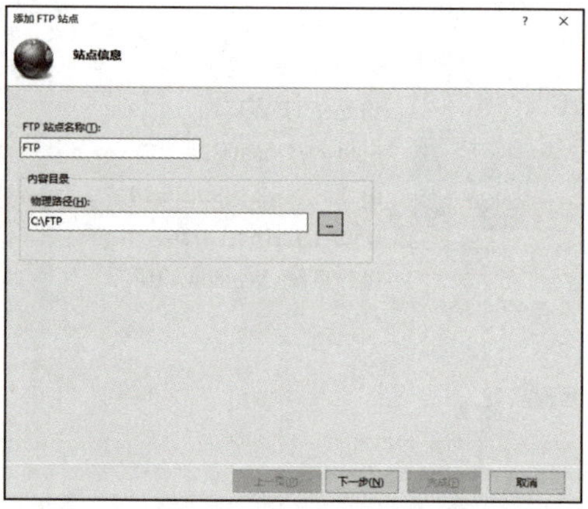

图 8-5 "添加 FTP 站点"对话框 1

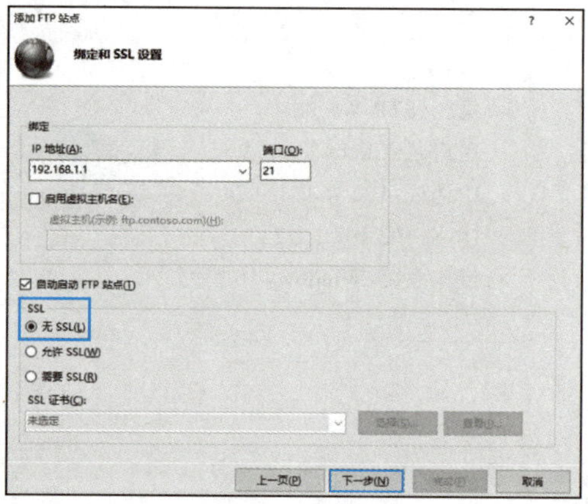

图 8-6 "绑定和 SSL 设置"对话框 1

步骤 4 单击"下一步"按钮,打开图 8-7 所示的"身份验证和授权信息"对话框,勾选"匿名"和"基本"身份验证两个复选框,"允许访问"选择"匿名用户",权限全部勾选。

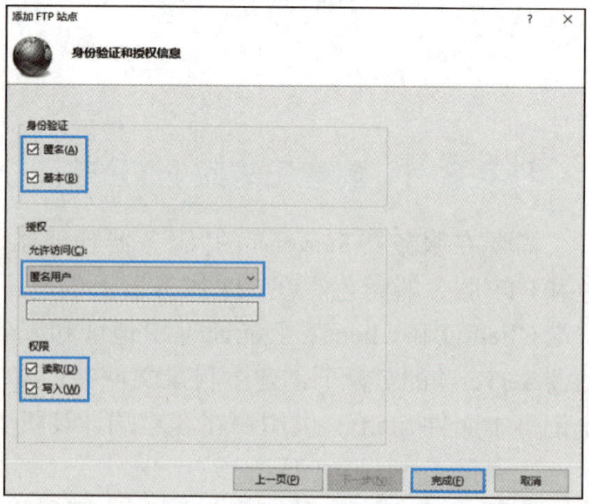

图 8-7 "身份验证和授权信息"对话框 1

步骤 5 客户端上测试 FTP 站点。用户在客户端 Client-1 上进行测试,可以采用两种方式,一种通过在资源管理器地址栏或在浏览器地址栏中输入"ftp://192.168.1.1"来访问 FTP 站点,如图 8-8 所示。另一种打开"运行"命令窗口,在窗口中输入"ftp192.168.1.1"访问 FTP 站点,如图 8-9 所示。

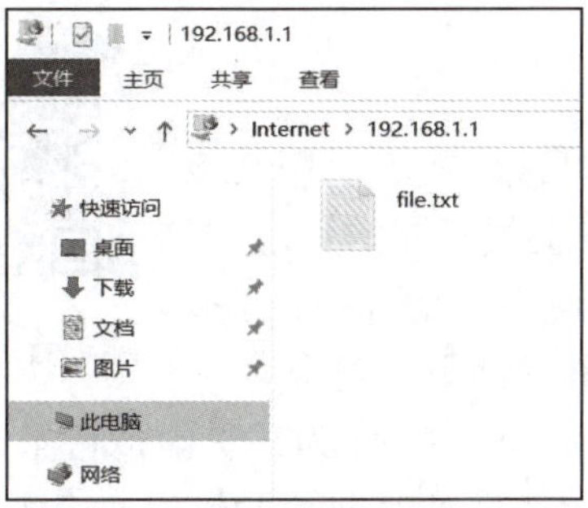

图8-8 通过资源管理器访问FTP站点1

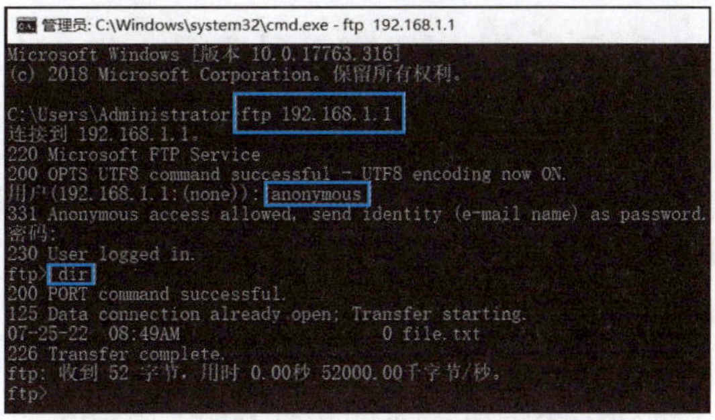

图8-9 通过命令行窗口访问FTP站点1

2.通过域名访问FTP站点

步骤1 在DNS区域中创建别名。打开服务器Server-1的“DNS管理器”控制台，在控制台树中找到“正向查找区域”节点，然后用鼠标右键单击区域“abc.com”，在弹出的快捷菜单中选择“新建别名”命令，如图8-10所示。

步骤2 在“别名”文本框中输入别名“ftp”，在“目标主机的完全合格的域名”文本框中输入FTP服务器的完全合格域名，输入“www.abc.com”或者单击“浏览”按钮进行选择，如图8-11所示。单击“确定”按钮，完成别名记录的创建。

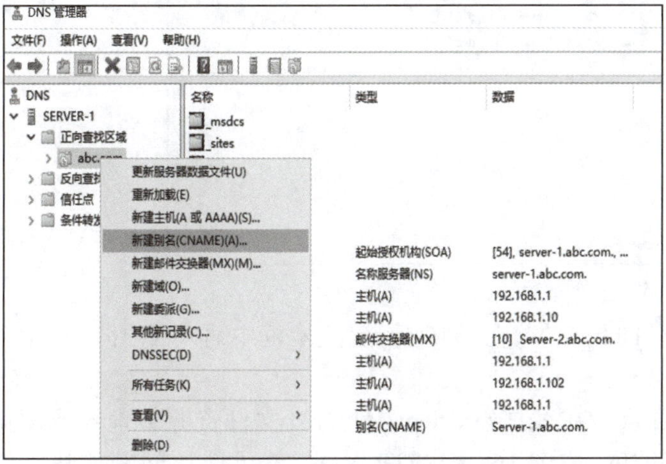

图8-10 新建别名

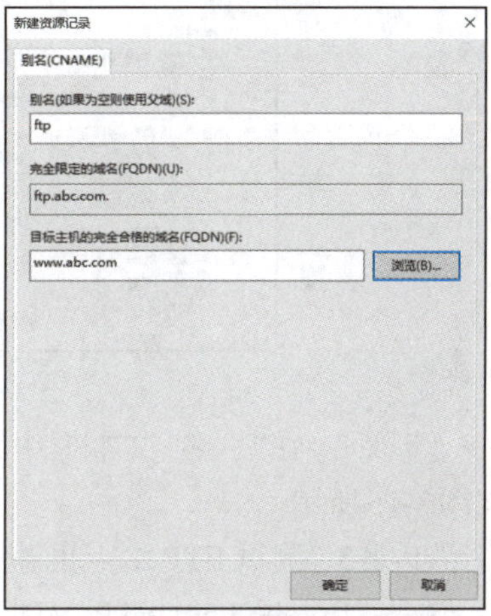

图8-11 新建别名相关信息

步骤3 测试FTP站点。用户在客户端Client-1上进行测试，在资源管理器地址栏或在浏览器地址栏中输入“ftp://ftp.abc.com”来访问FTP站点，如图8-12所示。也可以打开“运行”命令窗口，在窗口中输入“ftp ftp.abc.com”也可以访问FTP站点，如图8-13所示。

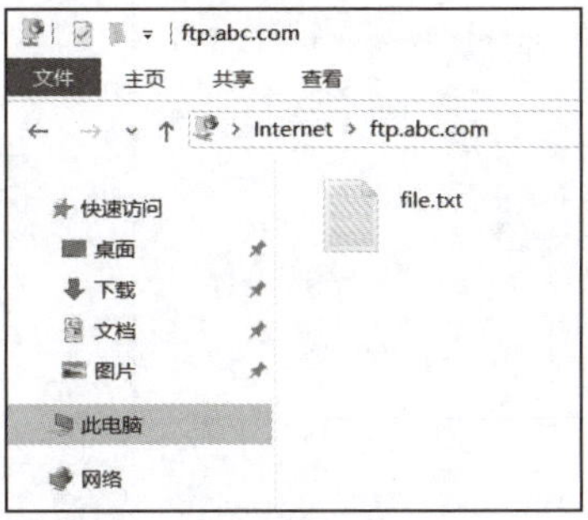

图8-12 通过资源管理器访问FTP站点2

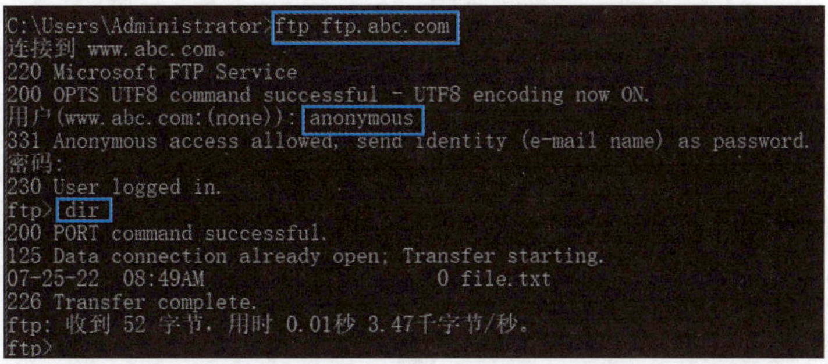

图8-13 通过命令行窗口访问FTP站点2

任务8-2 创建FTP虚拟目录

创建FTP虚拟目录

使用虚拟目录可以在服务器硬盘上创建多个物理目录，或者引用其他计算机上的主目录，从而为不同上传或下载服务的用户提供不同的目录，并且可以为不同的目录分别设置不同的权限，如读取、写入等。使用FTP虚拟目录时，由于用户不知道文件的具体存储位置，所以文件存储更加安全。

在服务器Server-1的C盘下创建主目录文件夹C:\FTP_VD，作为FTP虚拟目录，并在该文件夹下创建一个记事本文件file1.txt，供用户在客户端计算机上进行下载和上传测试。

步骤1 添加虚拟目录。打开服务器Server-1上的“Internet Information Services（IIS）管理器”控制台，依次展开服务器“Server-1”和“网站”节点，用鼠标右键单击刚才创建的站点FTP，在弹出的快捷菜单中选择“添加虚拟目录”命令，如图8-14所示，打开“ 添加虚拟目录”对话框。

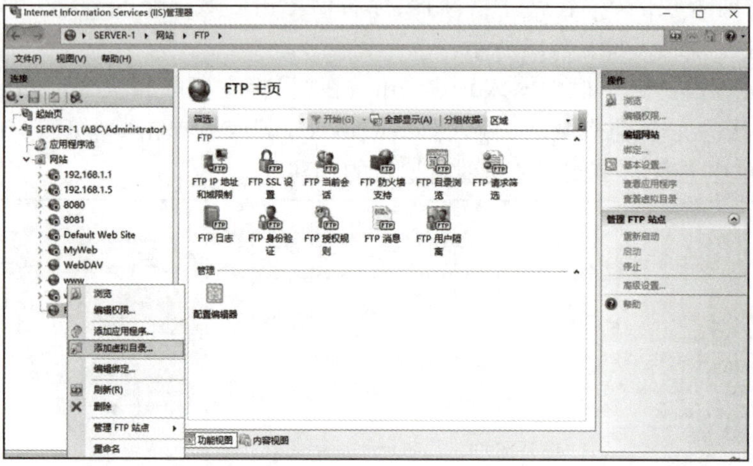

图8-14 选择“添加虚拟目录”命令

步骤2 在“别名”文本框中输入“FTP_VD”，在“物理路径”文本框中输入“C:\FTP_VD”，如图8-15所示。

步骤3 测试FTP站点的虚拟目录。在客户端Client-1上打开文件资源管理器或浏览器，输入“ftp.abc.com/FTP_VD”或者“ftp://192.168.1.1/FTP_VD”，就可以访问刚才建立的FTP站点的虚拟目录，访问结果如图8-16所示。

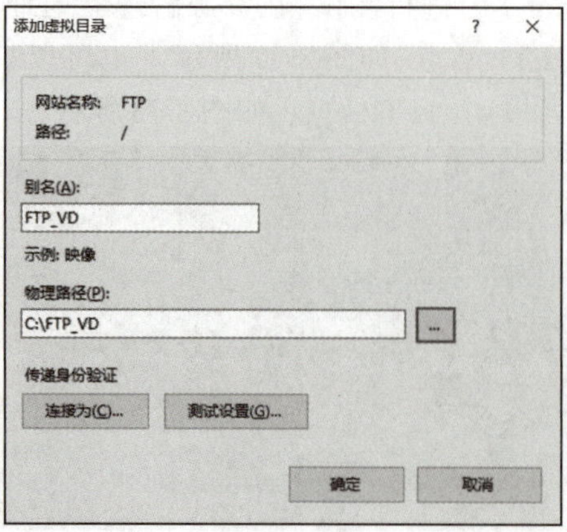

图8-15 “添加虚拟目录信息”对话框

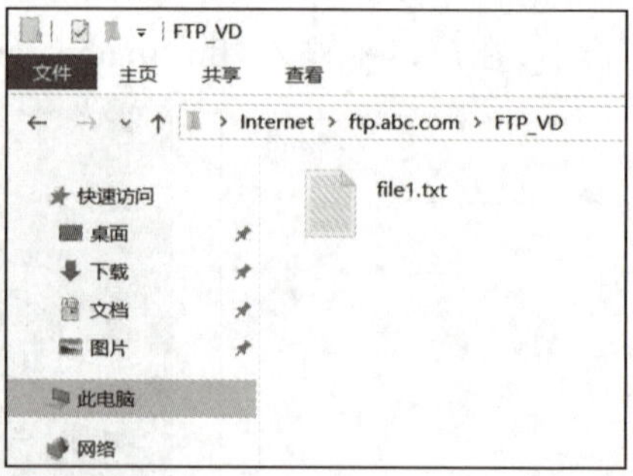

图8-16 客户端访问FTP站点虚拟目录

任务8-3 创建FTP虚拟主机

创建FTP虚拟主机

在实际应用环境中，有时需要在一台服务器上创建多个不同的FTP站点来实现不同用户访问不同的FTP站点。在一台服务器上创建的两个FTP站点，默认只能启动其中一个站点，用户可以通过更改IP地址或端口号两种方法来解决这个问题，可以使用多个IP地址或多个端口号来创建多个FTP站点。下面通过使用不同的IP地址和不同的端口号创建不同的FTP站点。

1. 基于不同端口号创建多个FTP站点

在同一台服务器上使用相同的IP地址、不同的端口号（21、2121）同时创建两个FTP站点FTP和FTP2，FTP站点前面小节已经创建好，下面创建FTP2站点。

步骤1 在服务器Server-1上创建C:\FTP2文件夹，作为第2个FTP站点的主目录，并在该文件夹新建file2.txt文件。

步骤2 创建FTP2站点。打开“Internet Information Services（IIS）管理器”控制台，右击“网站”→“添加FTP站点”，填写FTP站点名称、物理路径、IP地址和端口号，这里端口要设为“2121”，添加站点界面如图8-17、图8-18和图8-19所示。

步骤3 测试FTP站点。在客户端Client-1上打开文件资源管理器或浏览器，输入“ftp://192.168.1.1:2121”，就可以访问刚才建立的FTP站点，访问结果如图8-20所示。

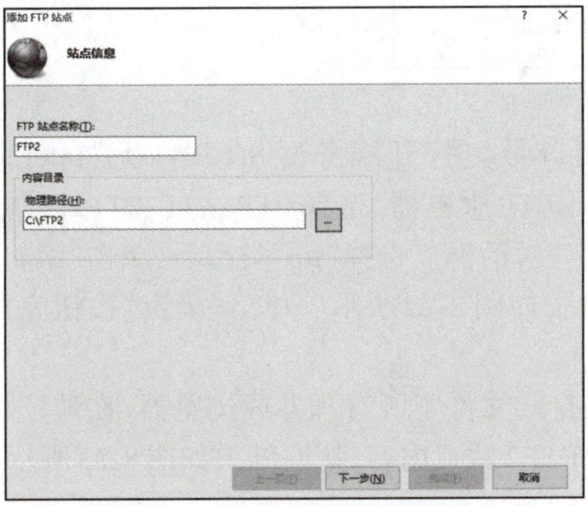

图8-17 “添加FTP站点”对话框2

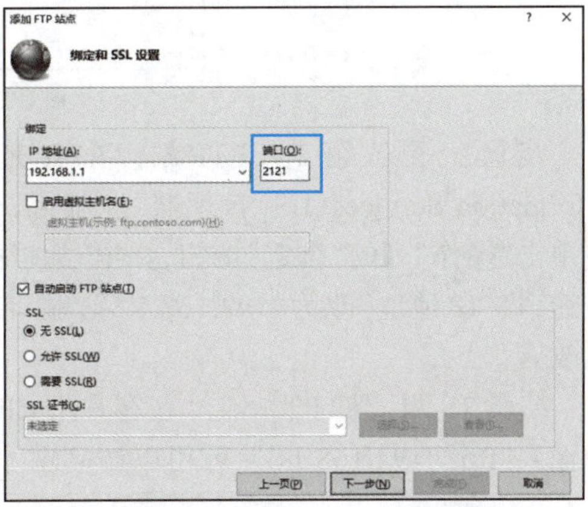

图8-18 “绑定和SSL设置”对话框2

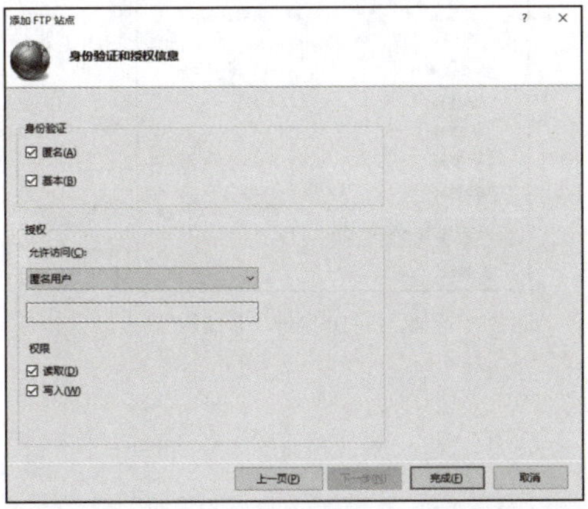

图8-19 “身份验证和授权信息”对话框2

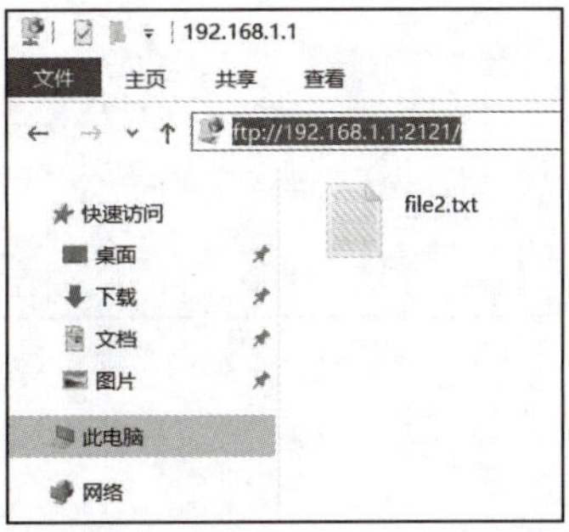

图8-20 通过2121端口访问FTP2站点

2. 基于不同的IP地址创建多个FTP站点

在同一台服务器上用相同的端口号、不同的IP地址（192.168.1.1、192. 168.1.5）同时创建两个FTP站点，具体步骤如下。

步骤1　在服务器Server-1上设置了两个IP地址，即192.168.1.1、192.168.1.5，打开“网络和Internet设置”→“更改适配器选项”→“Ethernet0”属性中添加“192.168.1.5”地址，如图8-21所示。

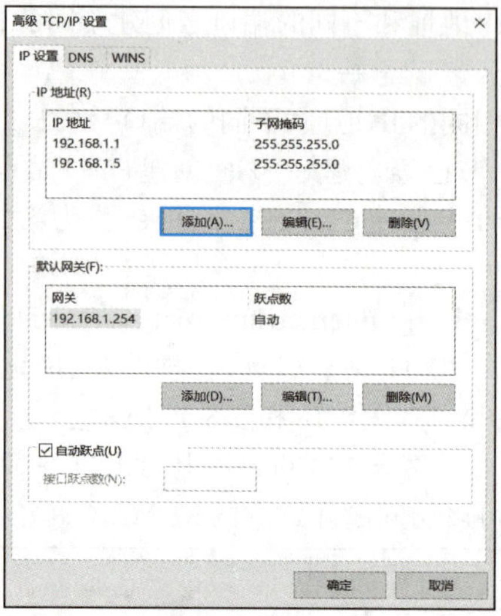

图8-21　添加IP地址

步骤2　更改第2个FTP站点的IP地址和端口号。打开服务器Server-1上“Internet Information Services(IIS)管理器”控制台，依次展开FTP服务器，选择FTP站点“FTP2”。然后单击“操作”列的“绑定”按钮，弹出“编辑网站绑定”对话框。选择“ftp”类型后，单击“编辑”按钮，将“IP地址”改为“192.168.1.5”，端口改为“21”，如图8-22所示。单击“确定”按钮完成更改。

步骤3　测试FTP2站点。在客户端Client-1上打开文件资源管理器或浏览器，在地址栏中输入“ftp://192.168.1.5”，就可以访问刚才建立的FTP2站点内容，访问结果如图8-23所示。

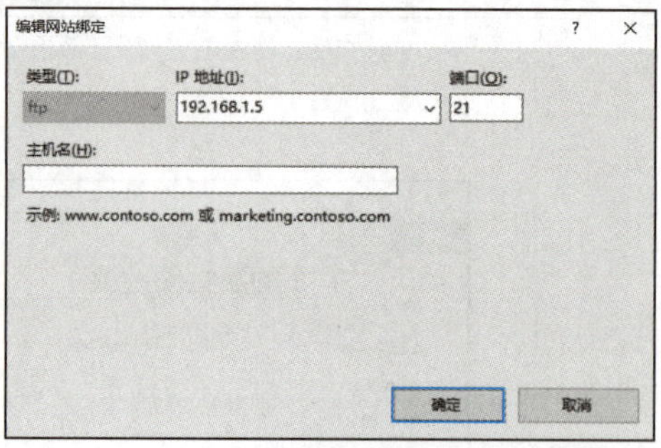

图8-22　“编辑网站绑定”对话框

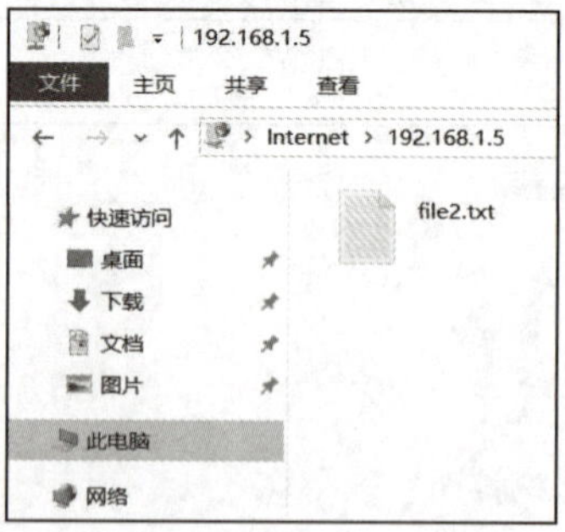

图8-23　通过不同IP地址访问FTP站点

8.3 项目实施——FTP服务器安全配置

任务8-4 IP地址和域限制

当用户首次尝试访问FTP站点的内容时，FTP会检查每个来自客户端的接收报文的源IP地址，并将其与网站设置的IP地址比较，以决定是否允许该用户访问。配置IP地址和域限制则可以有效保护FTP服务器上的内容，防止未授权用户进行查看或更改。

IP地址和域限制

本例需要的设备有服务器Server-1、客户端Client-1（IP地址：192.168.1.10）和客户端Client-2（IP地址：192.168.1.20）。为FTP服务器添加FTP角色，根据前节内容添加FTP站点。实验要求客户端Client-1的地址允许访问站点，而客户端Client-2不允许访问相应站点，网络拓扑如图8-3所示。

步骤1　打开“Internet Information Services（IIS）管理器”，选择需要编辑的FTP站点，在“功能视图”中双击“FTP IP地址和域限制”按钮打开相应的界面，显示当前的IP地址和域名限制规则列表，选中右侧“操作”窗格中给出相应的操作命令，可以编辑或修改该规则。如图8-24所示。

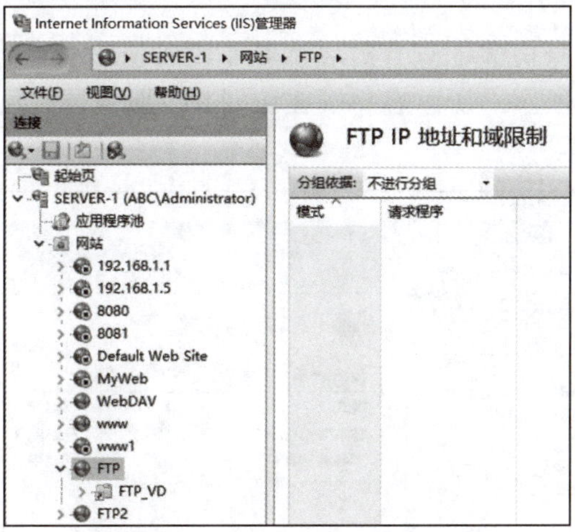

图8-24 “FTP IP地址和域限制”窗口

步骤2　默认情况下所有用户IP地址都可以访问FTP站点，这里设置不允许客户端Client-2的IP地址访问FTP站点。单击“添加拒绝条目”选项，在“特定IP地址”选项中输入地址“192.168.1.20”即可，如图8-25所示。单击“确定”按钮。

步骤3　分别在客户端Client-1和Client-2测试访问服务器的FTP站点，结果Client-1可以正常访问，而Client-2访问时提示需要输入用户名和密码，这里没有设置过用户名和密码，所以无法访问站点。如图8-26所示。

如果要允许或禁止一段IP地址访问，可以选中“IP地址范围”单选按钮，接着添加IP地址范围、子网掩码，然后单击“确定”按钮即可。

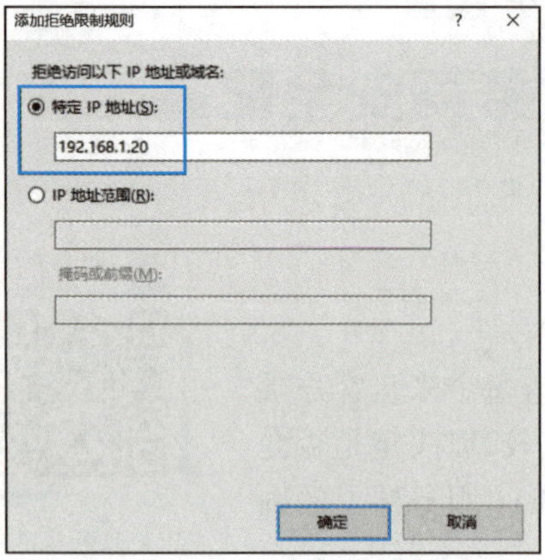

图 8-25 “添加拒绝限制规则”对话框

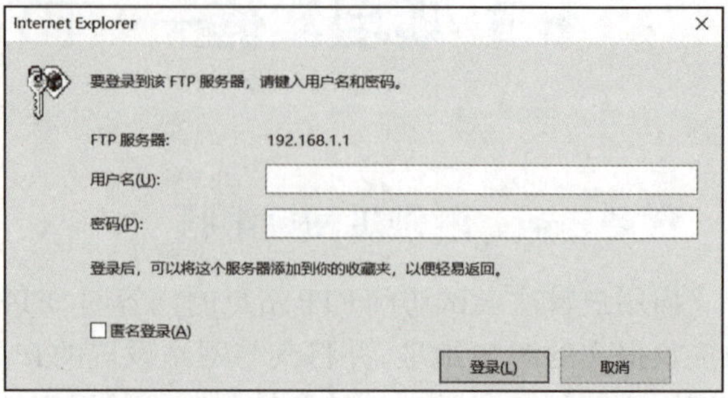

图 8-26 客户端Client-2访问需要输入用户名和密码

任务8-5 FTP身份验证和授权规则

FTP身份验证和授权规则

使用身份验证可限制对FTP服务器上站点文件的访问。使用基本身份验证，用户必须输入凭据，而且访问是基于用户名的。用户名和密码都以明文形式在网络间进行发送。要使用基本身份验证，请授予每个用户进行本地登录的权限。

在建立FTP站点时，身份验证只有匿名和基本两种身份验证（如图8-8所示），默认情况下都是启用的，如图8-27所示。所以客户端在访问FTP服务器时可以匿名直接访问，不需要输入用户名和密码。

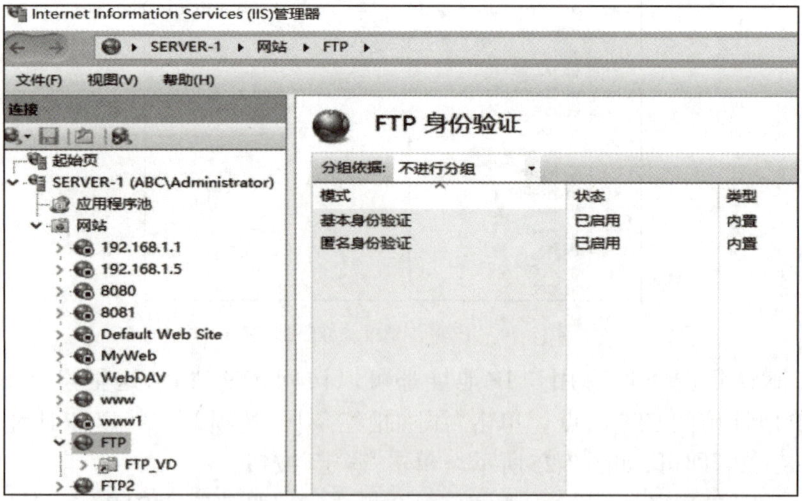

图 8-27 “FTP身份验证”窗口1

本例需要的设备有服务器Server-1、客户端Client-1（IP地址：192.168.1.10）。实验要求客户端Client-1可以通过基本身份验证访问FTP站点，网络拓扑如图8-3所示。下面通过实验操作完成FTP身份验证和授权规则。

步骤1 在“Internet Information Services（IIS）管理器”中选择需要验证的站点（这里选择

FTP站点），双击"身份验证"，将"匿名身份验证"禁用，启用"基本身份验证"，如图8-28所示。

步骤2 利用客户端Client-1进行测试，在客户端打开IE浏览器，输入"ftp://192.168.1.1"，会弹出如图8-29所示的登录界面。这时需要输入用户名和密码才能访问。

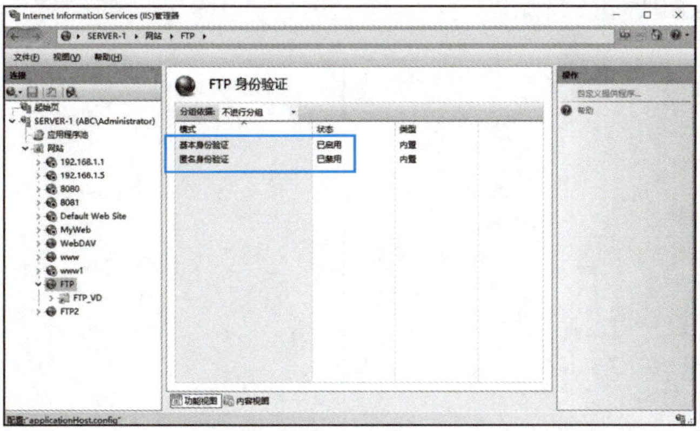

图8-28 禁用匿名身份验证

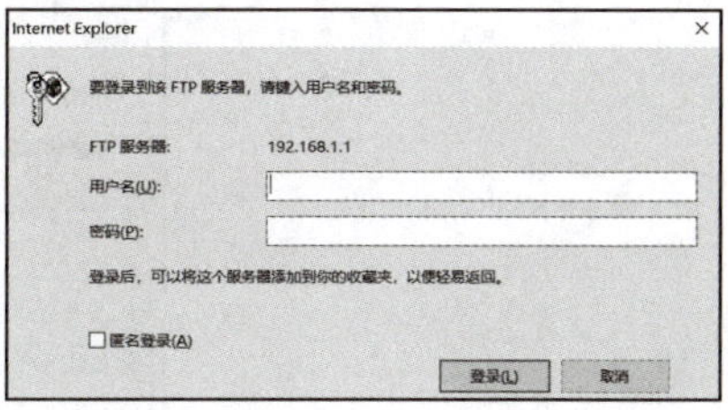

图8-29 FTP登录界面

步骤3 添加登录用户。在服务器Server-1上打开"Windows管理工具"→"计算机管理"→"用户"下创建一个用户test，如图8-30、图8-31和图8-32所示。

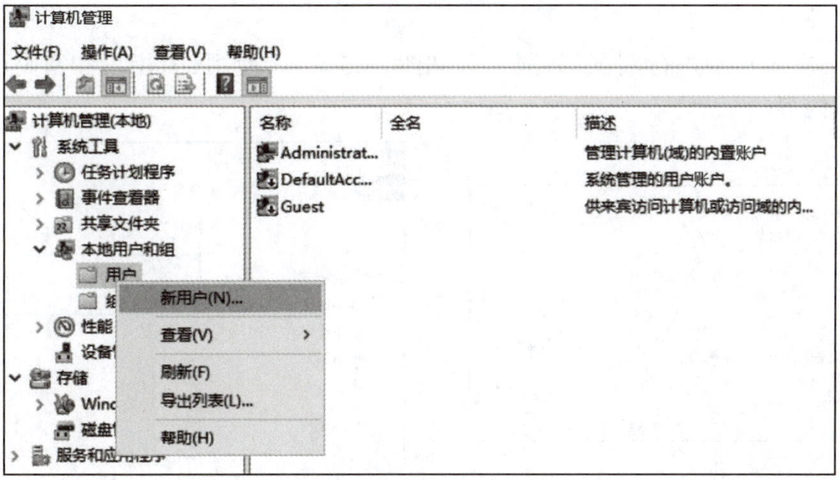

图8-30 新建用户

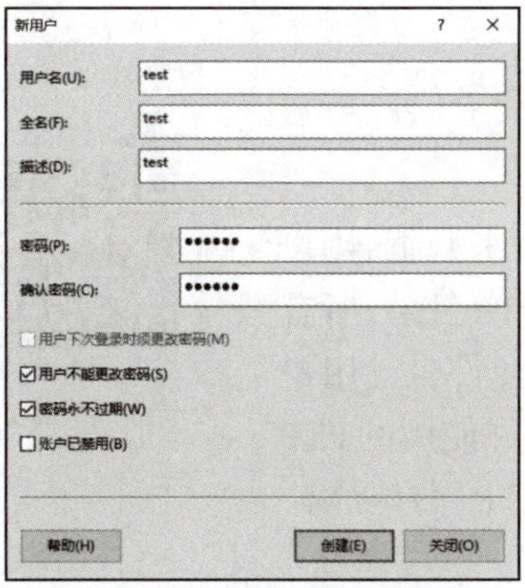

图8-31 设置用户名和密码

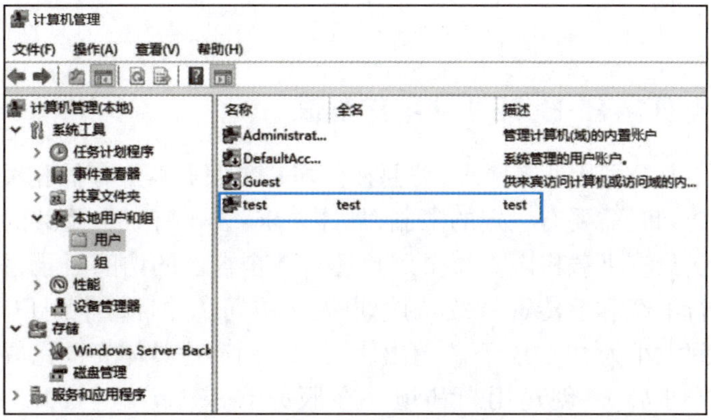

图8-32 添加一个test用户

步骤4 创建授权规则。打开“Internet Information Services(IIS)管理器”，选择需要编辑的FTP站点，双击“FTP授权规则”，这里默认有一条允许匿名用户访问的规则，选择这条规则，单击“操作”下面的“编辑”选项。对这条规则进行编辑，允许test用户访问，如图8-33所示。单击“确定”按钮，完成配置。

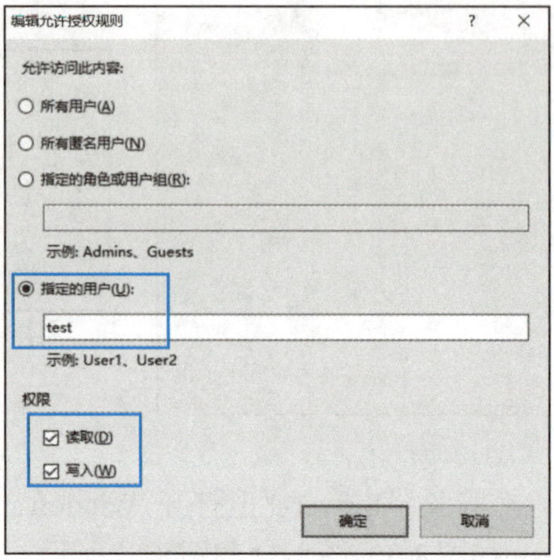

图8-33 “编辑允许授权规则”对话框1

步骤5 在客户端进行测试，如图8-34和图8-35所示，使用test用户和密码可以正常访问FTP站点内容。

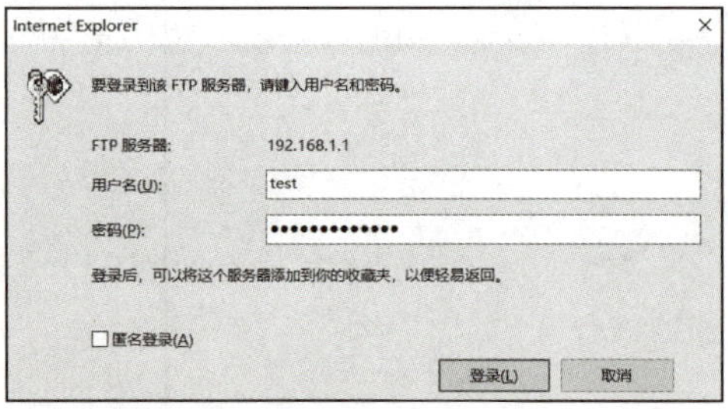

图8-34 用户登录界面

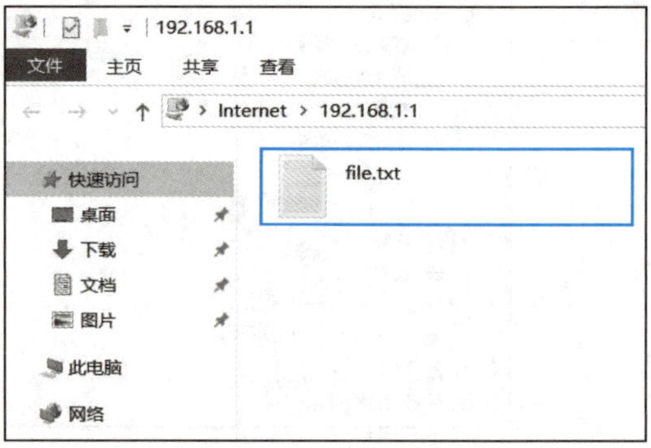

图8-35 登录成功

任务8-6 FTP用户隔离

某公司因业务需求，需要在公司FTP服务器上存储相关业务数据，用户在访问时需要有一定的限制，具体要求：公司有一个公共的FTP目录，所有成员只有下载权限。每个用户还有一个自己的访问目录，只允许自己用户进行下载和上传资料，别的用户无法访问。并且每个用户允许使用的FTP空间大小为10 MB，不能超出使用。下面通过具体实操完成FTP用户隔离。

FTP用户隔离

步骤1 创建用户和组。在服务器Server-1上打开“Windows管理工具”→“计算机管理”→“用户”下创建两个用户“ftpuser1”和“ftpuser2”，在“组”下创建一个组“ftpgroup”，并将两个用户都加入"ftpgroup"这个组中，如图8-36、图8-37和图8-38所示。

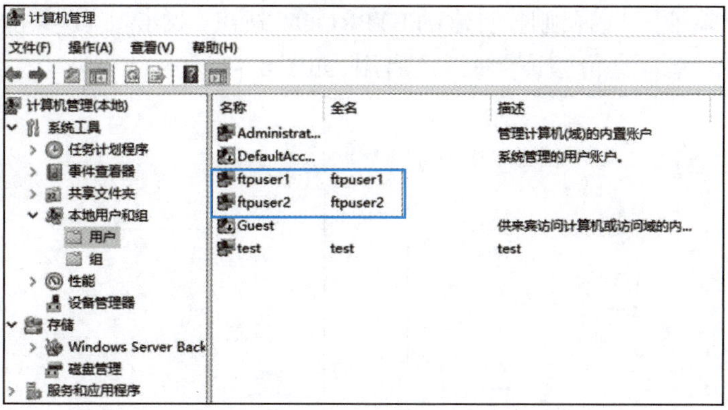

图8-36 新建ftpuser1和ftpuser2用户

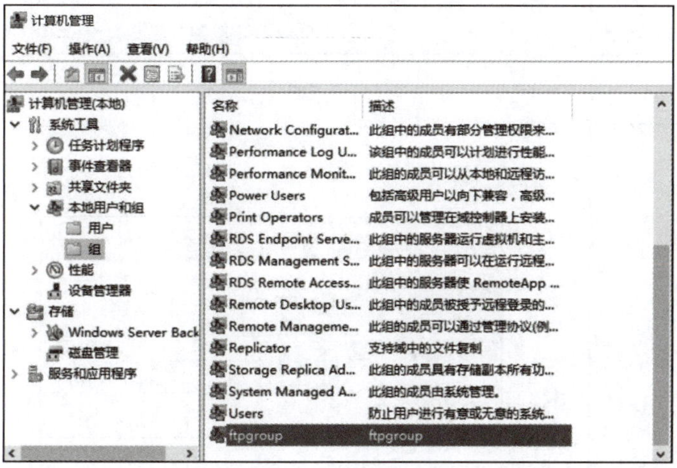

图8-37 新建ftpgroup组

图8-38 两个用户加入组

步骤2 新建FTP目录。在服务器Server-1的C盘下新建目录ftproot，在ftproot目录下新建目录localuser，在localuser目录下新建三个目录：public、ftpuser1、ftpuser2。再在这三个目录下分别新建几个文件，具体目录形式如图8-39所示（每一个目录有一个和自己名字相同的文件名）。

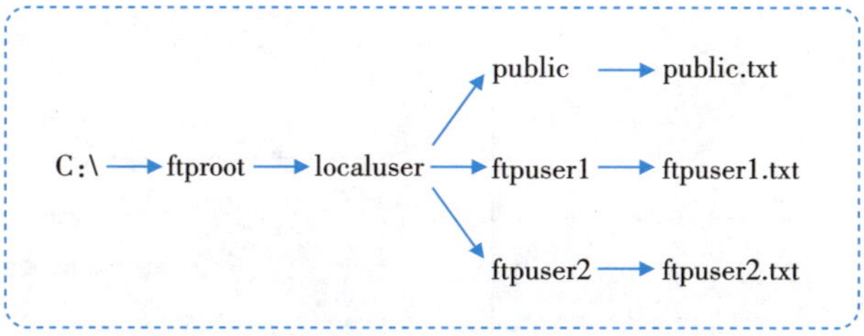

图8-39 文件目录结构

步骤3 创建FTP站点。打开服务器Server-1上的"Internet Information Services(IIS)管理器"控制台，选择"网站"右击"添加FTP站点"，填写站点信息，如图8-40所示。单击"下一步"按钮，在"绑定和设置SSL"对话框中设置信息，如图8-41所示。单击"下一步"按钮，进行身份验证和授权信息的设置，如图8-42所示。

步骤4　身份验证。选择刚刚创建的FTPROOT站点，双击“FTP身份验证”，这里确保“匿名身份验证”和“基本身份验证”都已经启用，如图8-43所示。

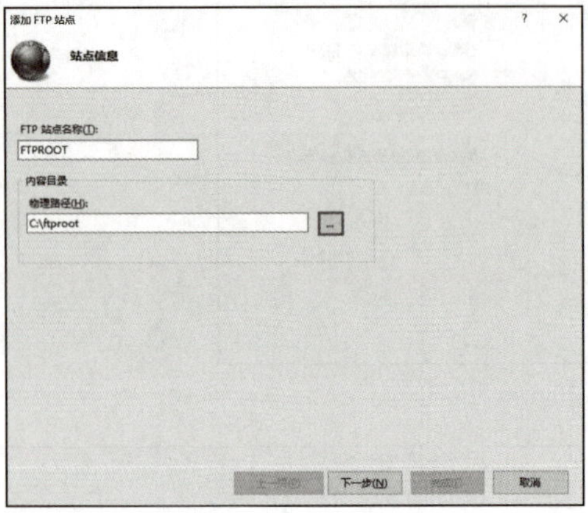

图8-40　“站点信息”对话框

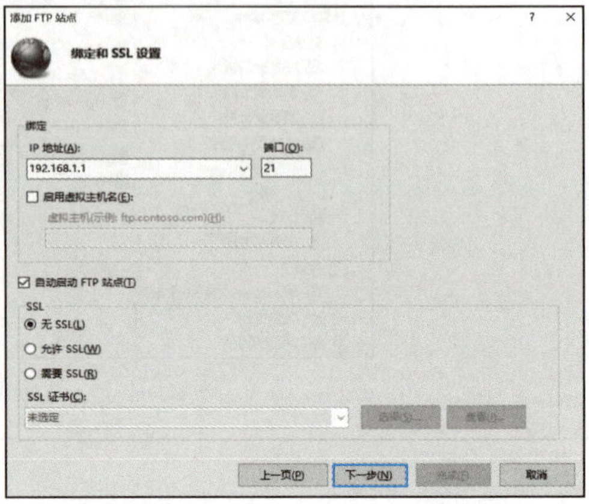

图8-41　“绑定和SSL设置”对话框3

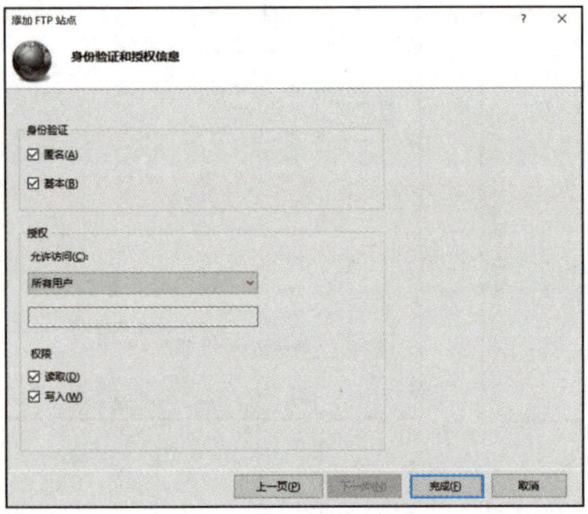

图8-42　“身份验证和授权信息”对话框3

图8-43　FTP身份验证启用

步骤5　设置FTP授权规则。选择FTPROOT节点，双击“FTP授权规则”，创建一个允许规则，如图8-44所示。再设置匿名用户权限为只读，完成后如图8-45所示。

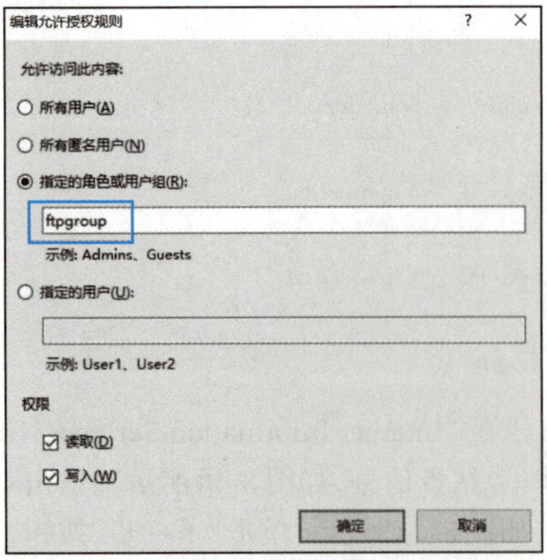

图8-44　“编辑允许授权规则”对话框

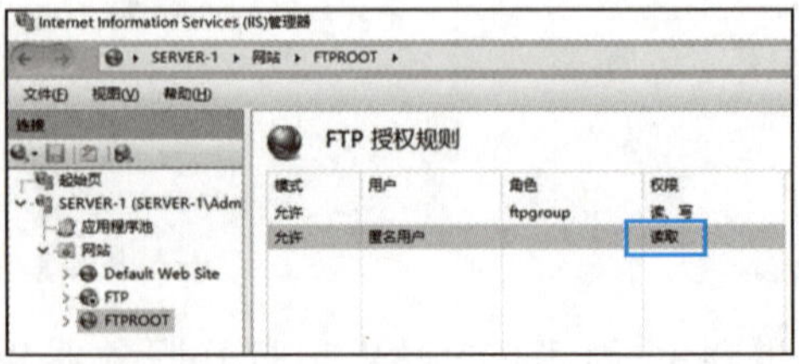

图8-45　FTP授权规则完成

步骤6 设置FTP用户隔离。选择FTPROOT节点，双击“FTP用户隔离”，选择“隔离用户，将用户局限于以下目录：”下的“用户名目录”，如图8-46所示。

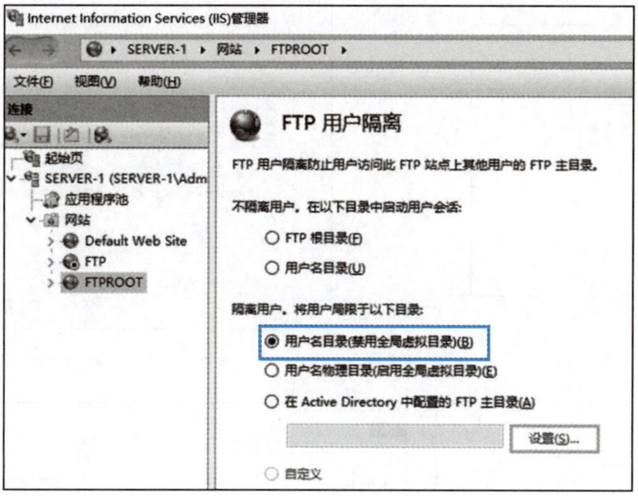

图8-46 FTP用户隔离设置

步骤7 设置磁盘配额。打开“计算机”，在C盘上单击鼠标右键，在弹出的快捷菜单中选择“属性”命令，选择“配额”选项卡，勾选“启用配额管理”和“拒绝将磁盘空间给超过配额限制的用户”复选框，并将“将磁盘空间限制为”设置成10 MB，将“将警告等级设为”设置成9 MB，勾选“用户超出配额限制时记录事件”和“用户超过警告等级时记录事件”复选框，如图8-47所示。再单击“配额项”按钮，选择“配额”菜单下的“新建配额项”，然后将前面创建的用户ftpuser1和ftpuser2添加进去，并设置所选用户的配额限制，如图8-48所示。

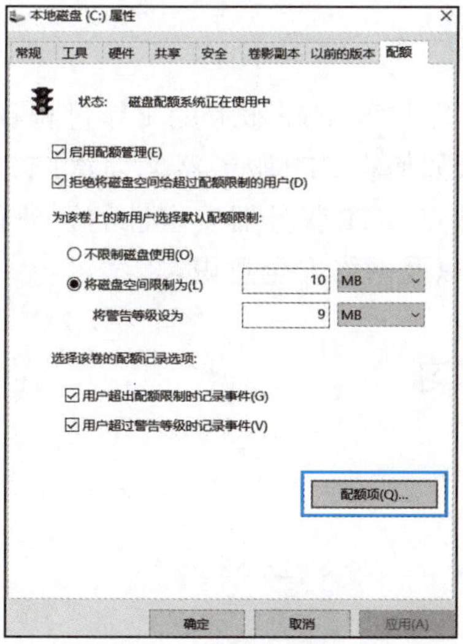

图8-47 启用磁盘配额

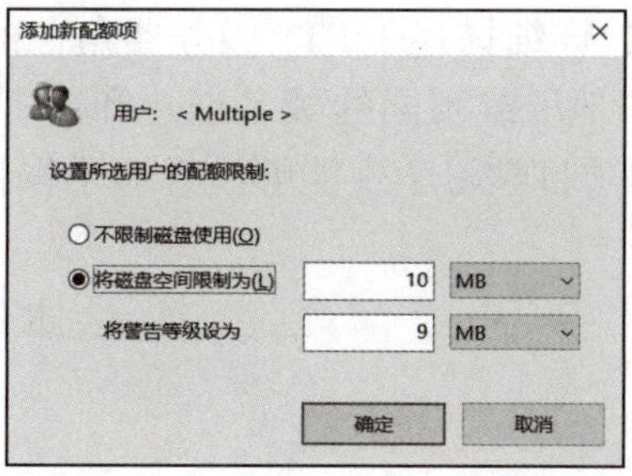

图8-48 设置用户的配额限制

步骤8 测试站点功能。在客户端Client-1上打开资源管理器或者浏览器，在地址栏里输入“ftp://192.168.1.1”，回车后可以直接打开public目录的内容，如图8-49所示。在空白地方右击鼠标，选择“登录”界面，输入用户名ftpuser1和对应密码，如图8-50所示。单击“登录”

后，就可以正常访问ftpuser1目录下的内容了，如图8-51所示。向当前的目录下上传超过10 MB的数据时，就会报错，如图8-52所示。

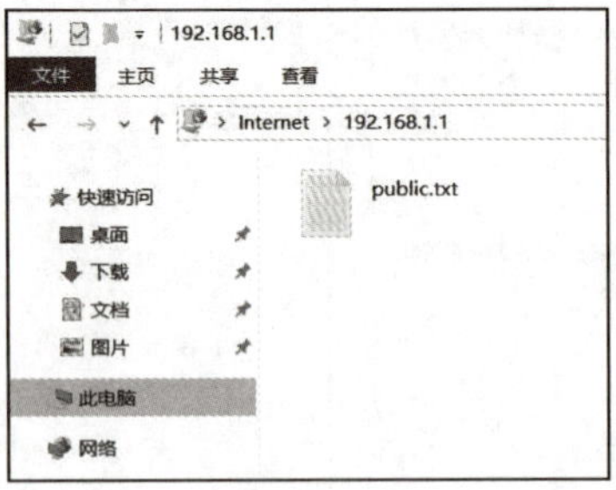

图8-49 匿名登录站点

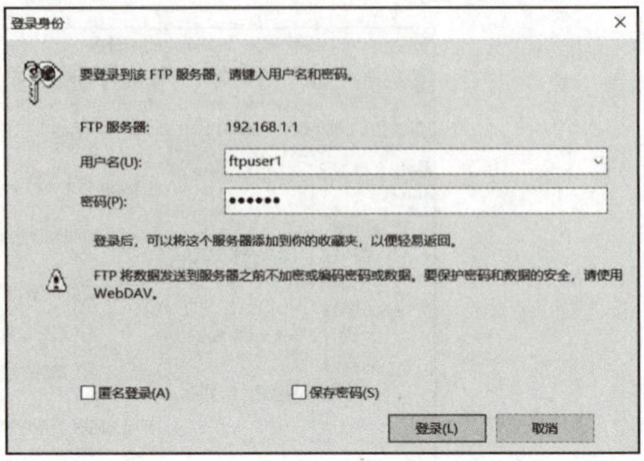

图8-50 基本身份验证登录站点

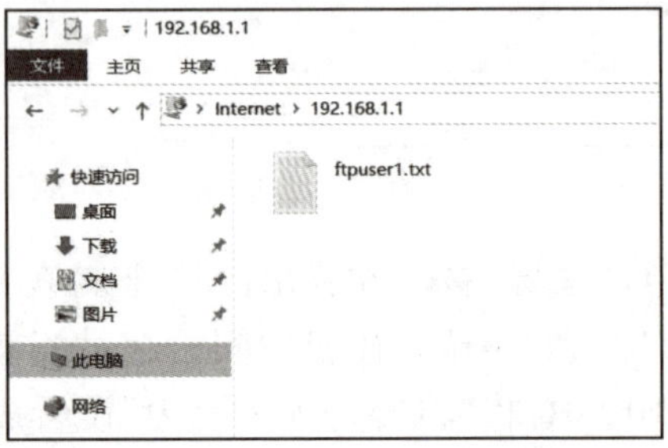

图8-51 基本身份验证登录成功

图8-52 超出磁盘配额空间提示错误信息

本项目小结

本项目主要讲解了FTP服务的基本原理和部署方案、FTP服务的工作过程、FTP服务器的工作模式，详细描述了FTP服务器角色的安装、如何在FTP服务器上创建FTP站点、如何基于不同IP地址或不同的域名创建和部署FTP站点、FTP服务器安全性的原理和配置等内容。通过本项目学习学生能够提升动手操作能力以及网络安全意识。

本项目练习

一、选择题

1.FTP服务器使用的端口是(　　)。

A. 21　　B. 23　　C. 25　　D. 53

2.从Internet上获得软件最常采用(　　)。

A . www　　B. Telnet　　C. FTP　　D. DNS

3.下列描述中哪个不属于FTP站点的安全设置(　　)。

A.写入　　B.记录访问　　C.脚本访问　　D.读取

4. 虚拟主机技术不能通过(　　)架设网站。

A. TCP端口　　B. IP地址　　C. 主机名头　　D. 计算机名

5. 虚拟目录不具备的特点是(　　)。

A. 易于配置　　B. 增删灵活　　C. 便于扩展　　D. 动态分配空间

6. 在FTP协议的控制下，将FTP服务器中的文件传回到FTP客户端，该过程叫(　　)。

A. 下载　　B. 上传　　C. 传输　　D. 存储

7. 如果用户在浏览器中应用FTP服务下载文件，在地址栏内输入URL中必须包括(　　)协议名。

A. HTTP　　B. ICMP　　C. FTP　　D. TELNET

8. 默认情况下，FTP服务器所使用的TCP端口(　　)用于传输控制信息。

A. 20　　B. 21　　C. 23　　D. 80

9. 如果一个FTP站点所使用的IP地址为192.168.1.100，TCP端口号为4000，则用户应该在浏览器的地址栏中输入(　　)以访问此FTP站点。

A. FTP://192.168.1.100:21

B. FTP://192.168.1.100:22

C. FTP://192.168.1.100

D. FTP://192.168.1.100:4000

二、填空题

1. FTP服务有两种工作模式：______和______。

2. FTP身份验证方法有两种：______和______。

3. FTP用匿名用户进行登录时所使用的用户名为：______。

4. FTP服务器提供______文件和功能。

三、判断题

1. FTP的全称是File Transfer Protocol(文件传输协议)，是用于传输文件的协议。(　　)

2. FTP服务有两种工作模式主动传输模式和被动传输模式。(　　)

3. 若Web站点中的信息非常敏感，为防中途被人截获，就可采用SSL加密方式。(　　)

4. 虚拟目录是一个文件夹，定位于主目录内。(　　)

5. 一个FTP服务器上只能建立一个FTP站点。(　　)

6. 匿名的FTP服务器不允许用户上传文件。(　　)

7. FTP协议位于OSI参考模型的应用层。(　　)

四、简答题

1. 简述FTP会话建立和传输文件的过程。

2. FTP服务器端口21和20的作用有什么不同？

五、实训题

任务　配置与管理FTP服务器

1. 实训目的

掌握FTP服务器的安装与配置方法。

掌握创建FTP虚拟目录和虚拟主机的方法。

掌握安全设置FTP服务器。

2. 实训要求：

架设FTP服务器：

(1)安装FTP服务器。

(2)创建和访问FTP站点。

(3)创建虚拟目录和虚拟主机。

(4)安全设置FTP服务器。

(5)对非法用户进行用户隔离。

项目 9
证书服务器配置与管理

模块描述

本项目详细介绍证书服务的基本原理和部署方案，让读者了解网络安全中的公钥基础架构，了解网络数据加密技术、了解数据证书的概念以及证书的颁发机构、掌握安装证书服务器角色、掌握如何安装 CA、掌握基于 SSL 的网站和 FTP 站点安全访问等内容。

知识目标

◆ 掌握公钥基础架构概念
◆ 掌握网络数字加密技术
◆ 掌握数字证书的意义
◆ 掌握证书服务器的工作原理
◆ 了解数字证书的概念及证书颁发机构概念

技能目标

◆ 掌握证书服务器的部署过程
◆ 掌握通过客户端检测证书服务器功能

素质目标

◆ 培养实践动手能力，解决工作中的实际问题
◆ 培养做事严谨、精益求精的能力
◆ 增强安全意识，强化网络信息安全加固技术

9.1 项目知识准备——证书服务器基础

当前,网络安全已经受到各行各业的重视,使用网络进行传输数据或者交易活动时,都不可避免地涉及网络安全问题。特别是在电子商务活动中,必须保证交易双方能够互相确认身份,安全地传输敏感信息,事后不能否认交易行为。目前比较流行的解决方案是部署公钥基础结构(Public Key Infrastructure, PKI)。

9.1.1 公钥基础架构概述

PKI指的是证书的制作和分发的一种机制,在这个机制的保障下,进行可信赖的网络通信,即安全的网络通信保障机制,PKI技术是信息安全技术的核心,也是电子商务的关键和基础技术。

作为一种基础设施,PKI包括公钥技术、数字证书、证书颁发机构(简称CA,也称认证机构)和关于公钥的安全策略等基本组成部分,用于保证网络通信和网上交易的安全。PKI的主要目的是通过自动管理密钥和数字证书,为用户建立起一个安全的网络运行环境,使用户可以在多种应用环境下方便地使用加密和数字签名技术来实现安全应用。

PKI具有非常广阔的市场应用前景,广泛应用于电子商务、网上金融业务、电子政务和企业网络安全等领域。从技术角度来看,以PKI为基础的安全应用非常多,许多应用程序依赖于PKI,比如基于SSL(安全套接字层)的网络安全服务、基于SET的电子交易系统、虚拟专用网的安全认证等

9.1.2 加密技术

加密技术是电子商务采取的主要安全保密措施,是最常用的安全保密手段,利用技术手段把重要的数据变为乱码(加密)传送,到达目的地后再用相同或不同的手段还原(解密)。加密技术的应用是多方面的,但最为广泛的还是在电子商务和VPN上的应用,深受广大用户的喜爱。

加密技术分为对称加密和非对称加密技术两种,最初的加密技术是对称加密,又称单密钥加密或私钥加密。如图9-1所示,对信息的加密和解密都使用相同的密钥,双方必须共同保守密钥,防止密钥泄漏。这种技术实现简单,运行效率高,但存在以下两个方面的不足。

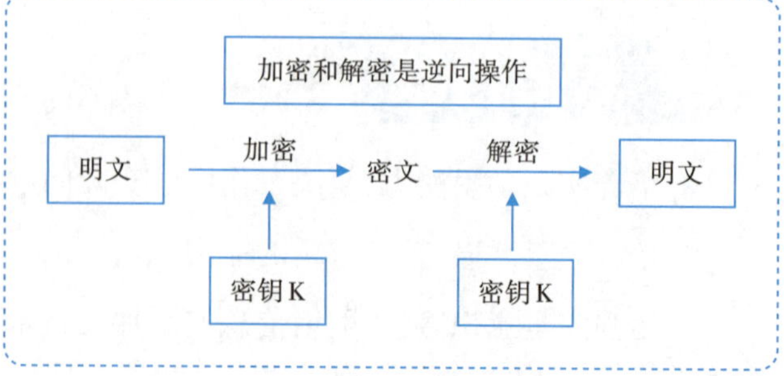

图9-1 对称加密模式

（1）用于网络传输数据加密存在安全隐患。在发送加密数据的同时，也需要将密钥通过网络通知接收者，第三方在截获加密数据的同时，只需再截取相应密钥即可将数据解密使用或非法篡改。如果密钥长度不够，采用暴力法即可将其破解。

（2）不利于大规模部署。每对发送者与接收者之间都要使用一个密钥。

非对称加密正好克服对称加密的上述不足。非对称加密又称为公钥加密，它采用密钥对（一个用于加密的公钥和一个用于解密的私钥）对信息进行加密和解密，加密和解密所用的密钥是不同的。公钥通过非保密方式向他人公开，任何人都可获得公钥；私钥则由自己保存。一般组合使用双方的密钥，要求双方都申请自己的密钥对，并互换公钥，当发送方要向接收方发送信息时，利用接收方的公钥和自己的私钥对信息加密，接收方收到发送方传送的密文后，利用自己的私钥和发送方的公钥进行解密还原。

典型的非对称加密模式如图 9-2 所示。这种公钥加密技术既可以防止数据发送方的事后否认，又可以防止他人仿冒或者蓄意破坏，可实现保密、认证、抗否认和完整性控制等安全要求，而且对于大规模应用来说实现起来很容易。

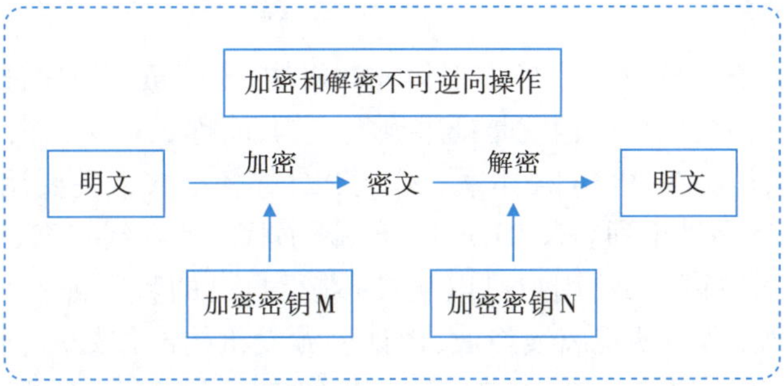

图 9-2　非对称加密模式

在实际应用中，通常将公钥加密和对称加密两种技术结合起来。例如，公钥加密技术经常用来交换对称加密的密钥，使得对称加密能继续用于数据加密。

9.1.3　数字证书

数字证书也称为数字 ID，是 PKI 的一种密钥管理媒介。实际上，它是一种权威性的电子文档，由一对密钥（公钥和私钥）及用户信息等数据共同组成，在网络中充当一种身份证，用于证明某一实体（如组织机构、用户、服务器、设备和应用程序）的身份，公告该主体拥有的公钥的合法性。例如，服务器身份证书用于在网络中标识服务器的身份，确保与其他服务器或用户通信的安全性。可以这样说，数字证书类似于现实生活中的身份证或资格证书。

数字证书由用户公钥和用户标识符组成，还包括版本号、证书序列号、CA 标识符、签名算法标识、颁发者名称和证书有效期等信息，如图 9-3 所示。

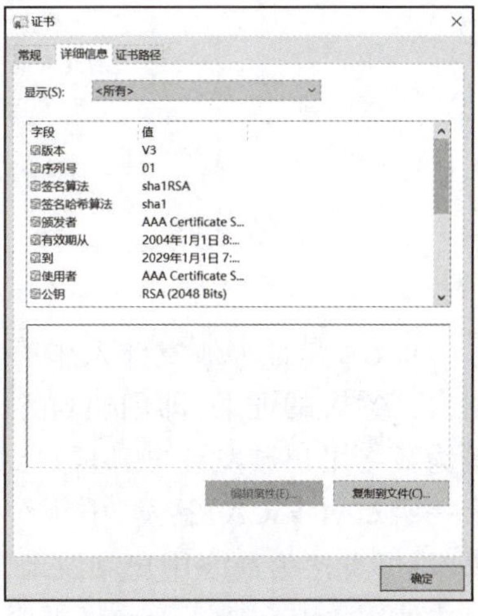

图 9-3　“证书”对话框

数字证书采用公钥密码机制，即利用一对互相匹配的密钥进行加密、解密。每个用户拥有一个仅为自己掌握的私钥，用它进行解密和签名，同时拥有一个可以对外公开的公钥，用于加密和验证签名。当发送一份保密文件时，发送方使用接收方的公钥对数据加密，而接收方则使用自己的私钥解密，这样信息就可以安全无误地到达目的地，即使被第三方截获，由于没有相应私钥，也无法进行解密。通过数字证书保证加密过程是一个不可逆过程，即只有用私有密钥才能解密。

数字证书是由权威公正的第三方机构即认证中心签发的，以数字证书为核心的加密技术可以对网络上传输的信息进行加密和解密、数字签名和签名验证，确保网上传递信息的机密性、完整性以及交易实体身份的真实性、签名信息的不可否认性，从而保障网络应用的安全性。数字证书主要应用于网络安全服务。常见的数字证书类型有Web服务器证书、计算机证书、个人证书、安全电子邮件证书、企业证书、代码签名证书等。

9.1.4 证书颁发机构

要使用数字证书，需要建立一个各方都信任的机构，专门负责数字证书的发放和管理，以保证数字证书的真实可靠，这个机构就是证书颁发机构，简称CA。CA在PKI中提供安全证书服务，因而PKI往往又被称为PKI-CA体系。作为PKI的核心，CA主要用于证书颁发、证书更新、证书吊销、证书和证书吊销列表(CRL)的公布、证书状态的在线查询、证书认证等。

CA提供受理证书申请服务，用户可以从CA获得自己的数字证书。证书的发放方式有两种，一种是在线发放，另一种是离线发放，由证书颁发机构制作好后，通过存储介质发放给用户。在大型组织或安全网络体系内，CA通常建立多个层次的证书颁发机构。分层证书颁发体系如图9-4所示。

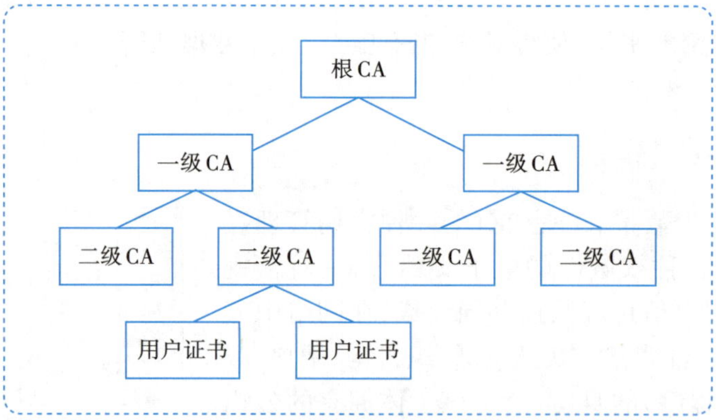

图9-4 证书颁发体系

根CA是证书颁发体系中第一个证书颁发机构，是所有信任的起源。根CA给自己颁发由自己签署的证书，即创建自签名的证书。根CA可为下一级CA(子CA)颁发证书，也可直接为最终用户颁发证书。根CA以下各层次CA统称为从属CA，每个从属CA的证书都由其上一级CA(父CA)签发，下级CA不一定要与上级CA联机。从属CA为其下级CA颁发证书，也可直接为最终用户颁发证书。

使用Active Directory证书服务提供CA服务，则可以选择将此CA设置为以下角色之一。

(1)企业根CA。它需要Active Directory域，可以将企业根CA安装到域控制器或成员服务器上。它发放证书的对象仅限于域用户，当域用户申请证书时，企业根CA会从Active Directory中得知该用户的账户信息并据以决定该用户是否有权利申请所需证书。

(2)企业从属CA。企业从属CA也需要Active Directory域，企业从属CA适合用来发放保护电子邮件安全、网站SSL安全连接等证书。企业从属CA必须从其父CA取得证书之后，才会正常工作。

(3)独立根CA。独立根CA类似于企业根CA，但不需要Active Directory域，扮演独立根CA角色的计算机可以是独立服务器、成员服务器或域控制器。无论是否为域用户，都可以向独立根CA申请证书。

(4)独立从属CA。独立从属CA类似于企业从属CA，但不需要Active Directory域，扮演独立从属CA角色的计算机可以是独立服务器、成员服务器或域控制器。无论是否为域用户，都可以向独立从属CA申请证书。

9.1.5 证书服务器网络环境

本案例要求完成证书服务器的部署，实现基于SSL的Web网站和基于SSL的FTP站点的访问。网络拓扑图如图9-5所示。

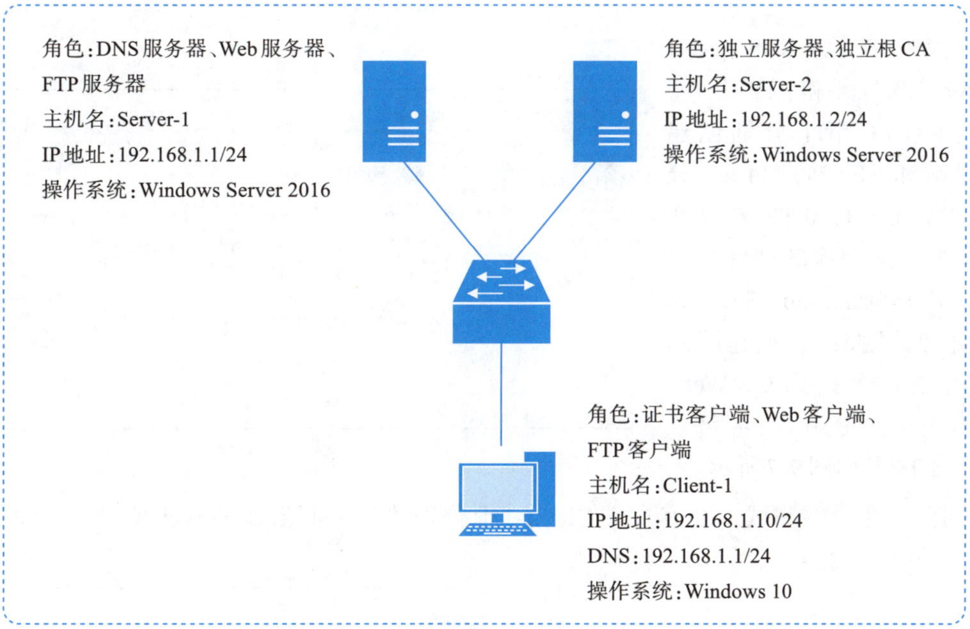

图9-5 证书服务器部署网络拓扑图

本案例共需要三台设备：两台服务器，一台客户端。

(1)服务器Server-1：DNS服务器、Web服务器、FTP服务器，IP地址为192.168.1.1。

(2)服务器Server-2：独立服务器，部署独立根CA，IP地址为192.168.1.2。

(3)客户端Client-1：Web客户端、FTP客户端，IP地址为192.168.1.10，DNS指向192.168.1.1。该客户端信任独立根CA。

9.2 项目实施——部署并配置证书服务器

任务9-1 部署Web网站和FTP站点

部署Web网站和FTP站点

步骤1 在服务器Server-1上安装DNS服务，添加正向查询区域“abc.com”，并添加相应的反向区域。在正向区域里添加主机“www.abc.com（IP地址为192.168.1.1）”。如图9-6所示。

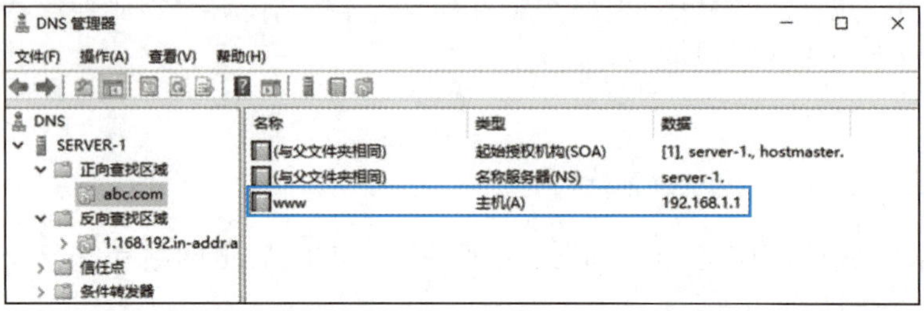

图9-6 添加主机记录

步骤2 在服务器Server-1上安装Web服务和FTP服务。在服务器的C盘下分别创建Web网站和FTP站点目录，分别为C:\Web和C:\FTP，在这两个目录下创建相应的文件。在“Internet Information Services（IIS）管理器”控制台创建网站“Web”，主目录指向C:\Web。再添加一个FTP站点，主目录指向C:\FTP。如图9-7所示。

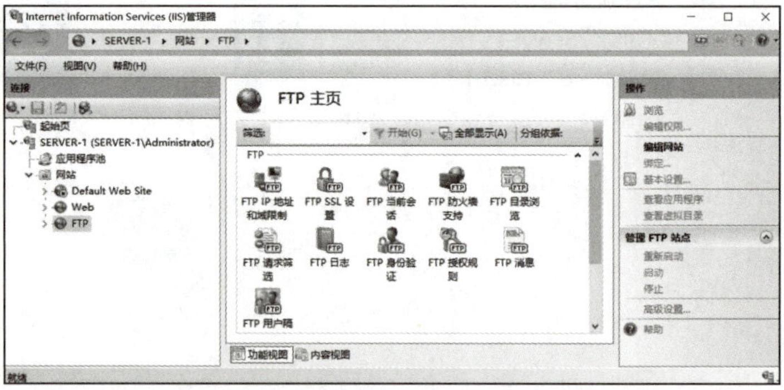

图9-7 新建Web网站和FTP站点

步骤3 客户端测试。在客户端Client-1上分别访问上面新建的Web网站和FTP站点，效果如图9-8和图9-9所示。

图9-8 访问Web网站成功

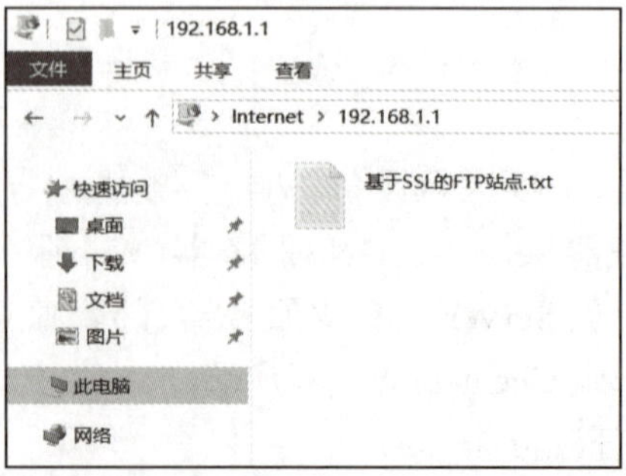

图9-9 访问FTP站点成功

任务9-2 安装证书服务器并安装独立根CA

安装证书服务器并安装独立根CA

1. 在服务器Server-2上安装证书服务

步骤1 在服务器Server-2上打开"服务器管理器"窗口，单击"添加角色和功能"按钮，持续单击"下一步"按钮，直到出现图9-10所示的"选择服务器角色"窗口时勾选"Active Directory证书服务"复选框，随后在弹出的对话框中单击"添加功能"按钮。

步骤2 单击"下一步"按钮，直到出现图9-11所示的界面，勾选"证书颁发机构"和"证书颁发机构Web注册"复选框。

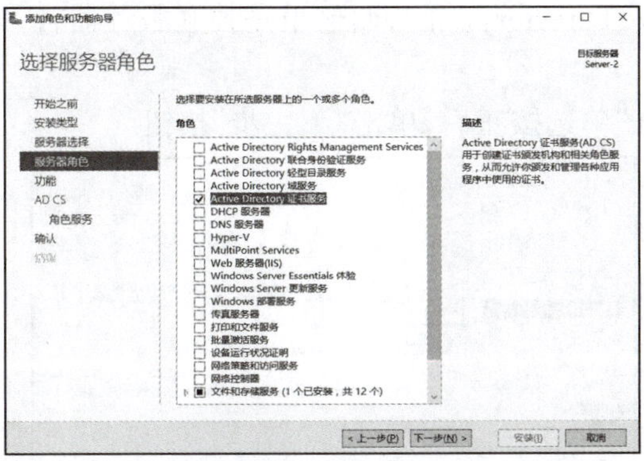

图9-10 添加Active Directory证书服务

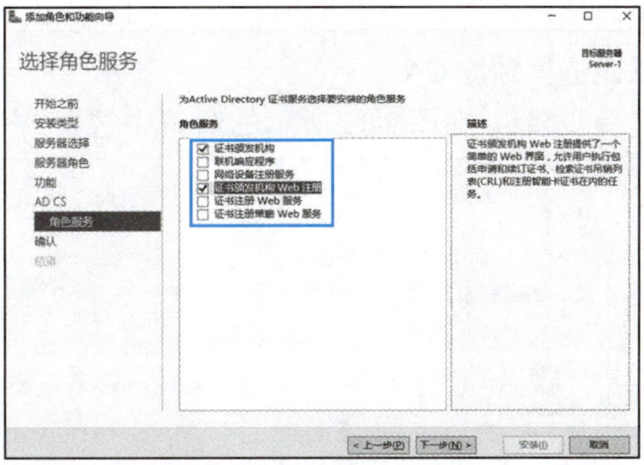

图9-11 "选择角色服务"窗口

步骤3 单击"下一步"按钮，如果该服务器上没有安装IIS服务，这里需要安装，如图9-12所示。单击"下一步"按钮，直到出现确认安装所选内容界面时，单击"安装"按钮。

2. 在服务器Server-2上安装独立根CA

步骤1 单击"服务器管理器"上面的橙色感叹号，选择"配置目标服务器上的Active Directory证书服务"选项，如图9-13所示。

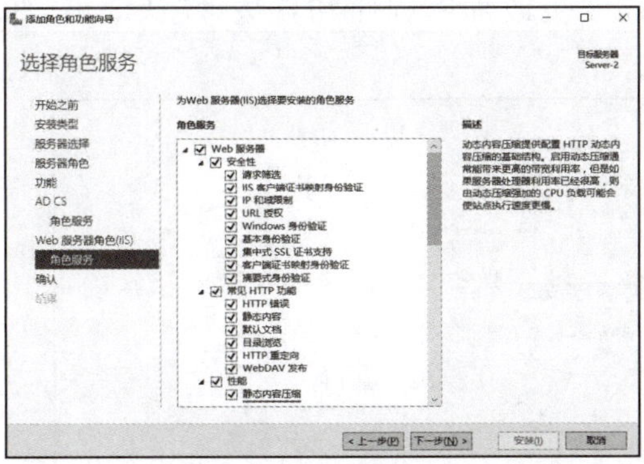

图9-12 安装IIS角色

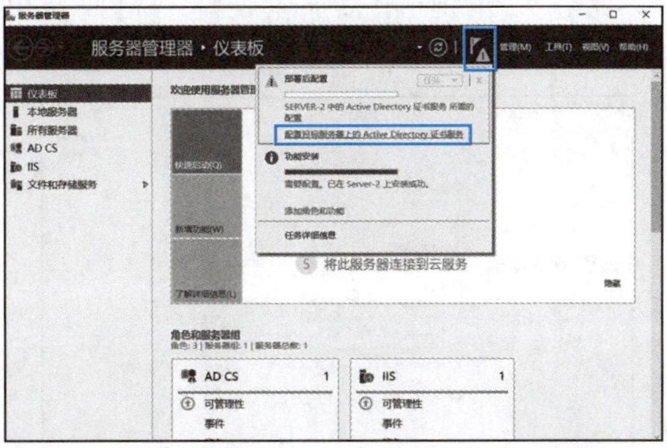

图9-13 配置目标服务器上的Active Directory证书服务

步骤2 选择后弹出图9-14所示的窗口，单击"下一步"按钮，开始配置AD CS。

步骤3 勾选"证书颁发机构"和"证书颁发机构Web注册"复选框，如图9-15所示，单击"下一步"按钮。

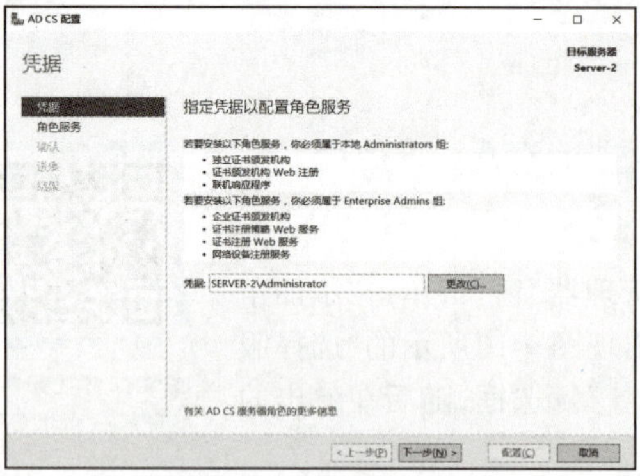

图9-14　开始配置AD CS

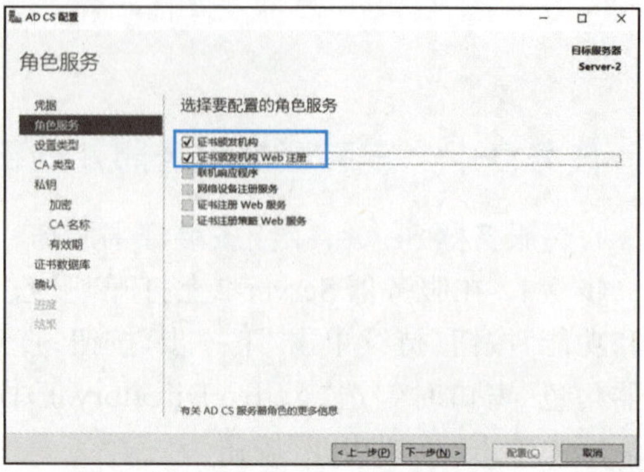

图9-15　选择要配置的角色服务

步骤4　在图9-16所示的窗口中选择"独立CA"的类型后，单击"下一步"按钮。(这里是无法选择企业CA的，因为企业CA是需要Active Directory域的，而这里是独立服务器，所以只能选择独立CA)

步骤5　在图9-17所示的窗口中选中"根CA"单选按钮后，单击"下一步"按钮。

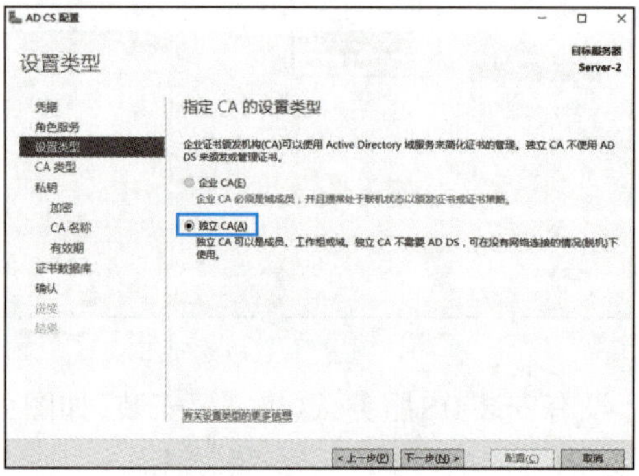

图9-16　指定CA的设置类型

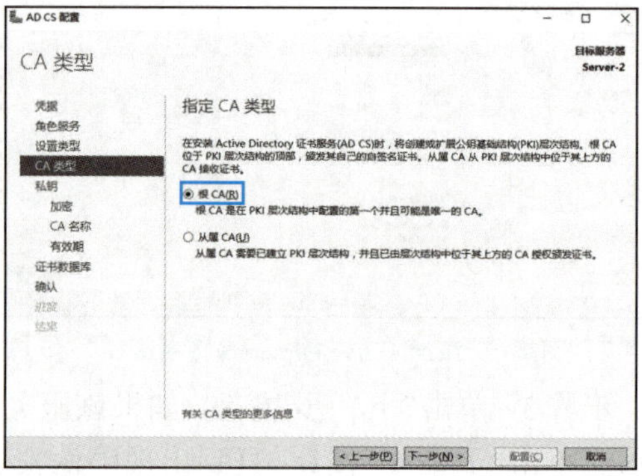

图9-17　指定CA类型

步骤6　在图9-18所示的窗口中选中"创建新的私钥"单选按钮后单击"下一步"按钮。此为CA的私钥，CA必须拥有私钥后，才可以给客户端发放证书。

步骤7　出现"指定加密选项"窗口，这里不需要更改加密程序和算法，默认即可，如图9-19所示，单击"下一步"按钮。

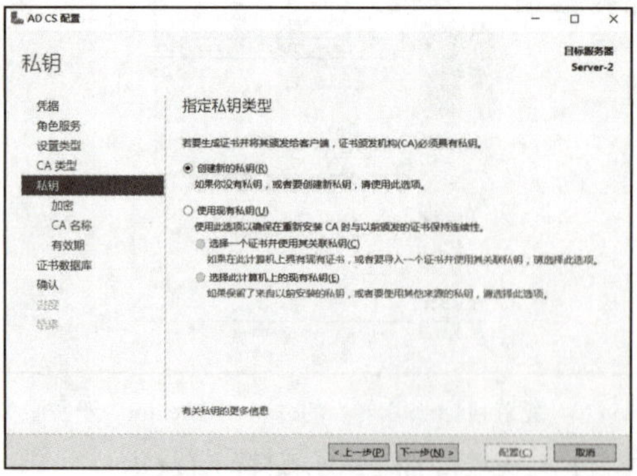

图9-18　指定私钥类型

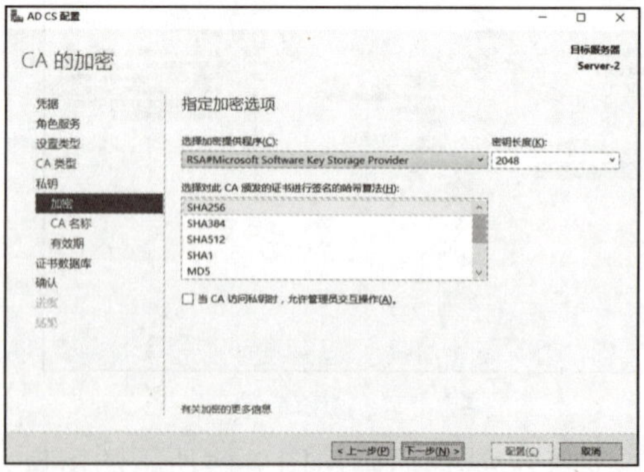

图9-19　指定加密选项

步骤8　出现"指定CA名称"窗口时，这里设置默认即可，如图9-20所示。

步骤9 单击“下一步”按钮。在“指定有效期”窗口中单击“下一步”按钮，CA的有效期默认为5年。在“指定数据库位置”窗口中单击“下一步”按钮，采用默认值即可。在“确认”窗口中单击“配置”按钮，出现“结果”窗口时单击“关闭”按钮，如图9-21所示。

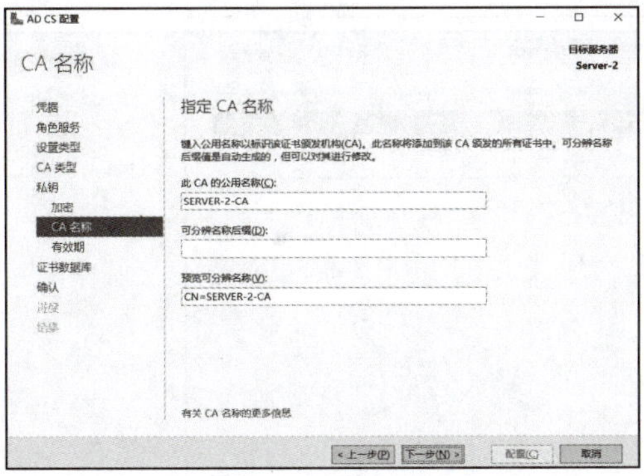

图9-20 指定CA名称

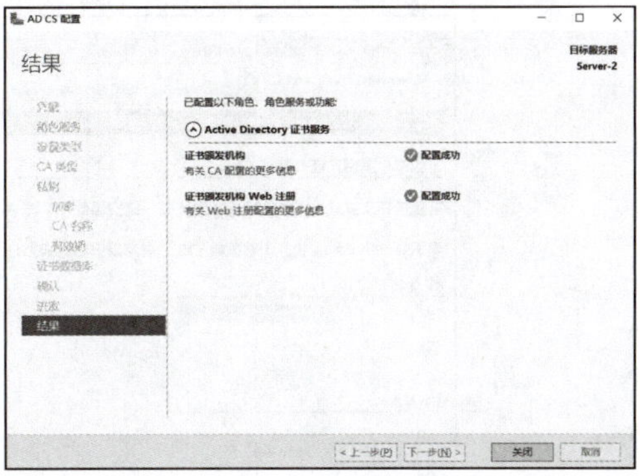

图9-21 配置成功界面

步骤10 安装完成后，在“服务器管理器”中选择右上方的“工具”→“证书颁发机构”命令或单击“开始”→“Windows管理工具”→“证书颁发机构”，打开证书颁发机构的管理窗口，以此来管理CA。图9-22为证书颁发机构界面。

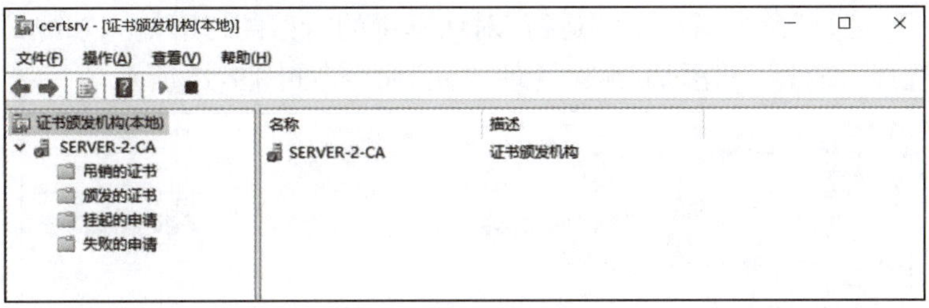

图9-22 “certsrv-〔证书颁发机构(本地)〕”窗口

任务9-3 客户端Client-1下载证书

Web/FTP服务器Server-1和客户端Client-1都应该信任发放SSL证书的CA(Server-2)，这里先配置客户端Client-1下载证书使其信任CA。

客户端Client-1下载证书

步骤1 在Client-1上打开浏览器，并输入URL路径“http://192.168.1.2/certsrv”。其中，192.168.1.2为Server-2的IP地址。单击“下载CA证书、证书链或CRL”超链接，如图9-23所示。

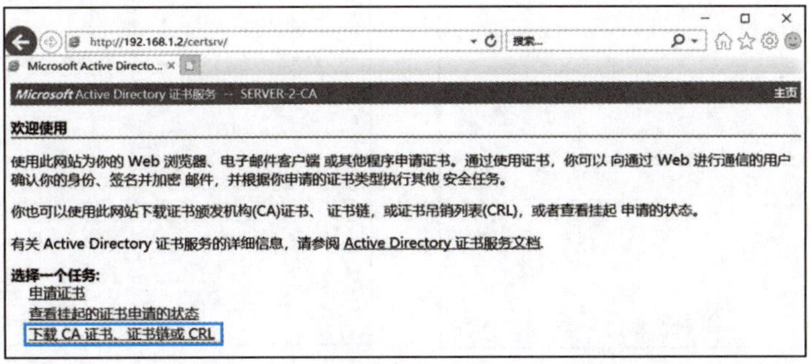

图9-23 下载CA证书、证书链或CRL

步骤2 进入图9-24所示的窗口，“CA证书”和“编码方法”默认设置不用更改。单击“下载CA证书”，然后单击下面“保存”按钮右侧的下拉按钮，选择“另存为”命令，将证书下载到本地C:\cert文件夹中。默认的文件名为certnew.cer。

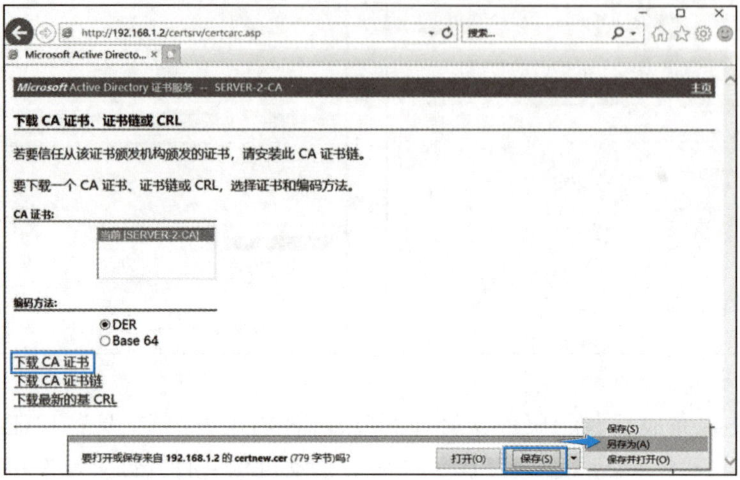

图9-24 下载CA证书

步骤3 打开“运行”命令窗口，在“运行”对话框中的“打开”栏下输入“mmc”打开Microsoft管理控制台。选择“文件”→“添加/删除管理单元”命令，如图9-25所示。

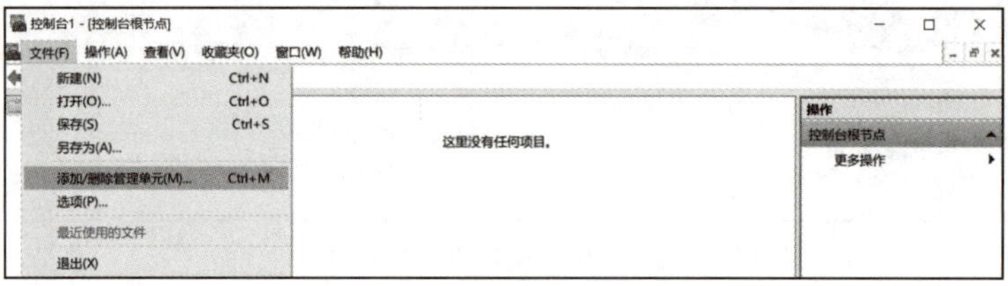

图9-25 添加管理单元

步骤4 从新打开的对话框中选择“证书”后单击“添加”按钮，在图9-26所示的对话框中选中“计算机账户”单选按钮，之后依次单击“下一步”。

步骤5 在图9-27所示的对话框中默认选择“本地计算机”，如果管理的计算机在网络上，则可以选择“另一台计算机”，再单击“浏览”按钮，找到网络上的计算机即可。

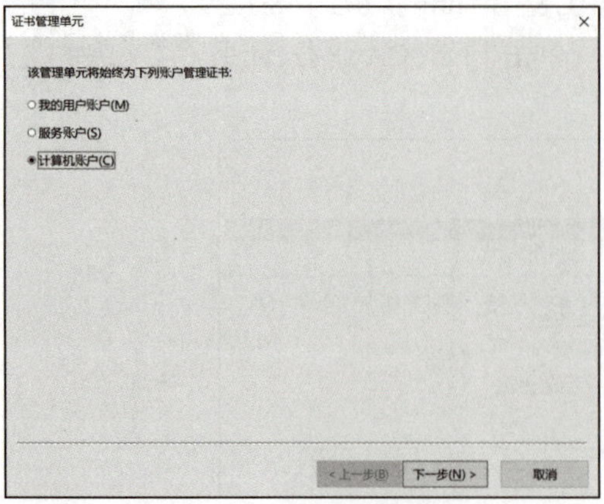

图9-26 “证书管理单元”对话框

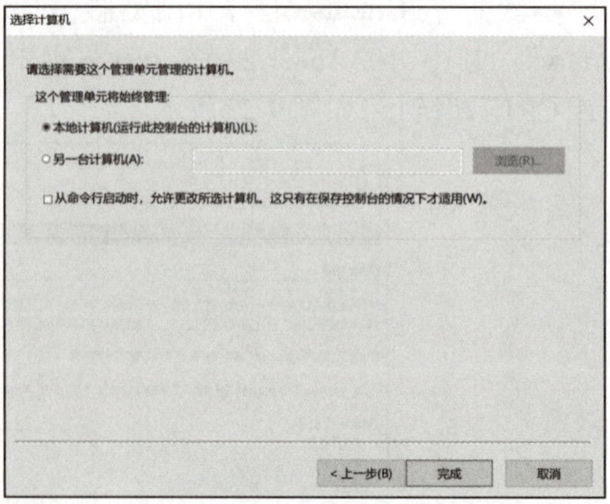

图9-27 “选择计算机”对话框

步骤6 单击“完成”→“确定”按钮，结果如图9-28所示。

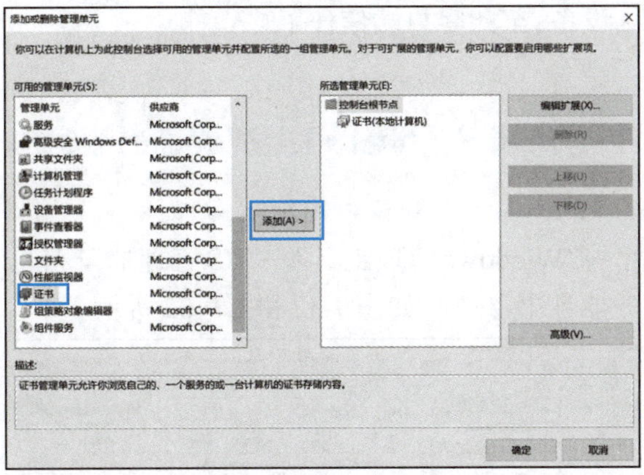

图9-28 完成添加证书单元

步骤7 选择“控制台根节点”，展开“受信任的根证书颁发机构”节点，选中“证书”选项，单击鼠标右键，在弹出的快捷菜单中选择“所有任务”→“导入”命令，如图9-29所示。

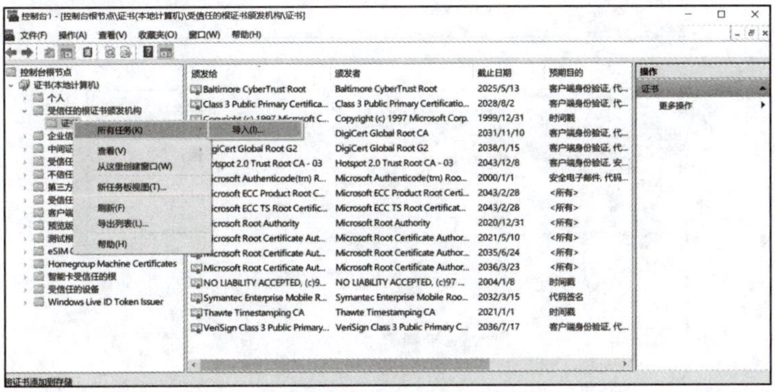

图9-29 导入证书

步骤8 单击“下一步”按钮。在图9-30所示的对话框中选择之前下载的CA证书文件后，单击“下一步”按钮。

步骤9 进入“证书存储”对话框，这里默认选择“受信任的根证书颁发机构”，如图9-31所示。

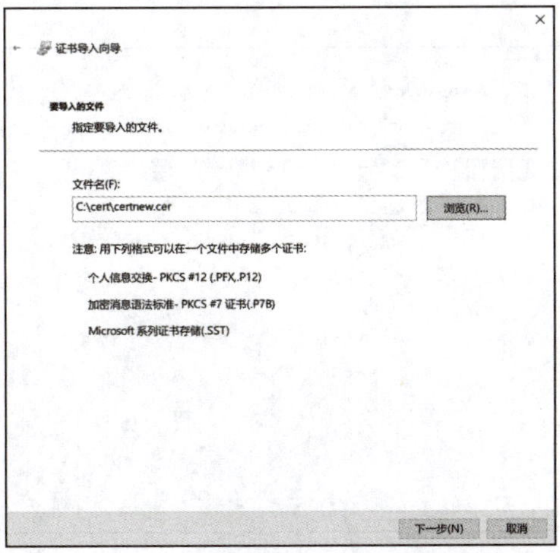

图9-30 选择要导入的证书文件

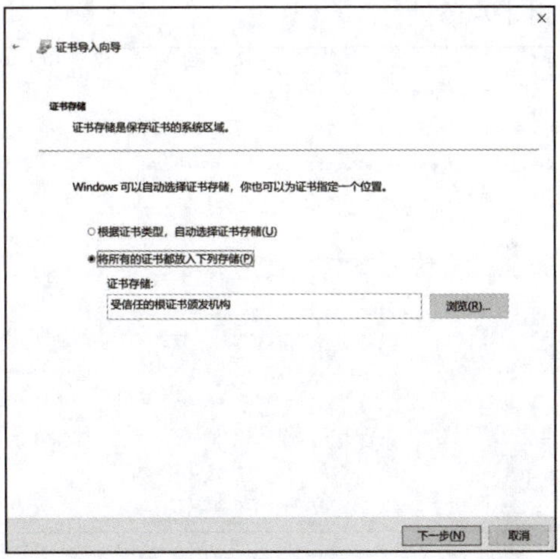

图9-31 “证书存储”对话框

步骤10　单击“下一步”按钮，选择“完成”，成功导入证书。这时从CA下载的证书已经成功导入客户端Client-1设备，至此客户端信任了CA。

任务9-4　Web服务器Server-1上配置证书服务

在Web服务器
Server-1
上配置证书服务

1.在服务器Server-1的网站上创建证书申请文件

步骤1　打开“开始”→“Windows管理工具”→“IIS管理器”窗口。选择“SERVER-1”，双击“服务器证书”选项，如图9-32和图9-33所示。

图9-32　“IIS管理器”窗口

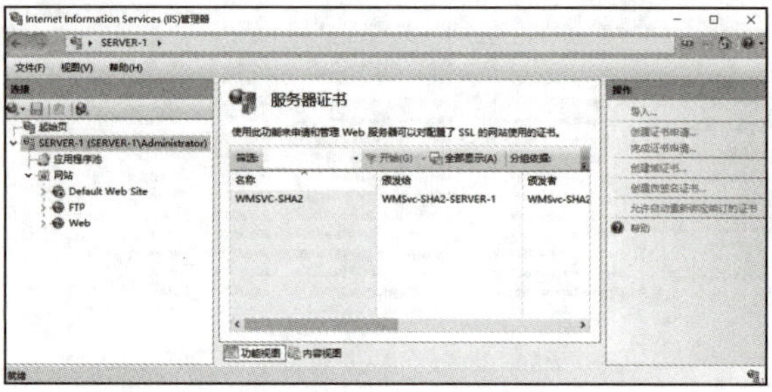

图9-33　“服务器证书”界面

步骤2　单击“操作”下方的“创建证书申请”选项，在图9-34所示的对话框中输入网站的相关数据后，单击“下一步”按钮。

步骤3　进入“加密服务提供程序属性”对话框，“加密服务提供程序”和“位长”默认设置，如图9-35所示。

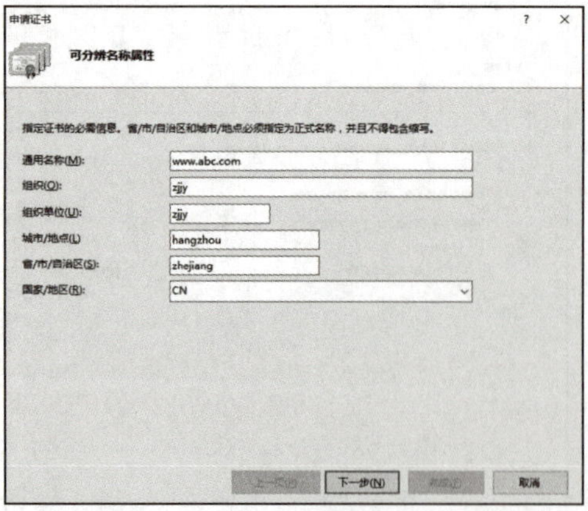

图9-34　“可分辨名称属性”对话框

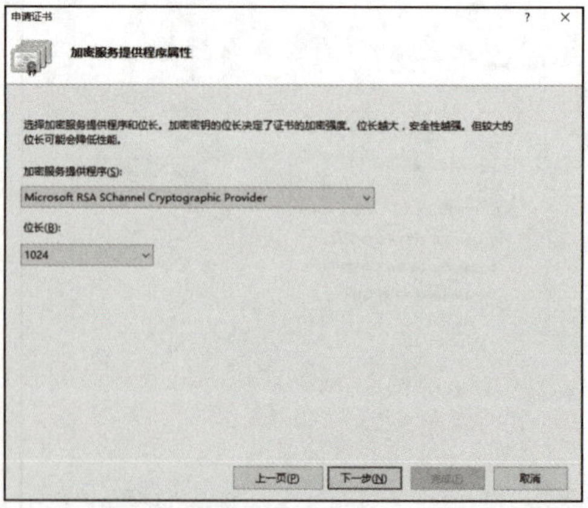

图9-35　“加密服务提供程序属性”对话框

步骤4 在图9-36所示的对话框中指定证书申请文件名与存储位置后(需要事先在本服务器C盘下创建一个WebCert.txt文件),单击“完成”按钮。

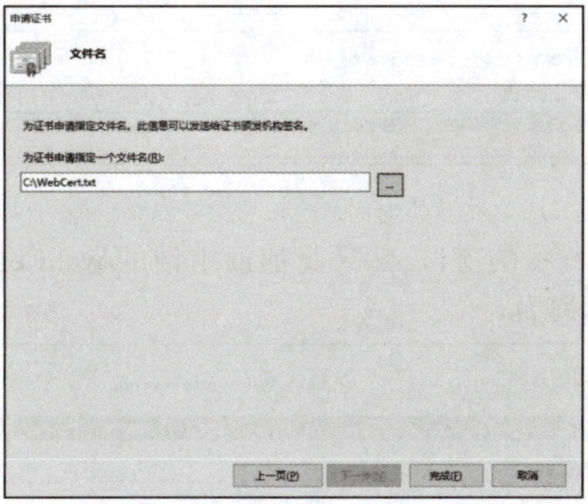

图9-36 指定证书申请文件和路径

2. 在服务器Server-1上申请证书并下载证书

先将服务器Server-1上的IE浏览器增强的安全配置关闭,否则系统会阻止其连接CA网站。打开“服务器管理器”窗口,单击“本地服务器”选项,单击“IE增强的安全配置”右方的“启用”超链接,选中“管理员”处的“关闭”单选按钮即可。

步骤1 在服务器上打开IE浏览器,并输入URL路径“http://192.168.1.2/certsrv”。其中,192.168.1.2为独立根CA的IP地址,打开如图9-37所示下载界面。

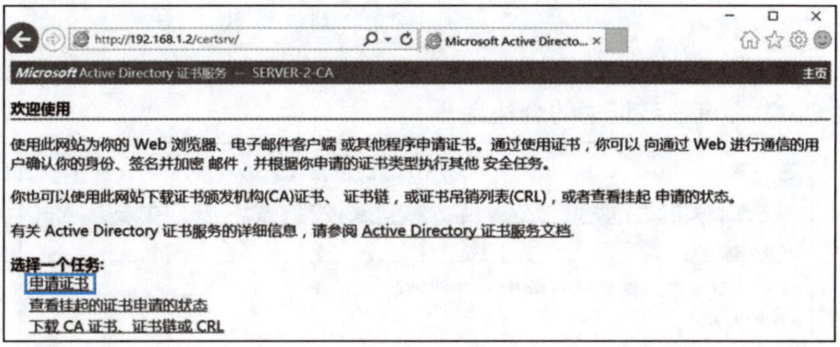

图9-37 申请证书

步骤2 单击“申请证书”进入“申请一个证书”的界面,如图9-38所示。

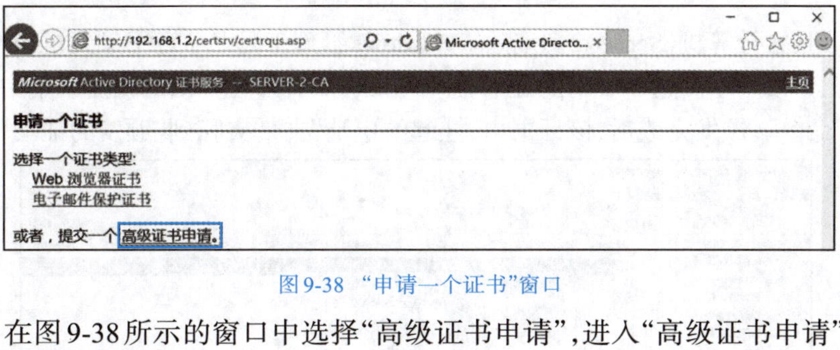

图9-38 “申请一个证书”窗口

步骤3 在图9-38所示的窗口中选择“高级证书申请”,进入“高级证书申请”界面。这里选择第二个选项,如图9-39所示。

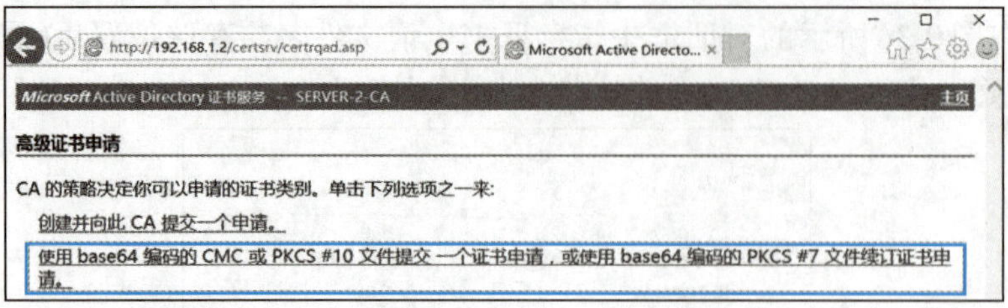

图 9-39 “高级证书申请”窗口

步骤 4 进入图 9-40 所示的窗口，然后将前面申请的 WebCert.txt 文件里的代码复制到“保存的申请”对应的文本框内。

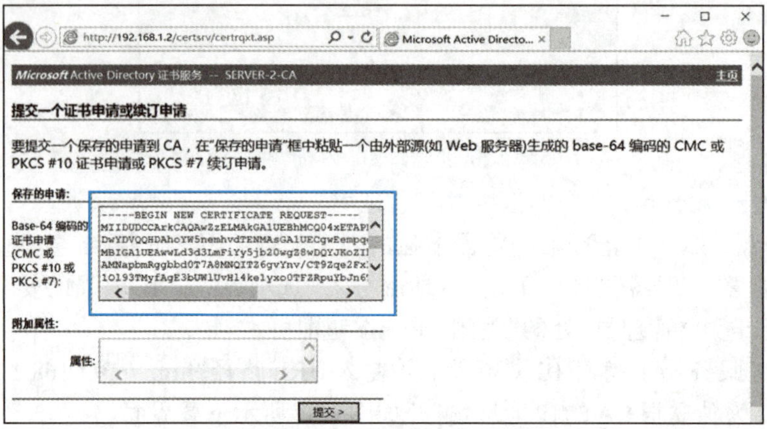

图 9-40 “提交一个证书申请或续订申请”窗口

步骤 5 单击“提交”按钮，打开图 9-41 所示的“证书正在挂起”窗口，说明证书已经申请成功，但需要 CA 中心审核该证书的合法性。

图 9-41 “证书正在挂起”窗口

步骤 6 到 CA 计算机(Server-2)上选择“Windows 管理工具”→“证书颁发机构”→“挂起的申请”命令，如图 9-42 所示。选中申请的证书，并单击鼠标右键，在弹出的快捷菜单中选择“所有任务”→“颁发”命令。颁发完成后，该证书由“挂起的申请”文件夹移到“颁发的证书”文件夹中。

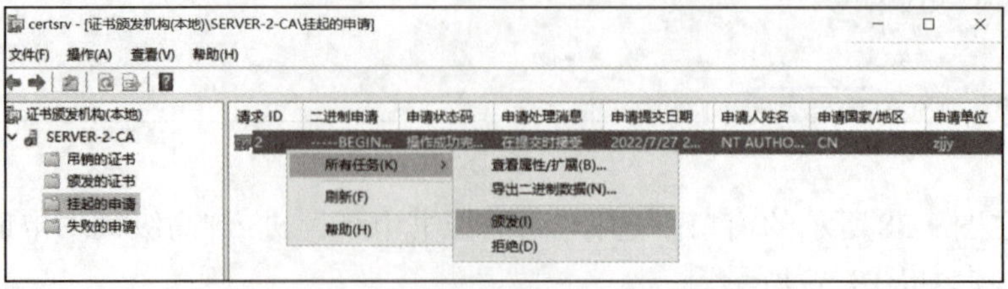

图 9-42 CA 中心颁发证书

步骤7　回到服务器Server-1上，在浏览器中输入http://192.168.1.2/certsrv，在图9-43所示的窗口中选择“查看挂起的证书申请的状态”。

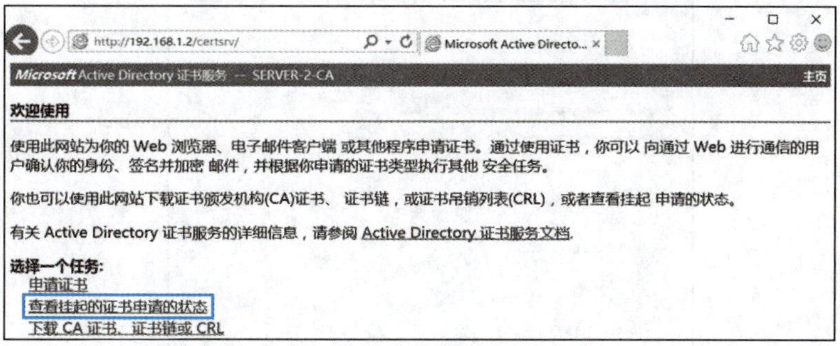

图9-43　查看挂起的证书申请的状态

步骤8　单击“保存的申请证书(XXXX年XX月XX日XX:XX:XX)”，进入图9-44所示的界面，选择“下载证书”选项，并将证书另存到C盘下，默认的文件名为certnew.cer。

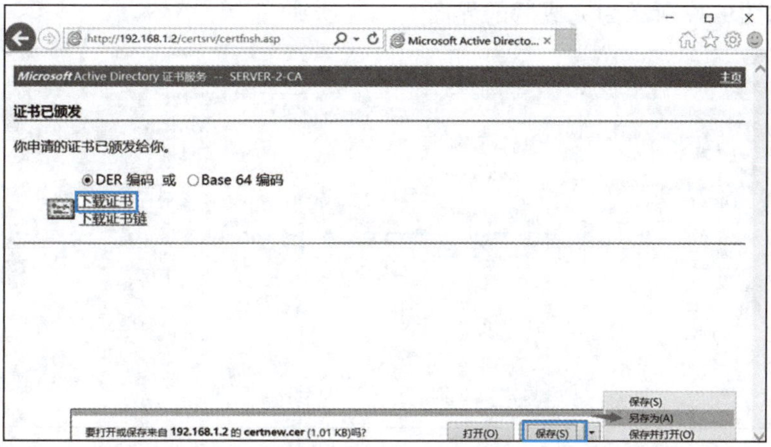

图9-44　下载并保存证书

3. 在服务器Server-1上安装证书

步骤1　打开“Internet Information Services(IIS)管理器”控制台，单击“SERVER-1”选项，双击“服务器证书”链接，单击“完成证书申请”链接，如图9-45所示。

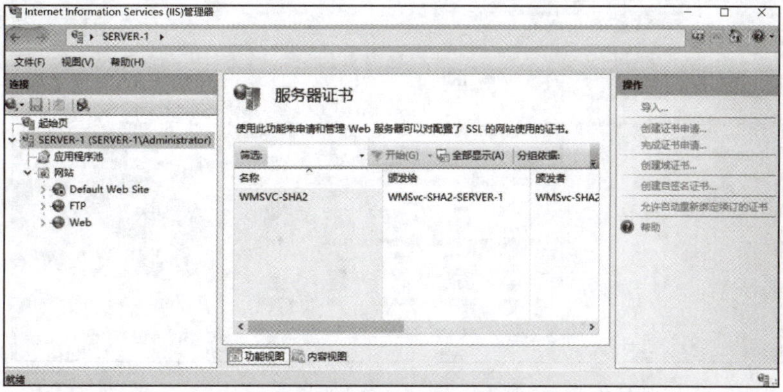

图9-45　“服务器证书”窗口

步骤2 进入图9-46所示的界面，在“包含证书颁发机构响应的文件名”中选择前面下载的证书文件，在“好记名称”中输入“TEST”。单击“确定”按钮。

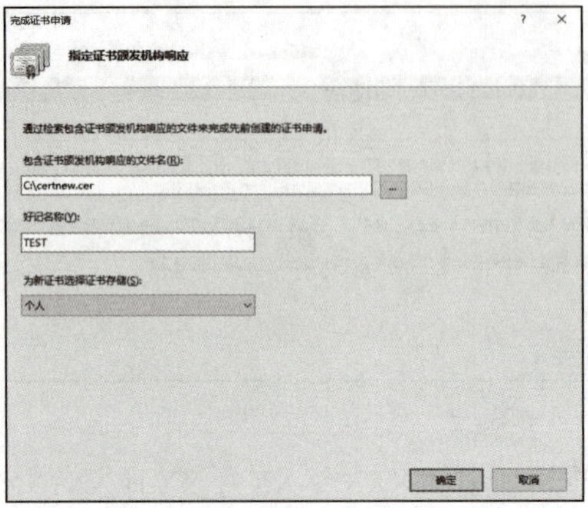

图9-46 “指定证书颁发机构响应”对话框

步骤3 如图9-47所示为完成后的界面。

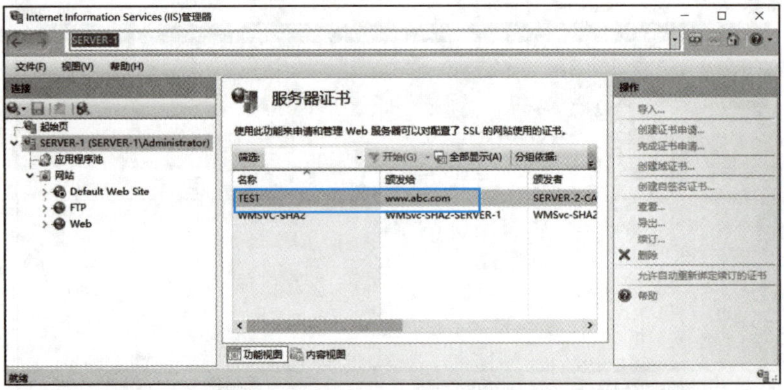

图9-47 完成后的界面

4. 绑定https通信协议

步骤1 将https通信协议绑定到“Web”网站。在控制台面板中选择“Web”选项，在“操作”选项下选择“绑定”命令，如图9-48所示。

图9-48 Web网站主页设置

步骤2 打开“网站绑定”对话框，单击“添加”按钮，在“类型”下拉列表中选择“https”，在“SSL证书”下拉列表中选择“TEST”后单击“确定”按钮，再单击“关闭”按钮，如图9-49所示。

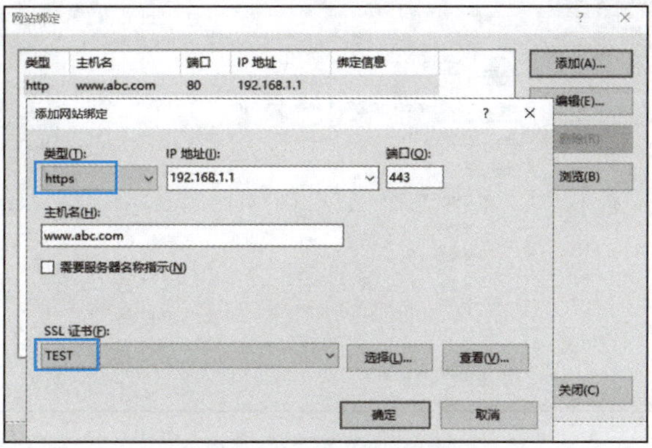

图9-49 “网站绑定”界面

步骤3 单击“关闭”按钮后，在“IIS管理器”控制台右侧“操作”下可以看到两个浏览网站，一个是基于http，一个是基于https的，如图9-50所示。

图9-50 显示两个浏览网站

任务9-5 在客户端Client-1上测试基于SSL的Web访问

步骤1 在客户端Client-1上打开IE浏览器，在地址栏里输入“http://www.abc.com”或者输入“https://www.abc.com”。都可以打开相应的网站，如图9-51所示。

在客户端Client-1上测试基于SSL的Web访问

图9-51 基于http和https协议测试网站

步骤2 系统默认并未强制客户端需要利用https的SSL方式来连接网站，因此也可以通过http方式来连接。若要采取强制方式，可以针对整个网站进行设置。其设置方法为：单击“网站”→“Web”

选项，双击“SSL设置”选项，勾选“要求SSL”复选框后单击“应用”按钮，如图9-52所示。

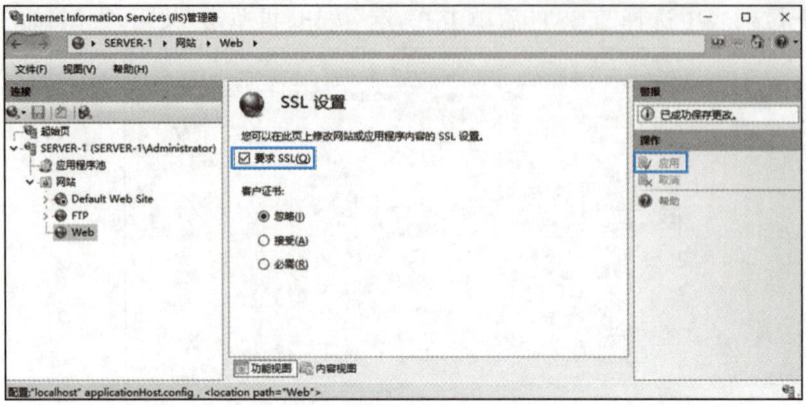

图9-52 设置网站的SSL

步骤3 在客户端Client-1上再次进行测试。打开浏览器，输入“http://www.abc.com”，由于需要SSL连接，所以出现错误，如图9-53所示。

图9-53 非SSL连接被禁止访问

步骤4 而在浏览器地址栏中输入“https://www.abc.com”，仍然可以正常运行，如图9-54所示。

图9-54 成功访问SSL网站

任务9-6 在FTP服务器Server-1上配置证书服务

在FTP服务器Server-1上配置证书服务

在前面的[任务9-2]小节里已经讲解了在服务器Server-1上申请证书、下载证书、安装证书（证书为“TEST”）。基于SSL连接的FTP访问也需要服务器信任CA中心，此处如果没有安装证书请参考[任务9-2]小节内容。当然这里也可以“创建自签名证书”，下面通过创建自签名证书完成基于SSL连接的FTP访问。

步骤1 打开“IIS管理器”控制台，选择“SERVER-1”，双击“服务器证书”，如图9-55所示。

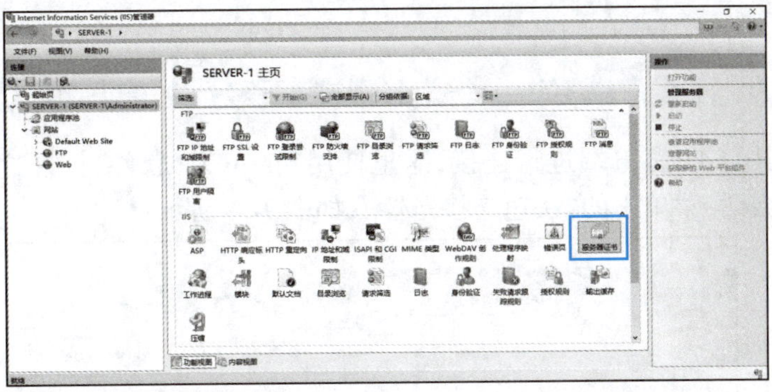

图9-55　双击“服务器证书”

步骤2　单击“操作”栏下的“创建自签名证书”，打开如图9-56所示的对话框，为证书指定一个好记名称，如图中“FTP_SSL_CER”。

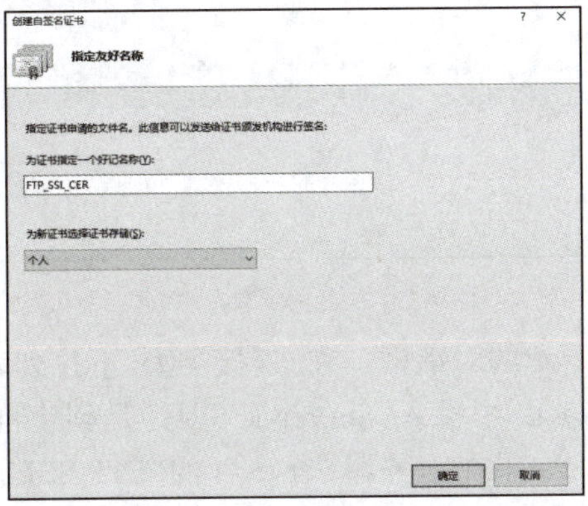

图9-56　“创建自签名证书”对话框

步骤3　如图9-57所示，创建自签名证书已经完成。

图9-57　完成创建自签名证书

步骤4　单击“FTP”站点，双击“FTP SSL设置”，添加SSL证书，在“SSL策略”中选择“需要SSL连接”，如图9-58所示，并单击“应用”按钮。

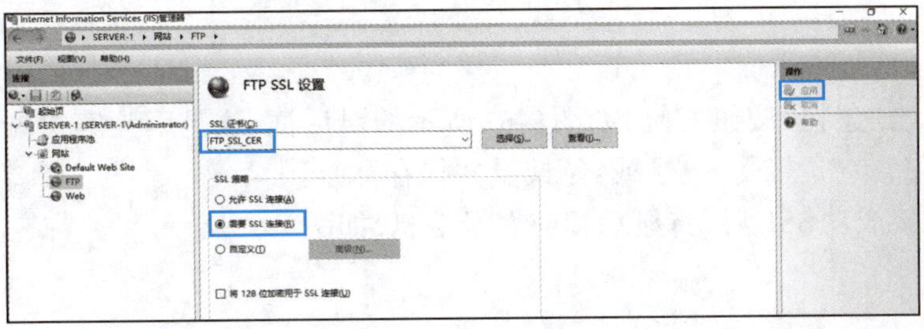

图9-58　“FTP SSL设置”窗口

任务9-7 在客户端Client-1上测试基于SSL的FTP访问

在客户端Client-1上测试基于SSL的FTP访问

步骤1 利用FTP客户端进行连接，这里使用FlashFXP软件，打开这个软件，单击“会话”菜单下的“快速连接”选项，如图9-59所示。

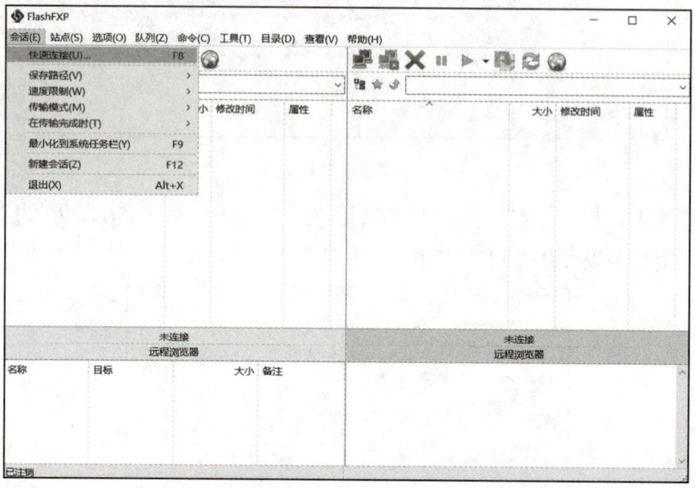

图9-59 FlashFXP客户端窗口

步骤2 打开如图9-60所示的对话框。在“连接类型”下拉列表中选择“FTP using explicit SSL(Auth SSL)”，“地址或URL”中输入“Server-1”(因为是创建自签名证书，所以是Server-1自己颁发给Server-1自己的，如果在服务器Server-1的“FTP SSL设置”中选择的是前面小节创建的“TEST”证书，这里则需要填www.abc.com)，其他默认即可。

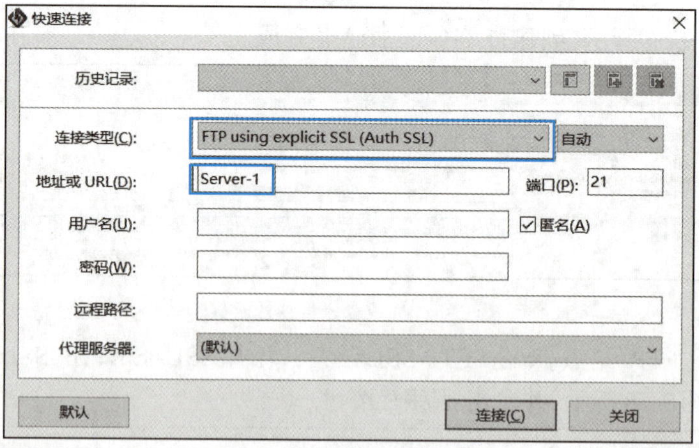

图9-60 “快速连接”对话框

步骤3 单击“连接”按钮，弹出如图9-61所示的对话框，这是因为客户端一开始并不信任该自签名证书，单击“接受一次”或者“接受并保存”即可。

步骤4 连接成功SSL后，将显示相应登录信息，如图9-62所示。

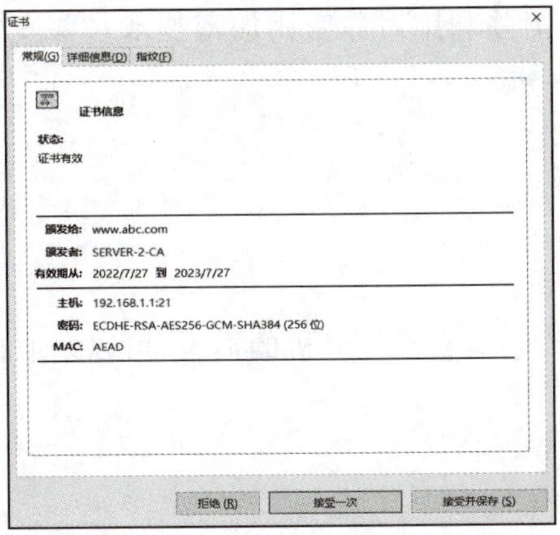

图9-61 接受证书

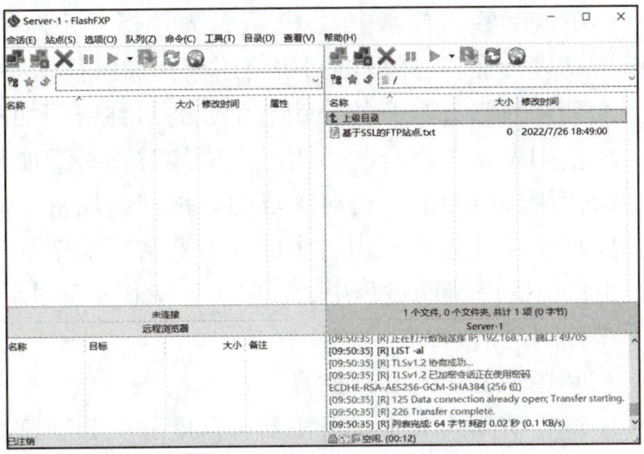

图9-62 建立FTP SSL安全通信

本项目小结

本项目主要讲解了证书服务的基本原理和部署方案、网络安全中的公钥基础架构、网络数据加密技术、数据证书的概念以及证书的颁发机构，详细描述了如何安装证书服务器角色、如何安装CA、基于SSL的网站和FTP站点安全访问进行配置等内容。通过实践操作提高学生实践操作能力、增强安全意识、强化网络信息安全加固技术等。

本项目练习

一、选择题

1.用户A通过计算机网络向用户B发消息，表示自己同意签订某个合同，随后用户A反悔，不承认自己发过该条消息。为了防止这种情况，应采用(　　)。

A.数字签名技术

B.消息认证技术

C.数据加密技术

D.身份认证技术

2. HTTPS采用(　　)协议实现安全网站访问。

A. IPSec　　B. SSL

C. PGP　　D. SET

3.某网站向CA申请了数字证书。用户通过(　　)来验证网站的真伪。在用户与网站进行安全通信时，用户可以通过(　　)进行加密和验证，该网站通过(　　)进行解密和签名。

A. CA的签名

B.证书中的公钥

C.网站的私钥

D.用户的公钥

4. 在数字签名技术中，发送方首先选择一个对称密钥并利用对称密钥加密技术对要发送的信息进行加密，然后再利用公用密钥加密技术并(　　)。

A. 使用发送方自身的公钥对生成的对称密钥加密

B. 使用发送方自身的私钥对生成的对称密钥加密

C. 使用接收方的公钥对生成的对称密钥加密

D. 使用接收方的私钥对生成的对称密钥加密

5. 在访问因特网过程中，为了防止Web页面中恶意代码对自己计算机的损害，可以采取以下哪种防范措施？(　　)

A. 利用SSL访问Web站点

B. 将要访问的Web站点按其可信度分配到浏览器的不同安全区域

C. 在浏览器中安装数字证书

D. 要求Web站点安装数字证书

二、填空题

1.Windows Server 2016支持两类认证中心：______和______，每类CA中都包含根CA和从属CA。

2. 申请独立CA证书时，只能通过______方式。

3. PKI指的是证书的______和______的一种机制。

4. 通常利用公钥加密方法实现______，其中发送者签名使用的密钥为发送者的私钥。

5.PKI作为一种基础设施，包括______、______、和______等基本组成部分。

6. 加密技术分为______和______两种。

三、简答题

1. 对称密钥和非对称密钥的特点各是什么？

2. 什么是电子证书？

3. 证书的用途是什么？

4. 什么是数字证书？什么是证书颁发机构？

5. 企业根CA和独立根CA有什么不同？

6. 证书与IIS结合实现Web站点的安全性的核心步骤是什么？

7. 为什么要续订CA证书？

8.SSL主要解决哪几个关键问题？

9. 简述部署SSL安全网站的前提条件。

四、实训题

任务　配置与管理证书服务器

1. 实训目的

掌握企业CA的安装与证书申请。

掌握数字证书的管理方法及技巧。

掌握在Web和FTP服务器上配置证书服务。

2. 实训要求

架设证书服务器：

(1)启动虚拟主机Windows Server 2016，配置系统网络接口的DNS服务器地址为自己，在 Windows Server 2016 系统中安装 Active Directory 证书服务、Web 应用服务和 DNS 服务。启动 Windows 10 虚拟机作为本次实验的测试客户端，正确配置 Windows 10 网络属性中的 DNS 服务器地址，Ping 服务器，测试链路是否联通。

（2）在安装好的 DNS 服务器中添加正向查找区域，区域的名称为“abc.com”，然后在该区域中添加一个主机：www.abc.com，主机的地址为 Windows Server 2016 系统网络接口地址，配置完成后查看配置情况。

（3）在 Windows 10 主机上打开证书申请页面，下载并安装根证书。

（4）为 www.abc.com 网站申请证书，并用所申请的证书把它们配置成基于 SSL 的加密站点，访问网站需要 SSL 连接。

（5）在 Windows 10 中测试所配置的 https 网站。

项目10 VPN服务器配置与管理

模块描述

本项目详细介绍VPN服务的基本原理和部署方案，让读者了解远程访问的类型、掌握虚拟专用网的概念及应用模式、了解网络服务器中的VPN组件、掌握安装路由和远程访问服务角色、掌握配置和管理VPN服务器等。

知识目标

- 了解远程访问类型
- 了解网络服务器中的VPN组件
- 掌握虚拟专用网的概念及应用模式
- 掌握VPN协议的概念及原理

技能目标

- 掌握“路由和远程访问服务”角色的安装
- 掌握配置VPN服务的过程
- 掌握VPN客户端访问内网资料的过程

素质目标

- 培养实践动手能力，解决工作中的实际问题
- 培养团队合作意识，加强团队创新意识
- 增强安全意识，强化内网数据的安全性

10.1 项目知识准备——虚拟专用网基础

10.1.1 远程访问服务

远程访问服务配置为远程访问服务器,可以将远程工作人员或移动工作人员连接到企业网络。局域网连接用户的所有服务一般都可通过远程访问连接使用。远程用户可以像其计算机直接连接网络上一样工作。

远程访问服务可以提供两种不同类型的远程访问连接。

(1)拨号网络

通过使用远程通信提供商提供的服务,远程客户端使用非永久的拨号线路连接远程访问服务器的物理端口,这时使用的网络就是拨号网络。最常见的拨号网络是客户端拨打远程访问服务器某个端口的电话号码。

(2)虚拟专用网

虚拟专用网是在公共网络上建立的安全专用网络。客户端使用特定的隧道协议对服务器的虚拟端口进行虚拟呼叫。常见的应用是客户端通过虚拟专用网隧道连接到与Internet相连的远程访问服务器上。远程访问服务器应答虚拟呼叫,验证呼叫方身份,并在虚拟专用网客户端和企业网络之间传送数据。与拨号网络相比,虚拟专用网始终是通过公用网络(如Internet)在客户端和服务器之间建立的一种逻辑的、非直接的连接,这就必须对连接上传送的数据进行加密。

10.1.2 虚拟专用网(VPN)概念

远程访问(Remote Access)也称为远程接入,通过这种技术,可以将远程或移动用户连接到组织内部网络上,使远程用户可以像本地计算机连接到内部网络上一样工作。实现远程访问最常用的连接方式就是VPN技术。目前,Internet中的大部分企业网络常常选择VPN技术(通过加密技术、验证技术、数据确认技术的共同应用)连接起来,就可以轻易地在Internet上建立一个专用网络,让远程用户通过Internet来安全地访问网络内部的网络资源。

虚拟专用网是指在公共网络(通常为Internet)中建立一个虚拟的、专用的网络,是Internet与Intranet之间的专用通道,为企业提供一个高安全、高性能、简便易用的环境。当远程的VPN客户端通过Internet连接VPN服务器时,它们之间所传送的信息会被加密,所以即使信息在Internet传送的过程中被拦截,也会因为信息已被加密而无法识别,因此可以确保信息的安全性。

10.1.3 VPN应用模式

VPN大致可以划分为远程访问和远程网络互联两种应用模式。

(1)远程访问。如图10-1所示,远程访问可作为替代传统的拨号远程访问的解决方案,能够廉价、高效、安全地连接移动用户、远程工作者或分支机构,适合企业的内部人员移动办公或远程办公,以及商家提供B2C的安全访问服务等。此模式采用的网络结构是单机连接到网络,又称点到站点VPN、桌面到网络VPN、客户到服务器VPN。

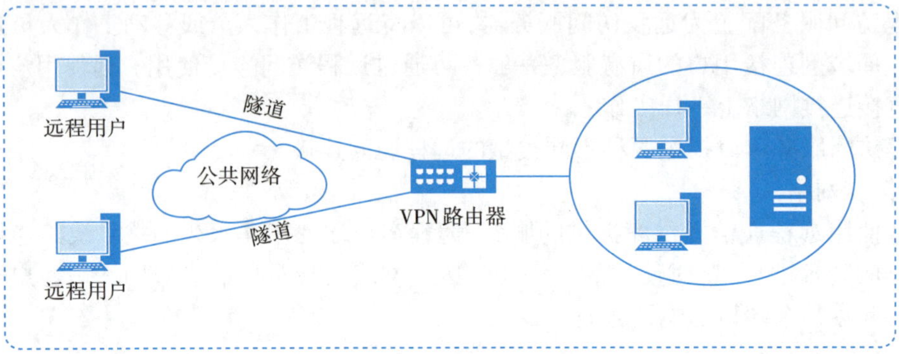

图10-1 基于VPN的远程访问

(2)远程网络互联。这是最主要的VPN应用模式,用于企业总部与分支机构之间、分支机构与分支机构的网络互连,如图10-2所示。此模式采用的网络结构是网络连接到网络,又称站点到站点(Site-to-Site) VPN、网关到网关VPN、路由器到路由器VPN、服务器到服务器VPN或网络到网络VPN。

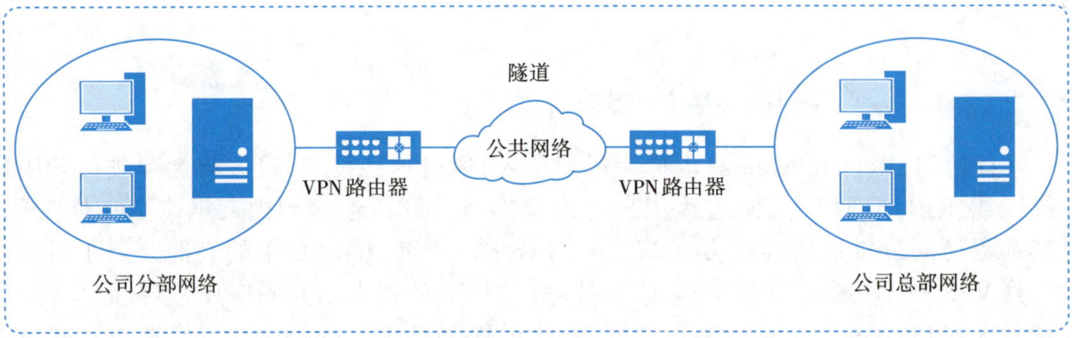

图10-2 基于VPN的远程网络互联

10.1.4 基于隧道的VPN

VPN的实现技术多种多样,隧道(又称通道)技术是最典型的,也是应用最为广泛的VPN技术。VPN隧道的工作机制如图10-3所示,位于两端的VPN系统之间形成一种逻辑的安全隧道,称为VPN连接或VPN隧道,各种应用(如文件共享、Web发布、数据库管理等)可以像在局域网中一样被使用。

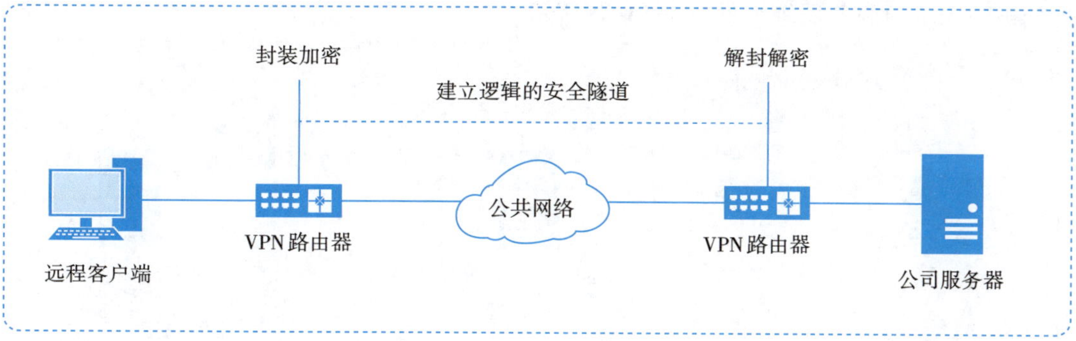

图10-3 VPN隧道工作机制

隧道包括数据封装、传输和解包的全过程，实际上是用一种网络协议来传输另一种网络协议的数据单元，依靠网络隧道协议来实现。

10.1.5 VPN协议

VPN客户端使用隧道协议以创建VPN服务器上的安全连接。Windows Server 2016支持4种VPN协议。

（1）PPTP是点对点协议PPP的扩展，增强了PPP的身份验证、压缩和加密机制。PPTP协议允许对IP、IPX或NetBEUI数据流进行加密，然后封装在IP包头中，通过企业IP网络或公共网络发送。PPP和Microsoft点对点加密（MPPE）为VPN连接提供了数据封装和加密服务。使用MPPE加密来进行连接，只需对用户进行验证，是最容易使用的VPN协议。

（2）L2TP本身并不进行加密工作，而是由IPSec实现加密。它需要对所有客户端进行计算机证书身份验证，需要部署PKI数字证书。不过路由和远程访问服务在L2TP/IPSec身份验证中提供了预共享密钥支持，无需计算机证书，在VPN客户端与服务器端使用相同的预共享密钥也可建立L2TP/IPSec连接，只是这种身份验证方法安全性相对较差，远不如证书。L2TP和PPTP两种协议既支持远程访问，又支持远程网络互联。不过所使用的端口比较复杂，会增加防火墙部署难度。

（3）SSTP可以创建一个在HTTPS上传送的VPN隧道，HTTPS是普遍采用的安全访问协议，可以穿过代理服务器、防火墙和NAT路由器。这种SSTP只适用于远程访问，不能支持远程网络互联VPN。

（4）IKEv2采用IPSec隧道模式。它实现VPN Reconnect（重新连接）功能，允许网络中断后，在指定的时间内仍然保留VPN隧道；一旦网络恢复，无需手动发起VPN连接就可以恢复VPN隧道，好像没有中断一样，这对无线移动连接很有用。不过IKEv2仅支持远程访问。

10.1.6 网络服务器的VPN组件

一个完整的VPN远程访问网络主要包括VPN服务器、VPN客户端、远程访问协议、隧道协议、被访问资源服务器等组件，如图10-4所示。

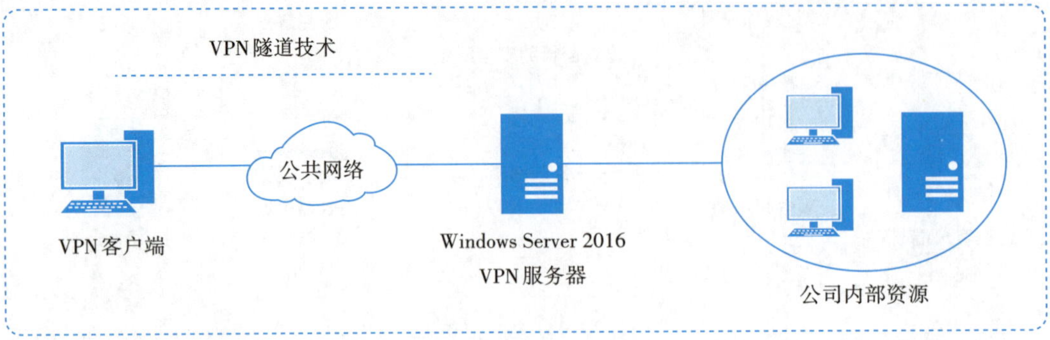

图10-4 网络服务器的VPN组件

VPN的连接过程如下：

（1）VPN客户端向VPN服务器发送建立VPN连接的请求。

（2）VPN服务器接收到VPN客户端建立连接的请求之后，将对VPN客户端的身份进行验证。

（3）如果身份验证未通过，则拒绝VPN客户端的连接请求。

（4）如果身份验证通过，则允许VPN客户端建立VPN连接，并为VPN客户端分配一个内部网络的IP地址。

（5）VPN客户端将获得的IP地址与VPN连接组件绑定，并使用该地址与内部网络进行通信。

10.1.7 VPN服务网络规划

根据图10-5所示的VPN服务网络规划图，部署远程VPN客户端通过VPN服务器访问内部网络资源。

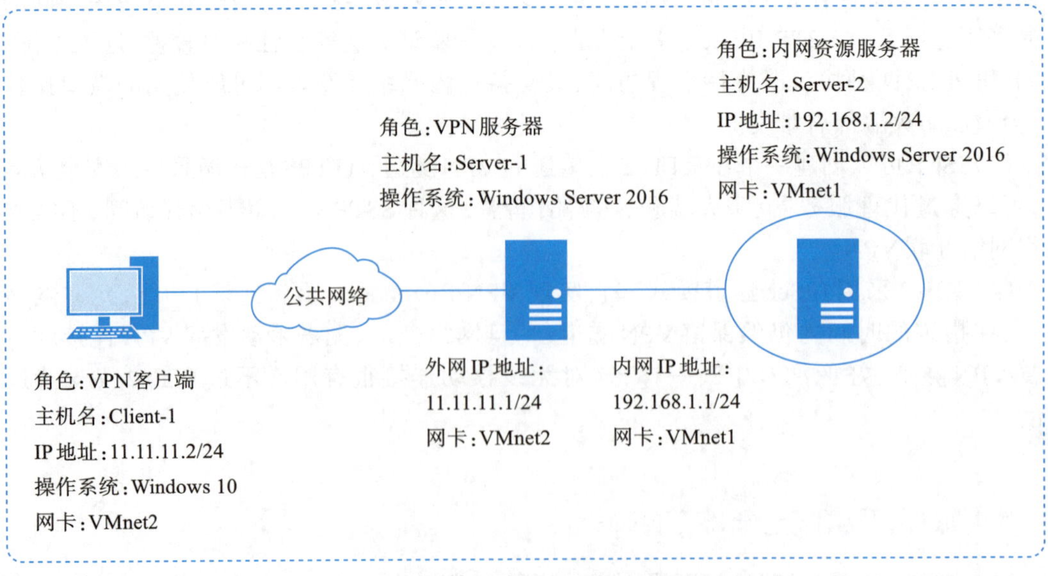

图10-5 VPN服务网络规划图

VPN 服务器是核心组件，可以配置 VPN 服务器以提供对整个网络的访问或只限制访问 VPN 服务器本身的资源。本例中 VPN 服务器安装的网络操作系统为 Windows Server 2016。

VPN 客户端可以是使用 VPN 连接的远程用户，也可以是使用 VPN 连接的远程路由器。本例中 VPN 客户端上安装的操作系统是 Windows 10。

所有设备的 IP 地址以及在虚拟机上网卡如图 10-5 所示进行配置。

10.2 项目实施——部署并配置 VPN 服务器

任务 10-1 添加“路由和远程访问服务”角色

添加“路由和远程访问服务”角色

本次实验操作还是在虚拟机 VMware Workstation 中进行，根据图 10-5 的网络规划进行部署。

1. 网络环境设置

VPN 服务器 Server-1 一边连接的是外网 VPN 客户端，一边连接的是内网资源服务器 Server-2。所以在 VPN 服务器上需要创建二个网卡。

步骤 1 打开虚拟机，选中服务器 Server-1，选择“虚拟机”菜单下的“设置”选项，打开“虚拟机设置”对话框，单击“硬件”选项卡下的“网络适配器”选项，单击下方的“添加”按钮，弹出如图 10-6 所示的对话框，单击“完成”按钮。

步骤 2 进入图 10-7 所示的虚拟机设置对话框，“网络连接”下勾选“自定义：特定虚拟网络”单选按钮，单击右侧的下拉箭头，可以看到二个网络连接：VMnet1 和 VMnet2，并将两个网络适配器与之对应，单击“确定”按钮（还要将内部资源服务器的网络连接设置为 VMnet1，VPN 客户端的网络连接设置为 VMnet2）。

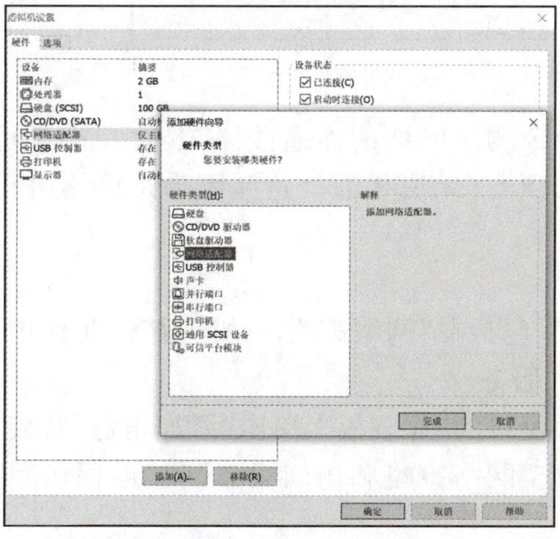

图 10-6 添加网络适配器

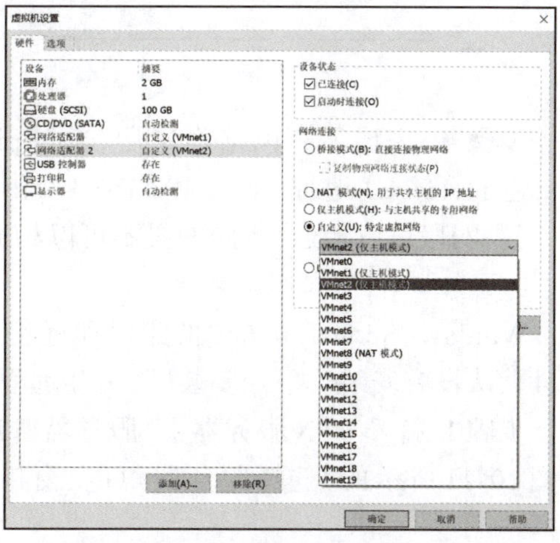

图 10-7 网络连接模式设置

步骤 3 根据图 10-5 所示的 IP 地址规划情况，将所有设置的 IP 地址配置好，为了测试是否成功，请关闭所有设备的防火墙。VPN服务器、内网资源服务器、VPN客户端三台设备网络地址配置如图10-8、图10-9和图10-10所示（VPN服务器有两个网卡和两个网络连接，如何相对应，可以通过查看MAC地址）。

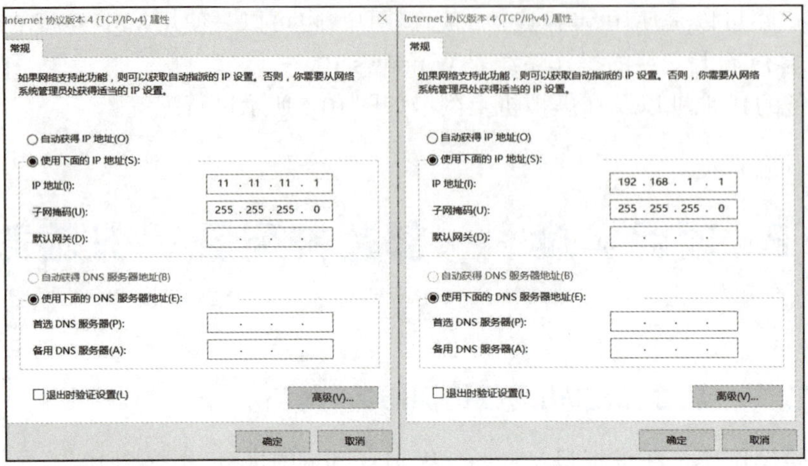

图10-8 VPN服务器网络配置

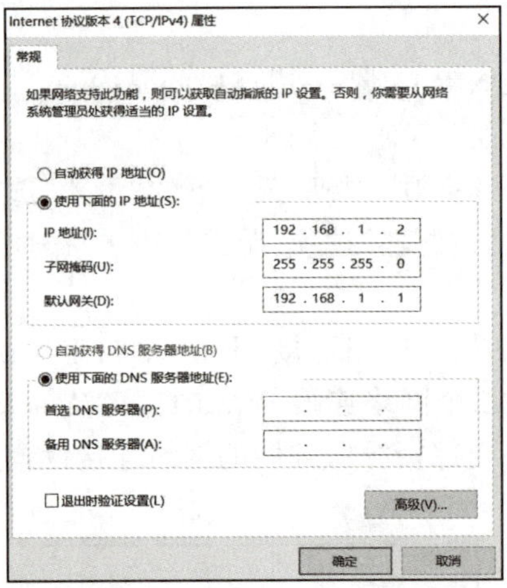

图10-9 内网资源服务器网络配置

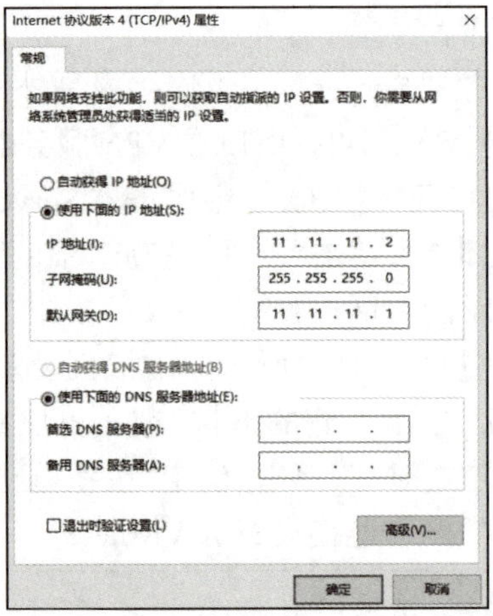

图10-10 VPN客户端网络配置

步骤4 完成所有网络设置后，通过ping命令测试网络的连通性，VPN客户端是可以ping通11.11.11.1地址，而与192.168.1.1和192.168.1.2无法相通。这是因为跨网络进行访问，同一网段可以相通，不同网段不可以相通。

2. 添加VPN服务器角色

Windows Server 2016中的路由和远程访问是包括在“网络策略和访问服务”角色中的，并且默认没有安装。下面安装“路由和远程访问”服务。

步骤1 打开VPN服务器上“服务器管理器”窗口的“仪表板”，单击“添加角色”链接，打开图10-11所示的“选择服务器角色”窗口，勾选“网络策略和访问服务”和“远程访问”复选框。

步骤2 持续单击“下一步”按钮，显示“角色服务”列表框。将角色服务全部选中，如图10-12所示。

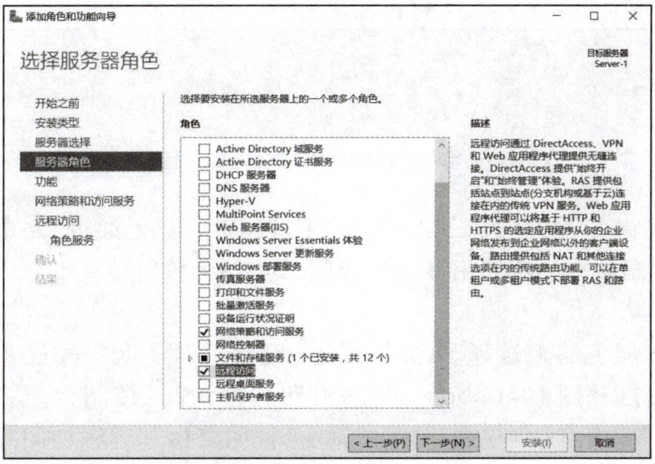

图 10-11 “选择服务器角色”窗口

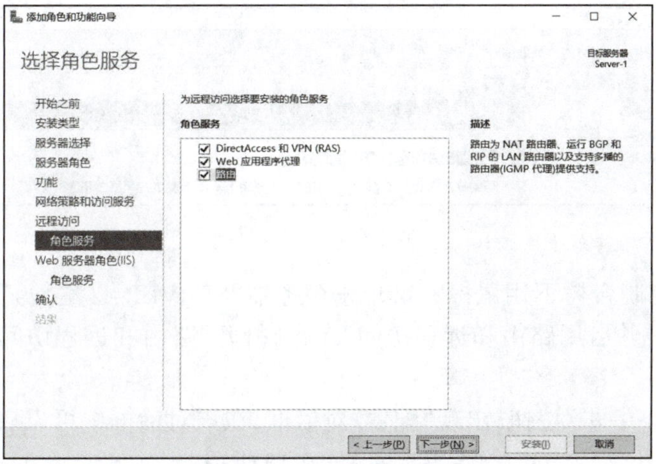

图 10-12 “选择角色服务”窗口

步骤 3 持续单击“下一步”按钮，如果 IIS 角色没有安装过，会提示安装 IIS，如图 10-13 所示。

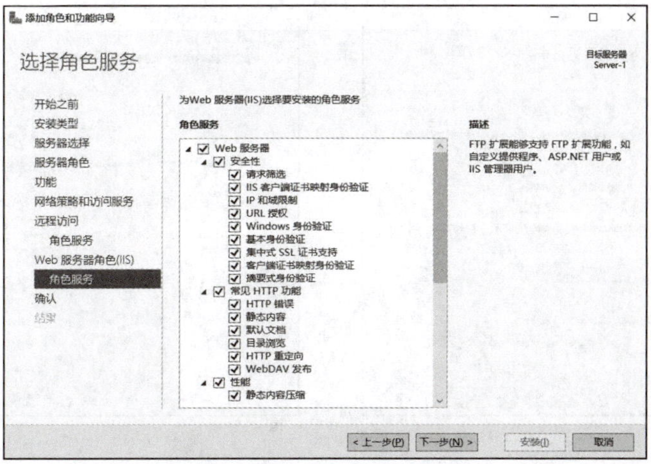

图 10-13 IIS 角色安装

步骤4　持续单击“下一步”按钮，最后单击“安装”按钮即可开始安装，完成后显示“安装结果”对话框。

任务10-2　配置VPN服务并设置账户允许VPN连接

配置VPN服务并设置账户允许VPN连接

在已经安装“路由和远程访问”角色服务的VPN服务器上通过“路由和远程访问”控制台配置并启用路由和远程访问，具体步骤如下。

1. 配置VPN服务

步骤1　在VPN服务器上选择“开始”→“Windows管理工具”→“路由和远程访问”命令，打开图10-14所示的“路由和远程访问”控制台。在“SERVER-1(本地)”侧面有一个红色向下的箭头，说明路由和远程访问并未启用。

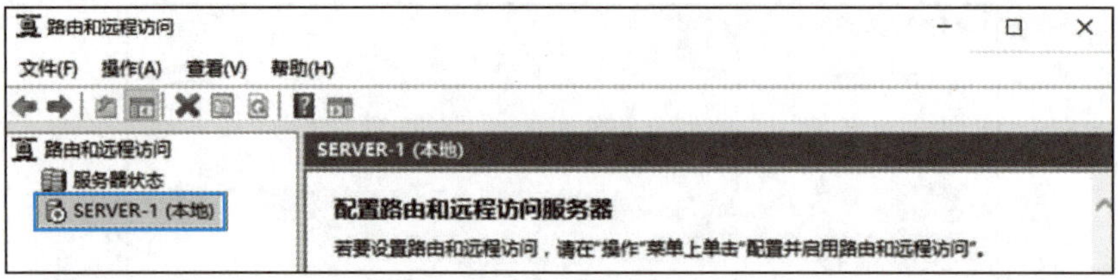

图10-14　“路由和远程访问”控制台窗口

步骤2　在该控制台树下用鼠标右键单击服务器“SERVER-1(本地)”选项，在弹出的快捷菜单中选择“配置并启用路由和远程访问”命令，打开“路由和远程访问服务器安装向导”对话框。

步骤3　单击“下一步”按钮，出现“配置”对话框，在该对话框中可以启用相应服务，在此选中“远程访问(拨号或VPN)”单选按钮，如图10-15所示。

步骤4　单击“下一步”按钮，出现“远程访问”对话框，在该对话框中可以选择创建拨号或VPN远程访问连接，在此勾选“VPN”复选框，如图10-16所示。

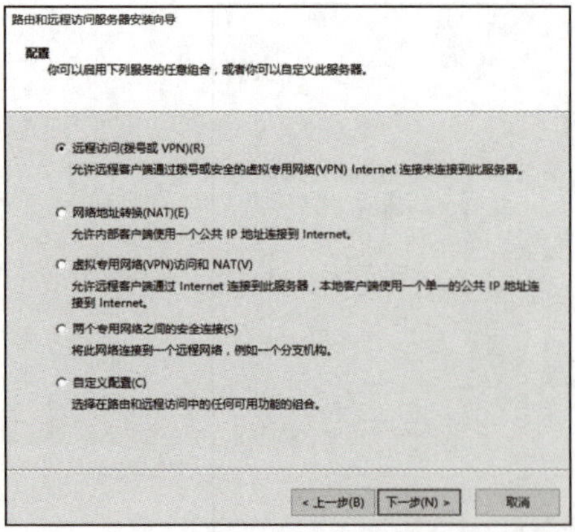

图10-15　启用服务

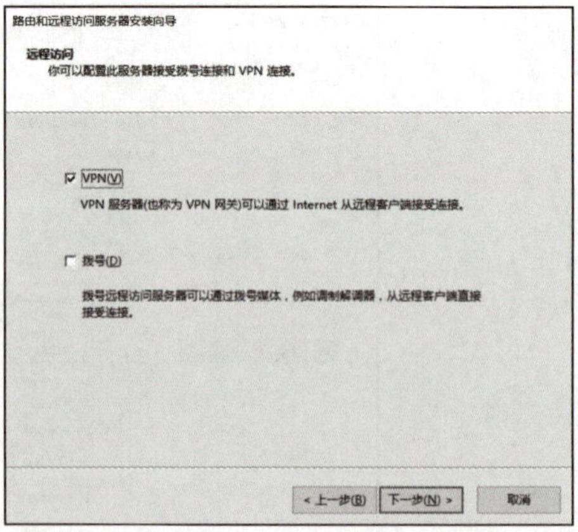

图10-16　选择VPN连接

步骤5　单击“下一步”按钮，出现“VPN连接”对话框，在该对话框中选择连接到Internet

的网络接口，在此选择“Ethernet1”连接接口，如图10-17所示。

步骤6 单击“下一步”按钮，出现“IP地址分配”对话框，在该对话框中可以设置分配给VPN客户端计算机的IP地址从DHCP服务器获取或是指定一个地址范围，在此选中“来自一个指定的地址范围”单选按钮，如图10-18所示。

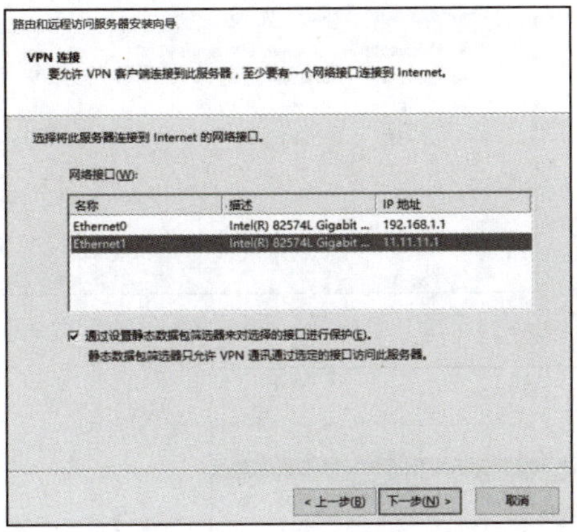

图10-17 选择网络接口

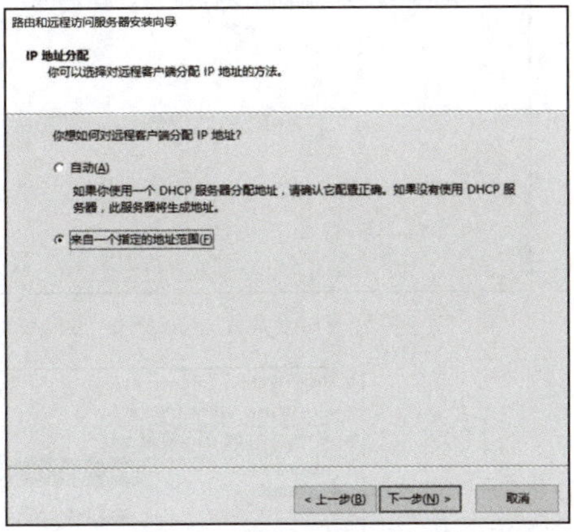

图10-18 设置IP地址范围

步骤7 单击“下一步”按钮，出现“地址范围分配”界面，在该对话框中指定VPN客户端计算机在内网中IP地址范围，如图10-19所示。

步骤8 单击新建“按钮”，出现“新建IPv4地址范围”对话框，在“起始IP地址”文本框中输入“192.168.100.1”，在“结束IP地址”文本框中输入“192.168.100.100”，如图10-20所示，然后单击“确定”按钮即可。

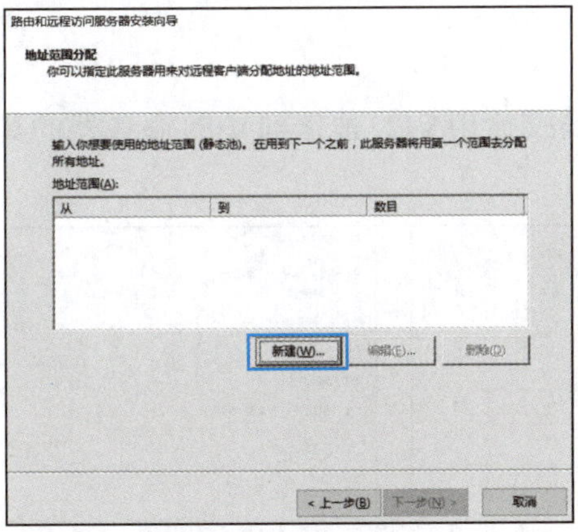

图10-19 “地址范围分配”对话框

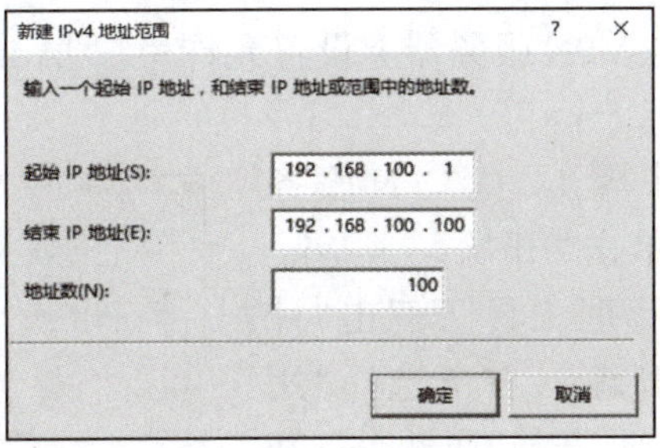

图10-20 输入VPN客户端IP地址范围

步骤9 返回到“地址范围分配”对话框，可以看到已经指定了一段IP地址范围，如图10-21所示。

步骤10 单击“下一步”按钮，出现“管理多个远程访问服务器”对话框。在该对话框中可以指定身份验证的方法是路由和远程访问服务器还是RADIUS服务器，在此选中“否，使用路由和远程访问来对连接请求进行身份验证”单选按钮，如图10-22所示。

步骤11 单击“下一步”按钮，出现“摘要”对话框，在该对话框中显示了之前步骤所设置的信息。单击“完成”按钮，最后连续单击“确定”按钮，服务启动成功，如图10-23所示。

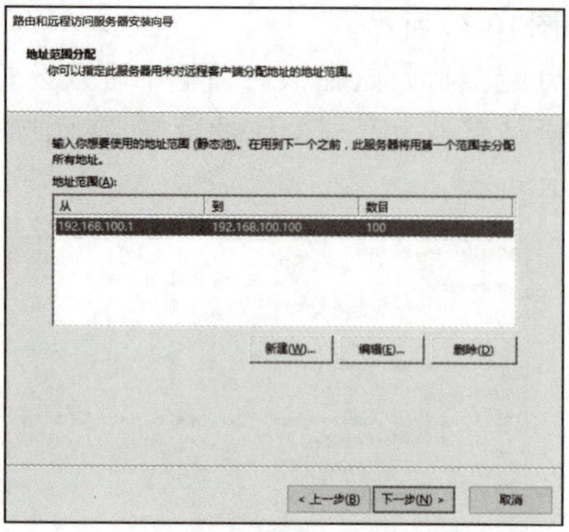

图 10-21 完成IP地址分配

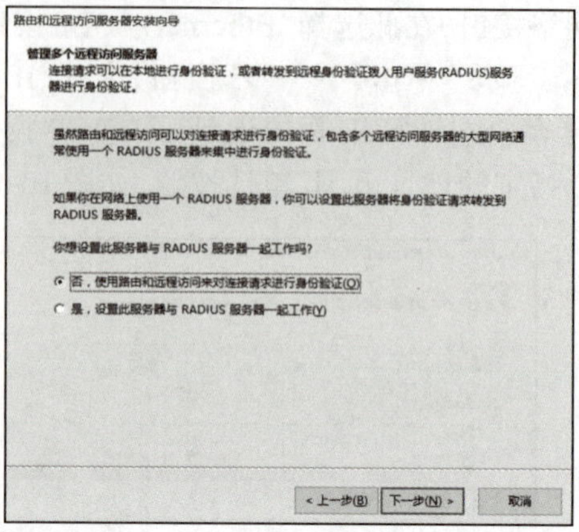

图 10-22 “管理多个远程访问服务器”对话框

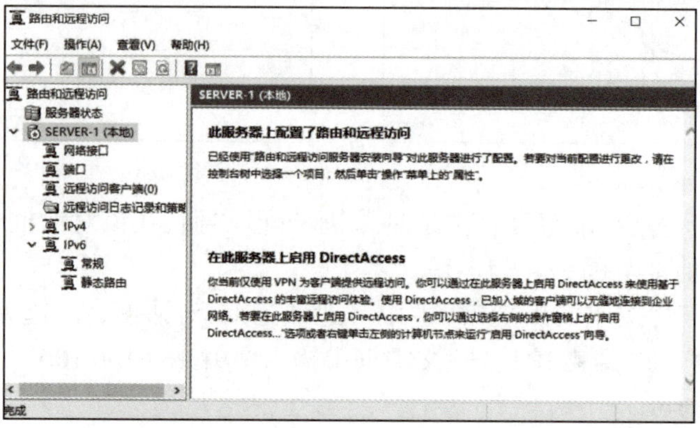

图 10-23 路由和远程访问启动成功

2. 设置用户允许VPN连接

在VPN服务器上设置允许用户“Administrator ”使用VPN连接到VPN服务器的具体步骤如下。

步骤1 在VPN服务器上单击“开始”→“Windows管理工具”，双击“计算机管理”，右击选择“用户”选项，选择“属性”，打开“Administrator属性”对话框，如图10-24所示。

步骤2 选择“拨入”选项，在“网络访问权限”列表中选择“允许访问”单选按钮，如图10-25所示，单击“确定”按钮。

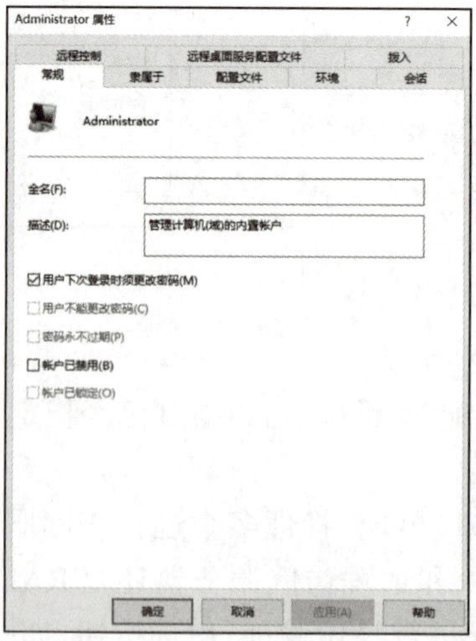

图 10-24 用户属性对话框

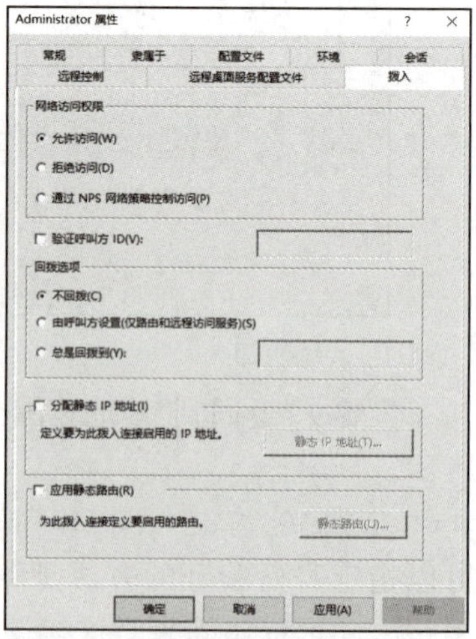

图 10-25 设置用户拨入选项

任务10-3 VPN客户端配置

VPN客户端配置

1. 在VPN客户端建立VPN连接

在VPN客户端Client-1上建立VPN连接并连接到VPN服务器上，具体步骤如下。

步骤1 在VPN客户端Client-1上，打开“控制面板”→“网络和Internet设置”→“网络和共享中心”命令，打开图10-26所示的“网络和共享中心”界面。

步骤2 单击“设置新的连接或网络”选项，打开“设置连接或网络”窗口，选择“连接到工作区”选项，如图10-27所示。

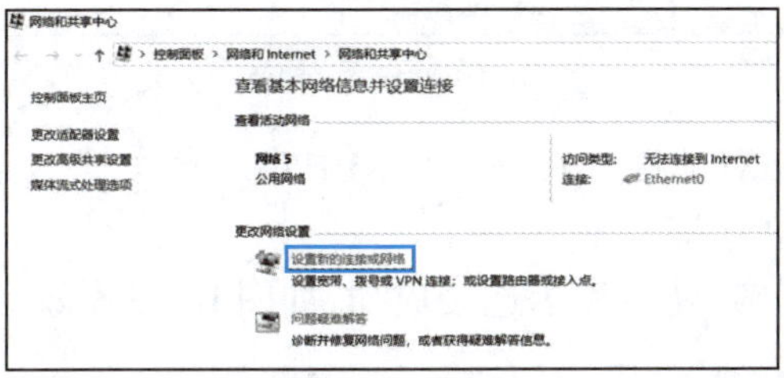

图10-26 “网络和共享中心”界面

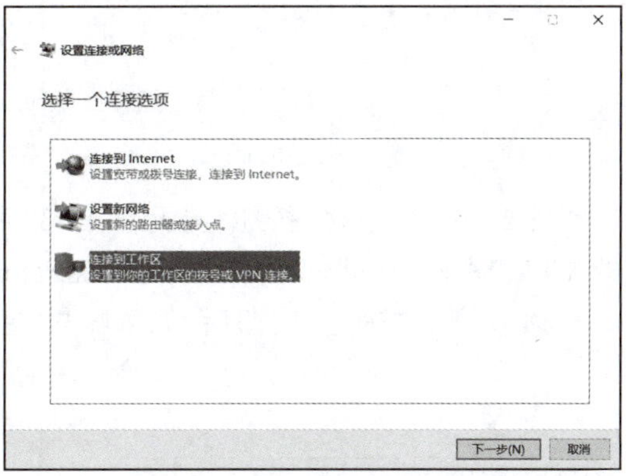

图10-27 选择“连接到工作区”

步骤3 单击“下一步”按钮，出现“你希望如何连接?”界面，单击“使用我的Internet连接(VPN)”选项，如图10-28所示。

步骤4 出现“你想在继续之前设置Internet连接吗?”窗口，在该窗口中单击“设置Internet连接”选项，如图10-29所示。

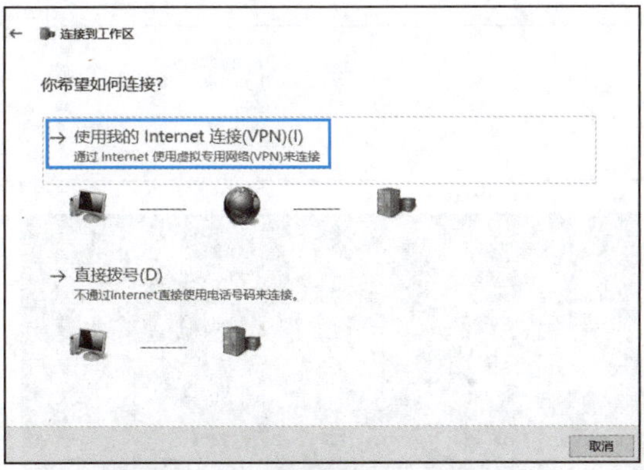

图10-28 选择“使用我的Internet连接(VPN)”

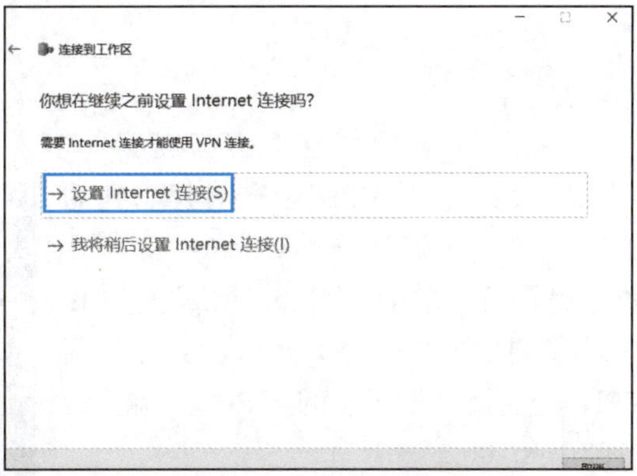

图10-29 设置Internet连接

步骤5 接着出现图10-30所示的“键入要连接的Internet地址”窗口，在“Internet地址”文本框中输入VPN服务器的外网网卡IP地址“11.11.11.1”，并设置“目标名称”为“VPN连接”。单击“创建”按钮创建VPN连接。

2. 在VPN客户端设置VPN连接

步骤1 在VPN客户端用鼠标右键单击“开始”菜单，在弹出的快捷菜单中单击“网络连接”→“VPN”，打开如图10-31所示的VPN连接界面。

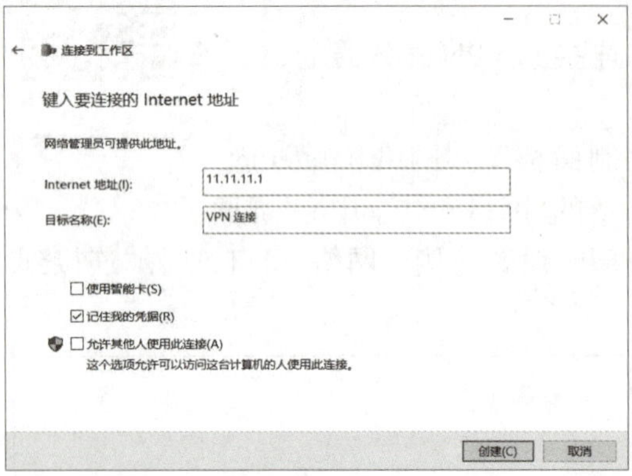

图10-30 键入要连接的Internet地址

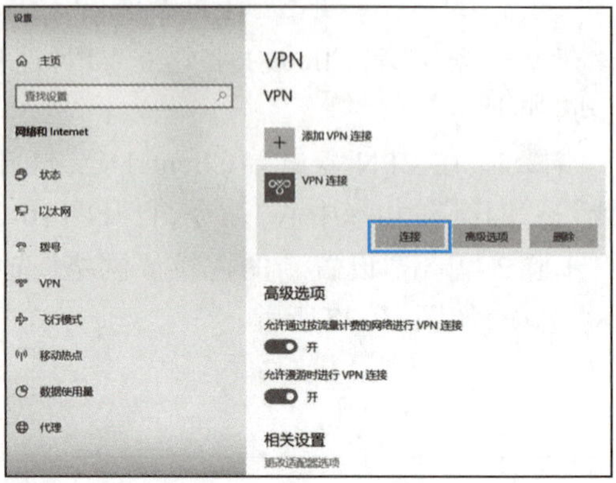

图10-31 VPN连接界面

步骤2 单击“连接”按钮，打开图10-32所示的对话框。在该对话框中输入允许VPN连接的账户和密码，在此使用账户“administrator”建立连接。

步骤3 单击“确定”按钮后，如果账户、密码正确，就会显示连接成功，如图10-33所示。

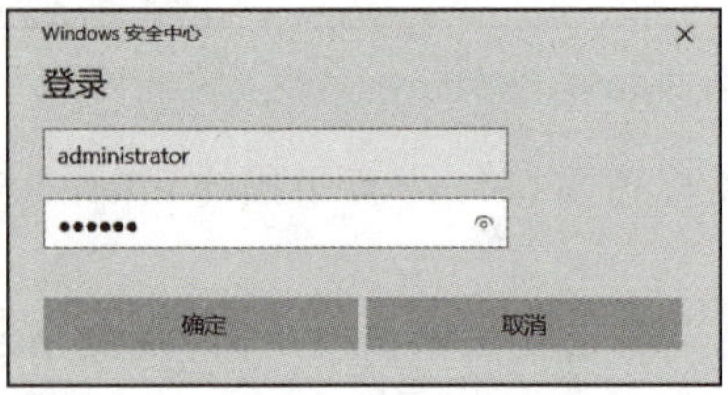

图10-32 输入VPN连接的账户和密码

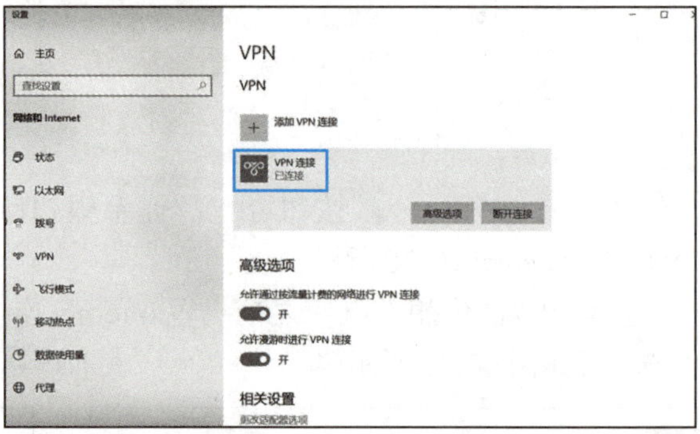

图10-33 已连接VPN服务器

3. 在VPN客户端验证VPN连接

步骤1 查看VPN客户端获取到的IP地址。在VPN客户端Client-1上打开命令提示符，使用命令“ipconfig”查看IP地址信息，如图10-34所示，可以看到VPN连接获得的IP地址为“192.168.100.2”。

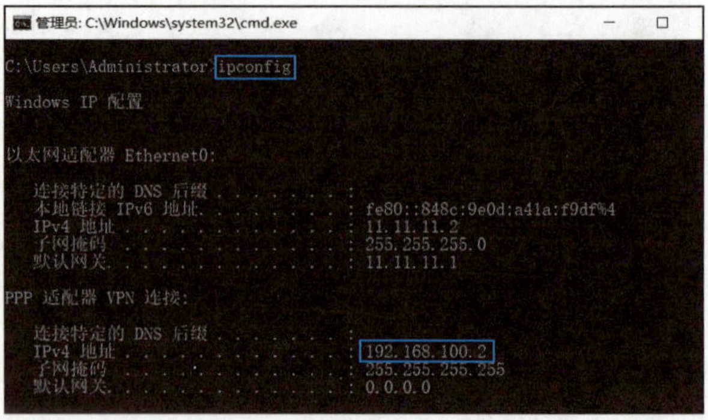

图10-34 VPN客户端获得IP地址

步骤2 先后输入命令“ping 192.168.1.1”和“ping 192.168.1.2”测试VPN客户端和VPN服务器以及内网计算机的连通性，但这时使用命令“ping 11.11.11.1”

是不成功的，如图 10-35 所示。

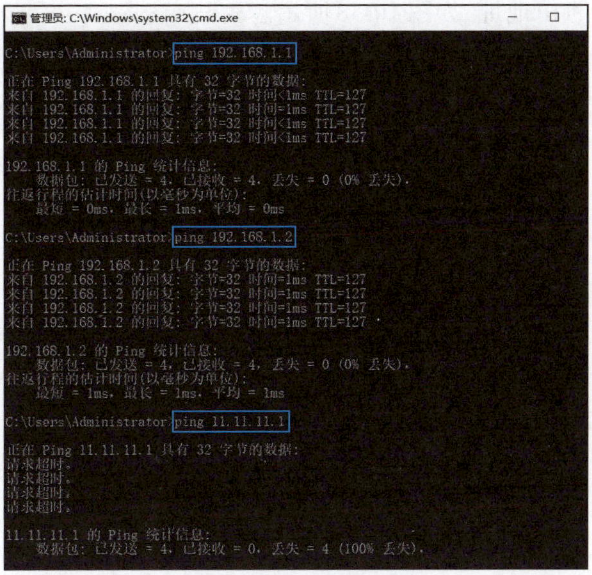

图 10-35　测试 VPN 连通性

4. 在 VPN 服务器验证 VPN 连接

步骤 1　打开 VPN 服务器的"路由和远程访问"控制台树，展开服务器节点，单击"远程访问客户端(1)"选项，在控制台右侧界面中显示连接时间以及连接的账户，这表明已经有一个客户端建立了 VPN 连接，如图 10-36 所示。

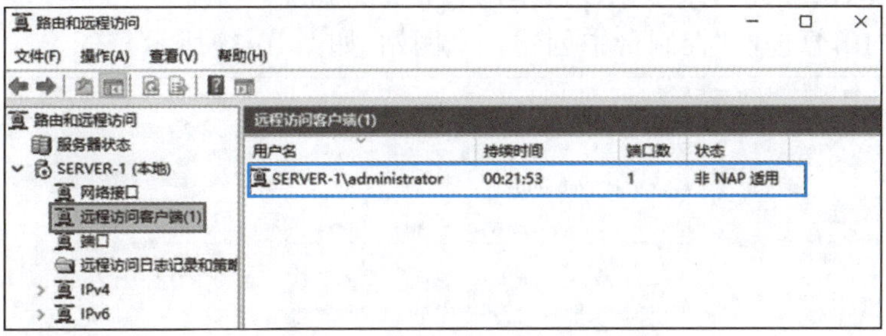

图 10-36　查看远程访问客户端

步骤 2　单击"端口"选项，在控制台右侧界面中可以看到其中一个端口的状态是"活动"，表明有客户端连接到 VPN 服务器，如图 10-37 所示。

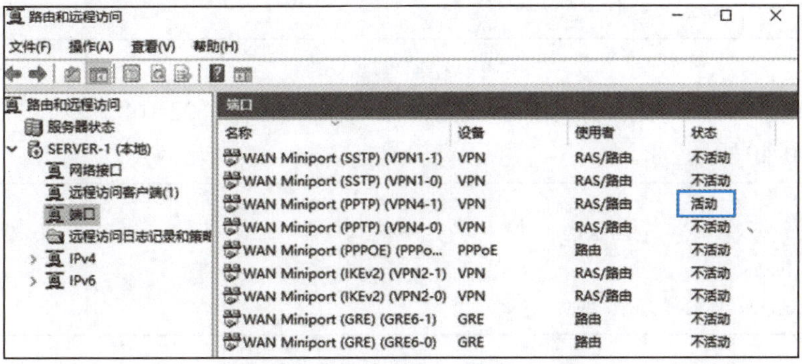

图 10-37　查看端口窗口

步骤3　双击该活动端口，打开“端口状态”对话框，在该对话框中显示连接时间、用户以及分配给VPN客户端的IP地址，如图10-38所示。

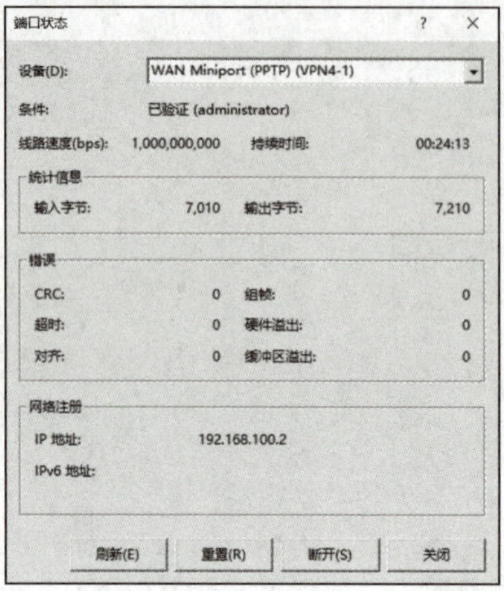

图10-38　VPN活动端口状态

任务10-4　VPN客户端通过VPN访问内网资源

1. 通过VPN访问内网主页

步骤1　在内网资源服务器Server-2上安装IIS服务，在C盘下创建一个网站目录C:\Web，在此目录下创建一个网页index.htm。

VPN客户端通过VPN访问内网资源

步骤2　在“IIS管理器”控制台中创建一个网站，如图10-39所示。

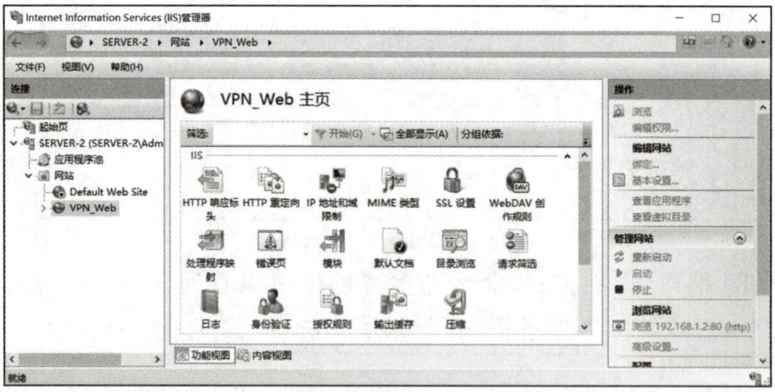

图10-39　创建测试网站

步骤3　在VPN客户端上打开IE浏览器，输入网站地址“192.168.1.2”，可以正常打开网页内容，如图10-40所示。

图10-40　正常访问内网网站

2. 访问内部局域网的共享文件

步骤1 在内网资源服务器Server-2上，创建文件夹“C:\share”作为测试目录，在该文件夹内新建一些文件，设置共享该文件夹，如图10-41所示。

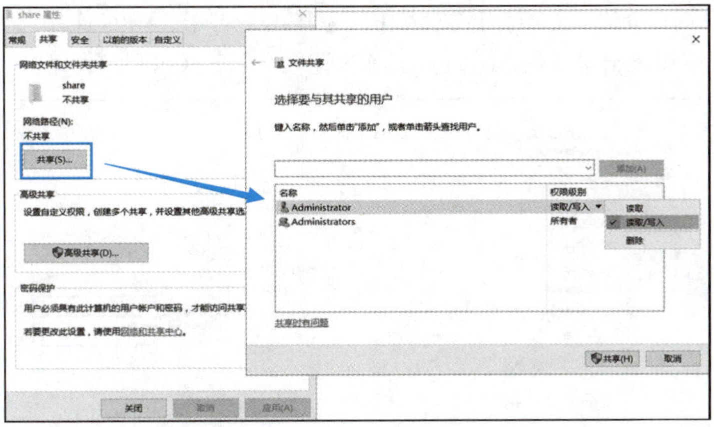

图10-41 设置共享文件夹

步骤2 在VPN客户端Client-1上，打开“运行”界面，输入内网资源服务器上共享文件夹的UNC路径“\\192.168.1.2”，如图10-42所示。由于已经连接到VPN服务器上，所以可以访问内部局域网络中的共享资源，但需要输入网络凭据，在这里一定要输入Server-2的管理员账户和密码，按“确定”按钮后就可以访问内网资源服务器上的共享资源了，如图10-43所示。

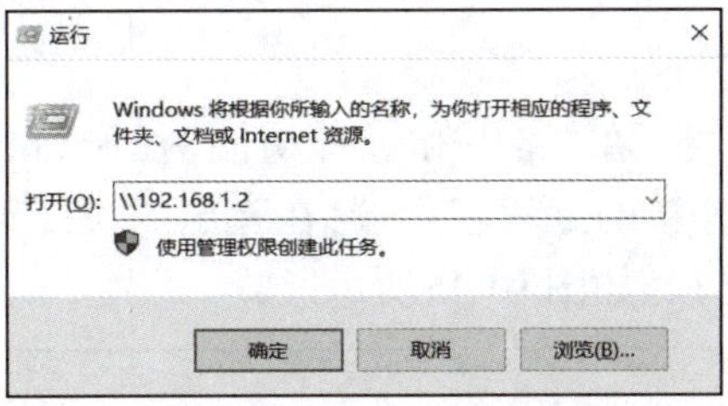

图10-42 连接内网资源服务器

图10-43 成功访问共享资源

任务10-5 断开VPN连接

断开VPN连接

1. 在VPN客户端上断开连接

在VPN客户端Client-1上，打开“网络和共享中心”，单击“VPN连接”，单击“断开连接”按钮断开客户端计算机的VPN连接，如图10-44所示。

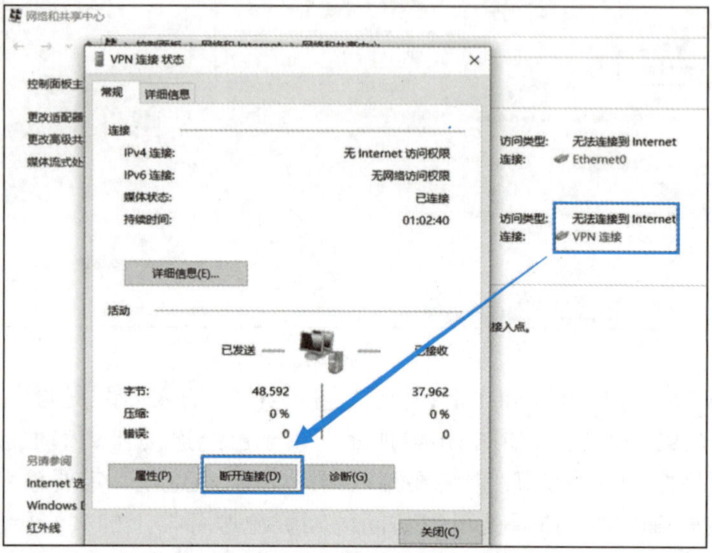

图10-44 VPN客户端断开VPN连接

2. 在VPN服务器上断开连接

在VPN服务器Server-1上，在“路由和远程访问”控制台树中，选择“远程访问客户端(1)”节点，用鼠标右键单击连接的远程客户端，在弹出的快捷菜单中选择“断开”命令，即可断开客户端计算机的VPN连接，如图10-45所示。

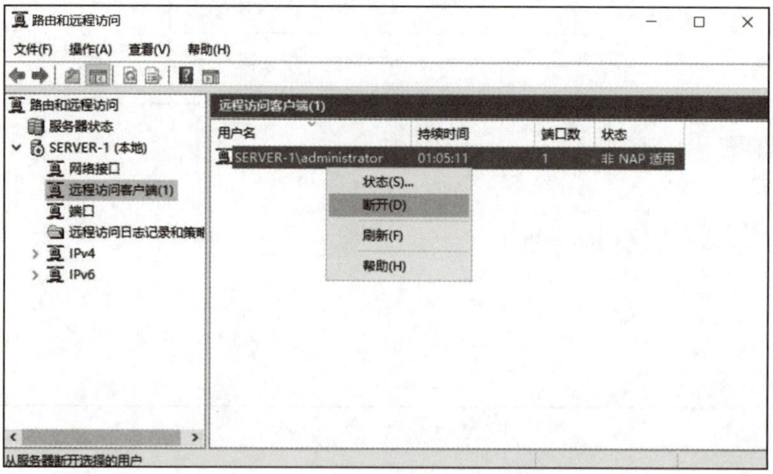

图10-45 在VPN服务器上断开VPN连接

本项目小结

本项目主要讲解了VPN服务的基本原理和部署方案、远程访问的类型、虚拟专用网的概念及应用模式、网络服务器中的VPN组件，详细描述了如何安装路由和远程访问服务角色、如何配置和管理VPN服务器等内容。本项目涉及大量的实践操作，可以培养学生的实践动手能力、团队合作意识等。

本项目练习

一、填空题

1. 在Windows Server 2016的命令提示符下，可以使用______命令查看本机的路由表信息。

2.VPN使用的两种隧道协议是______和______。

3.VPN大致可以划分为______和______两种应用模式。

4. 远程访问服务可以提供两种不同类型的远程访问连接，分别是______和______。

5. 一个完整的VPN远程访问网络主要包括______、______、______、______、______等组件。

二、判断题

1. 一般来说，VPN使用在两种场合即远程客户端通过VPN连接到局域网或者局域网通过VPN连接到远程客户端。（ ）

2.NAT是Network Address Translator的简称，中文是虚拟专用网。（ ）

三、简答题

1. 什么是专用地址和公用地址?

2. 简述VPN的连接过程。

3. 简述VPN的构成及应用场合。

4. 简述VPN的两种应用模式。

5. 路由和远程访问服务支持哪几种VPN协议? 其中哪一种最适合移动应用?

四、实训题

任务 配置与管理VPN服务器

1. 实训目的

掌握远程访问服务的实现诉求。

掌握VPN的实现方法。

2. 实训要求

架设VPN服务器:

(1)部署架设VPN服务器的需求和环境，添加网卡。

(2)安装“路由和远程访问服务”角色。

(3)配置并启用VPN服务。

(4)配置域账户允许VPN连接。

(5)通过VPN客户端测试和验证VPN服务器。